高 等 院 校
非化学类本科生教材

颜肖慈　罗明道　周晓海　主编

物理化学

WUHAN UNIVERSITY PRESS
武汉大学出版社

图书在版编目(CIP)数据

物理化学/颜肖慈,罗明道,周晓海编著.—武汉:武汉大学出版社,2004.8(2019.1 重印)
ISBN 978-7-307-04247-6

Ⅰ.物… Ⅱ.①颜… ②罗… ③周… Ⅲ.物理化学—高等学校—教材 Ⅳ.O64

中国版本图书馆 CIP 数据核字(2004)第 049667 号

责任编辑:黄汉平　　责任校对:刘　欣　　版式设计:支　笛

出版发行:武汉大学出版社　(430072　武昌　珞珈山)
（电子邮件:cbs22@whu.edu.cn 网址:www.wdp.com.cn）
印刷:虎彩印艺股份有限公司
开本:850×1168　1/32　印张:18.375　字数:474 千字
版次:2004 年 8 月第 1 版　2019 年 1 月第 6 次印刷
ISBN 978-7-307-04247-6/O·300　　定价:36.00 元

版权所有,不得翻印;凡购买我社的图书,如有缺页、倒页、脱页等质量问题,请与当地图书销售部门联系调换。

再版前言

自1995年本书第一版出版以来,已供校内外化学、化工、生物、环境、医学和材料科学等专业师生作为教材使用。目前,物理化学和其他学科一样,发展很快。一些新体系、新观点、新规律亟须丰富到物理化学教材中,以培养适应现代化建设人才的需要。

根据新形势下教材改革的精神和作者多年的教学实践,作者在第一版的基础上进行了全面修订。修订本保留了原教材的系统和风格,部分章节作了调整,增补了有关的新进展,兼顾了物理化学原理在生物、环境、医学、药学、材料和农药中的最新应用。希望本书能更好地适应教学之需要。

本书可作为生物学、环境科学、医学、药学、材料科学和精细化工等专业学生的教学用书,也可作为其他专业的物理化学教材和化学专业学生的参考书。

本书第1、2、3、4、5、7、8、9章由颜肖慈编写,第6、10章由周晓海编写,第11、12章由罗明道编写。

作者衷心地感谢武汉大学教务部、武汉大学出版社和武汉大学化学与分子科学学院的关心和资助。感谢屈松生教授、汪存信教授和宋昭华教授的关心和审阅了部分章节。

新版中存在的问题,敬请读者批评指正。

编 者
2004年3月于珞珈山

目 录

第1章 热力学第一定律及其应用 …… 1
- 1.1 引言 …… 1
- 1.2 基本概念 …… 2
- 1.3 热力学第一定律 …… 8
- 1.4 可逆过程 …… 10
- 1.5 焓 …… 19
- 1.6 相变焓（又称相变热） …… 20
- 1.7 热容 …… 22
- 1.8 热力学第一定律在理想气体中的应用 …… 25
- 1.9 热化学 …… 35
- 1.10 生物量热学简介 …… 53
- 1.11 新陈代谢与热力学第一定律 …… 54
- 习题 …… 59

第2章 热力学第二定律 …… 63
- 2.1 自发过程的方向和限度 …… 63
- 2.2 热力学第二定律 …… 64
- 2.3 卡诺循环与卡诺定理 …… 65
- 2.4 熵函数 …… 68
- 2.5 熵增原理 …… 71
- 2.6 熵的统计物理意义 …… 73
- 2.7 热力学第三定律及规定熵 …… 76

2.8 熵变的计算 ………………………………………… 79
2.9 亥姆霍兹函数和吉布斯函数 ……………………… 87
2.10 热力学基本关系式 ………………………………… 89
2.11 ΔG 的计算 ……………………………………… 92
2.12 热力学函数 U,H,S,A 及 G 与温度的关系 …… 97
2.13 非平衡态热力学简介——熵与生命 ……………… 99
习题 ……………………………………………………… 114

第3章 多组分系统热力学 …………………………………… 119
3.1 多组分系统组成的表示 …………………………… 119
3.2 偏摩尔量 …………………………………………… 120
3.3 化学势及多组分系统热力学基本方程 …………… 125
3.4 化学势判据及其在相平衡中的应用 ……………… 128
3.5 气体物质的化学势 ………………………………… 129
3.6 拉乌尔定律与亨利定律 …………………………… 132
3.7 理想液态混合物 …………………………………… 136
3.8 理想稀薄溶液 ……………………………………… 141
3.9 真实液态混合物与真实溶液及活度 ……………… 154
习题 ……………………………………………………… 159

第4章 相平衡 …………………………………………………… 163
4.1 相律 ………………………………………………… 164
4.2 单组分系统的相平衡 ……………………………… 169
4.3 两组分系统气液平衡相图 ………………………… 177
4.4 部分互溶和完全不互溶的双液系相图 …………… 187
4.5 两组分固-液相平衡系统 …………………………… 192
4.6 三组分系统的相平衡 ……………………………… 203
习题 ……………………………………………………… 210

第5章 化学平衡 ... 214
5.1 化学反应的方向与限度 ... 214
5.2 化学反应等温式和平衡常数 ... 217
5.3 化学反应的标准摩尔吉布斯函数变化值 ... 226
5.4 生物化学中的标准态 ... 232
5.5 耦联反应 ... 234
5.6 温度对化学平衡常数的影响 ... 236
5.7 压力及惰性气体对化学平衡的影响 ... 238
习题 ... 240

第6章 电化学 ... 244
6.1 电解质溶液导电的特点 ... 244
6.2 离子的电迁移和迁移速率 ... 246
6.3 电导 ... 250
6.4 强电解质的活度及活度系数 ... 260
6.5 可逆电池及其电动势的测定 ... 264
6.6 电极电势及可逆电极的种类 ... 269
6.7 可逆电池的热力学 ... 277
6.8 电池的种类及电池电动势的计算 ... 280
6.9 电池电动势测定的应用举例 ... 284
6.10 生物电化学 ... 291
习题 ... 298

第7章 表面现象 ... 303
7.1 表面吉布斯函数与表面张力 ... 303
7.2 弯曲液面的一些现象 ... 309
7.3 溶液的表面吸附 ... 313
7.4 表面活性剂及其作用 ... 322
7.5 不溶性表面膜 ... 336

 7.6 固体表面吸附 ·· 341
 7.7 色谱法 ·· 348
 习题 ··· 351

第8章 胶体分散系统 ·· 355
 8.1 分散系统的分类与溶胶 ··· 355
 8.2 溶胶的制备与净化 ··· 357
 8.3 溶胶的光学性质 ·· 358
 8.4 溶胶的动力学性质 ··· 363
 8.5 溶胶的电学性质 ·· 366
 8.6 溶胶的聚沉作用和稳定性 ·· 371
 8.7 气溶胶 ··· 375
 习题 ··· 377

第9章 大分子化合物溶液 ··· 380
 9.1 大分子化合物在溶液中的形态 ···································· 381
 9.2 大分子化合物的溶解特征 ·· 384
 9.3 大分子化合物的相对分子质量 ···································· 386
 9.4 大分子化合物溶液的渗透压 ······································· 388
 9.5 大分子化合物溶液的光散射 ······································· 395
 9.6 大分子化合物溶液的黏度 ·· 397
 9.7 大分子溶液的超速离心沉降 ······································· 405
 9.8 大分子电解质溶液的电泳 ·· 408
 9.9 凝胶 ·· 410
 习题 ··· 413

第10章 化学动力学 ·· 416
 10.1 反应速率及测定 ·· 417
 10.2 反应速率与浓度的关系 ··· 419

10.3	具有简单级数速率方程积分式	422
10.4	反应级数的测定	427
10.5	典型的复合反应	431
10.6	复合反应的近似处理方法	436
10.7	反应速率与温度的关系	438
10.8	反应速率理论简介	442
10.9	溶液中的反应	449
10.10	催化作用	455
10.11	光化学反应	460
习题		463

第 11 章 量子化学基础 … 468

11.1	量子力学的基本假设	469
11.2	算符间关系和力学量的平均值	474
11.3	箱中粒子	477
11.4	氢原子和类氢离子	483
11.5	原子轨道	490
11.6	隧道效应	491
11.7	轨道角动量和电子自旋	493
11.8	原子的电负性	496
11.9	价键理论	497
11.10	分子轨道理论要点	499
11.11	休克尔分子轨道法	502
11.12	分子图	506
11.13	自洽场分子轨道	509
11.14	配位场理论	511
11.15	氢键	516
11.16	范德华力和分子自组装	519
11.17	电子结构与宏观性质	522

习题·····································528

第12章　光谱·····························529
　12.1　分子光谱的一般介绍··················530
　12.2　紫外和可见光谱······················530
　12.3　红外和拉曼光谱······················541
　12.4　核磁共振····························549
　　习题·····································555

附录一　本书用的符号名称一览表··············557
附录二　常数表······························561
附录三　某些物质的热力学数据················562
习题解答····································568
主要参考书目································575

第1章 热力学第一定律及其应用

1.1 引 言

热力学是研究热和其他形式能量之间相互转换以及转换规律的科学。热力学是一门宏观学科,研究大量粒子集合体运动变化过程中的能量关系,主要是能量转换的数量关系以及方向和限度。把热力学的基本规律应用于化学变化和与化学变化有关的物理变化,就构成了化学热力学。当科学家把热力学的某些规律用于生物系统,研究生物系统中的能量关系,就构成了生物能力学,又称生物能量学。

热力学的基础主要是热力学第一定律和第二定律。热力学研究方法的特点是依据两个基本定律,经过逻辑推理,得出事物的各种宏观性质之间的关系,判断指定条件下过程进行的方向和限度,不考虑过程所需要的时间和过程的细节,以及物质的微观结构。

热力学可以分为平衡态热力学(经典热力学)、近平衡态热力学(线性热力学)、远离平衡态热力学(非线性热力学)。平衡态热力学以一些连续平衡态组成的可逆过程为基础而展开讨论,已经发展得较为成熟和系统,是非平衡态热力学的参考系。近平衡态热力学研究在平衡态附近大量粒子集合体的行为和性质;远离平衡态热力学研究在远离平衡态时的能量耗散结构(例如生物体和天体等)。近年来将耗散结构理论用于探讨生物进化的本质和动力,并在细胞的主动运输,酶的催化,糖的酵解等方面取得了成功。

本教材中除了特殊声明外,通常是指的平衡态热力学。

1.2 基本概念

1.2.1 系统与环境

热力学处理问题,首先要确定研究对象。根据需要,人为地把一部分物体划分出来作为研究对象,这部分物体称为系统或体系;除系统外与系统密切相关且影响所及的部分叫做环境或外界。系统与环境之间有实际的或想象的物理界面。如钢瓶中的空气,若把氧气作为系统,则钢瓶中其余的气体、钢瓶以及钢瓶以外的物体皆为环境。

据系统与环境间物质和能量交换的情况可将系统分为三种类型:

(1) 孤立系 系统与环境之间既无物质交换,又无能量交换。

(2) 封闭系 系统与环境之间没有物质的交换,但可以有能量的交换。

(3) 敞开系 系统与环境之间既有能量的交换,又有物质的交换。

完全孤立的系统在自然界中是不存在的,是人们抽象出的假想系统,但它在热力学中是一个不可缺少的非常重要的概念,这将在以后遇到。

1.2.2 系统的性质

常见的热力学系统的宏观可测性质包括压力(p)、体积(V)、温度(T)、密度(ρ)、黏度(η)、表面张力(γ)、质量(m)、物质的量(n)、物种(i)等。

除此之外,还有热力学能(U)、焓(H)、熵(S)、赫姆霍兹函数

(F)、吉布斯函数(G)等,在后面将都会遇到。

这些性质又分为两类:

(1) 广延性质(或容量性质):如体积、质量、热力学能等,其数值与系统的数量成正比。在一定条件下广延性质具有加和性。

(2) 强度性质:如温度、压力、密度等性质不具备加和性,其数值取决于自身的特性,与系统的数量无关。

系统的某种广延性质除以物质的量或总质量(即两容量性质相除)之后就构成强度性质,如浓度、密度、摩尔体积、摩尔熵等,皆由二容量性质之比而定义。而容量性质与强度性质乘积又成为容量性质。如等压热容:$C_p = nC_{p,m}$(见1.7节)。

1.2.3 状态、状态函数和状态方程

系统的状态是系统一切宏观性质的综合表现。例如一定量的理想气体的状态就是物质的量 n,温度 T,压力 p 和体积 V 等的综合表现。这些宏观性质的数值一定,系统的状态也就确定了;状态变化时,系统的宏观性质必然部分或全部变化。因而宏观性质又叫状态性质或热力学性质。同时,各个状态性质之间彼此关联、互相制约,若有任意一个变化,则其余性质也会部分或全部发生相应变化。状态和状态性质之间以及各个状态性质彼此之间的这种关系,如果用数学语言来表达,就是互为函数关系。因此状态性质称为状态函数或热力学函数,也称为状态变量或热力学变量。系统的性质有许多个,只要其中一个发生了变化,系统的状态也因之而变化,变化前的状态为始态,变化后的状态为终态。系统发生状态变化,不一定所有的热力学性质都发生变化。

在物理化学中,"状态"一般是指平衡态,除非有特殊说明。

系统的性质有许多个,要描述一个热力学系统状态是否要将其所有的性质都列出来呢?那倒不必要。因为系统的这些性质彼此是相互关联的,通常只需确定其中几个性质,其余随之而定,系统的状态也就确定了。确定系统状态的热力学性质之间的定量关

系式称为状态方程。

例如理想气体状态方程为
$$pV = nRT$$
式中,R 为气体常数：
$$R = 8.314 \text{ 焦耳} \cdot \text{开}^{-1} \cdot \text{摩尔}^{-1}$$
或写成：
$$R = 8.314 \text{ J} \cdot \text{K}^{-1} \cdot \text{mol}^{-1}$$
n 为物质的量,单位为摩尔(mol);T 为温度,单位为开尔文,简称开,或 K;p 为压力,单位为帕斯卡,简称"帕",1 Pa=1 N·m^{-2},V 为体积,单位为米^3 或 m^3。

确定系统的状态至少需要几个性质,只能由实验来决定;状态方程式也只能由实验来确定。经验证明,对于一定量的单组分均相系统,热力学性质 p、V、T 之间有一定关系,只需其中两个独立变量就可描述其状态。例如把 p、T 作为独立变量,则 V 为状态函数：
$$V = f(p, T)$$
值得说明的是,系统的任何一个性质都可以作独立变量,通常选取实验上容易测定的性质作为独立变量。

此外,还可用统计的方法,推导出近似的状态方程。

状态函数的特征如下：

(1) 系统的状态一定,它的每一状态函数都有惟一的确定值,与它以前所处的状态无关。用数学语言表达：它是系统状态的单值函数。

例如 101325 Pa 下,25℃的水,只能说明系统此时状态是 25℃的液态水,与它原来是 100℃的水蒸气,还是 0℃的冰无关。

(2) 当系统发生状态变化时,其状态函数的改变量只与它的始态和终态有关,而与系统变化的具体途径无关。

于是状态函数的微小变化,在数学上是全微分。用符号 d 表示,例如 dV,dp。

用 x 代表系统的任一状态函数(如 p,V 或 U …)当状态发生

了无限小的变化 dx，则状态函数相应的变化量为

$$\Delta x = \int_{x_1}^{x_2} dx = x_2 - x_1$$

如

$$\Delta V = \int_{V_1}^{V_2} dV = V_2 - V_1$$

（3）系统经一系列过程后，又回到了原始状态，即循环过程，$\oint dx = 0$。如 $\oint dV = 0$。

上面三个特征只要具备其中一条，其他的两个特征就可以推导出来。

以上关于状态函数的特征也可以反过来说：如果系统有一个量的变化值，只由它的始态和终态所决定，而与所经历的途径无关，那么该变化值对应着一个状态函数的变化。由此可以判断有某一状态函数的存在。见第 2 章中，熵函数的引出。

热力学处理问题之所以简单、方便，正是因为状态函数所具有的特征。

1.2.4 热力学平衡状态

经典热力学研究的是处于平衡态的系统，也就是在一个孤立系统中，所有宏观性质都不随时间而变，此时系统应同时具有下面几种平衡：

（1）热平衡：若系统内没有绝热壁，系统各部分温度相等。

（2）力学平衡：若系统内没有维持压力差的刚性壁存在，系统各部分压力相等。

（3）化学平衡：若系统中各物质间有化学反应时，达平衡后，系统的组成不随时间而变。

（4）相平衡：物质在各相之间的分布达到平衡，在相间没有物质的净转移，各相的组成和数量不随时间而变。

（3）与（4）又可统称为物质平衡。

壁 上面涉及各种壁将系统与环境隔开。

刚性壁与非刚性壁 刚性壁是不可活动的,即有力的作用下也不可动。非刚性壁则相反。

可渗透性壁与不可渗透性壁 是指物质的可通透性。此外还有半透壁(膜),是指有的物质能穿过,而有的物质不能穿过,如细胞膜。

绝热壁与导热壁 是指对热的传导性。

一个被刚性的、不可渗透的绝热壁所封闭的系统,不能和环境发生作用,因而是孤立系统。

1.2.5 过程和途径

热力学系统发生的任何状态变化称为过程。

完成某一过程的具体步骤称为途径。如一定量的理想气体从初始态 1(p_1, V_1, T_1),变到终态 2(p_2, V_2, T_2),可以有不同途径,如图 1-1 所示。途径 I 先等温后等容,途径 II 先等容后等压。

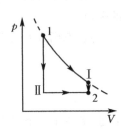

图 1-1 途径

几种典型的过程:

等温过程 系统发生状态变化是在温度恒定的条件下进行的。即

$$T_{始} = T_{终} = T_{环} = 常数$$

如图 1-1 中的曲线是理想气体的等温线,由状态 1 变到状态 2 的途径 I 就是先发生了等温过程。

等压过程 系统发生状态变化是在压力恒定的条件下进行的。即:

$$p_{始} = p_{终} = p_{环} = 常数$$

如图 1-1 中,由 II 到状态 2 是等压过程。

等容过程 是在体积不变的条件下发生状态变化。例如有许多化学反应是在刚性壁容器内发生的。见图 1-11。

绝热过程 系统与环境之间无热交换过程。如在绝热壁容器中发生的过程。有些快速过程,系统与环境还来不及进行热交换,过程就已经发生了,也可看成是绝热过程。如爆炸反应。

循环过程 系统从某一状态出发,经过一系列变化后,又回到原来的状态,即为循环过程。据状态函数特征,任何循环过程的状态函数的变化值为零。

1.2.6 热和功

热 系统与环境之间因为温度的不同而引起传递的能量叫做热,以符号 Q 表示。它与系统中大量微观粒子的无规则运动有关。

功 除热以外的其他各种被传递的能量叫做功。以符号 W 表示。

功的概念最初来源于机械功,它等于力和力的方向上位移的乘积,以后扩大到其他形式。它等于广义力(或称强度因素)和广义位移(或称广度因素的变化量)的乘积。参见表 1-1。在物理化学中常涉及的有体积功、电功、表面功。

表 1-1　　　　几种功的表示形式

功的类型	广义力	广义位移	功的表示式(δW)
机械功	力(f)	位移(dl)	$f dl$
体积功	外压($p_{外}$)	体积的改变(dV)	$p_{外} dV$
电功	外加电势差(E)	通过的电量(dQ)	$E dQ$
表面功	表面张力(γ)	表面积的改变(dA)	γdA

功和热都是系统与环境之间被传递(或交换)的能量,与具体的途径有关。系统处于某一状态,没有过程,也就没有功和热。因此我们不能说某系统内有多少功或热。

据功和热的特征,在数学上不具备全微分性质。因为它们与过程密切有关,只是能量交换的一种形式,不是属于系统的性质。

因而对功和热就无"变化"可言,只是量的大小而已。如果系统发生的是微小状态变化,若与环境有能量交换,则功和热是"微小量",不应是"微小变化量"。为区别于全微分,以符号"δ"表示:δW或δQ。

对于功和热的正、负号的规定,本书现采用:

系统得功,$W>0$;系统做功,$W<0$。

系统吸热,$Q>0$;系统放热,$Q<0$。

因为系统得功或吸热,都是使系统的能量增加,所以取正号;系统做功或放热都是减少系统自身的能量,所以取负号。显然,这是以系统为主来规定的。

功和热都具有能量的单位:焦(J)或千焦(kJ)。

值得注意的是,功和热既然是过程发生时系统与环境间交换的能量,所以总是以环境是否实际得到或失去热与功来衡量。例如氢与氧反应生成水,产生大量的热,这个热效应是以反应系统在等温等压(或等温等容)下系统与环境交换的热来衡量的。但若该反应是在绝热等容容器中进行,反应系统内温度升高了,但环境并没有得到这份热,只是在系统内部发生了能量形式的转换:化学能转变为系统内分子的热运动,因此该过程热为零。因为等容,该过程的功也为零。

1.3 热力学第一定律

1.3.1 热力学第一定律

在人类历史发展中,人们曾幻想制造能不用外界供应能量而不断地做功的机器(即第一类永动机),但始终未能制造出来。从1840年起,英国人焦耳(Joule)前后实验二十多年,用不同的方法求热功当量,所得的结果的一致性基本说明热功转换关系是一定的。到1850年,科学界基本公认了能量守恒是自然界的规律,即

"自然界的一切物质都具有能量,能量有各种不同形式,能够从一种形式转化为另一种形式,在转化过程中,能量的总值不变。"

通常系统的总能量(E)是由三部分组成,①系统总体运动的动能(T),②系统在外力场中的势能(V),③热力学能(U)。当系统无整体运动,没有特殊外力场存在(如电磁场、离心力场),同时可忽略重力场变化时,只需考虑热力学能。

能量守恒定律应用于热力学系统就是热力学第一定律。

热力学第一定律的表述有许多种,一般有:

(1)"第一类永动机是造不成的。"因为它违背了能量守恒定律,所以是造不成的。

(2)孤立系统的热力学能不变。

$$U = 常数 \quad 或 \quad \Delta U = 0 \quad (孤立系统) \quad (1\text{-}1)$$

1.3.2 热力学能(U)

设有一不作整体运动的封闭系统,从状态 A 变到状态 B 有许多不同的途径。结果发现,只要系统的始态 A 和终态 B 确定,途径不同,功(W)与热(Q)不同,但 $Q+W$ 的值却不变。这一事实表明,$Q+W$ 的值只决定于系统的始态和终态,与途径无关。于是根据状态函数的特征,必定存在着某一状态函数,它的变化值等于 $Q+W$。这一状态函数称之为**热力学能**,以 U 表示。

即有 $\quad \Delta U = U_B - U_A = Q + W \quad$ (封闭系统) $\quad$ (1-2)

对微小的变化过程:

$$dU = \delta Q + \delta W \quad (封闭系统) \quad (1\text{-}3)$$

热力学能是系统自身的性质,属容量性质,具有状态函数的特征。它具有能量的单位,焦耳(J)。

热力学能是系统内部质点的一切形式的能量的总和,因此又称为内能。从微观角度看,包括系统中所有粒子各种运动及相互作用能。如平动能、转动能、振动能、分子内部电子的动能和势能、原子核能以及分子间相互作用的势能。由于人们对物质的运动形式的认识永无穷尽,所以热力学能的绝对值尚无法确知。

1.3.3 热力学第一定律的数学表达式

任何精确的科学,都有它对应的数学表达式。

上述的式(1-1)、式(1-2)或式(1-3)均是热力学第一定律的数学表达式。注意式中注明的条件。一般处理的是封闭系统。

热力学第一定律是人类经验的总结,是在实践中受到检验的真理,它的正确性在于,到目前为止,还没有一个与之相违背的事实。

1.3.4 热力学能变化的衡量

式(1-2)是封闭系统中求 ΔU 的基本公式。其中系统反抗外力做功可表示为

$$\delta W = \delta W_e + \delta W_f \qquad (1-4)$$

式中 δW_e 为体积功,δW_f 为非体积功(即体积功以外的其他功)。

若一封闭系统不做非体积功($W_f=0$),且在等容下发生了状态变化,由式(1-2)有

$\Delta U = Q_V$ (封闭系统,不做非体积功,等容过程) (1-5)

下标 V 表示等容过程。式(1-5)的物理意义是在没有其他功的条件下,系统在等容过程中吸收的热量全部用于热力学能的增加。换句话说,封闭系统中 ΔU 可以用等容,不做非体积功的热量 Q_V 来衡量。而热效应 Q_V 是可用实验测出来的。

1.4 可 逆 过 程

1.4.1 功与过程

由上所述,热力学能是系统的性质,具有状态函数的特点。而功是一个过程量,与系统发生状态变化时的具体途径有关。下面

以体积功为例说明之。因为体积功是热力学中常见的一种功。

体积功是系统反抗外力作用下发生了体积的变化(膨胀或压缩)而与环境交换的能量。体积功本质上是机械功。

如图 1-2 所示,汽缸内一定量的气体受热后由体积 V 膨胀了无限小体积 dV,且温度保持不变。设活塞截面积为 A,位移为 dl,则 $dV = A \cdot dl$,又假设活塞为无质量无摩擦的理想活塞,则活塞反抗外力 $f = p_外 A$,于是体积功为

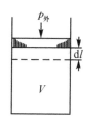

图 1-2 体积功示意图

$$\delta W_e = -f_外 \cdot dl = -p_外 A \cdot \frac{dV}{A} = -p_外 dV$$

即
$$\delta W_e = -p_外 dV \qquad (1\text{-}6)$$

气体做体积功,系统的压力与外界(即环境)的压力原则上并不相等,膨胀时 $p_外 < p$,压缩时 $p_外 > p$。但体积功的计算中必须用 $p_外$ 与 dV 的乘积,因为功是系统与环境交换的能量,必须以环境是否确实得功或失功为准。设上述系统在一定温度下经由下列几种不同途径使系统的体积变化 dV。若 $dV > 0$,表示膨胀,系统对环境做功,功的值为负;反之,$dV < 0$,表示系统被压缩,功的值为正,环境对系统做功。

(1) 自由膨胀

若外压为零,这种向真空膨胀的过程称为自由膨胀。此时系统对环境不做功,

$$\delta W_e = -p_外 dV = 0 \quad \text{或} \quad W_e = 0 \quad (\text{自由膨胀}) \qquad (1\text{-}7)$$

(2) 恒外压膨胀(或压缩)

$$W_e = -\int_{V_1}^{V_2} p_外 dV = -p_外(V_2 - V_1)$$

$$(\text{封闭系统,等外压过程}) \qquad (1\text{-}8)$$

(3) 外压总比内压相差无限小量的过程

$$\delta W_e = -p_{外}dV = -(p-dp)dV = -pdV + dpdV$$

忽略二价无限小量,则 $\delta W_e = -pdV$,积分式为

$$W_e = -\int_{V_1}^{V_2} pdV \quad (封闭系统,可逆过程) \quad (1-9)$$

这种过程为可逆过程,可逆过程的意义下面即将讨论。

设系统为理想气体,则

$$p = \frac{nRT}{V} \quad (理想气体) \quad (1-10)$$

$$p_1V_1 = p_2V_2 \quad (理想气体,等温过程) \quad (1-11)$$

将式(1-10)代入式(1-9),并应用式(1-11)得

$$W_e = -\int_{V_1}^{V_2} \frac{nRT}{V}dV = -nRT\ln\frac{V_2}{V_1} = -nRT\ln\frac{p_1}{p_2}$$

$$(理想气体等温可逆过程) \quad (1-12)$$

【例1】 计算在 300 K 等温条件下 1 mol 理想气体在下列四个过程中所做的体积功。已知始态压力为 4×0.1 MPa,终态压力为 0.1 MPa(0.1 MPa 是热力学规定的标准压力,记作 $p^{\ominus}$)。

(1) 向真空膨胀。

(2) 在外压恒定为气体终态的压力下膨胀。

(3) 先在外压恒定为 2×0.1 MPa 压力下膨胀,然后在外压等于终态的压力下膨胀。

(4) 外压总比系统的压力相差一无限小量下膨胀,即可逆膨胀。见图 1-3。

解 (1) 向真空膨胀 ∵ $p_{外}=0$,故 $W_{e,1}=0$

(2) 此为等温过程,且在外压恒定下的理想气体膨胀过程:

始态	等外压:	终态
$T_1=T=300$ K	$p_{外}=1p^{\ominus}$	$T_2=T=300$ K
$p_1=4p^{\ominus}$		$p_2=1p^{\ominus}$
$V_1=?$		$V_2=?$

据式(1-8)和式(1-10)得

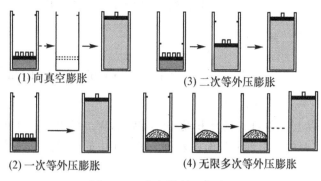

图 1-3 理想气体等温膨胀

$$W_{e,2} = -p_{外}(V_2 - V_1) = -p_2\left(\frac{nRT}{p_2} - \frac{nRT}{p_1}\right)$$

$$= -nRT\left(1 - \frac{p_2}{p_1}\right)$$

$$= -(1\text{ mol})(8.314\text{ J}\cdot\text{K}^{-1}\cdot\text{mol}^{-1})(300\text{ K})\left(1 - \frac{p^{\ominus}}{4p^{\ominus}}\right)$$

$$= -1871\text{ J}$$

(3) 此为二次恒外压等温膨胀过程:

始态: $T = T_1 = 300$ K, $p_1 = 4p^{\ominus}$ $\xrightarrow[W_1]{\text{等外压:}\ p'_{外}=2p^{\ominus}}$ $T'_2 = T_1 = 300$ K, $p'_2 = 2p^{\ominus}$ $\xrightarrow[W_2]{\text{等外压:}\ p_{外}=1p^{\ominus}}$ 终态: $T_2 = T_1 = 300$ K, $p_2 = 1p^{\ominus}$

$$W_1 = -p'_{外}(V'_2 - V_1) = -p'_2\left(\frac{nRT}{p'_2} - \frac{nRT}{p_1}\right)$$

$$= -nRT\left(1 - \frac{p'_2}{p_1}\right) = -\frac{nRT}{2}$$

$$= -1247\text{ J}$$

同理 $W_2 = -nRT\left(1 - \frac{p_2}{p'_2}\right) = -\frac{nRT}{2} = -1247\text{ J}$

所以， $W_{e,3} = W_1 + W_2 = -2494$ J

(4) 为理想气体等温可逆膨胀过程，可直接应用式(1-12)，得

$$W_{e,4} = -nRT\ln\frac{p_1}{p_2}$$

$$= -(1 \text{ mol})(8.314 \text{ J} \cdot \text{K}^{-1} \cdot \text{mol}^{-1})(300 \text{ K})\ln\frac{4p^{\ominus}}{1p^{\ominus}}$$

$$= -3458 \text{ J}$$

以上各种过程的体积功 $W_{e,2}$，$W_{e,3}$，$W_{e,4}$ 可由图 1-4 的(a)、(b)、(d)的阴影部分的面积表示。图 1-4 中的(c)是多次等外压膨胀的情况。

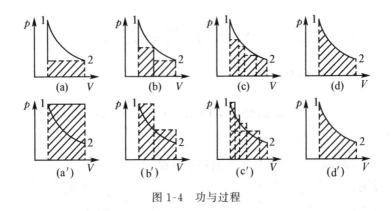

图 1-4 功与过程

$W_{e,1}$ 在 pV 图上只是横坐标上的一条线段，面积为零，即 $W_{e,1}$ 为零。

显然：

$$|W_{e,4}| > |W_{e,3}| > |W_{e,2}| > W_{e,1}。$$

由此可见，从同一始态到同一终态，途径不同，系统对环境所做的功不同，进一步说明功不是状态函数，不是系统的性质。据热力学第一定律 $\Delta U = Q + W$，因 ΔU 为状态函数变量不随途径而

变,既然 W 随途径而变,那么 Q 值也一定与途径有关。因此要计算一个过程功和热的值,必须知道具体的途径。

下面讨论将例1中的理想气体从终态 $2(p_2,V_2)$ 回到始态 $1(p_1,V_1)$ 的等温压缩过程的功。上述体积功的公式既可用于体积膨胀也可用于体积压缩的过程。图1-4中,(a′)为一次等外压压缩,(b′)为二次等外压压缩,(c′)为多次等外压压缩,(d′)为外压始终比系统内的压力大一无穷小量的压缩过程。图中阴影部分面积代表环境对系统做的功。分别为 $W'_{e,1}, W'_{e,2}, W'_{e,3}, W'_{e,4}$。显然有

$$W'_{e,1} > W'_{e,2} > W'_{e,3} > W'_{e,4}$$

其中

$$W'_{e,4} = -\int_{V_2}^{V_1} p\,dV = -nRT\ln\frac{V_1}{V_2} = nRT\ln\frac{p_1}{p_2}$$

1.4.2 可逆过程与不可逆过程

从以上讨论可见,外压总比内压小一无限小量的等温膨胀过程,系统对环境所做的功最大。而在压缩过程中,则是以外压总比内压大一无限小值的压缩过程,环境对系统做最小功。且有

$$|W_{e,4}| = |W'_{e,4}|$$

这是热力学上极为重要的一种过程,称为热力学可逆过程。

可逆过程的定义:某过程进行之后,若可沿原来途径逆向进行使系统恢复原状,同时环境也能复原,不留下任何永久性变化,则原过程称为热力学可逆过程。图1-3中(d)的膨胀过程和(d′)的压缩过程就属于可逆过程。如果系统发生某一过程后,无论用何种方法,能使系统复原,而环境不能复原,产生了永久性变化,则原过程为热力学不可逆过程。如图1-3中除(d)或(d′)外的其他过程均为不可逆过程。注意,对不可逆过程无法沿着原途径逆向进行使系统复原。

【例2】 对例1的各过程,若采用最佳方式即可逆压缩使系统还原,计算各循环过程的功与热。

解 向真空膨胀,然后可逆压缩使系统还原。过程图解:

```
┌─────────────────┐   自由膨胀    ┌─────────────────┐
│ 始态:           │ ──────────→  │ 终态:           │
│ $T_1 = T = 300$ K │              │ $T_2 = T = 300$ K │
│ $p_1 = 4p^\ominus$ │ ←────────── │ $p_2 = 1p^\ominus$ │
│                 │  $W', Q', \Delta U'$ │                 │
│                 │   可逆压缩    │                 │
└─────────────────┘              └─────────────────┘
```

由例1已知 $W = 0$,又因为是理想气体的等温过程,则 $\Delta U = 0$ (见1.8节)。

$$\therefore \quad Q = -W = 0$$

等温可逆压缩使系统还原,系统得到的功:

$$W'_{e,4} = -\int_{V_2}^{V_1} p_\text{外}\,dV = -\int_{V_2}^{V_1} p\,dV = -nRT\ln\frac{V_1}{V_2} = nRT\ln\frac{p_1}{p_2}$$

$$= (1\text{ mol})(8.314\text{ J}\cdot\text{K}^{-1}\cdot\text{mol}^{-1})(300\text{ K})\ln\frac{4p^\ominus}{1p^\ominus}$$

$$= 3458\text{ J}$$

该压缩过程: $\Delta U' = 0$, $\therefore \quad Q' = -W' = -3458$ J

循环的结果

$$\Delta U_\text{循环} = \Delta U + \Delta U' = 0 + 0 = 0$$
$$W_\text{循环} = W + W' = 0 + 3458\text{ J} = 3458\text{ J}$$
$$Q_\text{循环} = -W_\text{循环} = -3458\text{ J}$$

同理可得其他各循环过程的结果并列于表1-2中。

表1-2　　　理想气体等温过程——例2的结果　　　(单位:J)

过程	ΔU	Q	W	ΔU	Q	W	ΔU	Q	W
	向真空($p_\text{环} = 0$)			一次等外压			无限多次等外压		
态1膨胀到状态2	0	0	0	0	1871	−1871	0	3458	−3458
态2可逆压缩到状态1	0	−3458	3458	0	−3458	3458	0	−3458	3458
循环结果	0	−3458	3458	0	−1587	1587	0	0	0

由以上结果可知,只有最后一种过程即可逆过程在系统发生状态变化后,可以沿着原过程逆向进行,也就是可逆压缩使系统还原,同时环境也复原;功还功,热还热,没有留下功变为热的永久性变化。其他循环过程都多少留下了永久性变化,功变为热的数值越大,不可逆程度越大。显然,在此例中向真空膨胀的不可逆程度最大。

为什么称功变热的效果属于永久性变化(或称为能量递降或能量耗散效应)呢?从微观角度看,热涉及的是分子的无序运动。一般说来,热力学能与分子的能量是一致的。能量贮存于分子的键及分子的平动、振动和转动之中,因为热促进分子的运动,所以热是增加热力学能的一种方式。当物体被加热时,分子运动可出现于任何方向,对气体加热,则在各个方向上加快分子的无序运动。热促进了无序运动。

功涉及的是有序运动。当弹簧被压缩时,在一定方向上原子彼此移得更近,弹簧松开时,原子在一定方向上离开。当活塞压缩气体时,最初的作用是在活塞移动的方向上加速了分子的运动,分子运动是有方向性的。功促进有序运动。

总之,功是大量质点以有序运动而传递的能量,热是大量质点以无序运动方式而传递的能量。在表 1-2 中产生的功转变为热的永久性变化,就是指分子运动由有序性变为无序性。在下一章将会进一步讨论。

功和热的分子图像

热力学不涉及微观分子图像,但为了加深理解,作简要介绍。

由 Boltzmann 的统计分布,认为分子能级上的分子数惟一地依赖于温度。当热传输到一系统,使其温度上升,分子本身将在它们所允许的能级上重新分布,以符合 Boltzmann 分布。能级本身并不变化,但分配到较高能级的分子数增加了,从而使系统能量增加。当功作用到一系统时,能级本身发生变化,环境对系统做功,分子能级提高,因而系统的能量增加。图 1-5 是某气体系统被供给热或被压缩获得功而使系统能量增加的分子图像。

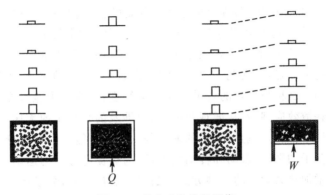

图 1-5　热和功的分子图像

综上所述,热力学可逆过程的特征为:

(1) 可逆过程进行时,系统内部始终无限接近于平衡状态。

(2) 可逆过程进行时,过程的推动力和阻力之差(如系统与环境间的压力差、温度差等)无限小。因此过程进行得无限缓慢,所以又称为准静态过程。

(3) 在等温可逆过程中,系统对环境做最大功,环境对系统做最小功。

值得注意的是,对发生可逆变化的系统不只是气体系统,可以是其他聚集状态的任何系统,如液体物质、固体物质;不只是膨胀过程,而是任何过程,如相变化、化学变化,都可按可逆或不可逆方式进行。而且可逆过程都有以上特征。此外,可逆过程是一种理想的过程,实际过程都是不可逆的,只能无限地趋近于它而不可能超越它。例如液体在其饱和蒸气压下等温等压蒸发,这是在无限接近于相平衡条件下发生的可逆相变化。可逆过程的重要性在于它可作为实际过程效率的准则,如最大功(或最小功),以确定提高实际过程效率的可能性。此外,一些重要的热力学状态函数的变化量,需要设计可逆过程才能求得(见下章)。

1.5 焓

一般化学反应是在等压下进行的,生物也大多是在正常压力条件下生存。所谓正常压力是指 101325Pa 压力下。

等压过程为系统在发生状态变化时保持压力恒定,即始态压力(p_1)等于终态压力(p_2),且等于环境的压力($p_外$),中间可以有波动($p_1=p_2=p_外=p$)。据式(1-9),等压过程的体积功为

$$W_e = -\int_{V_1}^{V_2} p_外 \, dV = -\int_{V_1}^{V_2} p \, dV = -p(V_2-V_1) \tag{1-13}$$

设为不做非体积功的等压过程,据式(1-2)有

$$\Delta U = U_2 - U_1 = Q_p - p(V_2-V_1) = Q_p - (p_2V_2 - p_1V_1)$$

或

$$Q_p = (U_2 + p_2V_2) - (U_1 + p_1V_1) \tag{1-14}$$

下标 p 表示等压。$(U+pV)$ 是系统处于某状态时的 U、p 和 V 的组合,热力学上定义它为焓(H)(enthalpy)

$$H \equiv U + pV \tag{1-15}$$

因为 U、p 和 V 都是状态函数,它们的组合 $U+pV$ 即 H 也是状态函数,具有能量的单位(J)。因 U 和 pV 是容量性质的量,H 也是容量性质的量。与热力学能一样,焓的绝对值无法确知,但实际应用中感兴趣的是状态发生变化时的焓变(ΔH)。

焓是状态函数,系统任何状态变化都有可能发生焓变。

$$\Delta H = H_2 - H_1 = (U_2 + p_2V_2) - (U_1 + p_1V_1) \tag{1-16}$$

或

$$\Delta H = \Delta U + \Delta(pV) \tag{1-17}$$

这是计算焓变的基本公式。但在特定的条件下,即等压、不做非体积功时,据式(1-14)有

$$\Delta H = Q_p \quad \text{或} \quad dH = \delta Q_p \quad \text{(等压,没有非体积功)} \tag{1-18}$$

由于在热力学中 $U+pV$ 这种组合经常出现,焓的引入使处

理问题更方便。尤其是在化学变化和生物代谢过程中,焓变更有实用价值。关于化学反应的焓变(或等压热效应)将在 1.9 节讨论。

1.6 相变焓(又称相变热)

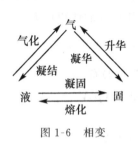

图 1-6 相变

式(1-18)也适用于等温等压下的相变过程。所谓相是系统中性质完全相同的均匀部分。如 0℃、正常压力下水和冰平衡共存,尽管它们的化学组成相同,但物理性质不同,所以水为一相——液相(l),冰为另一相——固相(s)。物质从一种相变为另一种相称为相变化。如液体的蒸发(vap),固体的熔化(fus),或固体的升华(sup),固体的晶型转变等。相变可在一定温度和压力下可逆地进行。一般地说相变热是指一定量的某种物质在某温度和其平衡压力下可逆相变的热效应。因为是在等压且不做非体积功条件下进行的,所以可以用式(1-18)。如 $\Delta_{vap}H$,$\Delta_{fus}H$,$\Delta_{sub}H$ 分别表示蒸发热(焓),熔化热(焓),升华热(焓)。气化与凝结,溶化与凝固,升华与凝华互为逆过程(见图 1-6)。在相同条件下,这些互为逆过程的状态变量值正、负符号相反,而绝对值相等。如 100℃,正常压力下,水的蒸发热 $\Delta_{vap}H = 2257$ kJ·kg^{-1}。同条件下,水的凝结热为 -2257 kJ·kg^{-1}。

相变焓的产生:相变化是等温等压且没有非体积功下进行的过程。如一定压力下的液体变为同温度下的蒸气时,热运动没有变化,但分子间距离显著变大,必须供给能量以克服分子间作用力,所以蒸发过程尽管是等温过程,但这是吸热过程。反之,蒸气凝结为液体的过程,则是放热过程。

固体变为同温下的液体(即熔化)时,据具体的物质的不同,或是由于分子间距离增大,或是破坏晶格,或是破坏氢键等都要供给能量,也是吸热过程,称为熔化热。对于相同量的某一物,熔化热比蒸发热小。同理,物质的升华,晶型的转化,都有能量变化。

由图 1-6 可见,在同温下,升华焓是熔化焓与蒸发焓之和,因为焓是状态函数。

物质相变焓的数据,一般在物质化学手册上可查取。

【例3】 1 kg 的液态水在 373.15 K,101.325 kPa 外压下蒸发为水蒸气,计算该过程的 W_e,Q,ΔU 和 ΔH。

解 过程：

$$1 \text{ kg H}_2\text{O}(l, 101.325 \text{ kPa}, 373.15 \text{ K}) \xrightarrow[373.15 \text{ K}]{p_{外}=101.325 \text{ kPa}}$$

$$1 \text{ kg H}_2\text{O}(g, 101.325 \text{ kPa}, 373.15 \text{ K})$$

显然,这是等温等压下的可逆相变过程。又非体积功 $W_f = 0$,由式(1-13)有：

$$W = W_e = -p(V_g - V_l)$$

V_l 为 1 kg 液态水的体积,V_g 为 1 kg 气态水的体积,由于 $V_g \gg V_l$,故 $V_g - V_l \approx V_g$,于是

$$W = pV_气$$

假定水蒸气为理想气体,则 $V_气 = \dfrac{nRT}{p}$,代入上式得

$$W_e = -pV_气 = -p \cdot \frac{nRT}{p} = -nRT$$

$$= -\left(\frac{1000}{18.015} \text{mol}\right)(8.314 \text{ J} \cdot \text{K}^{-1} \cdot \text{mol}^{-1})(373.15 \text{ K})$$

$$= -172.2 \text{ kJ}$$

又因该过程为等压、不做非体积功的过程,故应用式(1-18)

$$\Delta H = Q_p = 2257 \text{ kJ}$$

据式(1-2)

$$\Delta U = Q + W = Q_p + W = \Delta H + W$$

$$= (2257 - 172.2) \text{ kJ} = 2085 \text{ kJ}$$

【例 4】 上述例 3 始态与终态不变,过程改为外压为零,即向真空蒸发,完成同样的过程,试求 Q、W、ΔU 与 ΔH。

解 过程为:

$$1 \text{ kg } H_2O(l, 101.325 \text{ kPa}, 373.15 \text{ K}) \xrightarrow[373.15 \text{ K}]{p_{外}=0}$$

$$1 \text{ kg } H_2O(g, 101.325 \text{ kPa}, 373.15 \text{ K})$$

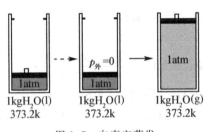

图 1-7 向真空蒸发

该过程可设想液体水盛在一带有活塞的汽缸中(图 1-7)。初始时,$p_{外}=$ 101325 Pa(或 1 atm),然后突然撤除外压,即 $p_{外}=0$,液体蒸发。过程进行之后,受汽缸上插销控制,$p_{外}$ 仍为 101325 Pa。此时系统内也为 101325 Pa。

由于该过程始态与终态与例 3 完全相同,据状态函数的特点,ΔU 与 ΔH 与例 3 同。即

$$\Delta U = 2085 \text{ kJ}; \quad \Delta H = 2257 \text{ kJ}$$

但 Q 与 W 是过程量,则与例 3 不同。

因为 $p_{外}=0$,又不做非体积功,则 $W=0$

据式(1-2) $Q = \Delta U - W = \Delta U$

所以 $Q = 2085 \text{ kJ}$

1.7 热 容

1.7.1 热容的定义

热容(C)是使系统的温度升高 1 度时所吸收的热量,单位为 $J \cdot K^{-1}$。由于热容本身随温度而变,所以它的定义式为:

$$C = \frac{\delta Q}{dT} \qquad (1\text{-}19)$$

显然 δQ 与过程有关。若是在等容条件下测量的则为等容热容 (C_V);等压下的热容则为等压热容(C_p)。据式(1-5)和式(1-18)可得

等容热容 $\qquad C_V = \dfrac{\delta Q_V}{dT} = \left(\dfrac{\partial U}{\partial T}\right)_V \qquad (1\text{-}20)$

等压热容 $\qquad C_p = \dfrac{\delta Q_p}{dT} = \left(\dfrac{\partial H}{\partial T}\right)_p \qquad (1\text{-}21)$

于是有

$$\Delta U = Q_V = \int_{T_1}^{T_2} C_V dT \quad (\text{没有非体积功,}$$
$$\text{均相、组成不变,等容过程}) \qquad (1\text{-}22)$$

$$\Delta H = Q_p = \int_{T_1}^{T_2} C_p dT \quad (\text{没有非体积功,}$$
$$\text{均相、组成不变,等压过程}) \qquad (1\text{-}23)$$

若在变温范围内,C_p 与 C_V 是常数,则以上两式为:

$$\Delta U = C_V(T_2 - T_1) = C_V \Delta T \qquad (1\text{-}24)$$

$$\Delta H = C_p(T_2 - T_1) = C_p \Delta T \qquad (1\text{-}25)$$

式(1-19)~式(1-25)均适用于没有相变和没有化学变化的简单变温过程。

摩尔热容:热容还与物质的量的多少有关。若物质的量为 1 mol,则称为摩尔热容,如等容摩尔热容($C_{V,m}$),等压摩尔热容 ($C_{p,m}$)。物质的质量为 1 kg 的等压热容,则称为比热。

热容是状态函数,属容量性质。单位为 $J \cdot K^{-1}$。摩尔热容、比热为强度性质。

1.7.2 热容与温度的关系

由前所述,热容与温度有关,其关系是由实验测定的。常见的经验关系式有以下两种形式:

$$C_{p,m} = a + bT + cT^2 + \cdots \tag{1-26}$$

$$C_{p,m} = a' + b'T + c'T^{-2} + \cdots \tag{1-27}$$

a, b, c, a', b', c' 等是经验常数。可查阅有关手册。

C_p 或 C_V 主要用于计算过程的热效应 Q_p, Q_V 或 ΔU 与 ΔH，即式(1-22)，式(1-23)。

1.7.3 C_p 与 C_V 的关系

对于同一系统，C_p 与 C_V 一般是不同的。而实验通常是在正常大气压条件下进行的，测得的是 C_p。若知 C_p 与 C_V 的关系，则可求 C_V。

对组成不变的均相封闭系统，只需两个独立变量来描述系统的状态。如 $U = U(T, V)$，即是选用 T 与 V 这两个宏观性质来描述系统的状态。dU 全微分式为

$$dU = \left(\frac{\partial U}{\partial T}\right)_V dT + \left(\frac{\partial U}{\partial V}\right)_T dV \tag{1-28}$$

与式(1-3) $dU = \delta Q + \delta W$ 联合得

$$\delta Q + \delta W = \left(\frac{\partial U}{\partial T}\right)_V dT + \left(\frac{\partial U}{\partial V}\right)_T dV$$

若系统不做非体积功($\delta W_f = 0$)，且为无相变化、化学变化的等压过程，$\delta W = \delta W_e = -pdV$，上式可改写成

$$\delta Q_p - pdV = C_V dT + \left(\frac{\partial U}{\partial V}\right)_T dV$$

上式除以 dT，又因 $\dfrac{\delta Q_p}{dT} = C_p$，所以有

$$C_p - C_V = \left[p + \left(\frac{\partial U}{\partial V}\right)_T\right]\left(\frac{\partial V}{\partial T}\right)_p \tag{1-29}$$

式(1-29)表明 C_p 大于 C_V。也就是说系统升温 1 度，等压过程比等容过程吸的热多，其中一部分用于对外做体积功，即 $p\left(\dfrac{\partial V}{\partial T}\right)_p$。另一部分用来增加系统的热力学能，即式(1-29)中右边的另一项。

对于凝聚态(固态或液态)物质，$\left(\dfrac{\partial V}{\partial T}\right)_p$ 很小，故

$$C_p \approx C_V \quad 凝聚态物质 \tag{1-30}$$

对水而言，它有许多特性。例如 101.325 kPa 下，3.98℃摩尔体积达极小值，且有 $(\partial V/\partial T)_p = 0$，于是 $C_{p,m} = C_{V,m}$。

理想气体物质的 C_p 与 C_V 将在下节讨论。

1.8 热力学第一定律在理想气体中的应用

1.8.1 理想气体的热力学能

法国人盖·吕萨克在 1807 年，英国人焦耳在 1843 年分别做了如下实验(见图 1-8)：连通器放在绝热水浴中，A 侧充有气体，B 侧抽成真空。视气体为系统，实验时打开连通器中间的活塞，使气体向真空膨胀。结果发现当气体在低压时，水浴的温度没有变化 ΔT

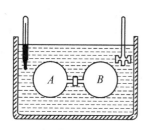

图 1-8 Joule 向真空膨胀实验装置

$= 0$，这说明系统与环境没有热交换，$Q = 0$。因为气体反抗的外压为零，且过程中不做非体积功，所以气体对环境没有做功，$W = 0$。由热力学第一定律 $\Delta U = Q + W = 0$，又因为这是属于均相组成不变的封闭系统，其热力学能变化如式(1-28)

$$dU = \left(\dfrac{\partial U}{\partial T}\right)_V dT + \left(\dfrac{\partial U}{\partial V}\right)_T dV \tag{1-28}$$

由上述实验可得出结论，气体在自由膨胀时，$dT = 0$，$dU = 0$，则

$$dU = \left(\dfrac{\partial U}{\partial V}\right)_T dV = 0 \quad (理想气体) \tag{1-31}$$

而该过程的 $dV \neq 0$，必有

$$\left(\frac{\partial U}{\partial V}\right)_T = 0 \quad \text{(理想气体)} \tag{1-32}$$

同理可证

$$\left(\frac{\partial U}{\partial p}\right)_T = 0 \quad \text{(理想气体)} \tag{1-33}$$

式(1-32)和式(1-33)表明在等温条件下，体积或压力的改变，不会引起气体的热力学能的变化。换句话说，气体的热力学能仅为温度的函数，与体积、压力无关。即

$$U = f(T) \quad \text{(理想气体)} \tag{1-34}$$

事实上，这结论只是对理想气体是正确的，因为精确的实验证明，实际气体向真空膨胀时，仍有很小的温度变化，只不过这种温度变化随着气体起始压力的降低而变小。因此，可认为只有实际气体的起始压力趋于零(即气体趋于理想气体)时，以上结论才是正确的，即只有理想气体的热力学能仅仅是温度的函数，与体积、压力无关。

根据焓的定义 $H = U + pV$，在等温下：

$$\left(\frac{\partial H}{\partial V}\right)_T = \left(\frac{\partial U}{\partial V}\right)_T + \left[\frac{\partial(pV)}{\partial V}\right]_T$$

对理想气体等温过程，$pV =$ 常数，所以 $\left[\frac{\partial(pV)}{\partial V}\right]_T = 0$。又因 $\left(\frac{\partial U}{\partial V}\right)_T = 0$，所以

$$\left(\frac{\partial H}{\partial V}\right)_T = 0 \tag{1-35A}$$

同理可证 $\quad \left(\frac{\partial H}{\partial p}\right)_T = 0 \quad \text{(理想气体)} \tag{1-35B}$

即 $\quad\quad\quad\quad\quad\quad H = f(T) \tag{1-36}$

总之，理想气体的热力学能和焓都仅是温度的函数，而与压力、体积无关。这是因为理想气体分子间无相互作用力，分子间的

势能为零。

将式(1-20)与式(1-32)代入式(1-28)，可导出理想气体的热力学能 U 与温度 T 的函数关系：

$$dU = C_V dT \tag{1-37A}$$

同理可得理想气体的焓 H 与温度 T 的关系：

$$dH = C_p dT \tag{1-38A}$$

又因理想气体的 C_V 与 C_p 不随温度而变，所以

$$\Delta U = C_V \Delta T = n C_{V,m} \Delta T \tag{1-37B}$$

$$\Delta H = C_p \Delta T = n C_{p,m} \Delta T \tag{1-38B}$$

显然以上公式适用于理想气体的变温过程，且不受等容或等压条件的限制。

1.8.2 理想气体的 C_p 与 C_V

式(1-29)是 C_p 与 C_V 的一般关系式，适用于任何组成不变的均相封闭系统。对于理想气体系统，由焦耳实验可知，$\left(\dfrac{\partial U}{\partial V}\right)_T = 0$，代入式(1-29)得：

$$C_p - C_V = p\left(\frac{\partial V}{\partial T}\right)_p$$

据理想气体状态方程，$V = \dfrac{nRT}{p}$，得 $\left(\dfrac{\partial V}{\partial T}\right)_p = \dfrac{nR}{p}$，代入上式得：

$$C_p - C_V = nR \quad (\text{理想气体}) \tag{1-39}$$

对于 1 mol 理想气体

$$C_{p,m} - C_{V,m} = R \quad (\text{理想气体}) \tag{1-40}$$

对于单原子分子理想气体，$C_{V,m} = \dfrac{3}{2}R$，双原子分子理想气体 $C_{V,m} = \dfrac{5}{2}R$。对实际气体，若压力不特别高，温度不太低，可近似看成理想气体。

【例5】 计算 1 mol 单原子分子理想气体由 298.2 K 加热至

398.2 K 时的 Q、W、ΔU、ΔH。(1)等压下加热;(2)等容下加热。

解 (1) 据题意有 $C_{V,m}=\dfrac{3}{2}R$,$C_{p,m}=\dfrac{5}{2}R$。又因为该过程为等压不做非体积功的过程,据式(1-18)和式(1-38B)及式(1-37B)有:

$$Q_p = \Delta H = \int_{T_1}^{T_2} nC_{p,m}\mathrm{d}T = nC_{p,m}(T_2 - T_1)$$

$$= (1\ \text{mol})\left(\dfrac{5}{2}R\right)(398.2\ \text{K} - 298.2\ \text{K})$$

$$= 2.078 \times 10^3\ \text{J}$$

$$\Delta U = nC_{V,m}(T_2 - T_1)$$

$$= (1\ \text{mol})\left(\dfrac{3}{2} \times 8.314\ \text{J} \cdot \text{K}^{-1} \cdot \text{mol}^{-1}\right)(398.2 - 298.2)(\text{K})$$

$$= 1.247 \times 10^3\ \text{J}$$

$$W = \Delta U - Q = -8.314 \times 10^2\ \text{J}$$

(2) 据题意,可用式(1-5)与式(1-37B)及式(1-38B),得

$$Q_V = \Delta U = nC_{V,m}(T_2 - T_1) = 1.247 \times 10^3\ \text{J}$$

$$\Delta H = nC_{p,m}(T_2 - T_1) = 2.078 \times 10^3\ \text{J}$$

$$W = p_{外}\Delta V = 0(\text{因为}\ \Delta V = 0)$$

或 $$W = \Delta U - Q = \Delta U - Q_V = 0$$

表 1-3　　　　　　　　例 5 的结果　　　　　　(单位:kJ)

过程	Q	W	ΔU	ΔH
(1)等压过程	$Q=Q_p=2.078$	$\Delta U - Q = -0.8314$	$C_V\Delta T = 1.247$	$C_p\Delta T = 2.078$
(2)等容过程	$Q=Q_V=1.247$	0	$C_V\Delta T = 1.247$	$C_p\Delta T = 2.078$

例 5 说明理想气体的热力学能(U)与焓(H)都仅仅是温度的函数,或者说它们仅仅是随温度变化而变化。在过程(1)与(2)中,有相同的温度变化值:$\Delta T = 100$ K,无论是等压过程或是等容过

程(或是其他任意过程),ΔU 值是相同的。ΔH 也是如此。

1.8.3 理想气体的绝热过程和绝热功

如果系统与环境之间用绝热壁隔开,使系统与环境间没有热的交换(但可以有功的交换),则构成绝热系统。在绝热系统内发生的过程称为绝热过程。在绝热过程中,$\delta Q=0$,所以

$$dU=\delta W \quad \text{或} \quad \Delta U=W$$

此式表明,在绝热过程中,系统对环境做功必须消耗热力学能。如果系统是理想气体,$dU=C_V dT$,则

$$C_V dT = -p_{外} dV \tag{1-41}$$

若是绝热可逆过程,上式变为

$$C_V dT = -p dV \quad (理想气体,不做非体积功,绝热可逆过程) \tag{1-42}$$

据理想气体状态方程式有 $p=nRT/V$,代入上式得

$$C_V dT = -nRT \frac{dV}{V}$$

分离变量并积分得

$$\int_{T_1}^{T_2} C_V \frac{dT}{T} = -nR \int_{V_1}^{V_2} \frac{dV}{V}$$

因为理想气体的 C_V 不随温度而变,所以

$$C_V \ln \frac{T_2}{T_1} = -nR \ln \frac{V_2}{V_1} \tag{1-43}$$

或

$$C_{V,m} \ln \frac{T_2}{T_1} = -R \ln \frac{V_2}{V_1} \tag{1-44}$$

又因理想气体的 $C_{p,m}-C_{V,m}=R$,因此

$$\ln \frac{T_2}{T_1} = \frac{C_{V,m}-C_{p,m}}{C_{V,m}} \ln \frac{V_2}{V_1} = \left(1-\frac{C_{p,m}}{C_{V,m}}\right) \ln \frac{V_2}{V_1}$$

$$= (1-\gamma) \ln \frac{V_2}{V_1}$$

式中 $\gamma = C_{p,m}/C_{V,m}$,上式改写为

$$\frac{T_2}{T_1}=\left(\frac{V_1}{V_2}\right)^{\gamma-1}, \text{或 } T_1V_1^{\gamma-1}=T_2V_2^{\gamma-1}, \text{或}$$

$$TV^{\gamma-1}=\text{常数} \tag{1-45}$$

将 $T=pV/nR$ 代入上式,得

$$pV^{\gamma}=\text{常数} \tag{1-46}$$

将 $V=nRT/p$ 代入式(1-46)得

$$p^{1-\gamma}T^{\gamma}=\text{常数} \tag{1-47}$$

式(1-45)~式(1-47)为理想气体绝热可逆过程方程。显然,仅适用于绝热可逆过程。

设 $p_1V_1^{\gamma}=p_2V_2^{\gamma}=K$,则理想气体绝热可逆过程中的体积功为

$$W=-\int_{V_1}^{V_2}p\,\mathrm{d}V=-\int_{V_1}^{V_2}\frac{K}{V^{\gamma}}\mathrm{d}V=-\frac{K}{(1-\gamma)V^{\gamma-1}}\bigg|_{V_1}^{V_2}$$

$$=\frac{K}{(1-\gamma)V_1^{\gamma-1}}-\frac{K}{(1-\gamma)V_2^{\gamma-1}}$$

$$=-\frac{1}{1-\gamma}(p_2V_2-p_1V_1) \tag{1-48}$$

或

$$W=-\frac{nR(T_2-T_1)}{1-\gamma} \tag{1-49}$$

又因 $C_V=nR/(\gamma-1)$,所以

$$W=C_V(T_2-T_1) \tag{1-50}$$

式(1-50)对绝热可逆或不可逆过程均可用。由此可见,虽然式(1-48)到式(1-50)是由理想气体绝热可逆过程推导出来的,但同样可适用于绝热不可逆过程的体积功的计算。这是因为绝热功,无论是可逆还是不可逆,都只与系统的热力学能变化有关,也就是说只与系统的状态函数变化值有关,从而它的值也只与系统的始末态有关,而与途径是否可逆无关。因此我们应该注意到,如果系统从同一始态出发,分别经历绝热可逆和绝热不可逆过程,不可能到达同一末态;如果系统从某一始态出发经历绝热不可逆过程到达某一末态,不可能在该始、末态之间,再设计一条绝热可逆途径

来实现这一状态变化,也就是说在某一确定的始、末态之间只能有一条绝热途径。这与 1.4.1 节所讨论的等温过程是不相同的。

【例 6】 设在 273.2 K 和 1 MPa 的压力时,取 10.00 dm³ 理想气体。今用下列几种不同过程膨胀到最后压力为 0.1 MPa:①等温可逆膨胀;②绝热可逆膨胀;③在恒外压 0.1 MPa 下绝热膨胀(不可逆绝热膨胀)。计算各过程的气体末态的体积,以及 W、Q、ΔU 和 ΔH 值。假定 $C_{V,m} = \dfrac{3}{2}R$。

解 先求气体的物质的量。由理想气体状态方程有:

$$n = \frac{pV}{RT} = \frac{(1\times 10^6 \text{ Pa})(10.00\times 10^{-3} \text{ m}^3)}{(8.314 \text{ J} \cdot \text{K}^{-1} \cdot \text{mol}^{-1})(273.2 \text{ K})} = 4.403 \text{ mol}$$

(1) 等温可逆膨胀,末态体积 $V_2 = \dfrac{p_1 V_1}{p_2}$,即

$$V_2 = \frac{(1\times 10^6 \text{ Pa})(10.00\times 10^{-3} \text{ m}^3)}{1\times 10^5 \text{ Pa}} = 0.100 \text{ m}^3$$

$\Delta U_1 = \Delta H_1 = 0$ (理想气体等温过程)

$$W_1 = -Q_1 = -nRT \ln \frac{V_2}{V_1}$$

$$= -(4.403 \text{ mol})(8.314 \text{ J} \cdot \text{K}^{-1} \cdot \text{mol}^{-1})$$

$$(273.2 \text{ K}) \ln \frac{0.100 \text{ m}^3}{0.010 \text{ m}^3} = -23.028 \text{ kJ}$$

$Q_1 = 23.028 \text{ kJ}$

(2) 绝热可逆膨胀

据式(1-46),$pV^\gamma =$ 常数,或 $p_1 V_1^\gamma = p_2 V_2^\gamma$,其中 $\gamma = \dfrac{C_{p,m}}{C_{V,m}} = \dfrac{5}{3}$,所以

$$V_2 = \left(\frac{p_1}{p_2}\right)^{\frac{1}{\gamma}} \cdot V_1 = \left(\frac{1}{0.1}\right)^{\frac{3}{5}} \times 10 \times 10^{-3} \text{ m}^3 = 0.03981 \text{ m}^3$$

$$T_2 = \frac{p_2 V_2}{nR} = \frac{0.1\times 10^6 \times 0.03981}{4.403 \times 8.314} = 108.7 \text{(K)}$$

据式(1-50)

$$W_2 = \Delta U_2 = nC_{V,m}(T_2 - T_1)$$
$$= (4.403 \text{ mol})\left(\frac{3}{2} \times 8.314 \text{ J} \cdot \text{K}^{-1} \cdot \text{mol}^{-1}\right)$$
$$(108.7 - 273.2)(\text{K}) = -9033 \text{ J}$$
$$Q_2 = 0$$
$$\Delta H_2 = nC_{p,m}(T_2 - T_1)$$
$$= \left(4.403 \times \frac{5}{2} \times 8.314\right)(108.7 - 273.2)$$
$$= -15.05 \times 10^3 \text{ J}$$

(3) 恒外压绝热膨胀

此为不可逆绝热膨胀过程。绝热过程方程式(1-45)～式(1-47)均不能用。先计算终态的体积和温度。据式(1-8)与式(1-50)

$$W_3 = \Delta U_3 \quad 即 \quad -p_{外}(V_2 - V_1) = C_V(T_2 - T_1)$$

或
$$-p_2(V_2 - V_1) = C_V(T_2 - T_1)$$
$$-p_2\left(\frac{nRT_2}{p_2} - \frac{nRT_1}{p_1}\right) = nC_{V,m}(T_2 - T_1)$$

代入 p_1, p_2, T_1 等已知数据,求得

$$T_2 = 174.8 \text{ K}, V_2 = 0.06398 \text{ m}^3$$
$$W_3 = \Delta U_3 = nC_{V,m}(T_2 - T_1)$$
$$= \left(4.403 \times \frac{3}{2} \times 8.314\right)(174.8 - 273.2) = -5403 \text{ J}$$
$$\Delta H_3 = nC_{p,m}(T_2 - T_1)$$
$$= \left(4.403 \times \frac{5}{2} \times 8.314\right)(174.8 - 273.2) = -9006 \text{ J}$$

由此例题可以说明从同一始态出发,经绝热可逆和经绝热不可逆,不可能达到同一末态。

综上所述理想气体的特性如下:

(1) 状态方程 $\quad pV = nRT$

(2) $\left(\frac{\partial U}{\partial V}\right)_T = 0 ; \left(\frac{\partial H}{\partial p}\right)_T = 0$

即有 $dU = C_V dT ; dH = C_p dT$

(3) $C_{p,m} - C_{V,m} = R$

(4) 等温过程方程式为 $pV=$ 常数(可逆与不可逆均可用)

绝热可逆过程方程式为 $pV^\gamma =$ 常数(仅适用于可逆绝热方程)

(5) 焦耳-汤姆逊系数 $\mu_{J-T} = 0$

理想气体的这些特点，与它的分子间无相互作用力有关。实际气体在压力不太高，温度不太低时，近似看成理想气体。

制冷与环境

① 绝热膨胀

由式(1-45)，$\frac{T_2}{T_1} = \left(\frac{V_1}{V_2}\right)^{\frac{nR}{C_V}}$，热力学上已证明了 $C_V > 0, C_p > 0$。因此 $V_2 > V_1$ 时，则有 $T_2 < T_1$。即理想气体被可逆绝热膨胀制冷。

一个接近可逆，近似绝热的膨胀制冷常被采用。通常在所需制冷温度不太低时使用。

② 节流膨胀

在 1.8.1 节中可知理想气体的热力学能和焓仅仅是温度的函数，但实际气体就不然。1852 年焦耳和汤姆逊(Thomson W)设计了另一个更精确的实验，可以观察到实际气体(即是在低压下的实际气体)的膨胀产生的温度变化，如图 1-9 所示。

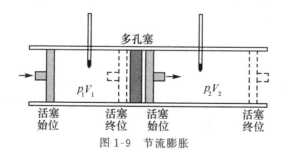

图 1-9 节流膨胀

如图 1-9 所示,绝热管内有一多孔塞(如软木塞、海泡石等)将气体分为两部分。左边为高压 p_1 气体,右边为低压 p_2 气体。多孔塞的功能是使气体不能很快地通过,以维持两边的压力差不变。慢慢地推动左边活塞,使气体由左边经多孔塞到右边,达到稳定后,观测两边温度的改变。这种维持一定压力差的绝热膨胀过程,称为节流膨胀。

该过程是绝热的,所以 $Q=0$,则由式(1-2)

$$\Delta U = W = W_左 + W_右 = -p_1(0-V_1) + [-p_2(V_2-0)]$$

或 $$U_2 - U_1 = p_1 V_1 - p_2 V_2$$

整理后得: $$U_2 + p_2 V_2 = U_1 + p_1 V_1$$

即 $$H_2 = H_1$$

所以,气体的节流膨胀为等焓过程。

经节流膨胀后气体压力变化为 $\Delta p = p_2 - p_1$,温度变化为 $\Delta T = T_2 - T_1$,比值 $\dfrac{\Delta T}{\Delta p}$,用符号 μ_{J-T} 表示其微分式:

$$\mu_{J-T} = \left(\frac{\partial T}{\partial p}\right)_H$$

称为焦耳-汤姆逊系数(Joule-Thomson coefficient)。若 μ_{J-T} 为正,因为 $\Delta p = p_2 - p_1 < 0$,则 $\Delta T = T_2 - T_1 < 0$,表示气体膨胀后温度降低,可产生制冷效应;反之,则制热。

若 $$\mu_{J-T} = 0 \tag{1-51}$$

则气体膨胀后温度无变化,这是理想气体具有的特征。

由上可知,利用实际气体进行节流膨胀制冷或液化气体时,该气体必须具备 $\mu_{J-T} > 0$ 的条件。节流膨胀在工业上得到了广泛的应用。

上述两种致冷方法,都需要有工作物质,常选用氟里昂(氟氯烷)系列。但现已确认氟里昂与大气的臭氧层破坏有关,国际条约(1987 年蒙特利尔协定)规定近期内完全禁止使用。现采用的是一系列的代用品,主要是降低了氟氯昂中的氯含量。

除以上措施外,还大力研究开发其他方法。

③ 热声学方法，最早源于热驱动声波振荡现象。热声学定量理论是 20 世纪 70 年代开始发展，80 年代出现热声学制冷研究。其基本原理是利用电声传感器在一定长度的管中形成驻波。管中不同局部位置的空气产生周期性的压缩与膨胀，并伴有吸热与放热。精心设计换热部件，供给电能，热从低温物体传给高温物体，实现制冷。该方法不需要特殊的工作物质，也就实现了零的环境污染。据报道最低温度已达 150 K，最大功率达 40 kW，有望在工业和民用中得到应用。

④ 绝热去磁　一些顺磁性物质如硫酸钆，在一定温度下，在强磁场中，它的分子将会沿磁场方向定向。混乱度降低，熵减小。然后在绝热条件下撤除磁场，分子又恢复混乱状态，熵增加。在一般情况下，这是一个吸热过程。但现在是绝热情况，必定是消耗系统自身的能量，因而系统温度必定下降。

1.9　热　化　学

1.9.1　热化学及反应焓

系统在发生化学变化或物理变化过程中常伴有吸热或放热现象，对这些过程的热效应进行测定并研究其规律性，形成了物理化学中的一个分支——热化学。其实质是热力学第一定律在化学变化及其有关过程中的应用。

系统在化学反应时，若不做非体积功，且反应后产物的温度与反应物温度相同时，系统吸收或放出的热量称为反应热。按热力学惯例规定热效应的值吸热为正，放热为负。据反应条件，在等压下进行的则为等压反应热或反应焓（Q_p 或 $\Delta_r H$），在等容下进行的则为等容反应热（Q_V 或 $\Delta_r U$）。

反应热的产生：因为物质具有能量，不同的物质具有不同的能量。由反应物变成产物：

$$\Delta_r H = \sum H(P) - \sum H(R)$$

或
$$\Delta_r U = \sum U(P) - \sum U(R)$$

式中 P 代表产物，R 代表反应物。一般 $\Delta_r H$ 或 $\Delta_r U$ 不为零，即反应物的能量之和不等于产物的能量之和。这种反应前后能量差，以热的形式与环境进行交换，就是反应热。

1.9.2　反应进度(ξ)

下面引入一个重要的物理量——反应进度，用符号 ξ 表示。它在反应热的计算以及化学平衡和反应速率的表示式中普遍采用。

对于任意的化学反应：$aA + bB \Longrightarrow yY + zZ$

或简写成
$$0 = \sum_B \nu_B B \tag{1-52}$$

式中 B 表示参与反应的任一组分，ν_B 表示相应组分在所给的化学反应式中的计量系数，其量纲为一。规定对反应物 ν_B 为负，对产物 ν_B 为正。设下述反应

$$0 = \sum_B \nu_B B$$

$t=0, \xi=0$　　　　　　　　n_B^0

$t=t, \xi=\xi$　　　　　　　　n_B

定义反应进度 ξ 为

$$\xi = \frac{n_B - n_B^0}{\nu_B} \tag{1-53}$$

n_B^0 是任一组分 B 在反应起始时物质的量；n_B 是组分 B 在反应进度为 ξ 时物质的量。ξ 的单位是 mol。

据式(1-53)可得

$$d\xi = \frac{dn_B}{\nu_B} \tag{1-54}$$

【例 7】 设 2 mol H_2(g) 和 5 mol Cl_2(g) 反应，最后有 2 mol HCl(g) 生成。试分别以下面两个化学计量方程式计算反应进度 ξ。

(1) $H_2 + Cl_2 = 2HCl$

(2) $\frac{1}{2}H_2 + \frac{1}{2}Cl_2 = HCl$

解

$$\begin{array}{cccc} & n_{H_2} & n_{Cl_2} & n_{HCl} \quad \text{(单位 mol)} \\ t=0, \xi=0 & 2 & 5 & 0 \\ t=t, \xi=\xi & 1 & 4 & 2 \end{array}$$

据计量方程式(1),分别用 HCl, Cl_2 和 H_2 的物质的量变化计算 ξ_1:

$$\xi_1 = \frac{(2-0)\ \text{mol}}{2} = \frac{(4-5)\ \text{mol}}{-1} = \frac{(1-2)\ \text{mol}}{-1} = 1\ \text{mol}$$

同理,据计量方程式(2)计算 ξ_2:

$$\xi_2 = \frac{(2-0)\ \text{mol}}{1} = \frac{(4-5)\ \text{mol}}{-\frac{1}{2}} = \frac{(1-2)\ \text{mol}}{-\frac{1}{2}} = 2\ \text{mol}$$

显然,对同一化学反应,ξ 的值与反应计量方程式的写法有关,而与选取参与反应的哪一种物质无关。

此外,ξ 值的大小,可为 1,也可以大于 1,还可以为 0,为分数,甚至还可为负(习题 18)。

摩尔反应焓

当反应进度 $\Delta\xi = 1$ mol 时,化学反应进行了 1 mol 的反应进度,简称摩尔反应进度。摩尔反应进度时的等压反应热 $\Delta_r H$ 称为摩尔反应焓(变),用 $\Delta_r H_m$ 表示,显然有

$$\Delta_r H_m = \frac{\Delta_r H}{\Delta \xi} = \frac{\nu_B \Delta_r H}{\Delta n_B} \tag{1-55}$$

同理有
$$\Delta_r U_m = \frac{\Delta_r U}{\Delta \xi} = \frac{\nu_B \Delta_r U}{\Delta n_B} \tag{1-56}$$

1.9.3 Q_p 与 Q_V 的关系

通常化学反应是在等压下进行的,为等压反应热。而一般测量反应热是在等容的热量计中进行的(图 1-11),为等容反应热。

二者之间有什么关系呢?

据焓的定义 $H=U+pV$,则 $\Delta H=\Delta U+\Delta(pV)$,在系统不做非体积功时,据式(1-5)和式(1-18)有 $Q_V=\Delta_r U$ 和 $Q_p=\Delta_r H$,则

$$Q_p=Q_V+\Delta(pV) \tag{1-57}$$

显然 Q_p 与 Q_V 之差是在 $\Delta(pV)$ 项上。对不同的反应系统 $\Delta(pV)$ 值不同。

(1) 气相反应　参与反应的各物质都是气体,若反应系统压力不太高,近似看成理想气体,则 $\Delta(pV)=\Delta(nRT)$。因为反应物与产物处于同一温度,所以 $\Delta(pV)$ 是由反应前后气体物质的量的变化所引起。即 $\Delta(pV)=\Delta n_g RT$,代入式(1-57)得

$$Q_p=Q_V+\Delta n_g RT \tag{1-58}$$

式中 Δn_g 为生成气体产物总的摩尔数与发生反应的气体反应物总的摩尔数之差。对于一给定的化学计量方程(1-52),发生了 $\Delta \xi=1$ mol 的反应,则

$$\Delta n_g = \sum_B \nu_B(g)$$

(2) 凝聚相反应　反应物和产物都是液体或固体物质,则 $\Delta(pV)$ 值与反应热比较起来小得多,可忽略不计,所以

$$Q_p=Q_V+\Delta(pV) \approx Q_V \text{ 或 } \Delta_r H=\Delta_r U \tag{1-59}$$

(3) 有气体物参与的复相反应　即是参与反应的各物质中既有气体物,也有液体或固体物时,式(1-58)仍然适用,只是 Δn_g 中只包括气体物的计量系数,不包括液体或固体物的计量系数。

[例8]　由弹式绝热量热计(见图1-11)测得下述反应

$$C_2H_5OH(l)+3O_2(g)=2CO_2(g)+3H_2O(l)$$

在 298.15 K 时的 $Q_{V,m}=-1364.56$ kJ·mol^{-1},求此反应的 $Q_{p,m}$。

解　$\Delta n(g)=2-3=-1$

$Q_{p,m}=Q_{V,m}+(\Delta n)_g RT$

$\quad=(-1364.56$ kJ·mol$^{-1})$

$\quad\quad+(-1)(8.314\times10^{-3}$ kJ·K^{-1}·mol$^{-1})(298$ K$)$

$= -1367.04 \text{ kJ} \cdot \text{mol}^{-1}$

1.9.4 热化学方程式和标准摩尔反应焓

表示化学反应与热效应关系的方程式称为热化学方程式。因为反应焓与反应条件和反应物及产物的状态有关,所以在书写热化学方程式时都应注明反应的温度、压力、物质的物态、组成等。一般以 g 表示气态,l 表示液态,s 表示固态。若固态物质有不同晶型,还需标明晶型,如 C(石墨),C(金刚石)等。溶液要标明浓度。例如:

$$H_2(理想气体,p^\ominus) + \frac{1}{2}O_2(理想气体,p^\ominus)$$
$$= H_2O(理想气体,p^\ominus) \quad (1\text{-}60)$$
$$\Delta_r H_m^\ominus (298.15 \text{ K}) = -241.83 \text{ kJ} \cdot \text{mol}^{-1}$$

该热化学方程式表明,在 25℃下处于标准态且互不相混合的 1 mol H_2 与 0.5 mol O_2 完全反应生成 25℃的处于标准态的 1 mol 的气态 H_2O,放热 241.83 kJ。

上述反应还可以写成:
$$2H_2(理想气体,p^\ominus) + O_2(理想气体,p^\ominus) = 2H_2O(理想气体,p^\ominus)$$
$$\Delta_r H_m^\ominus (298.15 \text{ K}) = -483.66 \text{ kJ} \cdot \text{mol}^{-1}$$

显然反应热值还与反应方程式的写法有关。

当参与反应的物质都处于标准状态时的反应焓称为标准反应焓。关于物质的标准态的规定如下:

气体物质的标准态:规定 100 k$p^\ominus$ 为标准压力,用符号 $p^\ominus$ 表示(上标"⊖"代表压力为标准压力)。当气体的压力为 $p^\ominus$,任意温度 T 时具有理想气体性质的状态作为标准态。理想气体客观上并不存在,而实际气体的压力为 $p^\ominus$ 时,其行为并不理想,故纯气体的标准态是一种假想的状态。

对纯液体或纯固体,在压力为 $p^\ominus$,任意温度 T 时的状态为标准态。由于温度没有给定,因此标准态并不是只有一个,而是每个温度 T 都存在一个标准态。关于溶液的标准态,在以后的章节里讨论。

标准摩尔反应焓($\Delta_r H_m^\ominus(T)$)：在温度 T 下，当参与反应的各物质均处于标准态，按给定的反应方程式完成 $\xi = 1$ mol 的反应焓(即 $\Delta_r H_m^\ominus(T)$ 中下标 m 的含义)，称为标准摩尔反应焓。对于任一化学反应式(1-52)有：

$$\Delta_r H_m^\ominus(T) = -aH_m^\ominus(A,T) - bH_m^\ominus(B,T)$$
$$+ yH_m^\ominus(Y,T) + zH_m^\ominus(Z,T)$$
$$= \sum_B \nu_B H_m^\ominus(B,T) \qquad (1\text{-}61)$$

在通常情况下，往往忽略混合焓变以及压力对焓变的影响，并在压力不太高时，把实际气体当成理想气体。于是标准摩尔反应焓近似看成在等温等压下 $\xi = 1$ mol 的反应焓。以后在写热化学反应方程式时以"g"代表理想气体。

1.9.5 盖斯定律

早在热力学第一定律确立之前，1836 年盖斯(Hess)根据实验总结出：一个化学反应不论是一步完成还是分几步完成，其热效应值是一定的。称之为盖斯定律。热力学第一定律确立后，知道在不做非体积功的情况下，有 $Q_V = \Delta U$，$Q_p = \Delta H$，即等容热效应与等压热效应只与过程的始末态有关，与途径无关。因此盖斯定律实际上是热力学第一定律在热化学中的必然结果。同时也明确了应用盖斯定律时应注意条件(不做非体积功，等压或等容)。

盖斯定律是热化学计算的基础，它使得热化学方程式可以像代数方程式那样进行运算，从而可以根据已经准确测定了的反应热，来计算难以测量或根本不能测量的反应热。例如，$C(s) + \frac{1}{2}O_2(g) \rightarrow CO(g)$ 的反应热无法直接测定，因为碳的燃烧不可能控制到只生成 CO 而不生成 CO_2。但可以由实验测出下面两个反应的热效应：

(1) $C(s) + O_2(g) \rightarrow CO_2(g) \qquad \Delta_r H_1$

(2) $CO(g) + \frac{1}{2}O_2(g) \rightarrow CO_2(g)$ $\Delta_r H_2$

(1)-(2)得

(3) $C(s) + \frac{1}{2}O_2(g) \rightarrow CO(g)$ $\Delta_r H_3$

于是 $\Delta_r H_3 = \Delta_r H_1 - \Delta_r H_2$

或者图示如下：

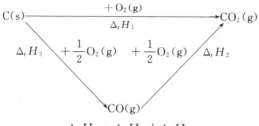

$$\Delta_r H_1 = \Delta_r H_3 + \Delta_r H_2$$

注意在进行代数运算时，要求反应条件和物质的状态要一致。

1.9.6 标准摩尔生成焓($\Delta_f H_m^\ominus$)

从式(1-61)可以看出，如果能够知道各种物质焓的绝对值，就可以算出反应的标准摩尔反应焓。如前所述，焓的绝对值还无法确知，于是引入标准摩尔生成焓和标准摩尔燃烧焓求标准摩尔反应焓。

1. 某物质的标准摩尔生成焓的定义

在反应温度(T)下，由分别处于标准态的稳定单质生成处于标准态的1摩尔该物质的反应焓。用符号 $\Delta_f H_m^\ominus(T)$ 表示，f 表示生成反应(formation)。例如 298.15 K 时：

$C(石墨, p^\ominus) + O_2(g, p^\ominus) \rightarrow CO_2(g, p^\ominus)$

$\Delta_r H_m^\ominus(298.15\ K) = -393.509\ kJ \cdot mol^{-1}$

也就是 $\Delta_f H_m^\ominus(CO_2, 298.15\ K) = -393.509\ kJ \cdot mol^{-1}$。

由标准摩尔生成焓的定义可知，标准态下稳定单质的生成焓为零。因为稳定单质在相同温度，标准压力下自己生成自己，没有发生状态变化,即所有的状态变量都为零。

如下面一些物质的标准摩尔生成焓值为零:

$p^{\ominus}$、25℃下,气态的 O_2、N_2、H_2 等;

$p^{\ominus}$、25℃下,液态 Br_2、液态 Hg;

$p^{\ominus}$、25℃下,固态 $Cu(s)$、Sn(白锡)、C(石墨)、S(正交)等。

注意:对于有多种晶型的单质,要注意对晶型的规定。如碳单质有:石墨、无定形碳、金刚石、C_{60} 等。规定石墨为最稳定单质。

2. $\Delta_f H_m^{\ominus}$ 的应用——求反应焓

某反应温度 T 及参与反应各物均处于标准状态,对任意反应式(1-52)有:

$$\Delta_r H_m^{\ominus}(T) = y\Delta_f H_m^{\ominus}(Y,T) + z\Delta_f H_m^{\ominus}(Z,T)$$
$$- a\Delta_f H_m^{\ominus}(A,T) - b\Delta_f H_m^{\ominus}(B,T)$$

或

$$\Delta_r H_m^{\ominus}(T) = \sum_B \nu_B \Delta_f H_m^{\ominus}(B,T) \qquad (1-62)$$

纯物质在25℃下的标准摩尔生成焓可由化学手册中查得,本书附录列出了部分数据。

【例9】 25℃,$p^{\ominus}$ 下,求下列反应的反应焓。

$$3C_2H_2(g) = C_6H_6(l)$$

已知:$\Delta_f H_m^{\ominus}(C_2H_2, g, 298.2 \text{ K}) = 226.73 \text{ kJ/mol}$

$\Delta_f H_m^{\ominus}(C_6H_6, l, 298.2 \text{ K}) = 49.04 \text{ kJ/mol}$

解:据式(1-62)

$\Delta_r H_m^{\ominus}(298.2 \text{ K})$

$= \Delta_f H_m^{\ominus}(C_6H_6, l, 298.2 \text{ K}) - 3\Delta_f H_m^{\ominus}(C_2H_2, g, 298.2 \text{ K})$

$= 1 \times 49.04 - 3 \times 226.73$

$= -628.96 \text{ kJ} \cdot \text{mol}^{-1}$

上述的结果,就是 Hess 定律的应用:

$6C(石墨) + 3H_2(g) = C_6H_6(l)$ (1)

$2C(石墨) + H_2(g) = C_2H_2(g)$ (2)

(1)$-3\times$(2)得

$3C_2H_2(g) = C_6H_6(l)$ (3)

由此可见,无论是 $C_6H_6(l)$ 还是 $3C_2H_2(g)$,它们都是由相同的单质所生成。见图 1-10 中(b)。

离子标准摩尔生成焓:在反应系统中,有时涉及有离子参与的反应,如果能够知道各种离子的标准摩尔生成焓,同样可计算这类反应的反应焓。

在热化学中,规定离子的标准态为:水溶液中,某温度及标准压力下某离子的浓度为 $1\ mol\cdot dm^{-3}$,且离子间无相互作用的假想态。在反应温度下,且反应物和产物都分别处于标准状态,由稳定单质生成 1 mol 离子的反应焓,称为该离子的标准摩尔生成焓。如

$$\frac{1}{2}H_2(g,p^{\ominus}) \rightarrow H^+(aq) + e^- \qquad \Delta_f H_m^{\ominus}(T)$$

aq 表示水溶液

由于溶液是电中性的,正、负离子总是同时存在,不能得到单一离子的溶液,因此无法测定单一离子的生成焓,于是规定

$$\Delta_f H_m^{\ominus}(H^+, aq, T) = 0 \tag{1-63}$$

由此可以求其他离子的标准摩尔生成焓。如

$$HCl(g, p^{\ominus}) \xrightarrow{H_2O} H^+(aq) + Cl^-(aq)$$

实验测得 $\Delta_{sol}H_m^{\ominus}(298.15\ K) = -75.14\ kJ$,sol 表示溶解。查附录知 $\Delta_f H_m^{\ominus}(HCl, g, 298.15\ K) = -92.30\ kJ\cdot mol^{-1}$,于是

$$\Delta_{sol}H_m^{\ominus}(298.15\ K) = \Delta_f H_m^{\ominus}(H^+, aq) + \Delta_f H_m^{\ominus}(Cl^-, aq)$$
$$- \Delta_f H_m^{\ominus}(HCl, g, p^{\ominus}) = -75.14\ kJ\cdot mol^{-1}$$

即 $\Delta_f H_m^{\ominus}(H^+) + \Delta_f H_m^{\ominus}(Cl^-) = (-75.14 - 92.30)\ kJ\cdot mol^{-1}$
$$= -167.44\ kJ\cdot mol^{-1}$$

将式(1-63)代入得

$$\Delta_f H_m^{\ominus}(Cl^-, aq, 298.15\ K) = -167.44\ kJ\cdot mol^{-1}$$

25℃下,部分离子在水溶液中的标准摩尔生成焓数据列于附录中。

此外,物质的溶解,或溶液的稀释也有热效应,分别称为溶解热和冲淡热(稀释热)。

生成焓数据可用于计算反应焓,是很基本的热力学数据之一。生成焓数据来源于:

(1) 由实验直接测定。如

$$H_2(g) + \frac{1}{2}O_2(g) = H_2O(l)$$

这代表那些能直接由稳定单质就能生成的物质。

(2) 利用 Hess 定律间接计算

如 1.9.5 节中 CO(g)的生成焓的计算

(3) 由燃烧焓数据计算。见例 12。

(4) 由键焓数据估算。见 1.9.8 节。

1.9.7 标准摩尔燃烧焓(变)

1 摩尔物质与氧气处于温度 T 和标准压力下,完全燃烧生成处于温度为 T 和标准压力 $p^{\ominus}$ 的产物的反应焓称为该物质的标准摩尔燃烧焓(热),以 $\Delta_c H_m^{\ominus}(T)$ 表示。c 表示燃烧反应(combustion)。同时必须规定燃烧产物的状态。如物质中的元素 C 变为 $CO_2(g)$,H 变为 $H_2O(l)$,S 变为 $SO_2(g)$,N 变为 $N_2(g)$,Cl 变为 $HCl(\infty, aq)$。其中,∞ 表示无限稀,aq 表示水溶液。注意对燃烧产物可能会有不同规定,燃烧焓数据也会不同。

应用盖斯定律,从燃烧焓可以求生成焓,也可以求反应焓。对于某反应:$0 = \sum_B \nu_B B$,反应焓计算公式为:

$$\Delta_r H_m^{\ominus}(T) = -\sum_B \nu_B \Delta_c H_{m,B}^{\ominus}(T) \tag{1-64}$$

特别注意式(1-64)与式(1-62)相差一个负号。

【例 10】 25℃ 和 $p^{\ominus}$ 下,对下列反应:

$$3C_2H_2(g) = C_6H_6(l)$$

由标准摩尔燃烧焓,求 $\Delta_r H_m^{\ominus}(298.2 \text{ K})$

解 查表:$\Delta_c H_m^{\ominus}(C_2H_2, g, 298.2 \text{ K}) = -1300 \text{ kJ} \cdot \text{mol}^{-1}$

$\Delta_c H_m^{\ominus}(C_6H_6, l, 298.2 \text{ K}) = -3268 \text{ kJ} \cdot \text{mol}^{-1}$

燃烧反应分别为:

$$C_2H_2(g) + \frac{5}{2}O_2(g) = 2CO_2(g) + H_2O(l) \quad (1)$$

$$C_6H_6(l) + \frac{15}{2}O_2(g) = 6CO_2(g) + 3H_2O(l) \quad (2)$$

据 Hess 定律,$3\times(1)-(2)$ 得

$$3C_2H_2(g) = C_6H_6(l)$$

所以 $\Delta_r H_m^\ominus(298.2\ K) = 3\times(-1300)-(-3268)$

$$= -632\ kJ\cdot mol^{-1}$$

即为式(1-64)。

由燃烧焓求反应焓与由生成焓求反应焓公式为:

$$\Delta_r H_m^\ominus(T) = \sum_B \nu_B \Delta_f H_m^\ominus(B) = -\sum_B \nu_B \Delta_c H_m^\ominus(B)$$

它们相差一个正负号。原因是在生成反应中,物质 B 是产物,在燃烧反应中,物质 B 是反应物(见图 1-10)。

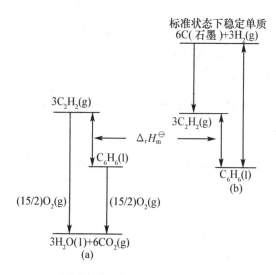

(a)由燃烧焓求反应焓 (b)由生成焓求反应焓
图 1-10 反应焓、生成焓和燃烧焓的关系

【例 11】 Suboxydans 醋酸杆菌把乙醇先氧化成乙醛,然后氧化成乙酸,试计算 298.15 K 和标准压力下分步氧化的反应热。

解 查附录得到下列各物 $\Delta_c H_m^\ominus (298.15\ K)(kJ \cdot mol^{-1})$

$C_2H_5OH(l)$	$CH_3CHO(g)$	$CH_3COOH(l)$
-1368	-1193	-874

乙醇氧化成乙醛的反应:

$$0 = -C_2H_5OH(l) - \frac{1}{2}O_2(g) + CH_3CHO(g) + H_2O(l)$$

$\Delta_r H_m^\ominus (298.15\ K)$

$$= -\sum_B \nu_B \Delta_c H_m^\ominus(B)$$

$$= -\left\{(-1)\Delta_c H_m^\ominus(C_2H_5OH(l)) + \left(-\frac{1}{2}\right)\Delta_c H_m^\ominus(O_2(g))\right.$$

$$\left. + \Delta_c H_m^\ominus(CH_3CHO(g)) + \Delta_c H_m^\ominus(H_2O(l))\right\}$$

$$= -\left\{(-1)(-1368) + \left(-\frac{1}{2}\right)(0)\right.$$

$$\left. + (-1393) + (0)\right\} kJ \cdot mol^{-1}$$

$$= -174.35\ kJ \cdot mol^{-1}$$

乙醛氧化成乙酸的反应:

$$0 = -CH_3CHO(g) - \frac{1}{2}O_2(g) + CH_3COOH(l)$$

同理得

$$\Delta_r H_m^\ominus(298.15\ K) = -\left\{(-1)(-1393) + \left(-\frac{1}{2}\right)(0)\right.$$

$$\left. + (-874)\right\} kJ \cdot mol^{-1}$$

$$= -320.5\ kJ \cdot mol^{-1}$$

由燃烧焓的定义可知,最终燃烧产物以及 $O_2(g)$ 在指定反应温度及标准态下燃烧焓值为零。

【例 12】 已知尿素$(NH_2)_2CO$ 的 $\Delta_c H_m^\ominus(298.15\ K)$ 为 $-631.99\ kJ \cdot mol^{-1}$,试求其 $\Delta_f H_m^\ominus(298.15\ K)$。

解 尿素在25℃下的生成反应为

$$C(石墨, p^\ominus) + 2H_2(g, p^\ominus) + N_2(g, p^\ominus) + \frac{1}{2}O_2(g, p^\ominus)$$
$$= (NH_2)_2CO(s, p^\ominus)$$

据式(1-62),该生成反应的反应焓

$$\Delta_r H_m^\ominus(298.15\ K) = \Delta_f H_m^\ominus((NH_2)_2CO(s))$$

又据式(1-64),298.12 K下:

$$\Delta_r H_m^\ominus = \Delta_f H_m^\ominus((NH_2)_2CO(s))$$
$$= \Delta_c H_m^\ominus(石墨) + 2\Delta_c H_m^\ominus(H_2(g)) + \Delta_c H_m^\ominus(N_2(g))$$
$$+ \frac{1}{2}\Delta_c H_m^\ominus(O_2(g)) - \Delta_c H_m^\ominus((NH_2)_2CO(s))$$

其中 $\Delta_c H_m^\ominus(C(石墨)) = \Delta_f H_m^\ominus(CO_2(g)) = -393.51\ kJ \cdot mol^{-1}$

$\Delta_c H_m^\ominus(H_2(g)) = \Delta_f H_m^\ominus(H_2O(l)) = -285.84\ kJ \cdot mol^{-1}$

$\Delta_c H_m^\ominus(N_2(g)) = 0$ (因为是规定的燃烧最终产物)

$\Delta_c H_m^\ominus(O_2(g)) = 0$

将以上数据和题给数据代入上式得

$$\Delta_f H_m^\ominus((NH_2)_2CO(s))$$
$$= \{(-393.51) + (2)(-285.84) + 0 + \frac{1}{2}(O)$$
$$- (-631.99)\}(kJ \cdot mol^{-1})$$
$$= -333.2\ kJ \cdot mol^{-1}$$

这是由燃烧焓求物质的生成焓的例子。有的物质(如尿素等),在常温常压下直接由它们的稳定单质是难以合成出来的,但生成尿素反应的各物质是可以完全燃烧的,即由实验可测出它们的燃烧焓,从而可间接计算其生成焓。

从上例还可以看出一些物质的生成焓与燃烧焓的关系。例如反应

$$H_2(g) + \frac{1}{2}O_2(g) = H_2O(l)$$

有 $\Delta_r H_m^\ominus = \Delta_f H_m^\ominus(H_2O(l)) = \Delta_c H_m^\ominus(H_2(g))$

注意查手册的数据时,是查不到$H_2(g)$的燃烧焓的。

燃烧焓的测定是在绝热弹式热量计(图 1-11)中进行的。先把样品放在氧弹的小盘 1 里,然后充入高压氧气,再将点火线 2 与电源接通放电,则试样与氧迅速地完全反应。观测温度计 3 温度的上升。由热量计的热容与温度的变化可求反应焓。热量计的热容可用已知反应热的反应先行标定。

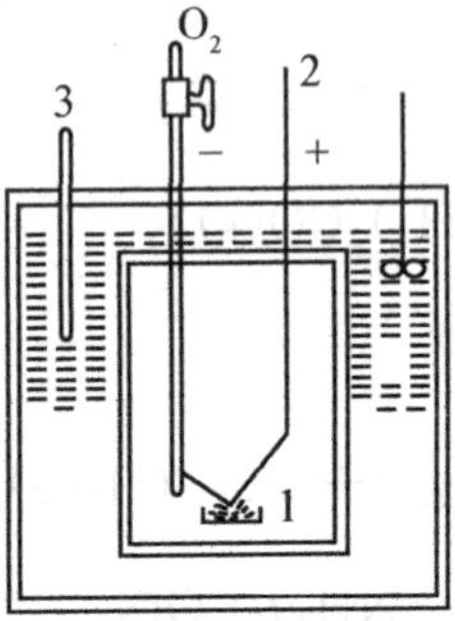

图 1-11 绝热弹式热量计

1.9.8 自键焓估算生成焓和反应焓

由前所述,有的物质在通常情况下很难由稳定单质直接合成。另外,科学现已发展到了分子设计阶段,为了对被设计的分子的物化性质进行预测,需要对其热力学数据进行估算。由键焓估算是方法之一。

化学反应的实质是旧键破坏和新键形成的过程。破坏化学键需供给能量,形成化学键放出能量,化学反应热本质上是新旧键的能量之差。若能知道连接分子中原子的化学键键能,则可根据反应前后键的变化来算出反应热。特别是对生物反应系统,有关物质的生成焓和燃烧焓数据不多,这种估算更有必要。

破坏 1 摩尔气体物质为气体原子时,对所有同一类型的键所需能量的平均值,称为这一类型键的键焓。例如,25℃下,

$$H_2(g) = 2H(g)$$
$$\Delta_r H_m = 435.9 \text{ kJ} \cdot \text{mol}^{-1}$$

则 H—H 键焓 $\Delta H_m(H—H) = 435.9 \text{ kJ} \cdot \text{mol}^{-1}$。

键焓与键的离解能有所不同。后者是断裂气体物中某一具体键生成气态原子或原子团所需能量,而前者是一个平均值。在上

例中,双原子分子键焓与键离解能是相等的。但在下例中就不等了(25℃):

$$H_2O(g) = H(g) + OH(g)$$
$$\Delta_r H_m = 502.1 \text{ kJ} \cdot \text{mol}^{-1}$$
$$OH(g) = H(g) + O(g)$$
$$\Delta_r H_m = 423.4 \text{ kJ} \cdot \text{mol}^{-1}$$

O—H 的键焓为:

$$\Delta H_m(O-H) = \frac{(502.1 + 423.4)\text{kJ} \cdot \text{mol}^{-1}}{2}$$
$$= 462.8 \text{ kJ} \cdot \text{mol}^{-1}$$

25℃下部分键焓值列于表 1-4 中。

表 1-4　25℃下一些化学键的平均键焓值(kJ·mol^{-1})

键	ΔH_m	键	ΔH_m	键	ΔH_m
C—C	342	C=O	707	N—H	354
C=C	613	C—N	293	H$_2$	435.9
C≡C	845	C≡N	879	N$_2$	945.4
N—N	159	C—H	416	O$_2$	498.3
C—O	343	O—H	463	C(石墨)	718.4
O—O	139	C—S	272	C=S	536

【例 13】 利用表 1-4 的数据计算气态环己烷的生成焓,并与附录中的值比较。

解　环己烷的生成反应为
$$6C(石墨,p^\ominus) + 6H_2(g, p^\ominus) = C_6H_{12}(g, p^\ominus)$$
该反应是下列断键和成键反应的加和:

(1) $6C(石墨, p^\ominus) = 6C(g, p^\ominus)$
$$\Delta H_1 = 6(718.4) \text{ kJ} \cdot \text{mol}^{-1}$$

(2) $6H_2(g, p^\ominus) = 12H(g, p^\ominus)$
$$\Delta H_2 = 6(435.9) \text{ kJ} \cdot \text{mol}^{-1}$$

(3) $6C(g,p^\ominus)+12H(g,p^\ominus)=C_6H_{12}(g,p^\ominus)$

$$\Delta H_3 = -6\Delta H_m(C\!-\!C)-12\Delta H_m(C\!-\!H)$$
$$= -6(342)-12(416)$$
$$= -7044(\text{kJ}\cdot\text{mol}^{-1})$$

$$\Delta_f H_m^\ominus(C_6H_{12},g,p^\ominus) = (\sum \Delta H_m)_{\text{反应物}} - (\sum \Delta H_m)_{\text{产物}}$$
$$= 6(718.4)+6(435.9)+(-7044)$$
$$= -118.2 \text{ kJ}\cdot\text{mol}^{-1}$$

附录中的值为 -123.14 kJ·mol^{-1}。二者较为接近。但对结构复杂的分子,需要进行修正。20世纪60年代至70年代发展了本森半经验基团加和法,使准确度大为提高。到20世纪80年代末90年代初由爱林格(Allinger N.L.)等发展的半经验分子力学方法已相当完善。另一个是理论的量子力学方法,由于量子化学从头计算方法(见第11章)的成功,波普尔(Pople J.A.)等在1985年指出,理论预测热力学性质的时期已经到来。这是一个发展的方向。

1.9.9 反应焓与温度的关系——基尔霍夫定律

反应焓是随温度的改变而改变的。假设任一化学反应 A→B,(A是始态即反应物;B是终态即产物),等温等压下,
$$\Delta_r H = H(B)-H(A)$$
温度变到 $T+dT$,据式(1-21)

则:
$$\left(\frac{\partial \Delta_r H}{\partial T}\right)_p = \left(\frac{\partial H(B)}{\partial T}\right)_p - \left(\frac{\partial H(A)}{\partial T}\right)_p$$
$$= C_p(B)-C_p(A)$$
$$= \Delta_r C_p \qquad (1\text{-}65)$$

$\Delta_r C_p$ 为产物与反应物的等压热容之差

$$\Delta_r C_p = \sum_B \nu_B C_{p,m}(B)$$
$$= \sum C_p(\text{产物})-\sum C_p(\text{反应物}) \qquad (1\text{-}66)$$

从式(1-65)可以看出,反应焓随温度变化而变化是由产物和

反应物的热容不同而引起的。对式(1-65)作定积分,有

$$\Delta_r H_m(T_2) = \Delta_r H_m(T_1) + \int_{T_1}^{T_2} \Delta_r C_p \, dT \quad (1\text{-}67)$$

或者由盖斯定律可以得到相同的结果：

$$\begin{array}{ccc}
A(T_2) & \xrightarrow{\Delta_r H_m(T_2)} & B(T_2) \\
\scriptstyle{-C_{p,A}(T_2-T_1)} \downarrow & & \uparrow \scriptstyle{+C_{p,B}(T_2-T_1)} \\
A(T_1) & \xrightarrow{\Delta_r H_m(T_1)} & B(T_1)
\end{array}$$

$$\Delta_r H_m(T_2) = \Delta_r H_m(T_1) + \Delta_r C_p(T_2 - T_1) \quad (1\text{-}68)$$

该式是把 $\Delta_r C_p$ 看成与 T 无关的常数的积分结果。在精确求值时,还需考虑物质 C_p 与 T 的关系。

式(1-65)、式(1-67)和式(1-68)是基尔霍夫(Kirchhoff G.R.)定律的各种形式。该定律也适用于物质在发生相变化的相变焓与温度的关系(见习题 1-16)。

【例 14】 葡萄糖在细胞呼吸中氧化反应为：

$$C_6H_{12}O_6(s) + 6O_2(g) = 6H_2O(l) + 6CO_2(g)$$

假定各物质在 298～310 K 范围内 $C_{p,m}^{\ominus}$ 不变。求在生理温度 310℃时反应的焓变。

解 查得有关数据如下：

	$O_2(g)$	$CO_2(g)$	$H_2O(l)$	$C_6H_6O_6(s)$
$C_{p,m}^{\ominus}/(J \cdot K^{-1} \cdot mol^{-1})$	29.36	37.13	75.30	218.9
$\Delta_f H_m^{\ominus}/(kJ \cdot mol^{-1})$	0	-393.51	-285.85	-1274.45

据式(1-62)得

$$\Delta_r H_m^{\ominus}(298.15\ K) = 6 \times (-285.85) + 6 \times (-393.51)$$
$$- (-1274.45)$$
$$= -2801.7(kJ \cdot mol^{-1})$$

$$\Delta_r C_p = 6 \times (75.30 + 37.13) - 218.9 - 29.36 \times 6$$
$$= 279.52(J \cdot K^{-1} \cdot mol^{-1})$$

据式(1-68)得

$$\Delta_r H_m^\ominus (310 \text{ K}) = -2801.71 + 0.27952 \times (310-298)$$
$$= -2798.4(\text{kJ} \cdot \text{mol}^{-1})$$

注意,当反应温度变化区间使参与反应的某物质发生了相变化时,还需考虑其相变热(见例15)。

【例 15】 已知 298.15 K $H_2(g) + \frac{1}{2}O_2(g) \to H_2O(l)$ 的 $\Delta H^\ominus(298.15 \text{ K}) = -285.84 \text{ kJ} \cdot \text{mol}^{-1}$,并知水在 373 K 的气化热为 40.6685 kJ·mol^{-1},求 673 K 时的反应热。

解 (1) 由热力学数据表得下列物质的 $C_{p,m}^\ominus$(J·K^{-1}·mol^{-1})
$C_{p,m}^\ominus(\text{H}_2,\text{g}) = 29.0658 - 0.8364 \times 10^{-3}T + 2.0117 \times 10^{-6}T^2$
$C_{p,m}^\ominus(\text{O}_2,\text{g}) = 36.1623 + 0.9205 \times 10^{-3}T - 4.3095 \times 10^{5}T^{-2}$
$C_{p,m}^\ominus(\text{H}_2\text{O},\text{l}) = 75.312 \text{ J} \cdot \text{K}^{-1} \cdot \text{mol}^{-1}$
$C_{p,m}^\ominus(\text{H}_2\text{O},\text{g}) = 29.9993 + 10.7111 \times 10^{-3}T$
$\qquad\qquad\qquad + 0.33372 \times 10^{5}T^{-2}$

(2) 计算 $\Delta H^\ominus(673 \text{ K})$

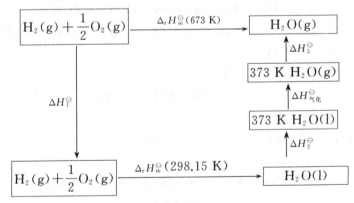

由盖斯定律可知:

$\Delta H^\ominus(673 \text{ K}) = \Delta H_1^\ominus + \Delta H^\ominus(298.15 \text{ K}) + \Delta H_2^\ominus + \Delta H_{\text{气化}}^\ominus + \Delta H_3^\ominus$

$\qquad\qquad = \int_{673}^{298.15} [C_{p,m}^\ominus(\text{H}_2,\text{g}) + \frac{1}{2}C_{p,m}^\ominus(\text{O}_2,\text{g})] \text{d}T$

$$-285.840 + \int_{298.15}^{373} C_{p,m}^{\ominus}(H_2O,l)dT$$
$$+40.668 + \int_{373}^{673} C_{p,m}^{\ominus}(H_2O,g)dT$$
$$=246.187(kJ \cdot mol^{-1})$$

1.10 生物量热学简介

一切生命现象都直接地或间接地与机体进行的化学反应有关,这在生物学上称为代谢。而代谢过程伴有热量产生,生物热化学是在此基础上建立起来的。从拉瓦锡与拉普拉斯合作进行生物量热实验,以研究呼吸作用与燃烧过程的关系,到现在已有200多年历史。随着科学技术的发展,量热技术已由常量到微量,且自动化程度高,精度好。

生物微量热方法是将生物代谢产生的热量以功率(P)的形式输出$\left(P=\dfrac{dQ}{dt}\right)$。输出功率$P$与代谢时间的关系曲线称为热谱图。曲线下面包围的面积则为对应的时间内释放的总热量。

微量热技术可用于动植物的基础代谢,生长发育研究,可用于细胞的代谢过程研究,还可用于测定ATP水解、蛋白质的转化和相互作用,抗体与抗原的作用,酶与底物的作用等。可得到这些生化反应的热力学函数,如ΔH,ΔG等,同时也可以进行动力学分析,称之为热动力学,获得有关动力学参数。实践证明微量热法对癌细胞诊断、病理研究及其治疗是一个很有用的工具。例如,对某种白血病癌细胞进行化疗(主要药物是5-氟脲嘧啶的衍生物,简称卡莫氟)与热疗结果如图1-12。图中(1)是在40℃时加卡莫氟(曲线b)与未加卡莫氟(曲线a)的热谱图。说明不加卡莫氟,癌细胞生长很快,释放热量大,而加了卡莫氟后癌细胞生长得到了抑制。图1-12中(2)是在43℃下对应的热谱图。显然加了卡莫氟(化疗),同时提高温度(热疗)效果更好。微量热法为热疗和化疗协同治疗癌症提供了依据(摘自 Thermochimica Acta 369(2001)，Liu Yuwen,Wong Cwnxin atl.)。

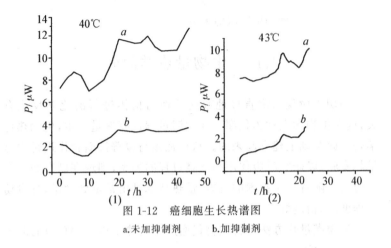

图 1-12 癌细胞生长热谱图
a.未加抑制剂　b.加抑制剂

微量热法用于生物系统的热量测定有着它独特的优点，能直接监测系统内代谢的各个时期的热效应，不需添加任何试剂(研究抑制作用的除外)，所以不会引入干扰因素，量热测定后，被测对象未受影响，可作后继处理。所以微量热法是生物系统研究很有用的研究方法。近些年来发展迅速。

1.11　新陈代谢与热力学第一定律

生命过程是服从于热力学定律的，无论是单细胞，还是复杂的人体。如人体可以看成是一个热力学系统，并且是一个复杂的敞开系统，服从下式。

$$\Delta U = Q + W + U_m$$

式中 U_m 为系统摄入的物质所引进的能量。

消化系统和呼吸系统是物质交换的主要途径，吸入营养物和氧气,排出废物和 H_2O 及 CO_2。

人吃进的食物所包含的化学能通过生化反应逐步释放出来,提供了维持人们各种活动所必需的能量。从分子水平上看,生化反应分两类:合成和降解。食物降解为合成人体所需物质提供原料和能量。这些反应所释放的能量一部分贮存于体内(如生成高能物三磷酸腺苷 ATP),一部分用于做各种生理功和人们活动的机械功,另一部分产生热量以维持人的正常体温。如人摄入淀粉后,在体内水解为葡萄糖,最后氧化为水和 CO_2,其总能量变化为

$$C_6H_{12}O_6(s)+6O_2(g)=6CO_2(g)+6H_2O(l)$$
$$\Delta_c H_m^{\ominus}(298.15\ K)=-2802\ kJ\cdot mol^{-1}$$

当然在体内是在酶催化作用下分步有秩序地进行一系列的降解过程,以上反应是最终结果。据盖斯定律,不管是一步完成还是分步完成,其等压下的热值是相同的。所以要问某食物营养价值有多高,常常是以它在体外的完全燃烧时放出的热量来衡量的。

生物系统的做功方式是多种多样的。体内的能量通过肌肉的活动转为机械功,如手臂抬高,是肌肉做功使手臂在重力场中势能增加。体内血液循环是心肌不断做功,它起着压缩泵的作用。使血液流动以及克服血管的摩擦力都要消耗功。随着人的年龄增加,动脉会变硬、变窄,使血液循环所需能量增加,因此血压升高,心脏得做更多的功。此外体液中的分子还会通过半透膜,克服渗透压而做功。在神经系统中,神经讯号的传递则以电功的形式消耗能量。

营养物质在体内放出能量,一部分用于对环境做功,另一部分直接转化为热,在体内做功的一部能量,最后也转化为热。如心脏做功最后转化为克服血液循环阻力时所产生的热。人体内产生的热量主要由血液循环带到身体表面,由皮肤通过辐射和传导向环境散发。只有小部分随呼气和排泄物放出。还有一种散热方式,是通过水的蒸发来散热,人每天从皮肤和肺蒸发 $0.4\sim0.6\ dm^3$ 水,相应带走 $900\sim1500\ kJ$ 的热量。虽然外界气温变化大,人体活动

复杂,但通过机体的调节,使人的体温在一相当窄的范围内保持恒定。

【例 16】 一个人静坐在暖室内(25℃),吃 $\frac{1}{2}$ 磅乳酪(约为 4000 kJ 的能量)。假设能量一点也没有贮存在体内,为了维持他原来的体温,需出多少汗?

解 蒸发水需要能量,出汗冷却了身体。

在 25℃ 时水的蒸发焓为 $\Delta_{vap} H_m^{\ominus} (298.15\ K) = 44.0\ kJ \cdot mol^{-1}$ 所以有

$$n \Delta_{vap} H_m^{\ominus} = Q_p$$

$$n = \frac{4000\ kJ}{44.0\ kJ \cdot mol^{-1}} = 91\ mol$$

$$m = (18.02 \times 10^{-3}\ kg \cdot mol^{-1}) \times 91\ mol$$
$$= 1.6\ kg$$

本 章 小 结

1. 热力学基本概念

本章涉及的热力学概念有:系统与环境,状态与平衡态,热力学性质(强度性质与容量性质),过程与途径,状态函数及特点,功与热,体积功与非体积功,热容(C_p 与 C_V),热力学能与焓,可逆过程与不可逆过程等。

2. 基本定律与定义

热力学第一定律数学表达式:$dU = \delta Q + \delta W$

焓的定义式　$H = U + pV$

体积功的定义式　$\delta W_e = -p_{外} dV$

热容的定义式　$C_p = \frac{\delta Q_p}{dT}; C_V = \frac{\delta Q_V}{dT}$

3. 本章主要的物理量有功、热、热力学能和焓。其性质如表 1-5

所示。

表1-5　　　热、功、热力学能和焓性质比较

	Q	W	U	H
系统状态一定	/	/	有定值	有定值
系统状态微小变化	δQ	δW	dU	dH
系统状态一定量变化	Q	W	ΔU	ΔH

特别注意功和热是过程量，即有过程发生才会有功和热，因为它们是被传递的能量，不是系统的性质，不具备状态函数的特点。而热力学能和焓是系统本身的性质，具有状态函数的特点。就像是雨与水的关系。雨是在一定条件下从上空落下过程中的水。过程终止，就无所谓下雨了，此时水储存于地球的江河湖海中。同理，功和热是发生了热力学过程（即状态变化）所交换的能量。过程终止了，也就无所谓功和热了，以能量形式储存于系统之中。

4. 热力学各种过程中热、功、热力学能变化和焓的变化的计算。

通常把热力学状态变化分为三种类型：

a. 单纯pVT变化，或称为均相、组成不变系统的状态变化，如例1,2,5,6。

b. 相变化，见例3,4。

c. 化学变化（化学反应），见例8,9,10等。

而例题15是三类变化都有的综合题。这三种类型有各自的特点，要特别注意。

5. 本章所涉及的有关物理量计算公式如表1-6。

表 1-6　　　　热力学第一定律的应用

过程($W_f=0$)		Q	W_e	ΔU	ΔH
理想气体等温过程	等外压	$-W_e$	$-p_{外}\Delta V$	0	0
	自由膨胀	0	0	0	0
	可逆过程	$-W_e$	$-nRT\ln(V_2/V_1)$	0	0
理想气体	等压过程	ΔH	$-p\Delta V$	$C_V\Delta T$	$C_p\Delta T$
	等容过程	ΔU	0	$C_V\Delta T$	$C_p\Delta T$
	绝热过程	0	ΔU	$C_V\Delta T$	$C_p\Delta T$
	pVT均变的任意过程	$\Delta U - W$	$\Delta U - Q$	$C_V\Delta T$	$C_p\Delta T$
可逆相变 ($\mathrm{d}p=0, \mathrm{d}T=0$)		$\Delta_\alpha^\beta H$	$-p\Delta_\alpha^\beta V$	$\Delta_\alpha^\beta H - p\Delta_\alpha^\beta V$	$\Delta_\alpha^\beta H$
化学反应 ($\mathrm{d}p=0, \mathrm{d}T=0$)		$\Delta_r H$	$-p\Delta_r V$	$Q+W=\Delta H-\sum\nu_B(g)RT$	$\Delta_r H^*$

* (1) 标准状态下：
$$\Delta_r H_m^\ominus = \sum_B \nu_B \Delta_f H_m^\ominus(B) = -\sum_B \nu_B \Delta_c H_m^\ominus(B);$$
(2) $\Delta_r H_m(T_2) = \Delta_r H_m(T_1) + \int_{T_1}^{T_2} \Delta_r C_p \mathrm{d}T$

6. 解题方法

习题是巩固课堂教学的重要方法。在做物理化学习题时，先要弄清题意和所给的条件，尤其是在做热力学习题时，先将始态、终态及过程用简图表示，再确定变化类型（上述 a、b、c 三类），然后考虑所用的定律或公式。要学会将文字叙述变为数学方程。

在这小结的同时，还介绍了一些学习方法，希望能有所借鉴。还有许多其他方式的小结。以后各章请读者自己完成。

习 题

1—1 据热的热力学定义:热是由于系统与环境间存在温度差而被传递的能量。是否系统与环境间有热的交换,系统就一定会有温度的变化? 举例说明。

1—2 某理想气体自某一始态出发,分别进行等温可逆膨胀和不可逆膨胀,能否达到同一终态? 若自某一始态出发,分别进行可逆绝热膨胀和不可逆绝热膨胀,能否达到同一终态? 为什么?

1—3 是非题,若为非,请更正。

(1) 系统由状态 $A \rightarrow$ 状态 B

(a)可逆过程(R),有热 Q_R 和功 W_R

(b)不可逆过程(IR),有热 Q_{IR} 和功 W_{IR}

则 $\Delta U = Q_R + W_R = Q_{IR} + W_{IR}$

(2) ΔH 是状态函数

(3) $V\Delta p$ 是体积功

(4) $dU = C_V(T_2 - T_1)$

(5) $\Delta Q = C_p \Delta T$

(6) 任意循环过程有: $\Delta U = 0, \Delta H = 0, Q = 0, W = 0$。

(7) 液体水在 100℃,101325 Pa 下蒸发成水蒸气,因为是等温过程,所以 $\Delta U = \Delta H = 0$。

(8) 只有等压、不做非体积功的过程才有焓的变化。

(9) 理想气体的等温过程方程式 $pV=$常数,绝热过程方程式 $pV^\gamma=$常数,可逆或不可逆过程都适用。

(10) $\Delta_c H_m^{\ominus}(H_2, g, 298.15\ K) = \Delta_f H_m^{\ominus}(H_2O, g, 298.15\ K)$

1—4 计算下列各过程的热效应:

a.在 101325 Pa 下,0.1 dm³ 液态水从 0℃加热到 100℃。

b.0.1 dm³ 液态水在 0℃,正常压力下凝结成冰。

c.0.1 dm³ 液态水在 100℃,正常压力下蒸发成水蒸气。

已知水的熔化热为 334.7 kJ·kg^{-1}。

1-5 下列各过程的 $Q, W, \Delta U, \Delta H$ 是大于,小于,还是等于零。

a.理想气体反抗 $1p^{\ominus}$ 外压绝热膨胀。

b.理想气体反抗 $1p^{\ominus}$ 外压等温膨胀。

c.理想气体向真空绝热膨胀。

d.某液体物质在它的正常沸点等温等压下可逆蒸发。

e.H_2 和 O_2 气体在 25℃ 下恒容容器中反应生成 25℃ 的液态水。

据本章后的小结,系统的状态变化有三种类型。请将习题 4 和习题 5 的各过程进行分类。标在每题答案之后。后面各题,在解题时先注明过程类型。

1-6 在 25℃ 下,将 5.0×10^{-2} kg N_2 作等温可逆压缩,从 $p^{\ominus}$ 压缩到 $20p^{\ominus}$,试计算此过程的功。如果被压缩了的气体反抗恒定外压 $p^{\ominus}$ 作等温膨胀到原来的状态,问此膨胀过程的功又为若干?

1-7 已知 0℃ 和压力 101325 Pa 下,冰的密度为 9.17×10^2 kg·m^{-3},水的密度为 1.000×10^3 kg·m^{-3}。试计算此时 1 mol 冰溶化成水所需之功。

1-8 在 101325 Pa 和 373 K 下,水的蒸发热为 4.067×10^4 J·mol^{-1},1 mol 液态水体积为 0.0188 dm^3,水蒸气则为 30.2 dm^3。试计算在该条件下 1 mol 水蒸发成水蒸气的 ΔU 和 ΔH 及 Q, W。

1-9 假设 N_2 为理想气体,在 0℃ 和 $5p^{\ominus}$ 下,用 2 dm^3 N_2 作等温膨胀到压力为 $p^{\ominus}$。

(1) 可逆膨胀;

(2) 膨胀是在外压恒定为 $p^{\ominus}$ 的条件下进行。试计算此二过程的 $Q, W、\Delta U$ 及 ΔH。

1-10 有 3 mol 双原子分子理想气体在 $1p^{\ominus}$ 下由 25℃ 加热

到 150℃,试计算此过程的 $\Delta U, \Delta H, Q$ 和 W。

1—11 1 mol H_2 在 25℃,$p^{\ominus}$ 下,经绝热可逆过程压缩到体积为 5 dm^3,试求(1)终态温度 T_2,(2)终态压力 p_2,(3)过程的 W、ΔU 和 ΔH(H_2 的 $C_{V,m}$ 可根据它是双原子分子的理想气体求算)。

1—12 丙氨酸 $NH_2CH(CH_3)COOH(s)$ 在 25℃ 下 $\Delta_c H_m^{\ominus}$ 为 -1623 kJ·mol^{-1}。利用附录中数据求其 $\Delta_f H_m^{\ominus}$ 和 $\Delta_f U_m^{\ominus}$。

1—13 试由 25℃ 液态水的标准生成热 -285.9 kJ·mol^{-1},求气态水的标准生成热。已知 25℃ 下水的蒸发热 2445 kJ·kg^{-1}。

1—14 试述下列各量哪些为零:
(a) $\Delta_f H_m^{\ominus}(C,金刚石,298.15\ K,p^{\ominus})$
(b) $\Delta_c H_m^{\ominus}(H_2O,l,298.15\ K,p^{\ominus})$
(c) $\Delta_c H_m^{\ominus}(N_2,g,298.15\ K,p^{\ominus})$
(d) $\Delta_f H_m^{\ominus}(N_2,g,350\ K,p^{\ominus})$

1—15 利用附录中 $\Delta_f H_m^{\ominus}(298.15\ K)$ 数据,计算下列反应的反应焓。然后用燃烧焓数据计算(a)中反应焓。
(a) $C_2H_4(g)+H_2(g)=C_2H_6(g)$
(b) 葡萄糖$(s)+O_2(g)=2$ 丙酮酸$(l)+2H_2O(l)$

1—16 试计算在 25℃,正常压力下,1 mol 液态水蒸发成水蒸气的气化热。已知 100℃,正常压力下液态水的蒸发热为 2259 kJ·kg^{-1},在此温度区间内,水和水蒸气的平均摩尔等压热容分别为 75.3 及 33.2 J·K^{-1}·mol^{-1}。

1—17 (1) 一弹式热量计由 12 V、3.200 A 电源加热 27 s 后,温度升高 1.617 K,该热量计的热容是多少?

(2) 用同一热量计,在 25℃,等容条件下,使 0.3212 g 葡萄糖完全燃烧,温度升高 7.793 K,试求:

(a) 葡萄糖的标准摩尔燃烧焓;

(b) 燃烧过程的 ΔU;

(c) 25℃下葡萄糖的标准摩尔生成焓。

(所需其他数据,请查表)

1-18 一封闭系统内发生反应:$2O_3 = 3O_2$

开始时含 5.80 mol O_2 和 6.20 mol O_3,在后来的某一时刻系统内有 7.10 mol O_3,此时 ξ 为多少?

1-19 在 $p^\ominus$ 下,1 mol 15℃的液态水与 2 mol 65℃的液态水混合,假设没有热的损失,试求最终温度。

1-20 25℃及 $p^\ominus$ 下,酶催化作用使过氧化氢分解

(a) 试由表 1-3 中键焓数据计算气态过氧化氢的标准摩尔生成焓。

(b) 由生成焓估算下述反应的反应热。

$$2H_2O_2(g) = 2H_2O(g) + O_2(g)$$

(c) 上述反应通常是在水溶液中进行:

$$2H_2O_2(aq) \xrightarrow{\text{酶}} 2H_2O(l) + O_2(g)$$

计算 $\Delta_r H_m^\ominus(298.15\ K)$ 所需数据请查附录。

(d) 设 25℃下,有 0.01 mol·dm^{-3} 的 0.1 dm^3 的 H_2O_2 水溶液在绝热容器中分解,求溶液最终温度。设 $C_p = 4.184$ kJ·K^{-1}·kg^{-1},溶液密度 $\rho = 1$ kg·dm^{-3}。

第 2 章 热力学第二定律

热力学第二定律解决的问题：过程的方向和限度。它借助于热功转换的方向性，引出了熵函数 S，以及吉布斯函数 G、亥姆霍兹函数 A，用以判断过程的可逆性和方向性，提供化学反应中有关平衡的信息。

2.1 自发过程的方向和限度

自发过程是无需借助外力就可以自动发生的过程。表 2-1 列出了几个典型的自发过程。

表 2-1 几个典型的自发过程

例	自发方向	判据	过程进行限度	逆过程	使过程逆转
热传递	从高温物体传向低温物体	温度差 ΔT	温度相等	不能自动进行	冷冻机
水流动	从高地势流向低地势	水位差 Δh	高度相等	不能自动进行	水泵
气体扩散	从高压向低压扩散	压力差 Δp	压力相等	不能自动进行	压缩机

由表 2-1 可见，自发过程的共同特征：单方向性。即逆过程不能自发进行。借助于外力可使自发过程逆转，但结果是，系统还原

的同时,环境产生了功变为热的效果,留下了永久性的变化。

例如:冷冻机可从冷的物体以热的形式将能量取出,传给热的物体,使冷的物体越冷,热的物体越热。但这付出了代价:环境产生了功变为热的后果。

此外,自发过程的进行是有限度的,如表 2-1 中所列的温度相等、高度相等和压力相等。显然,一切自发过程都具有一定的方向和限度。那么究竟是什么因素在起决定性作用呢?

对于化学反应,如:$Zn+CuSO_4(aq) \rightarrow Cu+ZnSO_4(aq)$,经验告诉我们这是自发过程。又是根据什么来判断的呢?

热力学第二定律为判断热力学过程的性质和方向,找到了一个具有普遍意义的状态函数 —— 熵。

2.2 热力学第二定律

一切实际过程都是热力学的不可逆过程。人们发现这些不可逆过程都是互相关联的,从某个自发过程的不可逆,可以推断另一个自发过程的不可逆。因此,可用某种不可逆过程来概括说明其他不可逆过程,这样的一个普遍原理就是热力学第二定律。具体表述有以下几种。

开尔文说法:不可能从单一热源取出热使之完全变为功而不发生其他变化。

克劳修斯说法:不可能把热从低温物体传到高温物体而不引起其他变化。

这两种说法是等价的,有着内在的联系,可以从一个说法推论出另一个说法。

开尔文说法也可表达为:只从单一热源吸热全部用以做功而无其他影响的机器(即第二类永动机)是不可能造成的。

例如海洋(这是一个单一热源,因为没有一个与它热容相当而温度更低的热源。与海洋相比,大气可以看成是另一个热源,但温度与海洋差不多一样高)有大量的物质(水),存储着大量的能量,若能以热的形式取出,使其不断地对外做功。如是,航海就不必携带燃料。但事实上,这种机器是造不成的!

热力学第二定律反映了自然界实际宏观过程进行的条件和方向,它指明某些方向的过程可以实现,而另一方向的过程不能实现。与热力学第一定律一样,热力学第二定律是以强大的生产和科学研究实践为基础,到目前为止,还没有一个与之相违背的事实,这就是它的正确性所在。

热力学第二定律只适用于有限范围内的宏观过程,不适用少量分子的微观系统,也不能推广到无限的宇宙。

2.3 卡诺循环与卡诺定理

热力学第二定律的建立是与热机的发明和应用及吸热做功的效率的提高等密切有关的。热机效率:

$$\eta = \frac{-W}{Q} \tag{2-1}$$

蒸气机就是一种热机。它是从热源吸热做功的机器。这种机器一般都工作在2个温度不同的热源之间,例如锅炉(高温热源)和大气(低温热源)。(见图2-1)

1824年,法国工程师卡诺(Carnot)设计了一种热机,由理想气体作为工作物质,工作于两个温度恒定的热源之间,工作过程是由两个等温可逆过程和两个绝热可逆过程组成的

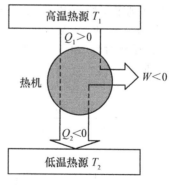

图 2-1 热机工作原理示意图

可逆循环过程,称为卡诺循环,如图 2-2 所示。这种热机称为卡诺热机。

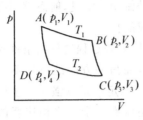

图 2-2　卡诺循环

过程 AB：工作介质与高温热源(T_1)接触,经等温可逆膨胀,由状态 A 变到状态 B。因为 $\Delta U_1 = 0$,工作介质从高温热源吸热 Q_1 全部做功：

$$Q_1 = -W_1 = nRT_1 \ln \frac{V_2}{V_1}$$

过程 BC：工作介质发生绝热可逆膨胀,从状态 B 变到状态 C。工作介质做功 W_2。

$$Q = 0; \quad W_2 = \Delta U_2 = nC_{V,m}(T_2 - T_1)$$

过程 CD：工作介质与低温热源(T_2)接触,等温可逆压缩,由状态 C 变到状态 D。

$\Delta U_3 = 0$,工作介质从环境获得功 W_3 向低温热源放热 Q_2：

$$Q_2 = -W_3 = nRT_2 \ln \frac{V_4}{V_3}$$

过程 DA：工作介质发生绝热可逆压缩,由状态 D 变到了状态 A,即回到了初始状态,获得功 W_4。

$$Q = 0; \quad W_4 = \Delta U_4 = nC_{V,m}(T_1 - T_2)$$

该循环过程,$\Delta U = 0$,则 $Q = -W$,而 $Q = Q_1 + Q_2$,于是卡诺热机的效率为：

$$\eta = \frac{-W}{Q_1} = \frac{Q_1 + Q_2}{Q_1} = \frac{nRT_1 \ln \frac{V_2}{V_1} + nRT_2 \ln \frac{V_4}{V_3}}{nRT_1 \ln \frac{V_2}{V_1}}$$

$$= \frac{T_1 \ln \frac{V_2}{V_1} - T_2 \ln \frac{V_3}{V_4}}{T_1 \ln \frac{V_2}{V_1}}$$

又据理想气体绝热可逆过程方程式(1-45)$TV^{r-1}=K$,所以：

$$T_1V_2^{r-1}=T_2V_3^{r-1}$$
$$T_1V_1^{r-1}=T_2V_4^{r-1}$$

二式相除得：

$$\frac{V_2}{V_1}=\frac{V_3}{V_4}$$

代入式(2-1)中,得

$$\eta=\frac{-W}{Q_1}=\frac{Q_1+Q_2}{Q_1}=\frac{T_1-T_2}{T_1} \qquad (2-2)$$

由此可见,卡诺热机的效率只与两个热源的温度有关。高温热源的温度T_1越高,低温热源的温度T_2越低,则热机效率愈高。当$T_2 \to 0K$,则$\eta_R \to 1$。但这是不可能的。因为热力学第三定律告诉我们,绝对零度是达不到的。

卡诺热机是理想气体为工作介质的可逆热机。当工作介质不同或是其他不可逆热机时,卡诺认为："所有工作于同温热源与同温冷源之间的热机,其效率都不可能超过可逆热机。"这就是卡诺定理。定理的成立,需要证明。

至此,一直是应用热力学第一定律,得到卡诺热机效率。但要证明卡诺定理,热力学第一定律是无能为力的,需要借助于热力学第二定律。可采用反证法,证明同时工作于二个不同温度热源间的任意热机的效率η_I不可能大于卡诺热机的效率η_R,否则第二类永动机就造成了。所以只能有：

$$\eta_I \leqslant \eta_R \qquad (2-3)$$

式(2-3)是卡诺定理的数学表达式,其中,当I是可逆热机时,$\eta_I=\eta_R$;当I是不可逆热机时,$\eta_I<\eta_R$。

从卡诺定理可以得到以下两个推论。

（ⅰ）所有工作于两个一定温度的热源(T_1与T_2,且$T_1>T_2$)的可逆热机,其效率与卡诺热机的效率相等;而不可逆热机的效率恒小于可逆热机的效率。

(ⅱ)可逆热机的效率只决定于两个不同热源的温度,而与工作介质无关。

以上讨论的是热机效率问题,但涉及的是一个具有普遍性意义的热功转换问题。以后的一系列涉及可逆与不可逆过程的不等式都是从式(2-3)开始的。

2.4 熵 函 数

如前所述,各种自发的不可逆过程具有共同的特点是单方向的,不可自动逆转。为了判断任意过程的性质和方向,引进了一个新的状态函数——熵。下面借助于卡诺定理,将它推广到任意的可逆循环乃至任意的一个可逆过程。显然熵函数的引入是以可逆过程作为参考标准的,这是热力学处理问题的基本方法。

1.卡诺循环的热温商

由式(2-2)

$$\frac{-W}{Q_1}=\frac{Q_1+Q_2}{Q_1}=\frac{T_1-T_2}{T_1}$$

改写为:

$$\frac{Q_1}{T_1}+\frac{Q_2}{T_2}=0 \qquad (2\text{-}4)$$

式中 Q_1/T_1 是卡诺循环中过程 $A \rightarrow B$ 中的热与环境温度之比,故称之为热温商;Q_2/T_2 是过程 $C \rightarrow D$ 的热温商。而另二个过程 $B \rightarrow C$ 和 $D \rightarrow A$ 是绝热过程,热温商为零。该式表明,经卡诺循环后,过程中的热温商之和为零。

2.任意可逆循环过程的热温商

对于任意可逆循环都可看做是一系列卡诺循环组成的。见图2-3(a)所示,考虑过程 AB,通过 A、B 两点作两条绝热线 AD 和 BC,然后在 AB 间找一点画等温线 if,使三角形面积 $S_{\triangle Ail}=S_{\triangle Bfl}$,折线经历过程 $AilfB$ 与直接由 A 到 B 的过程所做的功相同,由于两个过程始终态相同,故热力学能变化也相同,所以两过程热效应也一样。同理可用 kh 等温线代替 CD 曲线。因此若用彼此排列极为接近的绝热线和等温线,把整个曲线画分成很多小的卡诺循环(见图 2-3(b)),如果每一个卡诺循环取得非常小,并且前一个循环的可逆绝热膨胀线在下一个循环就成为可逆绝热压缩线(参阅图中虚线部分),在每条绝热线上,过程都沿正、反方向各进行一次,功恰好彼此抵消。因此在极限情况下这些众多的小卡诺循环的总效应与图 2-3 中的封闭曲线相当,即可以用一连串的小卡诺循环来代替任意的可逆循环。

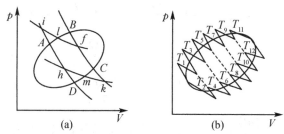

图 2-3 用一系列卡诺循环代替任意可逆循环示意图

对于每一小的卡诺循环有 $\dfrac{\delta Q_i}{T_i}+\dfrac{\delta Q_{i+1}}{T_{i+1}}=0$,则全部小的卡诺循环的热温商的加和为

$$\sum_i \frac{(\delta Q_R)_i}{T_i}=0 \qquad (2\text{-}5)$$

或为

$$\oint \left(\frac{\delta Q_i}{T_i}\right)_R=0 \qquad (2\text{-}6)$$

式中脚注 R 代表可逆,$(\delta Q_R)_i$ 是系统与温度为 T_i 的热源(即环境)经可逆过程的热效应。

式(2-5)表明,任意可逆循环的热温商之和为零,或由式(2-6),循环积分为零。

注意，T_i 是环境（热源）的温度，然而对可逆过程，既是环境的温度，也是系统的温度。

3.可逆过程的热温商

某系统由状态 A 经任一可逆过程变到状态 B，然后经一任意可逆过程由 B 又回到了状态 A。即如图2-4所示可逆循环过程 $A \to B \to A$。

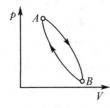

图 2-4 可逆循环过程

由式（2-6）有

$$\oint \left(\frac{\delta Q}{T}\right)_R = \int_A^B \left(\frac{\delta Q}{T}\right)_{R_1} + \int_B^A \left(\frac{\delta Q}{T}\right)_{R_2} = 0$$

从而

$$\int_A^B \left(\frac{\delta Q}{T}\right)_{R_1} = -\int_B^A \left(\frac{\delta Q}{T}\right)_{R_2}$$

即

$$\int_A^B \left(\frac{\delta Q}{T}\right)_{R_1} = \int_A^B \left(\frac{\delta Q}{T}\right)_{R_2}$$

上式说明 $\int_A^B \left(\frac{\delta Q}{T}\right)_R$ 与可逆途径无关，是系统的某一状态函数变化值。或由1.2.3节状态函数的特点，可断定必定存在某一状态函数。

克劳修斯据此定义该状态函数为熵，以 S 表示。则系统状态变化：$A \to B$，其熵变为：

$$\Delta S = S_B - S_A = \int_A^B \left(\frac{\delta Q}{T}\right)_R \tag{2-7A}$$

或

$$dS = \frac{\delta Q_R}{T} \tag{2-7B}$$

$$\oint dS = \oint \frac{\delta Q_R}{T} = 0 \tag{2-8}$$

熵是一个很重要的热力学量。其主要特点是，熵是状态函数，具有状态函数的三个特点（即式(2-7A)，式(2-7B)，式(2-8)所示。它属容量性质,单位为 J/K。

2.5 熵增原理

式(2-7)为求算熵变量的定义式。熵是状态函数,系统从同一始态到同一终态的不可逆过程与可逆过程熵变相同。然而热是过程量,不管实际过程是否可逆,都有热温商:$\dfrac{(Q_R)_i}{T_i}$ 或 $\dfrac{(Q_{IR})_i}{T}$。"IR"表示不可逆。而系统的熵变只与可逆过程的热温商等价。不可逆过程热温商与系统的熵变是什么关系呢?

2.5.1 不可逆过程的热温商

由卡诺定理知,不可逆热机的效率小于可逆热机,从而

$$\frac{Q_1^* + Q_2^*}{Q_1^*} < \frac{T_1 - T_2}{T_1}$$

(式中 Q^* 表示不可逆过程的热效应)

即

$$\frac{Q_1^*}{T_1} + \frac{Q_2^*}{T_2} < 0$$

故对不可逆循环有 $\sum\limits_i \left(\dfrac{\delta Q_i^*}{T_i}\right)_{IR} < 0$ (2-9)

式中脚注 IR 代表不可逆。

设有一不可逆循环如图 2-5,其中 $B \to A$ 可逆,$A \to B$ 不可逆。由式(2-9),则

$$\left(\sum_i \frac{\delta Q_i}{T_i}\right)_{IR,A\to B} + \left(\sum_i \frac{\delta Q_i}{T_i}\right)_{R,B\to A} < 0$$

或 $\sum \dfrac{(\delta Q_{IR})_i}{T_i} < \sum \dfrac{(\delta Q_R)_i}{T_i}$ (2-10)

可见系统在相同的始末态 A 和 B 之间,不可逆过程的热温商之和小于可逆过程的热温商之和。

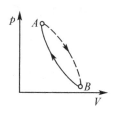

图 2-5 不可逆循环

2.5.2　克劳修斯不等式——热力学第二定律的数学表达式

据熵变的定义，对上述过程有：

$$\Delta S_{A \to B} = S_B - S_A = \left(\sum_i \frac{\delta Q_i}{T} \right)_{R, A \to B} = -\left(\sum_i \frac{\delta Q_i}{T_i} \right)_{R, B \to A}$$

代入式(2-10)，移项得

$$\Delta S_{A \to B} > \left(\sum_i \frac{\delta Q_i}{T_i} \right)_{IR, A \to B}$$

与式(2-7A)合并并整理得

$$\Delta S_{A \to B} \geqslant \sum_A^B \frac{\delta Q}{T} \tag{2-11}$$

δQ 是实际过程的热效应，T 是环境温度，对可逆过程是等号，对不可逆过程为大于号。

对一无限小的过程，则有

$$dS \geqslant \frac{\delta Q}{T} \quad \begin{cases} > \text{表示不可逆} \\ = \text{表示可逆} \end{cases} \tag{2-12}$$

式(2-11)、式(2-12)是热力学第二定律的数学表达式，又称为克劳修斯不等式，适用于封闭系统。

2.5.3　熵判据

克劳修斯不等式，是一个封闭系统发生过程的可逆性判据。

对绝热封闭系统，$\delta Q = 0$，所以

$$dS_{绝热} \geqslant 0 \quad \begin{cases} > 0 \quad \text{不可逆过程} \\ = 0 \quad \text{可逆过程} \end{cases} \tag{2-13}$$

其中不可逆过程，包括不借助外力自发发生的过程，还包括依靠外力而进行的非自发过程。也就是说，只要过程实际上发生了，不管是自发的，还是借助外力而发生的非自发的，则该绝热系统熵是增加的。不可能发生使绝热系统熵减少的过程。

对孤立系统，因 $\delta Q = 0$，且 $\delta W = 0$，所以

$$dS_{孤} \geq 0 \quad \begin{cases} > 0 & 不可逆过程 \\ = 0 & 可逆过程 \end{cases} \tag{2-14}$$

2.5.4 熵增加原理

式(2-14)表明在孤立系统中熵永不减少。对于可逆过程,孤立系统的熵不变;对于不可逆过程其熵是增加的,一直到所给条件下熵值最大为止。这就是熵增加原理。由热力学第一定律可知,能量不能消灭,也不能创生;由热力学第二定律可知,熵也不能消灭,但是能创生。

一般的系统,可能不是绝热系统或孤立系统。在实际处理问题时,往往是把有影响的那部分环境加在一起,以造成一个孤立系统(也必定是绝热系统),于是

$$\Delta S_{孤} = \Delta S_{系} + \Delta S_{环} \geq 0 \begin{cases} > 0 & 不可逆 \\ = 0 & 可逆 \end{cases} \tag{2-15}$$

为此,除了计算系统的熵变外还需求出环境的熵变:

$$\Delta S_{环} = -\frac{Q_{实}}{T_{环}} \tag{2-16}$$

其中假设环境是个大热源,无论得到或失去多少热量其温度不变,而且总认为是以可逆方式得到或失去热量的。

2.6 熵的统计物理意义

温度被解释为分子平均能量的度量。热力学能被解释为系统内部能量的总和。熵是什么?它不像温度、热力学能那样易于理解。以下从微观的统计概念上直观地定性地来理解它。

由 2.5 节的讨论已知孤立系统的熵 S 在平衡时为极大值。是否系统还有什么别的性质在平衡时也为极大值?为了回答这个问题,先了解统计力学中几个最基本概念。

2.6.1 热力学概率

设有一盒子,体积为 V,中间用一假想的隔板将其分成等体积

的两部分: $V_1 = V_2 = V/2$。则在下列各情况中,分子在盒中的分布状态为:

(1) 盒子中只有一个分子: |a| |, | |a|；总分布数为 $2^1 = 2$；分布方式有两种: (1,0) 与 (0,1)。

(2) 盒子中有二个分子: |ab| |, |a|b|, |b|a|, | |ab|；总分布数为 $2^2 = 4$；分布方式有三种: (2,0),(1,1),(0,2)。

(3) 盒子中有三个分子: |abc| |, |a|bc|, |b|ac|, |c|ab|, |bc|a|, |ac|b|, |ab|c|, | |abc|；总的分布数为 $2^3 = 8$；分布方式有四种: (3,0),(1,2),(2,1),(0,3)。

(4) 盒子中有四个分子: |abcd| |, |abc|d|, |abd|c|, |acd|b|, |bcd|a|, |ab|cd|, |ac|bd|, |ad|bc|, |cd|ab|, |bd|ac|, |bc|ad|, |d|abc|, |c|abd|, |b|acd|, |a|bcd|, | |abcd|。总的分布数为 $2^4 = 16$；分布方式有五种: (4,0),(3,1),(2,2),(1,3),(0,4)。

据统计力学的观点,每种分布状态,即微观状态,出现的可能性是均等的。热力学概率是系统在一定状态下总的微观状态数,用 W 表示。如上述情况(4)中,四个分子都处于 V_1 中,即(4,0)分布方式的微观状态数 $t(4,0) = 1$。而均等分布(2,2)这种方式,即 V_1 与 V_2 中各有 2 个分子的分布方式的微观状态数为 6,也就是 $t(2,2) = 6$。

2.6.2 数学概率 P

$$数学概率\ P = \frac{某种分布的微观状态数}{可能出现的微观状态数总和} = \frac{t_i}{W}$$

上例中的 $P(2,2) = \frac{6}{16}$；$P(4,0) = \frac{1}{16}$。

由此可见,热力学概率可能是一个很大的数值,而数学概率 P 只能: $0 < P \leqslant 1$。

从上面讨论可以看出,随着盒子中分子数目增加,总的微观状态数目以 2^N 的指数方式迅速增加。当系统内分子数目多到相当大的数字时,(如 $N=6.023\times10^{23}$),由统计力学可以证明,均匀分布方式的微观状态数最大,可以忽略其他各项分布方式所提供的贡献。如分子全部集中于容器的某一侧的状态(如(N,0)分布)的可能性很小:$P=\dfrac{1}{2^N}$。若 $N=6.023\times10^{23}$,$P=\dfrac{1}{2^{6.023\times10^{23}}}\approx0$。
于是均匀分布方式的微观状态数 $t_m=$ 总的微观状态数 W。

2.6.3 混乱度

一般认为分子全部集中于容器的一侧的状态是热力学概率小的状态,即为有序性高的状态,而均等分布是热力学概率高的状态,也可认为是无序性高的状态,或称为混乱度高的状态。因而热力学概率 W,从某种意义上看,又称为混乱度。

如某理想气体的自由膨胀,如图 2-6。

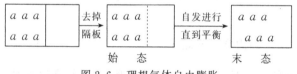

图 2-6 理想气体自由膨胀

由图 2-6 可以看出,孤立系统中,自发变化是向热力学概率较大的方向进行的,或者说是向混乱度增加的方向进行的。而气体自由膨胀的逆过程,即分子集中于容器的一侧的过程,从理论上讲并不是不可能,只是它出现的概率 $P=\dfrac{1}{2^N}$,N 很大时 P 是一个很小很小的值,以致实际上观察不出来,从宏观上讲就是不可能。因此我们不必担心,在某一时刻人们所处的房间的空气集中于某一角落而使人窒息。可见孤立系统中自发过程的熵的变化与热力学概率的变化是同步的,它们都是趋于增加的*。

2.6.4 玻尔兹曼关系式

由上所述,热力学概率 W 与熵 S 之间必有某种关系。玻尔兹曼认为是：

$$S = k \ln W \tag{2-17}$$

称之为玻尔兹曼公式，k 为玻尔兹曼常数。

这就是统计力学中熵的定义式。该式只适用于大量粒子组成的宏观系统。由式(2-17)可见，系统的微观状态数越多，热力学概率越大，系统越混乱，熵就越大*。

如图 2-6，有 1 mol 理想气体自由膨胀，$W_{始}=1$，$W_{末}=2^N=2^{6.02\times10^{23}}$，于是

$$\Delta S = S_2 - S_1 = k\ln 2^{6.02\times 10^{23}} - k\ln 1 = kN_A \ln 2$$
$$= R\ln 2 = 5.763 \text{ J}/(\text{mol} \cdot \text{K})$$

式中 N_A 为阿伏加德罗常数，R 为气体常数，且 $R = kN_A$。

2.7 热力学第三定律及规定熵

2.7.1 热力学第三定律

由熵的物理意义可知：系统的混乱度越低，有序性越高，熵值越低，对于同一种物质，处于分子只能作小幅度运动的液态比处于分子可作大幅度运动的气态熵值要低，而只能在结点附近作微小振动的固态熵值比液态的又要低一些。当固态物温度进一步下降时，其熵值也将下降。20 世纪初，人们根据一系列实验现象和进一步的推测，得出热力学第三定律。

热力学第三定律：在 0K 时任何纯物质完美晶体的熵值为零。即

$$S(0\text{K}) = 0 \quad (\text{纯物质，完美晶体}) \tag{2-18A}$$

所谓完美晶体是指晶体内部无任何缺陷，所有的质点都是有

---

* 近年来发现有的熵增过程并非是混乱度增大的过程。用混乱度来讨论熵函数有不同见解。

规律地排列。例如 NO 在温度较高时，可能是无序排列的：NOONNO⋯ 而当温度趋于 0K 时，理论上应完全是有序排列：
$$NONONO\cdots$$
但在晶体中这种转变速率太慢，即使在 0K，其排列还可能被"冻结"在原来较高温度下的无序状态。因此，其熵值大于零。又比如甘油等物质在趋于 0K 时成为玻璃态，所以其熵值也大于零。所以式(2-18A)可以写成下列形式：
$$S^*(0K, eq) = 0 \tag{2-18B}$$
"*"表示纯物质，"eq"表示物质处于内部平衡状态。自然，上述的不完美晶体，或玻璃态等，内部不是处于平衡状态；或者是固体溶液混合物，因不是纯物质，于是其熵值就不为零。

式(2-18A)和式(2-18B)都是热力学第三定律的数学表达式。这与 2.6.4 节的统计力学观点是一致的。0K，纯物质，完美晶体，可认为热力学概率 $W=1$，则 $S = k \ln 1 = 0$。

热力学第三定律的另一种说法：不可能用有限手段使一物体冷却到热力学温度的零度。

这些不同说法是互为推论关系的。只是不同学科或不同系统的不同问题采用不同说法作依据。

2.7.2 规定熵

以热力学第三定律为基础，即 $S^*(0K, eq)=0$，求得物质在温度 T 时的熵为规定熵。如任意温度下某固体物的规定熵可如下求算：

由 $\Delta S = S(T) - S(0K) = \int_0^T \dfrac{C_p \mathrm{d}T}{T}$ 得

$$S(T) = S(0K) + \int_0^T \frac{C_p \mathrm{d}T}{T} = \int_0^T \frac{C_p \mathrm{d}T}{T} \tag{2-19}$$

若在 0K 到 TK 之间有晶型转变或相变化等，还得考虑相变化时的熵变。

对任意温度下气体物质的规定熵按如下过程来确定：

$$固相(0K) \xrightarrow[升温]{\Delta S_1} 固相(T_{fus}) \xrightarrow[熔化]{\Delta_s^l S} 液相(T_{fus})$$

$$\xrightarrow[升温]{\Delta S_2} 液相(T_b) \xrightarrow[汽化]{\Delta_l^g S} 气相(T_b) \xrightarrow[升温]{\Delta S_3} 气相(T)$$

例如 298.2 K 气态 HCl 的规定熵值是经历以下几个过程求得的：

$$HCl(0K,s_1) \xrightarrow{\Delta S_1} HCl(16 K,s_1) \xrightarrow{\Delta S_2} HCl(98.4 K,s_1) \xrightarrow{\Delta_{trs} S}$$

$$HCl(98.4 K,s_2) \xrightarrow{\Delta S_3} HCl(158.9 K,s_2) \xrightarrow{\Delta_{fus} S} HCl(158.9 K,l) \xrightarrow{\Delta S_4}$$

$$HCl(188.1 K,l) \xrightarrow{\Delta_{vap} S} HCl(188.1 K,g) \xrightarrow{\Delta S_5} HCl(298.2 K,g)$$

$$S_m^{\ominus}(HCl,g,298.2 K) = \Delta S_1 + \Delta S_2 + \Delta_{trs} S + \Delta S_3 + \Delta_{fus} S$$
$$+ \Delta S_4 + \Delta_{vap} S + \Delta S_5$$

$$= \int_0^{16} \alpha T^3 \frac{dT}{T} + \int_{16}^{98.4} C_{p,m}(S_1) \frac{dT}{T} + \frac{\Delta_{trs} S}{98.4 \text{ K}}$$

$$+ \int_{98.4}^{158.9} C_{p,m}(S_2) \frac{dT}{T} + \frac{\Delta_{fus} H}{158.9 \text{ K}}$$

$$+ \int_{158.9}^{188.1} C_{p,m}(l) \frac{dT}{T} + \frac{\Delta_{vap} H}{188.1 \text{ K}}$$

$$+ \int_{188.1}^{298.2} C_{p,m}(g) \frac{dT}{T}$$

式中 S_1 和 S_2 分别表示两种晶型。而 ΔS_1 是基于低温下晶体热容的 Dedye 立方定律来计算的。即

$$C_{p,m} = C_{V,m} = \alpha T^3$$

式中 α 为某种物质晶体的常数。因为晶体在接近 0 K 时热容值不易测量。其他各步计算 ΔS 的公式将在 2.8 节介绍。

2.7.3 标准摩尔熵

1 摩尔物质处于温度 T 时的标准态下的规定熵，称为该物质在温度 T 时的标准摩尔熵。用符号 $S_m^{\ominus}(T)$ 表示。

一些物质在25℃的标准摩尔熵值列于附录中。这些数据大多是由2.7.2节的方法得到的。

2.8 熵变的计算

熵是状态函数,当始态与终态给定时,熵变值与途径无关。因此,总是通过设计同一始态与终态间的可逆过程来求系统的熵变。式(2-7)是计算熵变的基本公式。

2.8.1 组成不变均相系统

1.等温过程的熵变

$$\Delta S = S_B - S_A = \int_A^B \left(\frac{\delta Q_R}{T}\right) = \frac{Q_R}{T}$$

(1) 理想气体等温过程(膨胀或压缩)

$$\Delta S = \frac{Q_R}{T} = nR\ln\frac{V_2}{V_1} = nR\ln\frac{p_1}{p_2} \qquad (2-20)$$

以上公式对理想气体等温过程无论是可逆过程还是不可逆过程均适用。

【例1】 1 mol 理想气体在等温下,经下面二种不同过程膨胀,使体积增加到10倍。求系统的熵变。(1)等温可逆;(2)向真空膨胀。

解:(1)据式(2-20)

$$\Delta S = nR\ln\frac{V_2}{V_1} = (1 \text{ mol})(8.314 \text{ J} \cdot \text{K}^{-1} \cdot \text{mol}^{-1})\ln\frac{10}{1}$$
$$= 19.14 \text{ J} \cdot \text{K}^{-1}$$

(2)解题要点:此为不可逆过程,要设计始末态相同的可逆过程,由可逆过程的热温商求其熵变。该过程与(1)有相同的始末态,所以

$$\Delta S = 19.14 \text{ J} \cdot \text{K}^{-1}$$

熵判据的应用 进一步问:怎样判断过程的可逆性。

对于过程(1)，$\Delta S_{系统} = 19.14 \text{ J} \cdot \text{K}^{-1} > 0$，不能因此就判断是不可逆过程，因这不是孤立系统，也不是绝热过程，不符合熵判据的条件。

据式(2-15)，还要求环境的熵变 $\Delta S_{环境}$。

$$\Delta S_{环境} = -Q_{实际}/T_{环} = -nR\ln\frac{V_2}{V_1}$$

$$= -(1 \text{ mol})(8.314 \text{ J} \cdot \text{K}^{-1} \cdot \text{mol}^{-1})\ln\frac{10}{1}$$

$$= -19.14 \text{ J} \cdot \text{K}^{-1}$$

$$\Delta S_{孤立} = \Delta S_{系统} + \Delta S_{环境}$$

$$= 19.14 \text{ J} \cdot \text{K}^{-1} + (-19.14 \text{ J} \cdot \text{K}^{-1}) = 0$$

所以原过程是可逆过程。

过程(2) $\because Q_{实际} = 0, \therefore \Delta S_{环境} = 0$

$S_{孤立} = \Delta S_{系统} + \Delta S_{环境} = 19.14 \text{ J} \cdot \text{K}^{-1} > 0$

所以原过程是不可逆过程。

或直接应用热力学第二定律数学表达式(2-12)判断：$dS \geqslant \delta Q/T$(封闭系统)，T 是环境的温度，$\delta Q/T$ 是实际过程的热温商。式(2-12)表明，将熵变与实际过程的热温商比较，若系统的熵变大于实际过程的热温商则为不可逆过程，若系统的熵变等于实际过程的热温商则为可逆过程。

等温过程 $\qquad \Delta S_{系统} \geqslant Q_{实际}/T_{环}$

对过程(1) 因为 $\Delta S_{系统} = Q_{实际}/T_{环}$，所以原过程可逆。

对过程(2) 因为 $\Delta S_{系统} > Q_{实际}/T_{环}$，所以原过程不可逆。

【例2】 不同种理想气体等温等压混合

| 1 molO_2 温度 T | 1 molN_2 温度 T | 去掉隔板 等温 | $O_2 + N_2$ |

$V_1(O_2) = V_1(N_2) \qquad\qquad V_2(O_2) = V_2(N_2) = 2V_1$

解 解题方法：这相当于二个自由膨胀

$$\Delta S(O_2) = n(O_2)R\ln\frac{V_2}{V_1} = 1 \times 8.314\ln 2$$

$$\Delta S(\text{N}_2) = n(\text{N}_2)R\ln\frac{V_2}{V_1} = 1 \times 8.314\ln 2$$

$$\Delta S = \Delta S(\text{O}_2) + \Delta S(\text{N}_2) = 2 \times 8.314\ln 2 = 11.53 \text{ J} \cdot \text{K}^{-1}$$

判断过程的性质用式(2-12): $dS \geqslant \delta Q/T$

本例题中: $\Delta U = 0, W = 0, Q = 0$

所以, $(\delta Q/T)_{实际} = 0$

即 $\Delta S = 11.526 \text{ J} \cdot \text{K}^{-1} > (\delta Q/T)_{实际}$ 为不可逆过程

这与用 $\Delta S_{孤立} = \Delta S_{系统} + \Delta S_{环境} \geqslant 0$ 作判据是一致的。这是气体混合或扩散的不可逆过程。不同理想气体等温等压下混合过程的熵变公式一般可写成:

$$\Delta S_{混合} = n_A R\ln\frac{V_A + V_B}{V_A} + n_B R\ln\frac{V_A + V_B}{V_B} = -n_A R\ln y_A$$
$$- n_B R\ln y_B = -R\sum_B n_B \ln y_B > 0 \qquad (2\text{-}21)$$

式中 $y_A = \dfrac{V_A}{V_A + V_B}, y_B = \dfrac{V_B}{V_A + V_B}$

2.变温过程的熵变

(1) 绝热过程

绝热可逆过程: $\because Q_R = 0, \therefore \Delta S = 0$

绝热不可逆过程:设计始末态相同的可逆过程,求其熵变。注意该可逆过程不再是绝热的。

【例3】 求第1章例6各问的 ΔS。

解 (1) 等温可逆膨胀过程

$$\Delta S = nR\ln\frac{V_2}{V_1} = (4.403 \text{ mol})(8.314 \text{ J} \cdot \text{K}^{-1} \cdot \text{mol}^{-1})\ln\frac{10}{1}$$
$$= 84.29 \text{ J} \cdot \text{K}^{-1}$$

(2) 绝热可逆过程: $\Delta S = 0$

(3) 绝热不可逆过程,

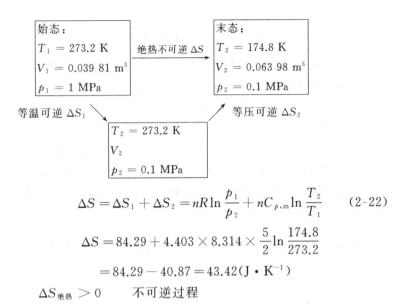

$$\Delta S = \Delta S_1 + \Delta S_2 = nR \ln \frac{p_1}{p_2} + nC_{p,m} \ln \frac{T_2}{T_1} \quad (2\text{-}22)$$

$$\Delta S = 84.29 + 4.403 \times 8.314 \times \frac{5}{2} \ln \frac{174.8}{273.2}$$

$$= 84.29 - 40.87 = 43.42 (\text{J} \cdot \text{K}^{-1})$$

$\Delta S_{绝热} > 0$ 不可逆过程

式(2-22)是理想气体的 pVT 变化求熵变的公式。还可设计其他的可逆途径,如先等容变温可逆,再等温可逆等,有其对应的熵变公式。但只要始末态一定,不论设计哪种可逆途径,ΔS 值是一定的。

(2) 变温过程　变温可逆过程的设想,系统与一连串的温差无限小的热源相互作用。由 T_1 变到 T_2,是无限缓慢的一系列的准静态过程,如图 2-7。

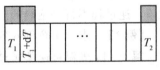

图 2-7　变温可逆过程示意图

等容变温过程:

$$dS = \frac{\delta Q_R}{T} = C_V \frac{dT}{T}, \left(\frac{\partial S}{\partial T}\right)_V = \frac{C_V}{T} = \frac{nC_{V,m}}{T},$$

$$\Delta S_V = \int_{T_1}^{T_2} C_V \frac{dT}{T} \quad (2\text{-}23\text{A})$$

若 C_V 为常数,则

$$\Delta S = C_V \ln \frac{T_2}{T_1} \qquad (2\text{-}23\text{B})$$

等压变温过程：

$$dS = \frac{\delta Q_R}{T} = C_p \frac{dT}{T}, \left(\frac{\partial S}{\partial T}\right)_p = \frac{C_p}{T} = \frac{nC_{p,m}}{T}$$

$$\Delta S_p = \int_{T_1}^{T_2} C_p \frac{dT}{T} \qquad (2\text{-}24\text{A})$$

若 C_p 为常数，则 $\Delta S = C_p \ln \frac{T_2}{T_1} \qquad (2\text{-}24\text{B})$

【例 4】 已知 CO_2 的 $C_{p,m} = 32.22 + 22.18 \times 10^{-3} T - 3.49 \times 10^{-6} T^2 \text{J} \cdot \text{K}^{-1} \cdot \text{mol}^{-1}$。今将 0.088 kg，0℃ 的 CO_2 气体放在一温度为 100℃ 的恒温器中加热，试求算其 ΔS，并与实际过程的热温商作比较后，判断过程的性质。

解 CO_2 的摩尔数 $= 88/44 = 2$

故 $\Delta S = 2\int_{T_1}^{T_2} \frac{C_{p,m} dT}{T}$

$= 2\int_{273}^{373} (32.22 + 22.18 \times 10^{-3} T - 3.49 \times 10^{-6} T^2) \frac{dT}{T}$

$= 24.3 \text{ J} \cdot \text{K}^{-1}$

此过程实际的热温商为

$$\frac{Q_{实}}{T} = \frac{2\int_{273}^{373}(32.22 + 22.18 \times 10^{-3} T - 3.49 \times 10^{-6} T^2) dT}{373}$$

$= 20.92 (\text{J} \cdot \text{K}^{-1})$

$\Delta S > \frac{Q_{实}}{T}$，故此过程为不可逆加热过程。

【例 5】 标准压力下，100 g 10℃ 的水与 200 g 40℃ 的水混合。求过程的熵变。

解 研究对象是水，包括高温的和低温的水。可看成是绝热过程，高温水失去的热量等于低温水得到的热量，由此可求混合后

的平衡温度 T_2：$100 \times 4.184 \times (T_2 - 283.2) + 200 \times 4.184 \times (T_2 - 313.2) = 0$

$T_2 = 303.2$ K （30℃）

设 100 g 水从 283.2 K 变到 303.2 K 的熵变为 ΔS_1，则

$$\Delta S_1 = \int_{T_1}^{T_2} \frac{\delta Q_R}{T} = \int_{T_1}^{T_2} \frac{C_p \mathrm{d}T}{T} = C_p \ln \frac{T_2}{T_1}$$

$$= 100 \times 4.184 \ln \frac{303.2}{283.2} = 28.55 \text{(J/K)}$$

设 200 g 水从 313.2 K 变到 303.2 K 的熵变为 ΔS_2，则

$$\Delta S_2 = 200 \times 4.184 \ln \frac{303.2}{313.2} = -27.15 \text{(J/K)}$$

$$\Delta S_{总} = 28.55 + (-27.15) = 1.401 \text{ J/K} > 0$$

所以该过程为不可逆热传导过程。

2.8.2 相变化的熵变

(1) 可逆相变化过程：等温等压下，两相（如 α 相与 β 相）平衡共存时发生的相变化，是可逆的相变。此时吸收或放出的热量称为相变热（或称相变潜热）。L_m 表示 1 mol 物质发生相变的热效应。

$$\Delta_\alpha^\beta S = S_\beta - S_\alpha = Q_R/T = \frac{\Delta_\alpha^\beta H}{T} = nL_m/T \qquad (2\text{-}25)$$

【例 6】 正常压力 373.2 K 下 1 mol 液态水气化成水蒸气，求该过程的熵变。已知水的气化热为 40 620 J/mol。

解 据式(2-25)，$\Delta S = \dfrac{\Delta_l^g H}{T} = 40\ 620/373.2 = 108.8 \text{(J/K)}$

(2) 不可逆相变过程：要设计始末态相同的可逆过程求其熵变。

【例 7】 正常压力下，$-5℃$ 1 mol 的过冷水凝固成固态冰，求此过程的 ΔS。已知：液体水和固体冰的比热分别为 4.226 和 2.092 $\text{J} \cdot \text{K}^{-1} \cdot \text{g}^{-1}$。冰的熔化焓为 334.7 $\text{J} \cdot \text{g}^{-1}$。

解 解题思路：过冷液体是一种亚稳状态，是热力学不稳定状态。显然这是一种不可逆过程，要设计与之始末态相同的可逆过程，由此可逆过程的热温商求其熵变。

设计可逆过程：

$$1 \text{ mol} H_2O(l) \xrightarrow[\Delta_l^s S(T_2)(\text{不可逆相变})]{\text{常压}, T_2 = 268.2 \text{ K}} 1 \text{ mol } H_2O(s)$$

$$\Delta S_1 \downarrow C_p(l) \qquad\qquad\qquad \Delta S_2 \uparrow C_p(s)$$

$$1 \text{ mol} H_2O(l) \xrightarrow[\Delta_l^s S(T_1)(\text{可逆相变})]{\text{常压}, T_1 = 273.2 \text{ K}} 1 \text{ mol } H_2O(s)$$

$$\Delta_l^s S(T_1) = \frac{\Delta_l^s H_m^\ominus}{T_1} = \frac{-\Delta_{fus} H_m}{T_1} = \frac{-334.7 \times 18}{273.2} = -22.05 \text{ J/K}$$

$$\Delta S_1 = C_p(l) \ln \frac{T_1}{T_2} = 4.226 \times 18 \ln \frac{273.2}{268.2} = 1.405 \text{ J/K}$$

$$\Delta S_2 = C_p(s) \ln \frac{T_2}{T_1} = 2.092 \times 18 \ln \frac{268.2}{273.2} = -0.6955 \text{ J/K}$$

据状态函数特点：

$$\Delta_l^s S(268.2) = \Delta_l^s S(273.2) + [C_p(s) - C_p(l)] \ln \frac{268.2}{273.2}$$

$$= -21.34 \text{ J/K}$$

或 $$\Delta_\alpha^\beta S(T_2) = \Delta_\alpha^\beta S(T_1) + \int_{T_1}^{T_2} \frac{\Delta_\alpha^\beta C_p}{T} dT \qquad (2\text{-}26)$$

式(2-26)与下一节式(2-29)有相同的表达式。

$\Delta_l^s(268.2) < 0$，不能说是不可能发生的过程，因为这不是绝热过程，也不是孤立系统。要判断过程的性质，还得求实际过程的热温商。

$$Q_{\text{实}} = Q_p = \Delta H_1 + \Delta H_2 + \Delta H_3$$

$$= -\Delta_{fus} H + \int_{273}^{268} [C_p(s) - C_p(l)] dT$$

$$= -334.7 \times 18 + 18 \times (2.092 - 4.226) \times (-5)$$

$$= -5832.5 \text{ J}$$

$Q_实/T = -5\,832.5/268.2 = -21.75 \text{ J/K} < \Delta S$

判断：∵ $\Delta S > Q_实/T$，∴原过程是不可逆过程。

不可逆相变的另一种情况，见第一章例4，或习题2-8。

2.8.3 化学变化中的熵变

对于任意的反应 $0 = \sum\limits_B \nu_B B$，若在 $p^\ominus$，25℃下进行，则

$$\Delta_r S_m^\ominus(298.2 \text{ K}) = \sum_B \nu_B \cdot S_m^\ominus(B, 298.2 \text{ K}) \quad (2\text{-}27)$$

式中 $S_m^\ominus(B, 298.2 \text{ K})$ 为物质 B 的标准摩尔规定熵，一般查手册可得。

标准状态下，温度 T 时，物质 B 的标准摩尔熵（若该温度区间无相变）：

$$S_m^\ominus(B, T) = S_m^\ominus(B, 298.15 \text{ K}) + \int_{298.15}^{T} \frac{C_{p,m}}{T} dT \quad (2\text{-}28)$$

从而在任意温度 T 时反应的熵变为：

$$\Delta_r S_m^\ominus(T) = \Delta_r S_m^\ominus(298.15 \text{ K}) + \int_{298.15}^{T} \frac{\Delta_r C_p}{T} dT \quad (2\text{-}29)$$

【例8】 计算下述化学反应在标准压力 $p^\ominus$ 下，分别在 298.2 K 及 398.2 K 时的熵变。设在该温度区间内各 $C_{p,m}$ 值是与 T 无关的常数。

$$C_2H_2(g, p^\ominus) + 2H_2(g, p^\ominus) = C_2H_6(g, p^\ominus)$$

解 查附录得

	$S_m^\ominus(B, 298.2 \text{ K})$	$C_{p,m}$
	$\text{J} \cdot \text{K}^{-1} \cdot \text{mol}^{-1}$	$\text{J} \cdot \text{K}^{-1} \cdot \text{mol}^{-1}$
$H_2(g)$	130.59	28.84
$C_2H_2(g)$	200.82	43.93
$C_2H_6(g)$	229.49	52.65

当反应在 298.2 K 进行时

$$\Delta_r S_m^\ominus(298.2 \text{K}) = \sum_B \nu_B S_m^\ominus(B, 298.2 \text{ K})$$

$$= S_m^{\ominus}\{C_2H_6(g)\} - 2S_m^{\ominus}\{H_2(g)\} - S_m^{\ominus}\{C_2H_2(g)\}$$
$$= (229.49 - 2 \times 130.59 - 200.58) \text{J} \cdot \text{K}^{-1} \cdot \text{mol}^{-1}$$
$$= -232.51 \text{ J} \cdot \text{K}^{-1} \cdot \text{mol}^{-1}$$

当反应在 398.2 K 进行时,利用式(2-29)得

$$\Delta_r S_m^{\ominus}(398.2 \text{ K}) = \Delta_r S_m^{\ominus}(298.2 \text{ K}) + \int_{298.15}^{398.15} \frac{\Delta_r C_p}{T} dT$$
$$= -232.51 \text{ J} \cdot \text{K}^{-1} \cdot \text{mol}^{-1} + (52.65 - 2$$
$$\times 28.84 - 43.93) \ln \frac{398.2}{298.2} \text{J} \cdot \text{K}^{-1} \cdot \text{mol}^{-1}$$
$$= -246.7 \text{ J} \cdot \text{K}^{-1} \cdot \text{mol}^{-1}$$

2.9 亥姆霍兹函数和吉布斯函数

用熵变判断过程的性质,必须是在孤立系统中。若不是孤立系统,还得同时考虑有影响的那部分环境的熵变,这样给处理问题带来不便。而通常的化学反应、相变化、生命过程等是在等温、等温等压或等温等容条件下进行的。于是结合热力学第一和第二定律,引出两个新的热力学函数:亥姆霍兹函数 A 和吉布斯函数 G,并由这两个函数的变化值可直接来判别过程的性质。

2.9.1 亥姆霍兹函数(A)

在等温条件下将热力学第一定律数学式 $\delta Q = dU - \delta W$ 与热力学第二定律数学式 $dS - \frac{\delta Q}{T_{环}} \geqslant 0$ 联立,得:

$$\delta W_T \geqslant d(U - TS) \tag{2-30}$$

定义
$$A \equiv U - TS \tag{2-31}$$

A 称为亥姆霍兹函数(简称亥氏函数),又称为功函。显然 A 是系统的状态函数,属容量性质,具有能量的单位 J。据式(2-30)得:

$$dA_T \leqslant \delta W \text{ 或 } \Delta A_T \leqslant W \begin{pmatrix} < \text{表示不可逆} \\ = \text{表示可逆} \end{pmatrix} \tag{2-32}$$

式(2-32)表明在等温过程中,一个封闭系统所能做的最大功等于其亥氏函数的减少。因此,亥氏函数可理解为等温条件下系统做功的本领。功函数因此而得名。

若在等温等容且没有非体积功条件下,则 $W_e = W_f = 0$,所以
$$\Delta A_{T,V} \leqslant 0 (等温等容, W_f = 0) \tag{2-33}$$
"<"表示不可逆,"="表示可逆。式(2-33)表示在等温等容不做非体积功条件下,自发变化的方向总是朝着系统亥氏函数减少的方向进行,一直到所给条件下 A 值最小为止,即达到平衡状态。该条件下不可能自动发生 $\Delta A > 0$ 的变化。

式(2-32)和式(2-33)又称为亥氏函数判据。

2.9.2 吉布斯函数(G)

式(2-30)中 $\delta W = \delta W_e + \delta W_f = -p_{外} dV + \delta W_f$。

在等温等压条件下,式(2-30)可改写成:
$$d(U - TS) \leqslant -pdV + \delta W_f$$

或
$$d(U + pV - TS) \leqslant \delta W_f$$

即是:
$$d(H - TS) \leqslant \delta W_f$$

定义:
$$G \equiv H - TS \equiv A + pV \tag{2-34}$$

于是
$$dG \leqslant \delta W_f \begin{pmatrix} < 表示不可逆 \\ = 表示可逆 \end{pmatrix} \tag{2-35}$$

G 称为吉布斯函数,简称吉氏函数或吉布斯自由能,G 也是系统的状态函数,属容量性质,具有能量的单位 J。式(2-35)表明在等温等压下,某封闭系统所能做的最大非体积功等于其吉氏函数的减少。

若系统在等温等压下且没有非体积功,则
$$\Delta G_{T,p,W_f=0} \leqslant 0 \begin{pmatrix} < 表示不可逆 \\ = 表示可逆 \end{pmatrix} \tag{2-36}$$

式(2-36)的物理意义是:在等温等压不做非体积功条件下,若系统任其自然变化,过程总是向着吉氏函数减少的方向进行,一直减

至该条件下的最小值,达到平衡为止。在该条件下系统不可能自动发生 $\Delta G > 0$ 的变化。

吉氏函数可以在以上条件下判断过程的性质,因此又称为等温等压位。一般化学反应、相变化和生化过程等大多在等温等压下进行,所以吉氏函数应用很广。

式(2-35)和式(2-36)又称为吉氏函数判据。要特别注意条件。

2.10 热力学基本关系式

2.10.1 五个热力学函数间的关系

在前面,我们介绍了五个热力学函数 U、H、S、A、G。它们之间的关系即定义式表示为

$$H = U + pV$$
$$A = U - TS$$
$$G = H - TS = U - TS + pV = A + pV$$

几个公式都是定义量,必须牢记。为便于记忆,以上关系可用图2-8直观表示。

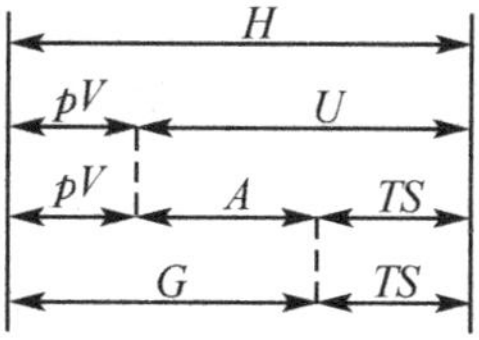

2.10.2 热力学基本方程

根据热力学第一定律和第二定律,有

$$dU = \delta Q + \delta W = \delta Q_R - p\,dV + \delta W_{f,R}$$
$$dS = \delta Q_R / T$$

图2-8 几个热力学函数间的关系

从而得

$$dU = T\,dS - p\,dV + \delta W_{f,R} \tag{2-37}$$

将 H、A、G 的定义式微分,并将上式代入得

$$dH = T\,dS + V\,dp + \delta W_{f,R} \tag{2-38}$$
$$dA = -S\,dT - p\,dV + \delta W_{f,R} \tag{2-39}$$

$$dG = -SdT + Vdp + \delta W_{f,R} \qquad (2\text{-}40)$$

式(2-37)至式(2-40)这四个公式是由第一定律和第二定律结合而成,仅适于可逆过程。当系统不做非体积功时,则 $\delta W_f = 0$,上述四个基本公式成为

$$dU = TdS - pdV \qquad (2\text{-}41)$$
$$dH = TdS + Vdp \qquad (2\text{-}42)$$
$$dA = -SdT - pdV \qquad (2\text{-}43)$$
$$dG = -SdT + Vdp \qquad (2\text{-}44)$$

式(2-41)至式(2-44)称为热力学基本方程。

尽管这四个基本方程是从可逆过程导出来的,但对于均相组成不变的封闭系统,可逆与不可逆过程均适用。因为这四个方程中涉及的量全部是系统的性质,其变化值与过程是否可逆无关。

若在封闭系统内发生不可逆的相变化或化学变化,则系统的组成就会发生不可逆的变化,则两个变量就不够了,需要增加系统组成的变量。但是对于可逆的组成变化(如可逆相变和可逆的化学反应),公式仍然可以使用。

2.10.3 对应系数关系式和麦克斯韦(Maxwell)关系式

上述热力学四个基本方程,实际是四个函数的全微分式:

$$U = U(S, V)$$
$$H = H(S, p)$$
$$A = A(T, V)$$
$$G = G(T, p)$$

其全微分式与四个基本方程比较:

$$dU = \left(\frac{\partial U}{\partial S}\right)_V dS + \left(\frac{\partial U}{\partial V}\right)_S dV = TdS - pdV$$

$$dH = \left(\frac{\partial H}{\partial S}\right)_p dS + \left(\frac{\partial H}{\partial p}\right)_S dp = TdS + Vdp$$

$$dA = \left(\frac{\partial A}{\partial T}\right)_V dT + \left(\frac{\partial A}{\partial V}\right)_T dV = -SdT - pdV$$

$$dG = \left(\frac{\partial G}{\partial T}\right)_p dT + \left(\frac{\partial G}{\partial p}\right)_T dV = -SdT + Vdp$$

得：

$$T = \left(\frac{\partial V}{\partial S}\right)_V = \left(\frac{\partial H}{\partial S}\right)_p \qquad (2\text{-}45)$$

$$p = -\left(\frac{\partial U}{\partial V}\right)_S = -\left(\frac{\partial A}{\partial V}\right)_T \qquad (2\text{-}46)$$

$$V = \left(\frac{\partial H}{\partial p}\right)_S = \left(\frac{\partial G}{\partial p}\right)_T \qquad (2\text{-}47)$$

$$S = -\left(\frac{\partial A}{\partial T}\right)_V = -\left(\frac{\partial G}{\partial p}\right)_T \qquad (2\text{-}48)$$

以上八个关系式称为对应系数关系式。

据全微分性质，当 $Z = Z(x,y)$ 时：

$$dZ = \left(\frac{\partial Z}{\partial x}\right)_y dx + \left(\frac{\partial Z}{\partial y}\right)_x dy = Mdx + Ndy$$

有

$$\left(\frac{\partial M}{\partial y}\right)_x = \left(\frac{\partial N}{\partial x}\right)_y$$

由四个基本方程可得

$$\left(\frac{\partial T}{\partial V}\right)_S = -\left(\frac{\partial p}{\partial S}\right)_V \qquad (2\text{-}49)$$

$$\left(\frac{\partial T}{\partial p}\right)_S = \left(\frac{\partial V}{\partial S}\right)_p \qquad (2\text{-}50)$$

$$\left(\frac{\partial S}{\partial V}\right)_T = \left(\frac{\partial p}{\partial T}\right)_V \qquad (2\text{-}51)$$

$$-\left(\frac{\partial S}{\partial p}\right)_T = \left(\frac{\partial V}{\partial T}\right)_p \qquad (2\text{-}52)$$

这四个方程称为麦克斯韦(Maxwell J C)关系式，表达了 p, V, T, S 四个状态函数有关偏导数之间的关系，在热力学处理问题、分析问题或证明一些关系式时常常用到。尤其是式(2-51)和式(2-52)

中,等式右边是系统的宏观可观测量,而左边是不易直接观测量,这为热力学处理实际问题带来方便,可用实验易测定的偏微商来代替那些不易直接测定的偏微商。

2.11 ΔG 的求算

许多过程,如化学反应、相变化、物质的混合以及复杂的生命过程等,是在等温等压,不做非体积功条件下进行的,因此常用 ΔG 来判断过程的方向和限度。

G 是状态函数,在指定的始、终态之间,其变化值 ΔG 是确定的。与求熵的变化值一样,也总是拟定可逆过程来计算其 ΔG。

求算 ΔG 主要有两种方法。

方法一,由 G 的定义式求: $dG = dH - d(TS)$

方法二:据热力学基本方程求: $dG = -SdT + Vdp$

2.11.1 均相等温过程状态变化的 ΔG

由方法一,对等温过程有

$$\Delta G_T = \Delta H - T\Delta S \quad (2\text{-}53)$$

只要求出过程的 ΔH 与 ΔS,则可算出 ΔG。

由方法二,对等温过程 $dG_T = Vdp$

$$\Delta G = \int_{p_1}^{p_2} V dp \quad (2\text{-}54)$$

若为凝聚态物质,如液体物或固体物,可忽略压力变化引起的体积变化,即把体积 V 看成不随压力变化的常量。则

$$\Delta G = V(p_2 - p_1) \quad (\text{等温,凝聚态}) \quad (2\text{-}55)$$

若为理想气体,则 $V = \dfrac{nRT}{p}$,代入式(2-54)得

$$\Delta G = nRT\ln\frac{p_2}{p_1} = nRT\ln\frac{V_1}{V_2} \quad (\text{等温,理想气体}) \quad (2\text{-}56)$$

【例9】 300 K 的 1 mol 理想气体,压力从 $10p^{\ominus}$ 等温可逆膨

胀到标准压力 $p^{\ominus}$,求过程的 Q、W、ΔH、ΔU、ΔG、ΔA 和 ΔS。

解 因为理想气体的 U 和 H 只与温度有关,现温度不变,故

$$\Delta U = 0$$

$$\Delta H = 0$$

$$W_R = -nRT\ln\frac{V_2}{V_1} = -nRT\ln\frac{p_1}{p_2}$$

$$= -(1\text{ mol})(8.314\text{ J}\cdot\text{K}^{-1}\cdot\text{mol}^{-1})(300\text{ K})\ln 10$$

$$= -5\,743\text{ J}$$

$$Q_R = -W_R = 5\,743\text{ J}$$

$$\Delta S = \frac{Q_R}{T} = \frac{5\,747\text{ J}}{300\text{ K}} = 19.14\text{ J}\cdot\text{K}^{-1}$$

$$\Delta A_T = W_R = -5\,743\text{ J}$$

$$\Delta G_T = RT\ln\frac{p_2}{p_1} = RT\ln\frac{1}{10} = -5\,743\text{ J}$$

【例 10】 在上例中,若气体向真空的容器膨胀,直至压力减低到 $p^{\ominus}$,求上述各热力学函数变化值。

解 这是一个等温不可逆过程,因为 $p_{外}$ 为零,所以 $W=0$。因为 $\Delta U=0$,则 $Q=0$,此外 ΔA 和 ΔG 不能直接由实际功计算,同理,ΔS 也不等于 $\left(\dfrac{Q_{实}}{T}\right)$。但由于这些热力学函数都是状态函数,它们的变化值只与始末态有关,所以 ΔU、ΔH、ΔG 与 ΔS 的数值完全与上例的相同。

【例 11】 在上例中哪个函数变化值可判过程的性质?

解 (1) 由熵判据　$dS \geqslant \dfrac{\delta Q}{T}$

例中 $\Delta S = \dfrac{Q_R}{T} = 19.14\text{ J}\cdot\text{K}^{-1}$

$$\frac{Q_{实}}{T} = \frac{O}{T} = 0$$

93

因为 $\Delta S > \dfrac{Q_{实}}{T} = 0$，所以为不可逆过程。

此外，该过程是无热的过程，可看成是绝热过程，所以 $\Delta S_{绝热} > 0$，可判断过程是不可逆的。

（2）由亥氏函数判据式（2-32）　　$\Delta A_T \leqslant W$

该例题中只有体积功，则 $\Delta A_T \leqslant W_e$。

$\Delta A_T = -5\ 743\ \text{J}\ < W_{实} = 0$，可判断是不可逆过程。

（3）由吉氏函数判据式（2-36）

$$\Delta G_{T,p,W_f=0} \leqslant 0 \quad \begin{pmatrix} < 表示不可逆 \\ = 表示可逆 \end{pmatrix}$$

必须同时具备三个条件：等温，等压，不做非体积功，才能作判据。

由于该例中不是等压过程，尽管 $\Delta G_T < 0$，但不能用它来判断过程的性质。

结论：【例10】中能判断过程性质的是熵判据和亥氏函数判据。

2.11.2　相变过程 $\Delta_\alpha^\beta G$ 的计算

（1）可逆相变化过程

可逆相变过程是在等温等压及不做非体积功的条件下进行的，且始态相 α 与终态相 β 两相保持平衡。于是据吉布斯函数判据有：

$$\Delta_\alpha^\beta G = 0 \tag{2-57}$$

（2）不可逆相变化过程

如果始态和终态两个相是不平衡的，此类相变，应设计始态和终态相同的可逆途径来计算 $\Delta_\alpha^\beta G$。

【例12】　已知 298.2 K 时液体水的饱和蒸汽压为 3 168 Pa，试计算正常压力和温度 298.2 K 下的 1 mol 过饱和水蒸气变成同温同压的液体水的 ΔG，并判断过程是否自发。

解　在始态与终态间可设计下列可逆过程

$$H_2O(g, 298.2\text{ K}, 101\,325\text{ Pa}) \xrightarrow[298.2\text{ K}, 101\,325\text{ Pa}]{\Delta G = ?} H_2O(l, 298.2\text{ K}, 101\,325\text{ Pa})$$

$\Delta G_1 \downarrow$ 等温可逆膨胀 $\qquad\qquad\qquad \Delta G_3 \uparrow$ 等温可逆压缩

$$H_2O \xrightarrow[\Delta G_2(可逆相变)]{298.2\text{ K}, 3\,168\text{ Pa}} H_2O$$

(g, 298.2 K, 3 168 Pa) $\qquad\qquad$ (l, 298.2 K, 3 168 Pa)

据式(2-56)

$$\Delta G_1 = nRT\ln\frac{p_2}{p_1}$$

$$= (1\text{ mol})(8.314\text{ J}\cdot\text{K}^{-1}\cdot\text{mol}^{-1})(298.2\text{ K})\ln\frac{3\,168\text{ Pa}}{101\,325\text{ Pa}}$$

$$= -8\,591\text{ J}$$

据式(2-57) $\Delta G_2 = 0$

据式(2-55) $\Delta G_3 = V_l(p_1 - p_2)$

$$= (18 \times 10^{-6}\text{ m}^3)(101\,325\text{ Pa} - 3\,168\text{ Pa})$$

$$= 1.767\text{ J}$$

由状态函数特点：$\Delta G = \Delta G_1 + \Delta G_2 + \Delta G_3$

$$= -8\,589\text{ J} < 0 \qquad (等温,等压, W_f = 0)$$

∴ 此过程可以自发进行。

可以看出在正常压力, 298.2 K 下是以液体水的状态稳定存在, 而此条件下气态水是不稳定的。

从上述计算结果还可看到, $|\Delta G_3| \ll |\Delta G_1|$, 实际处理问题时, 可令 $\Delta G_3 \approx 0$, 不会出现大的偏差。

【例 13】 101 325 Pa, 373 K 下, 1 mol 液态水向真空蒸发成同温同压下的水蒸气, 试求该过程的 $\Delta S, \Delta A$ 和 ΔG。

解 题给过程为：

1 mol H_2O(l, 101 325Pa, 373 K) $\xrightarrow{\text{向真空蒸发}}$ 1 mol H_2O(g, 101 325 Pa, 373 K) 这不是等压过程, 是在不平衡条件下发生的相变化。设计始末态相同的可逆过程求 $\Delta S, \Delta A$ 和 ΔG。

设计的过程为：

95

$$1 \text{ mol } H_2O(l, 101\ 325\text{Pa}, 373\text{K}) \xrightarrow{\text{等温等压}} 1 \text{ mol } H_2O(g, 101\ 325\text{Pa}, 373 \text{ K})$$

据式(2-25) $\Delta_l^g S = \dfrac{\Delta_l^g H}{T} = \dfrac{18 \times 2\ 257}{373} = 108.9 \text{ J/K}$

据式(2-32) $\Delta_l^g A = W_R = -p\Delta_l^g V = -p(V_g - V_l)$
$\qquad\qquad\quad \approx -pV_g \approx -nRT = -(1 \text{ mol})$
$\qquad\qquad\qquad (8.314 \text{ J}\cdot\text{K}^{-1}\cdot\text{mol}^{-1})(373 \text{ K})$
$\qquad\qquad = -3\ 101 \text{ J}$

据式(2-57) $\Delta_l^g G = 0$

以上结果即为所求。

注意该过程 $\Delta G_T = 0$,但不是等压过程,所以不能据此判断过程是可逆的。

另外,与【例9】比较可见,理想气体的等温过程 $\Delta A = \Delta G$,而等温等压下的相变过程的 $\Delta A \neq \Delta G$。

2.11.3 化学反应的吉布斯函数变化($\Delta_r G$)

由方法一有:
$$\Delta_r G = \Delta_r H - T\Delta_r S \qquad (2\text{-}58)$$

$\Delta_r H_m$ 和 $\Delta_r S_m$ 均可查有关数据手册的标准摩尔生成焓和标准规定熵而求得,从而可计算化学反应在 $p^\ominus$ 和反应温度 T(一般为25℃)下的 $\Delta_r G_m^\ominus$。更详细的讨论见化学平衡一章。

【例14】 腺三磷水解释放磷酸基的反应在生理温度和pH值时被很多人研究过,有人报道在309 K(即36℃)和pH=7时,在 Mg^{2+} 存在下,测得的 $\Delta_r H_m$ 是 -20.08 kJ·mol^{-1},$\Delta_r S_m$ 是 35.21 J·K^{-1}·mol^{-1},试计算反应的 $\Delta_r G_m$ 值,判断ATP可否自动水解。

解 此生化反应虽然没有指明等压条件,但一般是在正常压力下测定的,且温度一定,没有非体积功。所以计算所得 $\Delta_r G_m$ 可作为判据

反应 $\quad$ ATP $\rightarrow$ ADP + Pi

$$\begin{aligned}\Delta_r G_m &= \Delta_r H_m - T\Delta_r S_m \\ &= (-20\,080 - 309 \times 35.21)\text{J}\cdot\text{mol}^{-1} \\ &= -30.96\text{ kJ}\cdot\text{mol}^{-1} < 0\end{aligned}$$

说明 ATP 在 309 K、正常压力下可自动水解。

2.12 热力学函数 U, H, S, A, G 与温度的关系

2.12.1 吉布斯函数随温度的变化 —— 吉布斯-亥姆霍兹方程

在等压条件下,纯物质的 G 随温度 T 的变化率,据式(2-48)有

$$\left(\frac{\partial G}{\partial T}\right)_p = -S = \frac{G-H}{T} = \frac{G}{T} - \frac{H}{T}$$

或

$$\left(\frac{\partial G}{\partial T}\right)_p - \frac{G}{T} = -\frac{H}{T}$$

两边同乘以 $\frac{1}{T}$,得 $\quad \frac{1}{T}\left(\frac{\partial G}{\partial T}\right)_p - \frac{G}{T^2} = -\frac{H}{T^2}$

上式左边是 $\frac{\partial\left(\frac{G}{T}\right)}{\partial T}$ 的结果。于是:

$$\left[\frac{\partial\left(\frac{G}{T}\right)}{\partial T}\right]_p = -\frac{H}{T^2} \qquad (2\text{-}59)$$

该式是纯物质的吉布斯函数随温度的变化关系式,称为吉布斯-亥姆霍兹方程。

对于等温等压下的化学反应或相变,即 $\Delta_r G$ 或 $\Delta_\alpha^\beta G$ 随温度的变化关系,可由式(2-59)导出:

$$\left[\frac{\partial\left(\frac{\Delta G}{T}\right)}{\partial T}\right]_p = -\frac{\Delta H}{T^2} \qquad (2\text{-}60)$$

这是相变或化学反应的吉布斯-亥姆霍兹方程。

等压下对式(2-60)积分

$$\int_{\frac{\Delta G_1}{T_1}}^{\frac{\Delta G_2}{T_2}} d\left(\frac{\Delta G}{T}\right) = \int_{T_1}^{T_2} \left(-\frac{\Delta H}{T^2}\right) dT$$

得：
$$\frac{\Delta G_2}{T_2} = \frac{\Delta G_1}{T_1} - \int_{T_1}^{T_2} \frac{\Delta H}{T^2} dT \tag{2-61}$$

若温度变化范围不大，ΔH 可近似看成不随温度变化的常数，则上式变为：

$$\frac{\Delta G_2}{T_2} = \frac{\Delta G_1}{T_1} + \Delta H \left(\frac{1}{T_2} - \frac{1}{T_1}\right) \tag{2-62}$$

由此可从已知温度下某化学反应或相变的 ΔG 求任意温度下的 ΔG。

【例 15】 下列反应的 $\Delta_r G_m$ 和 $\Delta_r H_m$ 在 310 K 时分别是 -30.96 kJ·mol^{-1} 和 -20.08 kJ·mol^{-1}，问在 277 K 时，反应的 $\Delta_r G_m$ 是多少？

$$ATP + H_2O \rightarrow ADP + Pi$$

解 设 $\Delta_r H_m$ 不随温度变化，根据式(2-61)有

$$\frac{\Delta G(277\ K)}{277\ K} = \frac{\Delta G(310\ K)}{310\ K} + \Delta_r H_m \left(\frac{1}{277\ K} - \frac{1}{310\ K}\right)$$

$$\Delta_r G_m(277\ K) = 277 \times \left[\frac{-30.96}{310} - 20.08\left(\frac{1}{277} - \frac{1}{310}\right)\right]$$

$$= -29.8\ \text{kJ·mol}^{-1}$$

2.12.2 亥姆霍兹函数随温度的变化关系

与上述同样的方法，可导出纯物质的亥姆霍兹函数与温度的关系：

$$\left[\frac{\partial (A/T)}{\partial T}\right]_V = -\frac{U}{T^2} \tag{2-63}$$

对化学反应或相变：

$$\left[\frac{\partial(\Delta A/T)}{\partial T}\right]_V = -\frac{\Delta U}{T^2} \qquad (2\text{-}64)$$

该式也称为吉布斯－亥姆霍兹方程。

2.12.3 U,H,S 与温度 T 的关系

由前面的 1.7 节和 2.8 节的介绍，分别有式(1-24)，式(1-25)及式(2-23)和式(2-24)，现归纳如下：

$$\left(\frac{\partial U}{\partial T}\right)_V = nC_{V,m} \qquad \Delta U = \int_{T_1}^{T_2} nC_{V,m} dT$$

$$\left(\frac{\partial H}{\partial T}\right)_p = nC_{p,m} \qquad \Delta H = \int_{T_1}^{T_2} nC_{p,m} dT$$

$$\left(\frac{\partial S}{\partial T}\right)_V = \frac{nC_{V,m}}{T} \qquad dS_V = \int_{T_1}^{T_2} \frac{nC_{V,m}}{T} dT$$

$$\left(\frac{\partial S}{T}\right)_p = \frac{nC_{p,m}}{T} \qquad dS_p = \int_{T_1}^{T_2} \frac{nC_{p,m}}{T} dT$$

对等温等压下化学反应或相变有：

$$\left[\frac{\partial(\Delta_r H)}{\partial T}\right]_p = \Delta_r C_p, \Delta_r H(T_2) = \Delta_r H(T_1) + \int_{T_1}^{T_2} \Delta_r C_p dT$$

$$\left[\frac{\partial(\Delta_r S)}{\partial T}\right]_p = \frac{\Delta_r C_p}{T}, \Delta_r S(T_2) = \Delta_r S(T_1) + \int_{T_1}^{T_2} \frac{\Delta_r C_p}{T} dT$$

2.13 非平衡态热力学简介 —— 熵与生命

由热力学第二定律可知孤立系统中发生的过程熵是增加的，或者说混乱度是增加的。而生命机体维持着高度有序，如植物的叶、花朵的有规则的图案，动物的皮毛，蝴蝶翅膀上的花纹，又例如生物体内系列化生化反应随时间有规则周期性振荡，即生物体的生命过程的时空有序现象等。是否生命过程违反了热力学第二定律呢？

值得注意的是经典热力学（或平衡态热力学）处理的是孤立的或封闭的平衡态系统，或者是系统从一个平衡态到另一个平衡

态的变化,不考虑中间过程,不涉及时间。然而生命有机体是敞开系统(或称开放系统),与环境既有能量交换又有物质交换。生命机体内的种种过程是连续发生的,且不处于平衡状态,所以涉及的是非平衡态热力学的内容。

从平衡态热力学发展到非平衡态热力学先后经历了两个阶段。第一阶段是20世纪30年代昂萨格(Onsager)的倒易关系和最小熵产生原理,确立了近平衡态的线性非平衡态热力学基础和方法,并指出在非平衡态热力学线性区,非平衡态是稳定的,不会自发形成时空有序结构。第二阶段是20世纪60年代,以普里高京(I.Prigogine)为代表的布鲁塞尔学派创立的远离平衡态的非线性非平衡态热力学基础,以耗散结构为核心,阐明了化学振荡、生命的进化等事物从低级到高级、从无序到有序的根源。澄清了一些与经典热力学相矛盾的问题。为打开物理化学与生命科学的通道,沟通自然科学和社会科学起了重要作用。为此,普里高京获1977年诺贝尔化学奖。

本节简要介绍非平衡态热力学的基本原理和方法。

2.13.1 热力学平衡态、非平衡态和定态

热力学平衡态是在一定条件下:① 系统的所有性质在宏观上不随时间而变,也称为定态;② 系统内部不再有宏观过程(或称为宏观流动,如热流,物质流,电流等)。凡不具备上面任何一个条件者,都称为非平衡态。对孤立系统,定态就是平衡态。

对敞开系统,定态不一定是平衡态。如一金属棒两端与两个温度不同的大热源接触,经一定时间后,金属棒上各点的温度不再随时间而变,达到了定态,但不是平衡态,因为金属棒内部存在宏观的热流。生物体在发展到某一阶段可能处于宏观不变的定态,但在生物体内进行着新陈代谢过程,因此生物体不随时间变化的状态是非平衡定态,而不是平衡态。

2.13.2 熵产生与熵流及熵产生率

(1) 热力学第二定律

$$dS \geqslant \frac{\delta Q}{T} \quad \begin{cases} > \text{表示不可逆} \\ = \text{表示可逆} \end{cases} \quad (2\text{-}12)$$

该式适用于封闭系统或孤立系统,不适于敞开系统。此外,该式对不可逆过程只给出了一个定性的不等式,为了对不可逆过程作定量处理,要将上式进行推广。

由式(2-12),对可逆过程 $dS = (\delta Q/T)_R$,即是说系统的熵变完全因为与环境之间有热量交换而作的贡献;对不可逆过程,除了系统与环境间因热量交换 $(\delta Q/T)_{IR}$ 引起的那部分熵变,还应有系统内部发生的不可逆过程(如物质的扩散,内部的热流,化学反应等)所做的贡献,记为 d_iS,称为熵产生(entropy production),下标 i 是内部(internal) 的意思。而前面那部分 $(\delta Q/T)_{IR}$,记为 d_eS,称为熵流(entropy flow),下标 e 是外部(external)的意思,意指这部分熵变是由外部因素即系统与环境间的热交换引起的(图 2-9)。于是式(2-12)可改写为

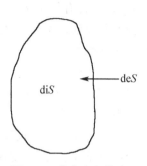

图 2-9 熵产生与熵流

$$dS = d_eS + d_iS \quad (2\text{-}65)$$

式中 d_iS 永远不为负。即

$$d_iS \geqslant 0 \quad (2\text{-}66)$$

式(2-66)适用于任何系统。这就是熵产生原理:系统内的熵产生不能为负值。熵产生在不可逆过程中总大于 0,在可逆过程中等于 0。

对孤立系统,$d_eS=0$,则
$$dS_孤 = dS = d_iS \geqslant 0 \qquad (2-67)$$

这就是热力学第二定律的结果,并称为熵增加原理。可见,熵产生原理将熵增加原理作为特例包括在内。

式(2-65)中 d_eS 的值可正,可负,或为零,也可适用于敞开系统。只是对敞开系统而言,d_eS 中除了与环境的热交换作的贡献外,另还应含有物质交换所作的贡献。由此可见,熵流项中,只有热流和物质流的贡献,不包括功的贡献。因为功只可引起熵产生,但不引起熵流。

式(2-65)表明,任何系统的熵变都可以分为熵流和熵产生二部分,而且很容易区别是孤立系统还是封闭系统或敞开系统。具体表现在 d_eS 上。

对非平衡不可逆过程,在一定条件下,通过系统与环境间的物质交换和能量交换,环境提供足够的负熵流 d_eS,以抵消系统内部的熵产生 d_iS,甚至使系统的熵减少,可使系统由无序状态变为有序状态。

于是式(2-65)将热力学第二定律的不等式,补了一项,变成了等式,并推广到任意系统。

(2) 熵产生率

经典热力学一般不涉及时间,但对非平衡态热力学则不同,常需要涉及各热力学函数随时间的变化率,其中最重要是熵的变化率:

$$\frac{dS}{dt} = \frac{d_eS}{dt} + \frac{d_iS}{dt} \qquad (2-68)$$

其中 $\frac{d_eS}{dt}$ 为熵流速率。则熵产生率 P 为:

$$P = \frac{d_iS}{dt} \qquad (2-69)$$

因为 $d_iS \geqslant 0$,所以 $P \geqslant 0$。熵产生率是非平衡态热力学中极

为重要的概念。

2.13.3 热力学力和热力学流

常见的不可逆过程,如物质的扩散,热传导,或离子的迁移等不可逆过程,必然引起物质、热、电荷等的流动,即伴有物流、热流、电流等的产生,将这种流称为热力学流(通量)或广义流(J),简称为流;而该流的推动力称为热力学力或广义力(X),简称为力。广义力如浓度差 Δc,温度差 ΔT 或 $\Delta(1/T)$,电势差 ΔE,常常表现为物理量的梯度,如浓度梯度,温度梯度,电势梯度等。例如,一个内部存在温差的孤立系统,设高温部分温度为 T_2,低温部分温度为 T_1,传递的热量为 δQ,则高温部分和低温部分的熵变分别为 $(-\delta Q/T_2)$ 和 $(\delta Q/T_1)$,则该热传导过程的引起的熵产生为:

$$d_i S = -\frac{\delta Q}{T_2} + \frac{\delta Q}{T_1} = \delta Q\left(\frac{1}{T_1} - \frac{1}{T_2}\right)$$

熵产生率:$P = \dfrac{d_i S}{dt} = \dfrac{\delta Q}{dt}\left(\dfrac{1}{T_1} - \dfrac{1}{T_2}\right)$

令: $$J = \frac{\delta Q}{dt}, X = \frac{1}{T_1} - \frac{1}{T_2}$$

则: $$P = J \cdot X \tag{2-70}$$

熵产生率为热力学力和热力学流的乘积。

当系统中有 k 种流和 k 种力同时存在时,总的熵产生率为

$$P = \frac{d_i S}{dt} = \sum_k J_k \cdot X_k \geqslant 0 \tag{2-71}$$

因为"流"与"力"总是同号,因此 P 只能大于或等于0。当系统达到平衡时,$X_k = 0, J_k = 0, P = 0$。

力较小时,流与力的关系 —— 线性唯象方程。

若只有一种力 X 的存在,对应的流为 J,由 X 决定了 J 的方向,说明了力与流之间存在着内在联系。在大量实验基础上总结出一个线性规律,或在力 X 较小,特别是在近平衡区时遵守:

$$J = L \cdot X \tag{2-72}$$

式(2-72)称之为唯象方程，L 称为唯象系数。

例如用于物质扩散的 Fick 第一定律，见式(8-3)：

$$J_m = \frac{\mathrm{d}m}{\mathrm{d}t} = -D\frac{\mathrm{d}c}{\mathrm{d}x} \tag{2-73}$$

单位时间内通过单位截面积物质质量与浓度梯度成正比，比例系数 D 为扩散系数。或者说物质流 J_m 与浓度梯度 $\mathrm{d}c/\mathrm{d}x$（热力学力）成正比。

2.13.4 昂萨格的倒易关系

当有几种力同时存在于系统中时，几种不可逆过程将同时发生，则一种热力学力可能会对多种流产生影响，一种流也可能由多种力同时驱动。这种相互影响称为耦合或干涉。例如温差可同时引起热传导和物质扩散；物质扩散不仅由浓度差引起，也可由温差引起。又如一个单独存在时本不能发生的化学反应，可能在共同存在的其他反应的反应力[或反应亲合势 A（见式(5-6)）]所驱动下（耦合）而得以发生。此时不可逆过程的线性关系为：

$$J_i = \sum_{j=i}^{n} L_{ij} X_j \quad (i = 1, 2, \cdots, n) \tag{2-74}$$

该式表明，当有多种力同时存在时，对于任何一种流的产生，是所有力贡献的结果。

例如系统中同时存在两种力 X_1 和 X_2，同时发生两种不可逆过程，引起两种热力学流 J_1 和 J_2，则：

$$J_1 = L_{11}X_1 + L_{12}X_2$$
$$J_2 = L_{21}X_1 + L_{22}X_2$$

其唯象系数组成了一个二维矩阵：

$$\begin{vmatrix} L_{11} & L_{12} \\ L_{21} & L_{22} \end{vmatrix}$$

其中对角项 L_{11} 和 L_{22} 称为自唯象系数，代表各自单一不可逆过程的唯象系数。非对角项称为交叉唯象系数，表示不可逆过程之间

的相互影响。1931年昂萨格(Onsager)发现,流和力作适当的选择,唯象系数矩阵是对称的,即

$$L_{ij}=L_{ji}(i,j=1,2,\cdots) \qquad (2\text{-}75)$$

该式说明当第一个不可逆流 J_1 受到第二个不可逆力 X_2 影响时,第二个不可逆流 J_2 也必受到第一个不可逆力 X_1 的影响,而且这两种相互影响的唯象系数相等。或者说第 i 种力对第 j 种流影响与第 j 种力对第 i 种流产生的影响相同,称之为昂萨格倒易定理。这是不可逆过程热力学中的基本关系式。适用于一切热力学线性不可逆过程,甚至可超出。昂萨格是从微观可逆性原理导出这一关系的,还可通过多种方式(热力学,统计热力学,动力学)证明。

这种倒易关系具有重要的意义。利用它可使实验工作量大大减少,并有可能用较简便的实验手段获取难以直接测定的耦合系数。更重要的是这种关系与动力学机理无关。

2.13.5 最小熵产生原理

不可逆过程进行时,熵总是在不断地产生,$P=\mathrm{d}_iS/\mathrm{d}t>0$。即使在定态,$P$ 也不为0,只不过被负熵流所抵消而已。但不可逆过程进行的驱动力不会随时间增大,只会衰减或不变,除非环境发生变化。所以熵产生率 P 只能随时间单调地下降($\mathrm{d}P/\mathrm{d}t<0$),或者不变($\mathrm{d}P/\mathrm{d}t=0$);不变时表示达到定态或平衡态。

可以证明,在非线性区,熵产生率随时间的变化关系为:

$$\frac{\mathrm{d}P}{\mathrm{d}t}\leqslant 0 \qquad \begin{matrix}(<0\text{ 偏离定态})\\(=0\text{ 定态})\end{matrix} \qquad (2\text{-}76)$$

此即最小熵产生原理:线性非平衡态系统熵产生率随时间的变化向着减小的方向进行,一直进行到系统达到定态,此时熵产生率极小,系统不再随时间变化。

对于孤立系统,$\mathrm{d}_eS=0$,若系统内不平衡,熵会增加,达到极大值时,不再发生变化,达到平衡状态,此时 $\mathrm{d}S=\mathrm{d}_iS=0,P=0$,必定 $\mathrm{d}P/\mathrm{d}t=0$。所以平衡态可以看成是定态在 $P=0$ 时的特例。

对于线性非平衡态的敞开系统,受环境条件的约束,系统不会达到平衡态,但熵产生率会随时间减少,直到极小值,达到非平衡定态。此时,非平衡定态系统若受到外界的干扰,或自身的涨落,偏离定态,据最小熵产生原理,系统仍会回到原来的定态。因此,定态是稳定的。若除去环境的约束,系统将会离开原来的定态,最终趋于平衡态。显然,线性非平衡态的发展趋势不是定态就是平衡态,不会自发形成时空有序结构。

由前所述,对于孤立系统,由于与环境没有物质和能量的交换,$d_eS=0$,不可能出现定态,只可能出现平衡态。在非孤立系统中才有可能建立定态。即是说物质与能量的输入输出对定态的建立至关重要。比如一个化学反应,若反应物是低熵的,产物是高熵的,为使系统的熵不增加,必须不断地向系统补充消耗掉的低熵反应物,并及时排出高熵物,否则无法建立定态。此外还须考虑能量的输入输出问题。任何实际过程都不可避免有"摩擦"存在。如机械摩擦,电阻,黏度,磁滞,非弹性等。这些"摩擦"会生热,使得低熵的机械能、电能、化学能等利用效率高的能量转变成利用率低的高熵态的热能,造成高利用率的能量消耗,在物理学上称为耗散效应(dissipative effects)。任何不可逆过程都会有能量的耗散,其结果是系统的总熵增加。为使总熵不致增加,必须不断补充消耗掉的低熵态能量,排出高熵态的能量(热能)。

可见一个敞开系统通过从环境转入低熵态物质与能量,同时又排出高熵态物质与能量,恰好抵消系统内的正的熵产生,建立和维持定态。由最小熵产生原理,非平衡定态是稳定的。

2.13.6　非线性非平衡态 —— 耗散结构

非线性非平衡态特点是,环境的力相当大,对系统的影响很强烈,以至于它在系统内引起的响应流与之不成线性关系。此时的状态又称为远离平衡态。达到远平衡区,即进入非线性区,系统的状态有可能返回原来的定态,也有可能继续偏离即失稳,而进入到另一较稳定的状态,这取决于唯象关系式中非线性项的具体形式,即决定于系统的内部动力学行为。

当系统进入非线性区,形成新的稳定状态,在时间和空间结构(简称时空结构)上与原来的定态很不相同。所谓时空结构是指系统的物质或分子、原子等在时间和空间上分布。如果在空间上分布是均匀的,时间不变,这种分布称为无序结构。反之,空间上不均匀,时间上变化的分布,则称为有序结构。

系统由一种无序状态变为有序状态,或从一初级有序状态变为更高级有序状态,称为自组织现象。下面介绍几个典型的自组织现象。

(1) 激光

这是非平衡物理系统中发生的现象。

如图2-10所示,它是由产生激光的激活物质、两个反射镜组成谐振腔和激光能源组成。当激光能源功率较低时,激活物质的大部分原子处于基态,输入的能量主要被这些处于低能级的原子所吸收而跃迁到高能级,再通过自发辐射回到

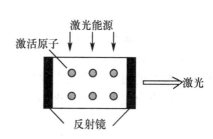

图 2-10　激光器示意图

低能级。该自发辐射过程是各原子独立进行的,此时发出的光是互不相干的自然光。这时的激光器相当于一个普通的灯泡。但是当激光能源的功率超过某个临界值,使得处于高能级的原子数多于低能级的原子数时,外来的光子会诱发这些处于激发态的原子进行受激辐射,以相同的频率和相位朝同一方向发出单色的单方向的强度大的相干性好的激光。此时光场处于非平衡的有序状态。这是一种时间有序结构。

(2) 贝纳德(Benard)现象

贝纳德现象是非平衡物理系统中发生自组织现象的另一个典

型例子。

有两块大的平行板,中间有一薄层流体,两板的温度分别为 T_1 和 T_2,当两板的温度相等 $T_1 = T_2$ 时,液体处于平衡态;当 $T_2 > T_1$ 时,流体内存在温度梯度,处于非平衡态,但只要温差不大,流体中主要发生热传导过程,但流体宏观上保持静止的状

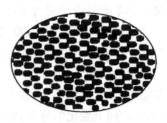

图 2-11　贝纳德现象

态。当温差超过某个临界值时,流体的静止的状态突然被打破,在整个液层内出现非常有序的对流图案,如图 2-11。图中深色表示流体从上往下流动,浅色表示流体从下往上流。这是一种空间有序结构。

(3) 化学振荡 ——B-Z 反应

前苏联化学家贝洛索夫(Belorsov)在 1958 年发现用铈离子催化柠檬酸的溴酸氧化反应,控制反应物的浓度比例,容器内混合物的颜色会出现周期性变化(图 2-12)。

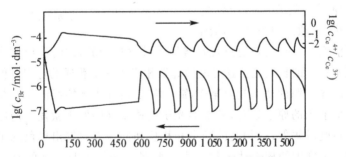

B-Z 反应中 $c_{Ce^{4+}}/c_{Ce^{3+}}$ 和 c_{Br^-} 随时间的震荡

初始浓度 $c_{CH_2(COOH)_2} = 0.032 \text{ mol} \cdot \text{dm}^{-3}$,$c_{KBrO_3} = 0.063 \text{ mol} \cdot \text{dm}^{-3}$,$c_{KBr} = 1.5 \times 10^{-5} \text{ mol} \cdot \text{dm}^{-3}$,$c_{Ce^{3+}} = 1 \times 10^{-3} \text{ mol} \cdot \text{dm}^{-3}$,$c_{H_2SO_4} = 0.8 \text{ mol} \cdot \text{dm}^{-3}$

图 2-12　B-Z 反应

后来查布廷斯基（Zhabotinsky）用丙二酸代替柠檬酸，不仅观察到颜色周期性变化，还看到反应系统中形成的漂亮的图案（图2-13）。以上反应通常简称为B-Z反应。前者是反应系统中某组分的浓度随时间有规则周期性变化，称为化学振荡。后者是反应系统中某组分在空间上呈周期性分布，称为空间形态现象。如果二者同时出现称为时空有序结构，又称为化学波。

图2-13 B-Z反应的靶式图案

以上各种时空有序结构都是在非平衡条件下发生的。由前所述，在非平衡条件下发生的过程，必定是能量耗散的过程。这种能量的耗散，对于上述时空有序结构起着很重要的作用。为了强调这一作用，普里高京把这种通过能量耗散过程而产生和维持的时空有序结构称为耗散结构（dissipative structures）。

综上所述，耗散结构是在开放系统远离平衡态的条件下，在与外界环境能量和物质交换的过程中，通过能量耗散过程和内部非线性动力学过程而形成和维持的时空有序结构。通过这些分析可见耗散结构是在非平衡态下系统失稳后可能出现的事物。要在理论上证实，必须对系统及其发生的过程作具体分析。远离平衡态的系统不能只靠热力学方法，必须研究系统的内部动力学过程。一个非平衡态系统内部的动力学过程是非常复杂的，在数学上是用一组适当的非线性微分方程来描述，并在给定条件下来求解。其解既有稳定的特解，又有不稳定的特解，系统的某个特定状态相当于微分方程的某个特解。这种多个定态解，导致分叉现象。每一次分叉，意味着失稳而进入新的更高级耗散结构分支。一次一次地进行下去，可形成生物"进化树"，如图2-14。高级分叉现象说明系统在远离平衡态时，可以有多种可能的结构，可以用来说明自然界包括生物系统的多样性和复杂性。

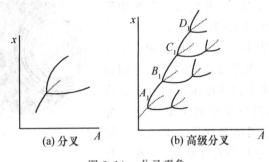

图 2-14　分叉现象

图 2-14 中 A 为控制参量,即环境提供的条件,如上述例子中的温度,输入的能量强度,物质的浓度等。x 为系统的状态变量。如图中 D_1 状态是 $A_1 \rightarrow B_1 \rightarrow C_1$ 一代一代发展来的。D_1 状态具有的功能既有老一代性质的遗传又有新产生的功能。新的一代是在演化的历史中从各个状态经选择、记忆,既保留了上一代的性质,又有了为适应新环境而产生的新性质的综合体现。

在分叉图上各个状态彼此分开,只有控制参量超过某个临界值时才出现新的状态,很像微观世界中的量子化现象。随着高级分叉的不断进行,状态间的间隔越来越小,分叉图上将出现混沌区。混沌科学是 20 世纪后半叶兴起的,研究的是事物的过程与演化。混沌认为世界是一个无序与有序的统一,稳定性与不稳定性的统一,确定性和不确定性的统一,自相似性和非自相似性的统一。混沌的研究跨越了学科的界线,将是比耗散结构理论更高层次更普遍的科学,将会对复杂的自然和社会问题提供更一般性的规律与认识。

下面就耗散结构的形成条件与特征作一归纳。

① 只有远离平衡态的开放系统才有可能形成耗散结构。但

这只是外部条件。还须系统内部具有非线性的正反馈机制。正反馈是一种自我复制、自我放大的机制。激光中的受激辐射,化学中的自催化反应,生物系统中的繁殖等都是正反馈。

② 通过涨落达到有序。由前所述无论平衡态还是非平衡定态,系统的状态在宏观上都是不随时间而变的。但实际上组成系的分子仍在不停地作无规运动,因此状态在局部或某一瞬间常与宏观的平均状态有偏离,这种自发产生的偏离称为涨落。但处于平衡态的涨落不大,且随时间衰减,系统最终回到平衡态。系统远离平衡态,控制参量达到某一临界值时,涨落可能被正反馈机制放大使系统失稳而处于分叉点,系统面临着选择,到底进入哪一分支,由这些分支的相对稳定性及偶然性所决定,几率是均等的。但只有那些适应系统动力学性质的涨落才会得到系统中绝大部分分子的响应而波及整个系统,将系统推向新的有序结构。图 2-15(a) 无外磁场下,小磁畴取向是随机的,总磁场强度为零。若升高温度,自组

图 2-15 磁子

织起来,形成有序结构(b)。一旦形成了有序体,要改变其中某一个磁畴的取向就难了。

因此耗散结构系统的演化规律可以看成是非线性动力学规律与随机扰动综合作用、相互耦合的结果。

③ 耗散结构具有时空有序结构。前面的自组织现象,同样在生物界也存在。无生命和有生命的系统存在着某种共同规律。

④ 耗散结构虽然是远离平衡态,但又是稳定的,它不受小的扰动的破坏。平衡态是分子水平上的平衡结构,而自组织现象是宏观时空有序结构。

对于描述非线性的动力学方程,既有不稳定的特解以描述失稳现象,又允许有稳定的特解以描述在宏观时间间隔内可观测到

的时空有序状态。

2.13.7 熵与生命

生物体是一个开放的、远离平衡态的极复杂的有序体。对于成熟的生命体,每天保持着大致相同的状态,可近似看成稳态。

$$dS = d_iS + d_eS \approx 0 \quad 稳态 \quad (2\text{-}77)$$

由于生物体内的化学反应、物质的扩散、血液的流动等不可逆过程的发生,$d_iS > 0$;而自环境摄取高度有序低熵物质——蛋白质和淀粉,以及空气、阳光、矿物质和水等,保证了熵流项 d_eS 为负。通过新陈代谢,使其转化为有序的生物机体,排出高熵小分子物、二氧化碳等。生物有机体是靠负熵流维持生存的。生物体若因为某种内部或环境的因素,使得熵不畅通,而使机体内积熵,就会生病。例如人中暑就是一种典型的熵病。这是高温天气,或高温作业常见病。高温下人体主要是以皮肤排汗来散热的。当人体正在大量出汗时,若使人体突然降温,如冷水浴,或游泳,或进入低温空调室等,皮肤的毛孔会突然收缩而闭塞,汗出不来,热散不出去,就会出现头晕头疼等不适。这就是负熵则康,积熵则亡(病)的道理。中医的"天人相应"论和调整理论,是从人的整体性、自发性、协调性出发来开药方。我国以西医为辅,中医与西医结合疗法,标本兼治癌症,已取得可喜的成绩。这是从人体整体功能谐调入手,增强免疫抗病能力,使全身状况改善、好转,增强抗癌能力,抑制癌细胞的增殖和转移。这与耗散结构理论的基本点是一致的。相信医学界会将中医与西医结合,以耗散结构理论作基础,使医学达到一个全新的阶段。

Schrodinger 在他的《生命是什么?》一书中写道:一个生命有机体不断地……产生正熵($\Delta_iS > 0$)……因此就势必接近具有极大熵的危险状态,即死亡。机体只有不断地从环境吸取负熵才能维持生存……新陈代谢作用最基本的内容是有机体成功地使自身放出它活着时不得不产生的全部的熵。

地球表面层的自然地理系统、生态系统和人类生态系统是三大耗散结构,是人类获取低熵物质而维持高智能的低熵状态的环境。

所以,为维持人类恒定的负熵流,必须注意地球生态环境的负熵流来源。其主要来源是太阳。据科学计算,地球能接收到的总负熵流,扣除因云层的反射,海水的蒸发,海水的流动,大气的流动等因素的消耗,实际被绿色植物用来进行光合作用的仅占0.02%,其中可供食用的负熵流约为 $-1.35\times 10^{11} W\cdot K^{-1}$。世界上以50亿人口计,仅食物所需要的负熵流约为 $-1.13\times 10^{8} W\cdot K^{-1}$。能提供的比所需要的似乎多约三个数量级,但不能过于乐观,地球上还有一些森林等不可食用的植物还需消耗一部分,粮食将满足不了人口增长的需要,所以要大力发展农业,同时还要控制人口增长。

另一个很重要的问题是生态环境。环境污染是对生物最大的威胁。水是生命之源,因为水是维持负熵流最重要的物质,它可以带入许多生物体必需的低熵物质,并将高熵废物溶解同时带出生物体。又由于水有较高的比热和气化热,对于抑制生态环境温度突变有重要作用。特别是水在4℃密度最大,又液体水的密度大于固体冰的密度,且溶解于水的氧浓度高于未溶解的空气中氧浓度。在寒冷的冬季,水面上结一层冰,有利于水中生物的生存。这对很长一段时期的生命演化过程非常重要。总之,防止水的污染,保持生态环境是维持生命重要问题。

生命过程的自组织现象。生命过程从分子、细胞到机体及群体在不同水平上都有时间周期性行为。例如生物体新陈代谢中极为重要的糖酵解过程,已从分子水平上肯定了振荡现象的存在。糖酵解过程中葡萄糖转化为乳酸,这是为生命体提供能量的过程,该反应涉及十几种中间产物和酶。实验发现,在一定条件下这些中间产物以及某些酶的浓度会随时间有规则周期性变化,即振荡。振荡周期一般在分钟数量级。

有人用耗散结构的基本理论和方法研究了糖的酵解过程,通过对实验数据的分析,引入一些合理的假设,列出了14个与之有关的动力学方程并求解,证明了在一定条件下系统确实会出现周期性振荡,与实验结果相当吻合。图2-16是部分计算结果,研究这些振荡反应,目的是提高能量的利用率。

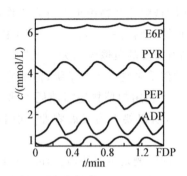

图 2-16　理论模型计算出的糖酵解过程中主要中间产物的浓度 - 时间关系
E6P－6—磷酸果糖　　PYR—丙酮酸　　PEP—磷酸烯醇丙酮酸
ADP—二磷酸腺苷　　FDP—1,6 二磷酸果糖

"日出而作,日落而息",也是生物振荡行为的写照。这种行为表现为生物钟的有节奏的规律性变化。生命过程是生物体持续进行的自组织过程,这是系统内不平衡的表现,且不会达平衡。一旦达平衡,有序结构就会消失,生命也就终止了。

习　　题

2－1　思考与判断
(1) 系统在自发过程中的熵变都大于零。
(2) 绝热过程的熵变为零?
(3) 热力学规定稳定单质的熵值为零?

(4) 化学反应的熵变 $\Delta_r S = \Delta_r H / T$？

(5) 理想气体的等温过程：$\Delta A = \Delta G$，在 101 325 Pa 100℃ 时液态水变为气态水的相变过程 $\Delta A = \Delta G$？

(6) 过冷水结冰是系统的熵减少过程，则该过程是不自发的？

2－2 下列各过程中，$\Delta U, \Delta H, \Delta S, \Delta A, \Delta G$ 及 Q 与 W 何者为零？设没有非体积功。

(1) 理想气体的不可逆等温压缩；

(2) 实际气体的任意不可逆循环过程；

(3) 在 101 325 Pa 和 373.2 K 下，水的蒸发；

(4) 绝热等容下的化学反应。

2－3 在 $p^{\ominus}$ 下，据式：$\Delta_r G_T = \Delta_r H - T\Delta_r S$，判断下列反应是高温还是低温下自发，或是任何温度下都是自发的，或不自发的。

反应	$\dfrac{\Delta_r H_m^{\ominus}}{\text{kJ} \cdot \text{mol}^{-1}}$	$\dfrac{\Delta_r S_m^{\ominus}}{\text{J} \cdot \text{K}^{-1} \cdot \text{mol}^{-1}}$
(1) $O_2(g) + N_2(g) \Longrightarrow 2NO(g)$	90.3	3.0
(2) $2NO_2(g) \Longrightarrow N_2O_4(g)$	－58.0	－177
(3) $H_2O_2(l) \xrightarrow{\text{酶}} H_2O(l) + \dfrac{1}{2}O_2(g)$	－98.3	80.0
(4) 核糖核酸：天然态 $\xrightarrow{pH=3.5}$ 变性态	222.6	0.639
(5) 肌红蛋白变性	176.4	399

2－4 已知每克汽油燃烧时可放热 46.86 kJ，

(1) 若用汽油作为以水蒸气为工作物的蒸汽机的燃料时，该机的高温热源为 105℃，冷凝器即低温热源为 30℃；

(2) 若用汽油直接在内燃机中燃烧，高温热源温度可达 2 000℃，废气即低温热源亦为 30℃。试分别计算两种热机的最大效率是多少？每克汽油燃烧所能做的最大功为多少？

2－5 在 27℃ 时，2 mol 的 N_2（假设为理想气体）从 $p = 10 p^{\ominus}$ 等温可逆膨胀到 $p^{\ominus}$，试计算其 ΔS。

2−6　3 mol 单原子分子理想气体在等压下由 27℃ 加热到 327℃，试求过程的 ΔS。

2−7　固体碘化银 AgI 有 α 和 β 两种晶型，这两种晶型的平衡转化温度为 146.5℃，由 α 型转化为 β 型时，转化热时 6 462 $J \cdot mol^{-1}$。试计算由 α 型转化为 β 型时的 ΔS。

2−8　1 mol 水在 100℃，正常压力状态下向真空蒸发变成 101 325 Pa，100℃ 的水蒸气，试计算此过程的 ΔS，并用熵判据判断此过程是否为自发过程。

[提示] 此蒸发过程的 $W=0$，故所吸收的热并不等于正常气化热。

2−9　将 1 kg，−10℃ 的雪，投入一盛有 30℃ 的 5 kg 水的绝热容器中，以雪和水作为系统，试计算此过程系统的 ΔS（所需数据见例 2-7）。

2−10　利用标准压力 $p^\ominus$，298 K 时规定熵数据，计算下列反应在标准压力 $p^\ominus$，298 K 条件下的熵变。

(1) $\frac{1}{2}H_2(气) + \frac{1}{2}Cl_2(气) \rightarrow HCl(气)$

(2) $CH_3COOH(l) + 2O_2(g) \rightarrow 2CO_2(g) + 2H_2O(l)$

2−11　葡萄糖的氧化反应为

$$C_6H_{12}O_6(s) + 6O_2(g) = 6CO_2(g) + 6H_2O(l)$$

由量热法测得此反应的 $\Delta_r U_m(298\ K) = -2\ 810\ kJ \cdot mol^{-1}$，$\Delta_r S(298\ K) = 182.4\ J \cdot K^{-1} \cdot mol^{-1}$，试求在等温（298 K）及等容的条件下，利用此反应最多可做出多少非体积功？

2−12　0.010 kg 理想气体 He127℃ 时压力为 $5p^\ominus$，今在等温下外压恒定为 $10p^\ominus$ 进行压缩。试计算此过程的 $Q, W, \Delta U, \Delta H$、$\Delta S, \Delta A$ 和 ΔG。

2−13　计算下列过程的 ΔG：

(1) 1 mol 100℃ 的水，常压下等温等压蒸发成水蒸气。

(2) 1 mol 0℃ 的冰，常压下等温等压熔化为水。

(3)1 mol 100℃的标准压力 $p^{\ominus}$ 下的水,向真空蒸发成100℃,标准压力为 $p^{\ominus}$ 的水蒸气。

2－14 已知水在正常压力 $p^{\ominus}$,100℃下蒸发热为 2 259 kJ·kg^{-1},求 1 mol 100℃,正常压力的水变为压力 $p=0.5\times 101\ 325$ Pa 及100℃的水蒸气之 ΔU、ΔH、ΔA、ΔG。

2－15 试根据标准摩尔生成热 $\Delta_f H_m^{\ominus}$(298 K)和规定熵 $S_m^{\ominus}$(298 K)的数据,求算下列反应的 $\Delta_r G_m^{\ominus}$(298 K)。

(1) $H_2(g) + \dfrac{1}{2}O_2(g) == H_2O(l)$

(2) $H_2(g) + Cl_2(g) == 2HCl(g)$

(3) $CH_4(g) + \dfrac{1}{2}O_2(g) == CH_3OH(l)$

所需数据请查表。

2－16 氨基酸是构成蛋白质的砖块。试从热力学观点证明从简单分子 NH_3,CH_4 和 O_2 在 298 K,$p^{\ominus}$ 下生成甘氨酸的可能性:

$NH_3(g) + 2CH_4(g) + \dfrac{5}{2}O_2(g) \rightarrow C_2H_5O_2N(s) + H_2O(l)$

所需数据请查表。

2－17 将表1-6改为热力学第一定律和第二定律的应用,并加上 ΔS,ΔA,ΔG 各项的计算公式。

第3章 多组分系统热力学

前面所涉及的系统大多是单组分均相封闭系统，或是组成不变的多组分均相封闭系统。对于敞开系统，则系统与环境会有物质交换；对于封闭系统，若有相变化或化学反应，系统的组成也可能会发生变化。本章介绍这类组成可变的多组分系统的热力学基本性质。并介绍非电解质溶液的性质。

对于多组分系统，偏摩尔量与化学势这二个概念很重要。尤其是化学势概念，在讨论相平衡和化学平衡时特别重要。

3.1 多组分系统组成的表示

3.1.1 溶液与混合物

一种以上的物质均匀混合而且彼此呈分子（或原子、离子）数量级状态分布者均称为溶液。广义地讲，溶液可分为气态溶液、固态溶液和液态溶液。通常所讲的溶液指液态溶液。在液态溶液中（以下简称溶液），把液体当做溶剂，把溶解在其中的气体或固体叫做溶质。当液体溶于液体时，通常把含量较多的一种叫做溶剂，含量较少的叫做溶质。根据溶液导电性能，分电解质溶液与非电解质溶液，本章主要涉及后者。

什么是混合物，与溶液有什么区别？

混合物与溶液一样，也是在同一相中含有一种以上的物质。在热力学中混合物与溶液的区别在于，研究混合物中的不同物质时采用相同的方法,如定义活度时的标准态和参考态及化学势的表达式等是相同的;在溶液中,在研究方法上对溶质和溶剂是不同的,这是因为溶质与溶剂性质差别大,二者的标准态、参考态及化学势表达式等均不相同。

3.1.2 多组分系统组成的表示法

描述多组分系统的状态,除了温度、压力外,还需要系统中各组分 B 的物质的量 n_B。设系统中有 K 个组分,$B=1,2,3,\cdots,K$,则有 $n_1,n_2,\cdots,n_K$。而更常用的是相应的强度性质,即组成(或称浓度)。常用的组成表示法有如下几种。

(1) B 的摩尔分数 x_B(对气体混合物,常用 y_B 表示)

$$x_B \stackrel{\text{def}}{=\!=} \frac{n_B}{\sum_{B=1}^{K} n_B} \tag{3-1}$$

x_B 的量纲为一,单位为 1。显然 $\sum_B x_B = 1$。

(2) B 的浓度(或 B 的物质的量浓度)c_B

$$c_B \stackrel{\text{def}}{=\!=} \frac{n_B}{V} \tag{3-2}$$

式中 n_B 为溶液(或混合物)的体积 V 中 B 的物质的量。c_B 的单位为 $\text{mol} \cdot \text{m}^{-3}$,或 $\text{mol} \cdot \text{dm}^{-3}$。

x_B、c_B 可用于混合物,也可用于溶液。若是用于溶液的溶质,则应加上"溶质 B 的",以示区别。

(3) 溶质 B 的质量摩尔浓度 b_B(或 m_B)

$$b_B \stackrel{\text{def}}{=\!=} n_B/m_A \tag{3-3}$$

b_B 是溶液中溶质 B 的物质的量除以溶剂 A 的质量,单位为 $\text{mol} \cdot \text{kg}^{-1}$。

(4) B 的质量分数 W_B

W_B 为物质 B 的质量与溶液或混合物的质量之比,其量纲为一。

$$W_B \stackrel{\text{def}}{=} m_B \Big/ \sum_B m_B \qquad (3\text{-}4)$$

式中 m_B 为 B 的质量。W_B 的量纲为一。

3.2 偏摩尔量

3.2.1 多组分系统的广延性质

系统中存在一种以上组分或物质时,统称为多组分系统。在多组分系统中,质量以及物质的量等于各个组分在纯态时之和。但其他广延性质不一定如此。例如在常温常压下,0.100dm^3 的水和 0.100 dm^3 的乙醇混合,混合后的体积大约是 0.190 dm^3,而不是 0.200 dm^3。此例说明溶液的体积不一定等于各组分在纯态时体积之和。但若将含 $x(乙醇)=0.2$ 的乙醇水混合物 0.100 dm^3 与另一 $x(乙醇)=0.2$ 的乙醇水混合物 0.100 dm^3 混合,则混合后的总体积为 0.200 dm^3。

可见,多组分系统的广延性质,不但是温度、压力的函数,还与组成系统的各组分的物质的量有关。

3.2.2 偏摩尔量

设有一均相系统,由组分 $1, 2, 3, \cdots, K$ 组成,对系统中的任一种广延性质量 X(如 V, U, H, G, A, S 等)有:

$$X = f(T, p, n_1, n_2, \cdots, n_K)$$

当 T, p 及组成产生无限小的变化时,广延性质 X 相应地有微小变化:

$$\begin{aligned}
\mathrm{d}X = & \left(\frac{\partial X}{\partial T}\right)_{p, n_B} \mathrm{d}T + \left(\frac{\partial X}{\partial p}\right)_{T, n_B} \mathrm{d}p \\
& + \left(\frac{\partial X}{\partial n_1}\right)_{T, p, n_2, n_3, \cdots, n_K} \mathrm{d}n_1 + \left(\frac{\partial X}{\partial n_2}\right)_{T, p, n_1, n_3, \cdots, n_K} \mathrm{d}n_2
\end{aligned}$$

$$+ \cdots + \left(\frac{\partial X}{\partial n_K}\right)_{T,p,n_1,n_2,\cdots,n_{K-1}} \mathrm{d}n_K$$

在等温等压下,上式写为:

$$\mathrm{d}X = \sum_{B=1}^{K} \left(\frac{\partial X}{\partial n_B}\right)_{T,p,n_C(C\neq B)} \mathrm{d}n_B$$

令

$$\left(\frac{\partial X}{\partial n_B}\right)_{T,p,n_C(C\neq B)} \stackrel{\text{def}}{=\!=} X_B \tag{3-5}$$

则得

$$\mathrm{d}X = X_1 \mathrm{d}n_1 + X_2 \mathrm{d}n_2 + \cdots + X_K \mathrm{d}n_K$$

$$= \sum_{B=1}^{k} X_B \mathrm{d}n_B \tag{3-6}$$

式中 X_B 称为物质 B 某种广延性质 X 的偏摩尔量。如

偏摩尔体积: $\quad V_B = \left(\frac{\partial V}{\partial n_B}\right)_{T,p,n_C,(C\neq B)}$

偏摩尔热力学能: $\quad U_B = \left(\frac{\partial U}{\partial n_B}\right)_{T,p,n_C,(C\neq B)}$

偏摩尔焓: $\quad H_B = \left(\frac{\partial H}{\partial n_B}\right)_{T,p,n_C,(C\neq B)}$

偏摩尔熵: $\quad S_B = \left(\frac{\partial S}{\partial n_B}\right)_{T,p,n_C,(C\neq B)}$

偏摩尔亥氏函数: $\quad A_B = \left(\frac{\partial A}{\partial n_B}\right)_{T,p,n_C,(C\neq B)}$

偏摩尔吉氏函数: $\quad G_B = \left(\frac{\partial G}{\partial n_B}\right)_{T,p,n_C,(C\neq B)}$

偏摩尔量 X_B 可理解为在一定温度和压力下,在足够大量的系统中,保持其他组分的量不变(即 n_C 不变,n_C 代表除 B 以外的其他组分),加入一摩尔 B(因为量足够大,加入 1 mol B 也不足以引起系统浓度改变)时所引起的系统广延性质 X 的改变。或者是在有限量的系统中加入微小量的 B,即 $\mathrm{d}n_B$(因为只加入 $\mathrm{d}n_B$ 的物质,可认为系统的浓度不变),所引起系统广延性质改变量 $\mathrm{d}X$ 与 $\mathrm{d}n_B$

的比值。这是一个微商的概念。这就是说偏摩尔量 X_B 是温度、压力及系统组成的函数。

若系统只有一种物质,即为纯物质,据式(3-5),偏摩尔量 X_B 就是摩尔量 X_m^*。例如纯物质偏摩尔体积就是摩尔体积 V_m^*,偏摩尔吉氏函数就是摩尔吉氏函数 G_m^*。

偏摩尔量与摩尔量一样是强度性质,与该均相系统的浓度有关,而与其总量无关。

由上述可知,只有广延性质才有偏摩尔量。它是系统的状态函数,属于强度性质,它是指某多相多组分系统中某组分 B 的偏摩尔量,不存在系统的偏摩尔量。

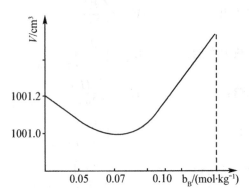

图 3-1　硫酸镁溶液的体积与其浓度的关系

偏摩尔量可由实验测定,也可由经验公式求得。其值可为正、为零或为负。这是系统中各组分间相互作用不同的结果。图 3-1 是硫酸镁水溶液在 18℃ 时,体积 V 和 1 kg 水中含不同 $MgSO_4$ 的物质的量的关系图。可以看出,在 0.07 mol·kg^{-1} 以下,偏摩尔体积 V_{MgSO_4} 的值为负。除偏摩尔体积外,其他的如偏摩尔热力学能、偏摩尔焓等,因不知系统的热力学能、焓等的绝对值,故无法求得相应的偏摩尔量的绝对值,但可选定一种参考状态,求得这些偏摩尔量与参考状态的相对数值。

3.2.3 偏摩尔量的集合公式

在一定温度压力下,按最初溶液中各物质的比例,在溶液中同时加入物质 $1, 2, \cdots, K$,直到加入的量为 $n_1, n_2, \cdots, n_K$ 为止。由于是按比例同时加入,所以在过程中溶液的浓度不变,各组分的偏摩尔量 X_B 的数值也不变,积分式(3-6)得:

$$X = X_1 \int_0^{n_1} \mathrm{d}n_1 + X_2 \int_0^{n_2} \mathrm{d}n_2 + \cdots + X_K \int_0^{n_K} \mathrm{d}n_K$$
$$= n_1 X_1 + n_2 X_2 + \cdots + n_K X_K$$

或
$$X = \sum_{B=1} n_B X_B \qquad (3\text{-}7)$$

式(3-7)称为偏摩尔量的集合公式。

例如某系统只含两个组分(1,2),则偏摩尔体积的集合公式(即系统的体积)为:

$$V = n_1 V_1 + n_2 V_2$$

式(3-7)说明,在一定温度、压力下,某一多组分系统的任一广延性质量 X 等于各组分物质的量与对应的偏摩尔量的乘积之和;也表明了在一定温度、压力下,在多组分系统中用偏摩尔量代替摩尔量,广延性质量具有加和性。式(3-7)也可称为偏摩尔量加和定理。

【例1】 有一水和乙醇形成的混合物,水的摩尔分数为 0.4,乙醇的偏摩尔体积为 $0.0575 \text{ dm}^3 \cdot \text{mol}^{-1}$,溶液的密度或称为体积质量为 $0.8494 \text{ kg} \cdot \text{dm}^{-3}$,试计算此混合物中水的偏摩尔体积。

解 据偏摩尔体积集合公式 $V = n_1 V_1 + n_2 V_2$

则由题给条件可求得 V:

$$V = \frac{(0.4 \times 18 + 0.6 \times 46) \times 10^{-3} \text{ kg}}{0.8494 \text{ kg} \cdot \text{dm}^{-3}}$$

且 $V = n_1 V_1 + n_2 V_2 = (0.4 V_1 + 0.6 \times 57.5) \times 10^{-3} \text{ dm}^3$

二式联立解得 $V_1 = 0.01618 \text{ dm}^3 \cdot \text{mol}^{-1}$

即水的偏摩尔体积 $V_{H_2O} = 0.01618 \text{ dm}^3 \cdot \text{mol}^{-1}$。

3.2.4 吉布斯 - 杜亥姆方程

均相系统中各组分的偏摩尔量并非是完全独立的，彼此之间有着内在联系。式(3-7)微分式为：

$$dX = \sum_B (n_B dX_B + X_B dn_B) \tag{3-8}$$

又因 $X = f(T, p, n_1, n_2, \cdots, n_K)$，则

$$dX = \left(\frac{\partial X}{\partial T}\right)_{p, n_B} dT + \left(\frac{\partial X}{\partial p}\right)_{T, n_B} dp + \sum_B X_B dn_B \tag{3-9}$$

比较式(3-8)与式(3-9)得：

$$\sum_B n_B dX_B = \left(\frac{\partial X}{\partial T}\right)_{p, n_B} dT + \left(\frac{\partial X}{\partial p}\right)_{T, n_B} dp \tag{3-10}$$

该式称为吉布斯 - 杜亥姆(Gibbs Jw-Duhem P)方程。反映了当系统发生了无限小的过程时，各组分偏摩尔量变化值之间的关系。它将 K 个偏摩尔量的变化用一个微分方程联系起来。显然，其中只有 K−1 个偏摩尔量的变化是独立的。

如果广延量 X 随温度、压力的变化很小，可以忽略，或者系统的温度、压力不变，式(3-10)简化为：

$$\sum_B n_B dX_B = 0 \tag{3-11}$$

该式除以系统的总的物质的量，则

$$\sum_B x_B dX_B = 0 \tag{3-12}$$

式(3-10)～式(3-12)都称为吉布斯 - 杜亥姆公式。

3.3　化学势及多组分系统热力学基本方程

3.3.1　化学势的定义

对多组分组成可变均相系统,有

$$G = f(T, p, n_1, n_2 \cdots, n_K)$$

其全微分式为：

$$dG = \left(\frac{\partial G}{\partial T}\right)_{p,n_B} dT + \left(\frac{\partial G}{\partial p}\right)_{T,n_B} dp +$$

$$\sum_{B=1}^{K} \left(\frac{\partial G}{\partial n_B}\right)_{T,p,n_{C(C \neq B)}} dn_B$$

$$= \left(\frac{\partial G}{\partial T}\right)_{p,n_B} dT + \left(\frac{\partial G}{\partial p}\right)_{T,n_B} dT + \sum_{B=1}^{K} G_B dn_B \quad (3-13)$$

式中 G_B 是组分 B 的偏摩尔吉布斯函数,又称组分 B 的化学势,以符号 μ_B 表示。

$$\mu_B \stackrel{\text{def}}{=\!=} G_B = \left(\frac{\partial G}{\partial n_B}\right)_{T,p,n_{C(C \neq B)}} \quad (3-14)$$

3.3.2　多组分组成可变均相系统的热力学基本方程

将式(3-14)代入式(3-13)中,得

$$dG = \left(\frac{\partial G}{\partial T}\right)_{p,n_B} dT + \left(\frac{\partial G}{\partial p}\right)_{T,n_B} dp + \sum \mu_B dn_B \quad (3-15)$$

若系统组成不变,即 $dn_B = 0$,上式变为

$$dG = \left(\frac{\partial G}{\partial T}\right)_{p,n_B} dT + \left(\frac{\partial G}{\partial p}\right)_{T,n_B} dp$$

由组成不变系统的热力学基本方程式(2-44)：

$$dG = -SdT + Vdp$$

两式比较得：

$$\left(\frac{\partial G}{\partial T}\right)_{p,n_B} = -S \quad (3\text{-}16)$$

$$\left(\frac{\partial G}{\partial p}\right)_{T,n_B} = V \quad (3\text{-}17)$$

于是式(3-15)可改写为：

$$dG = -SdT + Vdp + \sum_{B=1}^{K}\mu_B dn_B \quad (3\text{-}18)$$

再由 $G = U + pV - TS = H - TS = A + pV$，可导出下面各式：

$$dU = TdS - pdV + \sum_B \mu_B dn_B \quad (3\text{-}19)$$

$$dH = TdS + Vdp + \sum_B \mu_B dn_B \quad (3\text{-}20)$$

$$dA = -SdT - pdV + \sum_B \mu_B dn_B \quad (3\text{-}21)$$

式(3-18)～式(3-21)四个方程是多组分组成可变均相系统的热力学基本方程。这四个方程不涉及非体积功，与式(2-41)～式(2-44)一样，对过程可逆与否未加限制。

由式(3-19)～式(3-21)有：

$$\mu_B = \left(\frac{\partial U}{\partial n_B}\right)_{S,V,n_C(C\neq B)} = \left(\frac{\partial H}{\partial n_B}\right)_{S,p,n_C(C\neq B)}$$

$$= \left(\frac{\partial A}{\partial n_B}\right)_{T,V,n_C(C\neq B)} \quad (3\text{-}22)$$

这三个偏微商都是化学势。注意它们的下标都不相同，因为不是等温等压条件下的偏微商，所以都不是偏摩尔量。惟有偏摩尔吉布斯函数，既是偏摩尔量又是化学势。

由式(3-14)或式(3-22)可知，化学势是强度性质，是 T,p(或 $S,V;S,p;T,V$)以及组成的函数。

3.3.3 多组分组成可变多相系统的基本热力学方程

对于多组分多相系统，由于系统发生不可逆相变化或化学反应，各相的物质或物种将会发生变化，因而组分或组成会改变。对

系统的广延性质(X)应为各相的广延性质之和。设系统共有π个相,则有:

$$X = X^{(1)} + X^{(2)} + \cdots + X^{(\pi)} = \sum_{\alpha} X^{(\alpha)} \quad (3\text{-}23)$$

若发生无限小的过程,相应有:

$$dX = dX^{(1)} + dX^{(2)} + \cdots + dX^{(\pi)} = \sum_{\alpha} dX^{(\alpha)} \quad (3\text{-}24)$$

对吉布斯函数有:

$$G = \sum_{\alpha} G^{(\alpha)}$$

$$dG = \sum_{\alpha} dG^{(\alpha)}$$

结合式(3-18),有

$$dG = -\sum_{\alpha} S^{(\alpha)} dT^{(\alpha)} + \sum_{\alpha} V^{\alpha} dp^{\alpha} + \sum_{\alpha} \sum_{B} \mu_B^{\alpha} dn_B^{\alpha} \quad (3\text{-}25)$$

因为系统是处于热平衡和力平衡状态,所以系统中各相的温度和压力是相同的。又熵与体积是广延性质,所以各相熵的加和及体积的加和等于系统总的熵及总的体积,于是式(3-25)改写为:

$$dG = -S dT + V dp + \sum_{\alpha} \sum_{B} \mu_B^{(\alpha)} dn_B^{(\alpha)} \quad (3\text{-}26)$$

同理

$$dU = T dS - p dV + \sum_{\alpha} \sum_{B} \mu_B^{(\alpha)} dn_B^{(\alpha)} \quad (3\text{-}27)$$

$$dH = T dS + V dp + \sum_{\alpha} \sum_{B} \mu_B^{(\alpha)} dn_B^{(\alpha)} \quad (3\text{-}28)$$

$$dA = -S dT - p dV + \sum_{\alpha} \sum_{B} \mu_B^{(\alpha)} dn_B^{(\alpha)} \quad (3\text{-}29)$$

式(3-26)~式(3-29)为多组分组成可变的多相系统的没有非体积功时的热力学基本方程。可逆或不可逆过程均可用。当只有一个相时,这些公式还原为式(3-18)~式(3-21)。当组成不变,即dn_B均为零,这些公式还原为式(2-41)~式(2-44)。

3.4 化学势判据及其在相平衡中的应用

3.4.1 化学势判据

物质平衡包括相平衡与化学平衡。

设系统为可能发生相变化或化学变化的封闭系统,因而其组成可能发生变化。设系统处于热平衡和力平衡状态,则 $dT=0$,$dp=0$,于是式(3-26)改写为

$$dG_{T,p} = \sum_\alpha \sum_B \mu_B^{(\alpha)} dn_B^{(\alpha)} \tag{3-30}$$

由吉布斯函数判据可得:

$$\sum_\alpha \sum_B \mu_B^{(\alpha)} dn_B^{(\alpha)} \leqslant 0 \quad \begin{pmatrix} < 表示不可逆 \\ = 表示可逆 \end{pmatrix} \tag{3-31}$$

式(3-31)称为化学势判据。

3.4.2 化学势在相平衡中的应用

设系统存在着 α 相和 β 相两相,且均含有多种物质。在等温等压下,设 β 相中有微量的物质 Bdn_B^β 转移到 α 相中,此时系统吉氏自由能的总变化,据式(3-30)有:

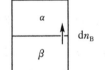

$$dG = dG^\alpha + dG^\beta = \mu_B^\alpha dn_B^\alpha + \mu_B^\beta dn_B^\beta$$

α 相所得为 β 相所失,即

$$dn_B^\alpha = -dn_B^\beta$$

图 3-2 相变化中物质的转移方向

则 $dG = (\mu_B^\alpha - \mu_B^\beta) dn_B^\alpha$

若物质 B 在二相转移是在平衡情况下进行的,则有

$$(dG)_{T,p,W_f=0} = 0$$

即 $(\mu_B^\alpha - \alpha_B^\beta) dn_B^\alpha = 0$,而 $dn_B^\alpha \neq 0$,必有

$$\mu_B^\alpha - \mu_B^\beta = 0 \quad 或 \quad \mu_B^\alpha = \mu_B^\beta \tag{3-32}$$

式(3-32)表示组分B在α、β两相中达平衡的条件是该组分在两相中的化学势相等。

若上述物质B的转移是自发的,则$(dG)_{T,p,W_f=0}<0$或$(\mu_B^\alpha-\mu_B^\beta)dn_B^\alpha<0$,又因为$dn_B^\alpha>0$,必有$\mu_B^\alpha<\mu_B^\beta$。

由此可见物质B自发地从μ_B较大向μ_B较小的相转移,直到物质B在两相中的化学势相等为止。

化学平衡条件将在第5章中详细介绍。其结论是化学反应总是自发地由化学势高向化学势的方向进行,一直到化学势相等为止。可见化学势的大小决定了物质变化的方向,正像前述温度决定了热传导方向,地势决定了水流动的方向一样。这正是μ_B称为化学势的原因所在。

3.5 气体物质的化学势

由前所述,化学势概念对相平衡和化学平衡非常重要。由于吉布斯函数等的绝对值无法测知,因此物质的μ_B绝对值也不可能由实验测出。然而其相对大小是可以比较的,或者说其变化值是可求的。恰好相变化和化学反应的化学势判据也就是比较化学势的相对大小。在以后的相平衡和化学平衡等章中,必定涉及物质在各种不同状态(如气态、液态、固态、或在混合物中,或在溶液中)下的化学势的表达式,本节介绍纯气体物质或气体混合物中各组分B的化学势及其与温度、压力和组成的关系。

3.5.1 理想气体的化学势

(1) 纯理想气体的化学势

纯物质偏摩尔量,就是它的摩尔量。则纯物质的化学势就是它的摩尔吉布斯函数。

即:
$$\mu^* = G_m^*$$

于是式(2-44)改写为:

$$dG_m^* = d\mu^* = -S_m^* dT + V_m^* dp$$

在等温条件下,上式变为:

$$d\mu_B^* = V_{m,B}^* dp \tag{3-33}$$

对于纯理想气体 B,$V_{m,B}^* = \dfrac{RT}{p}$,于是:

$$d\mu^* = \frac{RT}{p} dp$$

积分上式

$$\int_{\mu^\ominus}^{\mu^*} d\mu^* = \int_{p^\ominus}^{p} \frac{RT}{p} dp$$

得:

$$\mu_B^*(g,T,p) = \mu_B^\ominus(g,T) + RT\ln\frac{p}{p^\ominus} \tag{3-34}$$

式(3-34)为纯理想气体物 B 的化学势等温表达式,常常略去"等温"二字。式中 $p^\ominus$ 代表标准压力(100 kPa),$\mu_B^\ominus(g,T)$ 为纯理想气体 B 标准态化学势,这个标准态是温度为 T,压力为 $p^\ominus$ 下纯理想气体状态。因为压力已作规定,所以 $\mu^\ominus(g,T)$ 仅仅是温度的函数。而纯理想气体物质 B 的化学势是温度、压力的函数。其表达式为:

$$\mu_B^*(g,T,p) = \mu_B^\ominus(g,T) + RT\ln\frac{p_B}{p^\ominus} \tag{3-35}$$

因为是纯物质,系统中只有组分 B,于是下标常常省去,简写为:

$$\mu^* = \mu^\ominus(T) + RT\ln\frac{p}{p^\ominus} \tag{3-36}$$

(2) 理想气体混合物中任意组分 B 的化学势

理想气体混合物中每种气体的性质与该气体单独存在时的完全一样,所以理想气体混合物中任一组分 B 的化学势表达式与其纯态时相同,只有式(3-36)中的 p 以 B 的分压 p_B 取代:

$$p_B = y_B p \tag{3-37}$$

式中 p 为理想气体混合物的总压,y_B 为组分 B 的摩尔分数。于是理想气体混合物中组分 B 的化学势表达式为:

$$\mu_B = \mu_B^{\ominus}(T) + RT\ln\frac{p_B}{p^{\ominus}}$$

或
$$\mu_B = \mu_B^{\ominus}(T) + RT\ln\frac{y_B p}{p^{\ominus}} \quad (3\text{-}38)$$

由式(3-38)可见,理想气体混合物中任意组分 B 化学势的标准状态与纯理想气体相同。

3.5.2 真实气体的化学势及逸度

(1) 纯真实气体的化学势及逸度

对于真实气体,尤其是在压力较高时,式(3-36)就不适用了。因为真实气体不服从理想气体状态方程,即 $V_m^* \neq RT/p$。1901 年路易斯(Lewis)提出了一个解决的办法,将实际气体的非理想性,归结到压力项,将压力 p 改为逸度 f,使真实气体物质 B 的化学势与理想气体的化学势具有相同的表达形式。于是有:

$$\mu_B^*(g,T,p) = \mu_B^{\ominus}(g,T) + RT\ln\frac{f_B}{p^{\ominus}} \quad (3\text{-}39)$$

或简写为:
$$\mu^* = \mu^{\ominus}(T) + RT\ln\frac{f}{p^{\ominus}} \quad (3\text{-}40)$$

同时还要求 f 符合下面关系:

$$\lim_{p\to 0}\frac{f}{p} = \lim_{p\to 0}\gamma = 1 \quad (3\text{-}41)$$

这样就使真实气体在 $p \to 0$ 时,其化学势表达式还原为理想气体的化学势表达式。

式(3~39)~式(3~41)为逸度 f 的定义式。式中 γ 称为逸度因子,其量纲为一。f 与 p 有相同的量纲。也可把 f 理解为修正了的压力:$f = \gamma p$。于是

$$\mu^*(g,T,p) = \mu^{\ominus}(g,T) + RT\ln\frac{\gamma p}{p^{\ominus}} \quad (3\text{-}42)$$

或简写为

$$\mu^* = \mu_{(T)}^{\ominus} + RT\ln\frac{\gamma p}{p^{\ominus}} \quad (3\text{-}43)$$

逸度因子 γ 表示该真实气体与理想气体偏差的程度,与气体的本性有关,还与气体所处的温度和压力有关。

由上可见,按路易斯方法表示的真实气体的化学势时,修正的只是真实气体的压力,并没有改变标准态化学势。所以真实气体的标准态仍然是理想气体的标准态,即是温度为 T,压力为 $p^{\ominus}$ 下纯理想气体状态,这是假想状态。

(2) 真实气体混合物中任意组分 B 的化学势及逸度

真实气体混合物中任意组分 B 的化学势表达式为:

$$\mu_B(g,T,p) = \mu_B^{\ominus}(g,T) + RT\ln\frac{f_B}{p^{\ominus}} \qquad (3\text{-}44)$$

常简写成:

$$\mu_B = \mu_B^{\ominus}(T) + RT\ln\frac{f_B}{p^{\ominus}} \qquad (3\text{-}45)$$

式中
$$f_B = y_B f_B^* \qquad (3\text{-}46)$$

f_B^* 为在温度 T,组分 B 单独存在,且压力等于混合气体总压时的逸度,y_B 为真实混合气体中组分 B 的摩尔分数。f_B 决定于混合物的状态,是状态函数,属强度性质。式(3-46)称为路易斯 - 兰德尔(Lewis GN-Randall M)规则,是一个半经验的估算方法。

f_B 还可由实验测定的有关的 p、V、T、x_B 数据精确计算,在此从略。

3.6 拉乌尔定律与亨利定律

3.6.1 拉乌尔定律

在溶剂中加入非挥发性溶质时,溶剂的蒸气压会降低。拉乌尔(Raoult FM)归纳多次实验的结果。于 1887 年发表的定量关系称为拉乌尔定律。即定温下,在稀薄溶液中,溶剂 A 的蒸气压 p_A 等于同温下纯溶剂的蒸气压 p^* 乘以溶剂中溶剂的摩尔分数

x_A。数学表达式为：

$$p_A = p_A^* x_A \tag{3-47}$$

若溶液中只有溶剂 A 和溶质 B 两种组分，则 $x_A + x_B = 1$，于是式(3-47)可改写为：

$$\Delta p_A = p_A^* - p_A = p_A^* x_B \tag{3-48}$$

即溶剂的蒸气压下降 Δp_A 等于同温度下纯溶剂的蒸气压 p_A^* 与溶液中溶质 B 的摩尔分数 x_B 的乘积。

拉乌尔定律最初是从含不挥发性的非电解质溶液中总结出来的，但以后的实验证明，对含有挥发性非电解质的稀薄溶液中，溶剂仍遵守拉乌尔定律。

3.6.2 亨利定律

亨利(Henry W)在1803年，根据实验总结出稀溶液的另一条重要经验定律，称为亨利定律，即在一定温度和平衡状态下，气体在液体里的溶解度与气体的平衡分压成正比。数学表达式为：

$$p_B = k_{x,B} x_B \tag{3-49}$$

式中 x_B 是挥发性溶质 B 在溶液中的摩尔分数，p_B 是达气液平衡时气相中该气体的分压，$k_{x,B}$ 是亨利系数，其值决定于温度、溶质和溶剂的性质，它反映了溶质与溶剂间的相互作用。应用式(3-49)要注意以下几点：

① 式中的 p_B 是溶质 B 在平衡气相中的分压。对于混合气体在总压力不大时，亨利定律能分别适用于每一种气体，可以近似地认为与其他气体的分压无关。即每个组分蒸气服从理想气体状态方程。

② 溶质在气相和在溶液中的分子状态必须是相同的。例如 HCl 溶于苯或 $CHCl_3$，在气相和液相中都是 HCl 的分子状态，所以服从亨利定律。但是氯化氢溶在水中，在气相中是 HCl 分子，在液相中则为 H^+ 和 Cl^-，这时亨利定律就不适用了。

③ 对于大多数气体溶于水时,溶解度随温度的升高而降低,因此升高温度或降低气体的分压都能使溶液更稀,更能服从于亨利定律。但在有机溶剂中,有一些气体的溶解度随温度的升高而增大。

④ 溶质 B 的浓度还可用 b_B,c_B 表示,则有

$$p_B = k_{b,B} b_B \quad (3-50)$$
$$p_B = k_{c,B} c_B \quad (3-51)$$

式(3-49)～式(3-51)中的 $k_{x,B}$,$k_{b,B}$,$k_{c,B}$ 均为亨利系数,它们彼此不等,单位也不相同,但可以互算。不论采用其中哪个公式,p_B 都是唯一确定的。即 $p_B = k_{x,B} x_B = k_{b,B} b_B = k_{c,B} c_B$ (3-52)

【例2】 空气中含有21%氧气和78%氮气(体积分数)。试求293.2 K时100.0 g水中溶解的 O_2 和 N_2 的质量。已知水面上空气的平衡压力是101325 Pa。该温度下 O_2 和 N_2 在水中的亨利系数为:

$k_{x,O_2} = 3.933 \times 10^6$ Pa;$k_{x,N_2} = 7.666 \times 10^6$ Pa。

解 气相中 O_2 与 N_2 的平衡分压为

$p_{O_2} = 101325 \text{ Pa} \times 0.21 = 21278 \text{ Pa} = 21.278 \text{ kPa}$

$p_{N_2} = 101325 \text{ Pa} \times 0.78 = 79034 \text{ Pa} = 79.034 \text{ kPa}$

据式(3-54) $p_B = k_{x,B} x_B$,所以

$$x_{O_2} = p_{O_2}/k_{x(O_2)} = \frac{21.278}{3.933 \times 10^6} = 5.410 \times 10^{-6}$$

$$x_{N_2} = p_{N_2}/k_{x(N_2)} = \frac{79.034}{7.666 \times 10^6} = 1.031 \times 10^{-5}$$

又 $x_{O_2} = \dfrac{n_{O_2}}{n_{H_2O} + n_{O_2} + n_{N_2}} \approx \dfrac{n_{O_2}}{n_{H_2O}}$

$n_{O_2} = x_{O_2} \times \dfrac{100}{18} = 3.005 \times 10^{-5}$ mol

同理 $n_{N_2} = x_{N_2} \times \dfrac{100}{18} = 5.728 \times 10^{-5}$ mol

所以 100.0 g 水中溶解的 O_2 和 N_2 的质量分别为:

$m_{O_2} = 9.616 \times 10^{-4}$ g;$m_{N_2} = 1.604 \times 10^{-3}$ g

O_2 与 N_2 在水中的摩尔比为：

$$\frac{3.005 \times 10^{-5}}{5.728 \times 10^{-5}} = 0.5246$$

而在空气中的摩尔比为：$\frac{0.21}{0.78} = 0.2692$

说明 O_2 与 N_2 在水中的摩尔比大于其在空气中的摩尔比。这有利于水中生物的生存。

3.6.3 蒸气压

一定温度下，适当量液态（或固态）溶液置于一真空容器中时，溶液中必有一部分物质进入气相，并最后达气液平衡。溶液中某组分在处于气液平衡状态时在气相中的分压称为该组分的平衡分压。

对于稀薄溶液，溶剂 A 在气相中的分压 p_A 遵守拉乌尔定律，而溶质 B 则遵守亨利定律。

若是纯的液态物，在一定温度（T）下，达气液平衡时对应气相的压力（或分压）即为该液体物质在温度 T 时的蒸气压或称为饱和蒸气压。

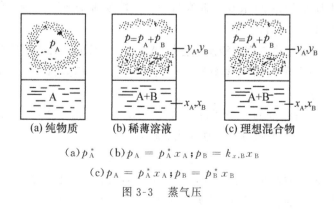

(a) p_A^*　(b) $p_A = p_A^* x_A$；$p_B = k_{x,B} x_B$
(c) $p_A = p_A^* x_A$；$p_B = p_B^* x_B$

图 3-3　蒸气压

图 3-3 分别是纯液体物质 A,稀薄溶液和理想混合物(下面即将介绍)在温度 T 下,达气液平衡时气相蒸气压的示意图。(假设溶液或混合物中只有两个组分 A 和 B)

3.7 理想液态混合物

3.7.1 理想液态混合物的定义和特征

(1) 理想液态混合物的定义

在一定温度压力下,液态混合物中任意组分 B 在全部浓度范围内都遵守拉乌尔定律,该液态混合物称为理想液态混合物。即

$$p_B \stackrel{\text{def}}{=\!=} p_B^* x_B \quad (0 \leqslant x_B \leqslant 1) \quad (3\text{-}53)$$

例如某二元(A 与 B)理想液态混合物,则

$$p_A = p_A^* x_A \quad (0 \leqslant x_A \leqslant 1)$$
$$p_B = p_B^* x_B \quad (0 \leqslant x_B \leqslant 1)$$

(2) 理想液态混合物的特征

实际中,并不存在理想液态混合物,但可以近似认为是理想液态混合物系统的有:同位素组成的化合物混合物,如 CH_3I 与 $^{13}CH_3I$;紧邻的同系物,如苯与甲苯;性质非常相似的物质,如 C_2H_5Br 与 C_2H_5I 等。

由此可推知理想液态混合物(A 与 B)系统的微观物理模型为:

① 分子结构非常相似,分子的体积几乎相等:V(A 分子)$= V$(B 分子)

② 各组分的分子间(A—A,B—B,A—B)相互作用力几乎相等。若以 f 表示分子间作用力,则有:

$$f_{A-A} = f_{B-B} = f_{A-B}$$

正因为理想液态混合物有以上微观特征,由纯组分混合形成理想液态混合物时,在宏观上表现为不产生热效应即 $\Delta_{\text{mix}} H = 0$,

系统的总体积不变即 $\Delta_{mix}V=0$。混合物中各组分挥发能力与相应的纯物质一样,因而都遵守拉乌尔定律。

3.7.2 理想液态混合物中各组分的化学势表达式

假设有多种物质组成一理想液态混合物,在一定的温度 T 下,此混合物与其蒸气相(视为理想气体混合物)达到平衡。根据相平衡条件有:

$$\mu_B(l,T,p,x_B)=\mu_B(g,T,p,x_B)$$

因蒸气是理想气体,据式(3-35) 有

$$\mu_B(g,T)=\mu_B^\ominus(g,T)+RT\ln(p_B/p^\ominus)$$

p_B 是组分B在气相中的分压,且服从拉乌尔定律 $p_B=p_B^* x_B$,代入上式得:

$$\mu_B(l,T,p,x_B)=\mu_B(g,T)=\mu_B^\ominus(T)+RT\ln(p_B^* x_B/p^\ominus)$$
$$=\mu_B^\ominus(g,T)+RT\ln(p_B^*/p^\ominus)+RT\ln x_B$$

或 $\quad \mu_B(l,T,p,x_B)=\mu_B^*(l,T,p)+RT\ln x_B \quad$ (3-54)

或简写为 $\mu_B=\mu_B^*(T)+RT\ln x_B \quad\quad\quad\quad$ (3-55)

式中 $\mu^*(l,T,p)$ 是温度 T 和压力 p 时(指混合物上方气体总压)纯B的化学势,这不是标准态。按国家标准,理想液态混合物中某组分B的标准态,是纯液体物温度为 T,压力为 $p^\ominus$ 的状态。

由 $dG=-SdT+Vdp$ 可知,相同温度下纯液体B在压力 p 下的化学势 $\mu_B^*(l,T,p)$ 与标准压力 $p^\ominus$ 下的化学势 $\mu_B^\ominus(l,T)$ 的关系为

$$\mu_B^*(l,T,p)=\mu_B^\ominus(l,T)+\int_{p^\ominus}^{p}V_{m,B}^*(l,T,p)dp$$

代入式(3-55) 得

$$\mu_B(l,T,p,x_B)=\mu_B^\ominus(l,T)+RT\ln x_B+\int_{p^\ominus}^{p}V_{m,B}^*(l,T,p)dp$$

(3-56)

式(3-56)为理想液态混合物中任意组分B的化学势表达式。而

通常情况下,p 与 $p^\ominus$ 相差不大,液体体积受压力影响很小,故最后一项可忽略,于是式(3-56)改写为:

$$\mu_B(l,T,p,x_B) = \mu_B^\ominus(l,T) + RT\ln x_B \qquad (3-57)$$

常简写为

$$\mu_B(l) = \mu_B^\ominus(l,T) + RT\ln x_B \qquad (3-58)$$

式中 $\mu_B^\ominus(l,T)$ 为标准态化学势。这个标准态就是温度为 T,压力为 $p^\ominus$ 下纯液体 B 的状态。

由以上讨论可知若直接用式(3-55)也不会有大的偏差,即

$$\mu_B = \mu_B^*(T) + RT\ln x_B \qquad (3-55)$$

3.7.3 理想液态混合物的混合热力学函数性质

混合热力学函数性质或简称混合性质。

对混合物任一广延性质 X,混合性质有

$$\Delta_{mix}X = X - \sum_B n_B X_{m,B}^* \qquad (3-59)$$

式中,$\sum_B n_B X_{m,B}^*$ 为混合前的广延性质,X 为混合后的广延性质。

(1) 理想液态混合物的吉布斯函数 $\Delta_{mix}G$

将式(3-55)代入集合公式(3-7),得理想混合物的吉布斯函数

$$G = \sum_B n_B \mu_B = \sum_B n_B \mu_B^* + RT\sum_B n_B \ln x_B \qquad (3-60)$$

式(3-60)代入式(3-59)得混合吉布斯函数为

$$\Delta_{mix}G = RT\sum_B n_B \ln x_B \qquad (3-61)$$

因 $x_B < 1$,故 $\Delta_{mix}G < 0$。

(2) 理想混合物的其他混合性质

由热力学基本关系式:$dG = -SdT + Vdp$,

则 $\left(\dfrac{\partial G}{\partial T}\right)_p = -S$。

对混合性质也有上述相同的关系。于是

$$\Delta_{mix}S = -\left(\frac{\partial \Delta_{mix}G}{\partial T}\right)_{p,n_B} = -R\sum_{B=1}^{k} n_B \ln x_B \quad (3\text{-}62)$$

$$\Delta_{mix}H = \Delta_{mix}G - T\Delta_{mix}S = 0 \quad \text{即} \quad H_B = H_{m,B}^* \quad (3\text{-}63)$$

$$\Delta_{mix}V = \left(\frac{\partial \Delta_{mix}G}{\partial p}\right)_{T,n_B} = 0 \quad \text{即} \quad V_B = V_{m,B}^* \quad (3\text{-}64)$$

从式(3-63)和式(3-64)可知,形成理想液态混合物时的体积或焓等于各纯组分的体积或焓之和,而没有额外的增加或减少。或者说,理想液态混合物中任意组分 B 的偏摩尔体积或偏摩尔焓等于纯液体 B 的摩尔体积或摩尔焓。

理想液态混合物的混合性质可表述为:没有热效应($\Delta_{mix}H=0$),没有体积效应($\Delta_{mix}V=0$),具有理想的混合吉布斯函数和理想的混合熵〔分别为式(3-61)与式(3-62)〕。

3.7.4 理想液态混合物的液气平衡

以二组分系统为例,若 A 与 B 为能挥发的液体,组成理想液态混合物,如图 3-3(c)。气液平衡时,气相总压为 p,则 $p = p_A + p_B$。

(1) 平衡气相的蒸气总压与液相组成关系

据理想液态混合物性质,任意组分都服从拉乌尔定律,故

$$p_A = p_A^* x_A, \quad p_B = p_B^* x_B$$

则
$$p = p_A^* x_A + p_B^* x_B$$

又 $x_A + x_B = 1$,或 $x_A = 1 - x_B$,

上式改写为

$$p = p_A^* + (p_B^* - p_A^*) x_B \quad (3\text{-}65)$$

式(3-65)表明,二组分理想液态混合物平衡气相中的蒸气总压 p 与液相组成 x_B 是直线顺变关系。如图 3-4 所示。

(2) 平衡时气相组成与液相组成的关系

前已表明理想液态混合物与之成平衡的气相也应是理想气态混合物。据分压的定义有:

$$p_A = p y_A; \quad p_B = p y_B$$

据拉乌尔定律：

$$p_A = p_A^* x_A; \quad p_B = p_B^* x_B$$

得

$$\left. \begin{array}{l} y_A = \dfrac{p_A}{p} = \dfrac{p_A^* x_A}{p} \\ y_B = \dfrac{p_B}{p} = \dfrac{p_B^* x_B}{p} \end{array} \right\} \quad (3\text{-}66)$$

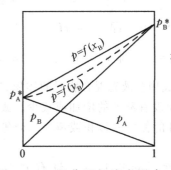

图 3-4 二组分理想液态混合物的蒸气压 - 组成图

由图 3-4 可见 $p_B^* > p > p_A^*$，故

$$y_A < x_A; \quad y_B > x_B \tag{3-67}$$

该不等式表示，理想液态混合物处于液气两相平衡时，两相的组成是不相同的，系统中易挥发的组分在气相中的组成大于它在液相中的组成，而难挥发的组分则相反。

(3) 平衡气相的蒸气总压与平衡气相组成的关系

由式(3-65)并结合 $p_B = p_B^* x_B = p y_B$ 有

$$p = \frac{p_A^* p_B^*}{p_B^* - (p_B^* - p_A^*) y_B} \tag{3-68}$$

该式说明 p 与 y_B 不是直线关系，见图 3-4 虚线所示。

【例 3】 设液体 A 和 B 可形成理想液态混合物。在温度 T 时，把组成为 $y_A = 0.40$ 的蒸气混合物置于一带有活塞的气缸中进行等温压缩。已知该温度下的 p_A^* 与 p_B^* 分别为 40530Pa 和 121590Pa。试求

(1) 刚开始出现液相时的总蒸气压；

(2) A 和 B 的液态混合物在 101325Pa 下沸腾时液相的组成。

解 (1) 开始出现液相时气相组成仍为：

$y_A = 0.4$， $y_B = 0.6$，而 $p_B = p y_B$，故

$$p = \frac{p_B}{y_B} = \frac{p_B^* x_B}{y_B} \tag{1}$$

又由式(3-65)有 $p = p_A^* + (p_B^* - p_A^*) x_B$ \hfill (2)

二式联立并代入题给条件得
$$x_B = 0.333 \quad p = 67584\text{Pa}$$
(2) 由式(3-65)得
$$101325\text{Pa} = 40530\text{Pa} + (121590\text{Pa} - 40530\text{Pa})x_B$$
解得 $x_B = 0.750$

3.8 理想稀薄溶液

3.8.1 理想稀薄溶液的定义

在一定温度、压力下,溶剂和溶质分别服从拉乌尔定律和亨利定律的稀薄溶液称为理想稀薄溶液。

设为二组分理想稀薄溶液:溶剂 A 与溶质 B。则有

$$p_A = p_A^* x_A \tag{3-69}$$

$$p_B = k_{x,B} x_B = k_{b,B} b_B = k_{c,B} c_B \tag{3-70}$$

或
$$p = p_A + p_B = p_A^* x_A + k_{x,B} x_B \tag{3-71}$$

式(3-69)～式(3-71)是理想稀薄溶液的数学表达式,这也是其在达液气二相平衡时溶液的蒸气总压 p 与各组分的分压及组成的关系。

若溶质 B 是不挥发性的,则溶液蒸气总压就仅仅是溶剂 A 的平衡分压 p_A,即 $p = p_A = p_A^* x_A$。

3.8.2 理想稀薄溶液中溶剂和溶质的化学势

(1) 溶剂 A 的化学势

因为理想稀薄溶液的溶剂服从拉乌尔定律,所以溶剂的化学势等温表达式与理想混合物中任一组分的化学势等温表达式相同:

$$\mu_A(l, T, p, x_B) = \mu_A^\ominus(l, T) + RT\ln x_A$$

或简写为
$$\mu_A(l) = \mu_A^\ominus(l, T) + RT\ln x_A \tag{3-72}$$

(2) 溶质 B 的化学势

理想的稀薄溶液中溶质 B 服从亨利定律,而亨利定律可用不同的组成方法表示,因而化学势表达式也会有不同的表达形式。

① 溶质 B 的组成用摩尔分数表示的化学势。

对二组分理想稀薄溶液液、气两相平衡时,对溶质 B 有

$$\mu_B(l,T,p,x_B) = \mu_B(g,T,p,y_B)$$

因而 $\mu_B(l,T,p,x_B) = \mu_B^\ominus(g,T) + RT\ln\dfrac{p_B}{p^\ominus}$

这与前述的理想液态混合物的任意组分 B 的化学势表达形式一样,不同的是:$p_B = k_{x,B} x_B$。于是理想稀薄溶液中溶质 B 的化学势为

$$\mu_B(l,T,p,x_B) = \mu^\ominus(g,T) + RT\ln\dfrac{k_{x,B} x_B}{p^\ominus}$$

$$= \mu_B^\ominus(g,T) + RT\ln\dfrac{k_{x,B}}{p^\ominus} + RT\ln x_B \quad (x_B \to 0)$$

当 $x_B = 1$ 时,由上式可得

$$\mu_{x,B}^*(l,T,p,x_B=1) = \mu_B^\ominus(g,T) + RT\ln\dfrac{k_{x,B}}{p^\ominus} \quad (x_B = 1)$$

于是

$$\mu_B(l,T,p,x_B) = \mu_{x,B}^*(l,T,p,x_B=1) + RT\ln x_B \quad (x_B \to 0) \tag{3-73}$$

与前述式(3-56)作同样的处理有:

$$\mu_{x,B}^*(l,T,p,x_B=1) \approx \mu_{x,B}^\ominus(l,T,x_B=1)$$

于是式(3～73)简写为:

$$\mu_B(l) = \mu_{x,B}^\ominus(l,T) + RT\ln x_B \tag{3-74}$$

式中 $\mu_{x,B}^\ominus(l,T)$ 是在温度 T,压力 $p^\ominus$ 下,当 $x_B = 1$ 而又服从亨利定律的溶液中,溶质 B 的假想状态的化学势。之所以说是假想状态,是因为 $x_B = 1$ 时,已不服从亨利定律了。见图 3-5(a) 所示。

② 用 b_B 和 c_B 表示组成的溶质 B 的化学势

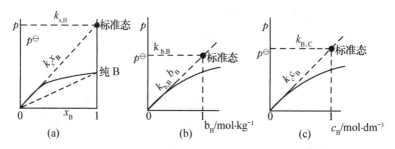

图 3-5　理想稀薄溶液中溶质 B 的标准状态

与前述相同的方法,可得用 b_B 表示的溶质 B 的化学势:

$$\mu_B(l,T,p,b_B) = \mu_{b,B}^{\ominus}(l,T,p^{\ominus},b_B) + RT\ln\frac{b_B}{b^{\ominus}}$$

或简写成:

$$\mu_B(l) = \mu_{b,B}^{\ominus}(l,T) + RT\ln\frac{b_B}{b^{\ominus}} \quad (3\text{-}75)$$

用 c_B 表示的溶质 B 的化学势:

$$\mu_B(l) = \mu_{c,B}^{\ominus}(l,T) + RT\ln\frac{c_B}{c^{\ominus}} \quad (3\text{-}76)$$

式(3-75)与式(3-76)中,$b^{\ominus} = 1\ \text{mol}\cdot\text{kg}^{-1}$,称为溶质 B 的标准质量摩尔浓度。$c^{\ominus} = 1\ \text{mol}\cdot\text{dm}^{-3}$,称为溶质 B 的标准物质的量浓度。同样,$\mu_{b,B}^{\ominus}(l,T)$ 与 $\mu_{c,B}^{\ominus}(l,T)$ 是溶质 B 的标准状态,它们分别是 $b_B = 1\ \text{mol}\cdot\text{kg}^{-1}$,$c_B = 1\ \text{mol}\cdot\text{dm}^{-3}$,且服从亨利定律的假想的状态,见图 3-5(b) 与 (c)。

【例 4】 有某乙醇的水溶液,乙醇的摩尔分数 $x_{乙醇} = 0.030$。在 97.11℃ 时,该溶液的蒸气总压为 101.3 kPa。已知该温度下纯水的蒸气压为 91.30 kPa。若该溶液可视为理想稀薄溶液,试计算该温度下,$x_{乙醇} = 0.020$ 的乙醇水溶液达平衡的气相中乙醇和水的分压及其组成。

解 据式(3-71)$p = p_A^* x_A + k_{x,B} x_B$,有

$$101.3 \text{ kPa} = 91.3 \text{ kPa}(1-0.030) + k_{x,乙醇} \times 0.030$$

得 97.11℃ 下乙醇水溶液中的亨利系数:

$$k_{x,乙醇} = 424.6 \text{ kPa}。$$

当 $x_{乙醇} = 0.020$ 时,

$$p(乙醇) = k_{x,乙醇} x_{乙醇} = 424.6 \text{ kPa} \times 0.020 = 8.49 \text{ kPa}$$

$$p(水) = p_水^* x_水 = 91.30 \text{ kPa} \times (1-0.020) = 89.5 \text{ kPa}$$

气相组成:

$$y_{乙醇} = \frac{p_{乙醇}}{p_水 + p_{乙醇}} = \frac{8.49 \text{ kPa}}{(89.5 + 8.49) \text{ kPa}} = 0.090$$

$$y_水 = 1 - 0.090 = 0.910$$

3.8.3 理想稀薄溶液的依数性

将某一不挥发性溶质溶于某一溶液时,溶液的蒸气压会降低,沸点升高,凝固点下降及产生渗透压。对于理想稀薄溶液来说,当溶剂的种类和数量确定后,这些性质只取决于溶液所含溶质分子的数目,而与溶质的本性无关,因此称为理想稀薄溶液的依数性。

(1) 蒸气压降低

对于不挥发性溶质的二组分系统

$$p_A = p_A^* x_A = p_A^*(1 - x_B)$$

$$\Delta p_A = p_A^* - p_A = p_A^* x_B \tag{3-77}$$

Δp_A 是当溶质的摩尔分数为 x_B 时,溶液的蒸气压比纯溶剂(同温同压下)的蒸气压降低的数值。

$$\frac{\Delta p_A}{p_A^*} = x_B = \frac{n_B}{n_A + n_B} \approx \frac{n_B}{n_A} = \frac{\frac{W_B}{M_B}}{\frac{W_A}{M_A}}$$

$$M_B = \frac{W_B}{W_A} \cdot M_A \cdot \frac{p_A^*}{\Delta p_A} \tag{3-78}$$

由上式可以根据溶液蒸气压降低的数值 Δp_A 来计算不挥发性溶质的摩尔质量 M_B。式中 W_A 和 W_B 分别表示溶剂和溶质的质量。

（2）凝固点降低

纯液体的凝固点是指在一定压力 p 下，液相和固相平衡共存时的温度。对于溶液来说，溶液的凝固点是指在一定压力 p 下，溶液与它的组分构成的固相平衡共存时的温度。与溶液能平衡共存的固相有两种，一种是纯溶剂的固相，另一种是溶剂与溶质形成的固溶体。只有当溶液与纯溶剂的固相平衡共存时，溶液的凝固点才会降低。固相中出现固溶体时，溶液的凝固点不一定会降低。

现在讨论的凝固点是指固体纯溶剂与它的溶液达平衡时的温度。实验结果表明，溶液的凝固点低于纯溶剂的，其数值与理想稀薄溶液中所含溶质的数量成正比，即

$$\Delta T_f \stackrel{\text{def}}{=\!=} T_f^* - T_f = k_f b_B \qquad (3\text{-}79)$$

式中，T_f^* 和 T_f 分别是相同压力下纯溶剂和溶液的凝固点；k_f 为凝固点下降系数，它仅与溶剂性质有关而与溶质性质无关。

式(3-79)也可由如下热力学方法导出。

在温度 T，压力 p 下纯溶剂固相与其溶液平衡共存：

$$A(l, x_A) \underset{}{\overset{T, p}{\rightleftharpoons}} A(s)$$

据相平衡条件有：

$$\mu_A^*(s, T, p) = \mu_A(l, T, p, x_A) = \mu_A^*(l, T, p) + RT \ln x_A$$
$$(3\text{-}80)$$

该式是热力学推导的基础，以下均为数学处理。式(3-80)可改写成：$-\ln x = \dfrac{1}{RT}[\mu_A^*(l, T, p) - \mu_A^*(s, T, p)]$

该式对温度微商得

$$\frac{-\mathrm{d}\ln x_A}{\mathrm{d}T} = \frac{\mathrm{d}}{\mathrm{d}T}\left[\frac{\mu_{\text{液}}^*(T, p) - \mu_{\text{固}}^*(T, p)}{RT}\right]$$

因为 $\mu^*_{液}(T,p) = G^*_{A,m(液)}$ $\mu^*_{固} = G^*_{A,m(固)}$，则
$G^*_{A,m(液)} - G^*_{A,m(固)} = \Delta_{fus}G^*_{m,A}$，应用式(2-60)，上式可写成：

$$-\frac{d\ln x_A}{dT} = \frac{1}{R}\frac{d}{dT}\left(\frac{\Delta_{fus}G^*_m}{T}\right) = -\frac{1}{RT^2}(\Delta_{fus}H^*_m)$$

即

$$\frac{dx_A}{x_A} = \frac{\Delta_{fus}H^*_{m,A}}{RT^2}dT$$

式中 $\Delta_{fus}H^*_{m,A}$ 是一摩尔 A 从固态变为液态时所吸收的热，或称为 A 的摩尔熔化焓。

积分上式：

$$\int_1^{x_A}\frac{dx_A}{x_A} = \int_{T_f^*}^{T_f}\frac{\Delta_{fus}H^*_{m,A}}{RT^2}dT$$

得

$$\ln x_A = -\frac{\Delta_{fus}H^*_{m,A}}{R}\left(\frac{1}{T_f} - \frac{1}{T_f^*}\right) = -\frac{\Delta_{fus}H^*_{m,A}}{R}\frac{(T_f^* - T_f)}{T_f T_f^*}$$

式中 T_f 是溶剂的浓度为 x_A 时的凝固点，T_f^* 为纯 A 的凝固点。因 T_f 至 T_f^* 的温度变化范围不大，故 $\Delta_{fus}H^*_{m,A}$ 可看成与温度无关的常数，而 $\Delta T_f = T_f^* - T$，对于稀薄溶液来说 $T_f T_f^* \approx (T_f^*)^2$，另外稀薄溶液中 x_B 的浓度很小，则有

$$-\ln x_A = -\ln(1-x_B) = \left(x_B + \frac{x_B^2}{2} + \frac{x_B^3}{3} + \cdots + \frac{x_B^n}{n} + \cdots\right)$$

$$= x_B \approx \frac{n_B}{n_A},$$

于是上式可改写成

$$\Delta T_f = \frac{RT_f^{*2}}{\Delta_{fus}H^*_{m,A}} \cdot \frac{n_B}{n_A} = \frac{RT_f^{*2}}{\Delta_{fus}H^*_{m,A}} \cdot \frac{n_B}{\frac{W_A}{M_A}} = \frac{RT_f^{*2}}{\Delta_{fus}H^*_{m,A}} \cdot M_A \cdot b_B$$

令

$$k_f = \frac{RT_f^{*2}}{\Delta_{fus}H^*_{m,A}} \cdot M_A$$

则

$$\Delta T_f = k_f b_B \tag{3-81}$$

式(3-81)为凝固点降低公式。其中 k_f 称为凝固点降低系数。

式(3-81)的重要应用是测溶质的摩尔质量。将式(3-81)改写成：

$$\Delta T_f = k_f m_B = k_f \frac{W_B}{M_B} \cdot \frac{1}{W_A}$$

由此可得

$$M_B = \frac{k_f}{\Delta T_f} \cdot \frac{W_B}{W_A} \tag{3-82}$$

根据实验测得 ΔT_f，查出溶剂的 k_f 数值(见表3-1)，就可以求得 M_B。

式(3-81)对挥发性溶质和非挥发性溶质均可适用。

要注意对溶液凝固点降低起作用的是溶液中溶质的独立质点数。若溶质质点产生聚合，独立质点数减少，相应的 ΔT_f 值要变小。对于大分子溶质来说，此法不够灵敏。

表 3-1　　　　　　　几种溶剂的 k_f 值

溶剂	水	醋酸	苯	环己烷	萘	樟脑
T_f^*/K	273.15	289.75	278.68	279.65	353.4	446.15
$k_f/\text{K} \cdot \text{kg} \cdot \text{mol}^{-1}$	1.86	3.90	5.10	2.0	6.9	40

(3) 沸点升高

沸点是液体蒸气压等于外界压力 p_{su} 的温度。

若溶液中的溶质 B 是不挥发的，则溶液的蒸气压会下降，因此在 $p \sim T$ 图上溶液的蒸气压曲线位于纯溶剂的蒸气压 p_A^* 下方，如图 3-6 所示。由图可见，纯溶剂正常沸点为 T_b^* 要使溶液也在同样外压 $p_{su} = 101325$ Pa 下沸腾，须将温度升高到 T_b，$T_b > T_b^*$。这就是沸点升高现象。

实验结果表明，不挥发性溶质形成的理想稀薄溶液的沸点升

高数值与溶液中所含溶质的数量成正比,即

$$\Delta T_b \stackrel{\text{def}}{=\!=} T_b - T_b^* = k_b b_B$$

(3-83)

该式也可用前述同样的热力学方法导出,其沸点升高系数 k_b 为:

$$k_b \stackrel{\text{def}}{=\!=} \frac{R(T_b^*)^2 M_A}{\Delta_{\text{vap}} H_{\text{m,A}}^*} \quad (3\text{-}84)$$

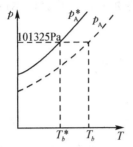

图 3-6　稀薄溶液沸点升高

k_b 只与溶剂的性质有关,而与溶质性质无关。与前述相同,也可用 ΔT_b 测溶质的摩尔质量。特别强调的是,只适用于不挥发性溶质。

表 3-2　　　　　　　几种溶剂的 k_b 值

溶剂	水	甲醇	乙醇	丙酮	氯仿	苯	四氯化碳
T_b^*/K	373.15	337.66	351.48	329.3	334.35	353.1	349.87
$k_b/\text{K}\cdot\text{kg}\cdot\text{mol}^{-1}$	0.52	0.83	1.19	1.73	3.85	2.60	5.02

(4) 渗透压

当用只允许溶剂分子通过的半透膜,将溶剂与溶液隔开时(见图 3-7),经一定时间后,发现溶液一方的液面会上升,直到某一高度为止。改变溶液浓度,上升高度也会改变。这种溶剂通过半透膜进入溶液的现象称为渗透现象。

渗透现象的产生,是因为溶液中溶剂 A 的化学势小于纯溶剂一方的化学势:

$$\mu_A(溶液) = \mu_A^{\ominus}(l,T) + RT\ln x_A < \mu_A^*(纯) = \mu_A^{\ominus}(l,T)$$

据相平衡中物质转移方向条件,溶剂 A 势必从纯的一方向溶液方渗透。若要制止溶剂 A 的渗透,必须在溶液方增加压力,使溶液中溶剂的化学势增加,直到溶剂在两方的化学势相等,此时达到了渗透平衡。达到渗透平衡时,溶液方和溶剂方的压力差称为渗透压,以 π 表示。

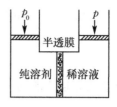

图 3-7 渗透压示意图

$$\pi = p - p_0 \qquad (3\text{-}85)$$

若不是在溶液方额外多施加压力 π,则溶液方的液面会高于溶剂方。设达渗透平衡时两方的高度差为 Δh,则

$$\pi = \rho g \Delta h \qquad (3\text{-}86)$$

若溶液足够稀,ρ 可以看成是溶剂 A 的体积质量(密度),g 为重力加速度。

实验结果表明,对理想稀薄溶液的渗透压值与其溶质的数量成正比,即

$$\pi = c_B RT \qquad (3\text{-}87)$$

式中 R 为摩尔气体常数,c_B 为溶质 B 的物质的量的浓度,单位为 $\mathrm{mol/m^3}$。该式也可由如下热力学方法导出。

在一定温度 T 时,设溶液中溶剂 A 的摩尔分数为 x_A,达渗透平衡时,溶剂方和溶液方的压力分别为 p_0 与 p。此时溶剂在两边的化学势相等,即

$$\mu_A^*(l,T,p_0) = \mu_A^*(l,T,p) + RT\ln x_A$$

该式改写为

$$-RT\ln x_A = \mu_A^*(l,T,p) - \mu_A^*(l,T,p_0)$$

据热力学基本方程有

$$\mu_A^*(l,T,p) - \mu_A^*(l,T,p_0) = \int_{p_0}^{p}(\mathrm{d}G_{m,A}^*)_T = \int_{p_0}^{p}V_{m,A}^*\mathrm{d}p$$

若 $V_{m,A}^*$ 在此压力变化范围变化不大,则

$$\mu_A^*(l,T,p) - \mu_A^*(l,T,p_0) = V_{m,A}^*(p - p_0) = V_{m,A}^*\pi$$

于是
$$-RT\ln x_A = V_{m,A}^*\pi$$

或
$$-\ln x_A = V_{m,A}^*\pi/(RT)$$

设为二组分溶液(A+B),因为 x_B 很小,则

$$-\ln x_A = -\ln(1-x_B) \approx x_B = \frac{n_B}{n_A+n_B} = V_{m,A}^* \pi/(RT)$$

得

$$\pi = \frac{n_B RT}{(n_A+n_B)V_{m,A}^*}$$

又因为是稀溶液$(n_A+n_B)V_{m,A}^*$可近似看成是溶液的总体积,于是

$$\pi = c_B RT \tag{3-88}$$

这就是式(3-87)。又称为范特霍夫公式。

将四个依数性公式联合起来,有:

$$x_B = \frac{p_A^* - p_A}{p_A^*} = \frac{\Delta_{vap} H_{m,A}^*}{R(T_b^*)^2}(T_b - T_b^*)$$

$$= \frac{\Delta_{fus} H_{m,A}^*}{R(T_f^*)^2}(T_f^* - T_b) = \frac{\pi V_{m,A}^*}{RT} \tag{3-89}$$

这就是四个依数性之间的关系式。

渗透压是稀溶液的依数性中最灵敏的一种,它适用于测定大分子化合物的分子量。因为大分子化合物的其他依数性往往很小,难以准确测量,而渗透压容易测准。

根据测得的渗透压可以求得溶质的分子量:

$$M_B = \frac{W_B RT}{\pi V} \tag{3-90}$$

其中 M_B 为溶质 B 的摩尔质量,W_B 为溶质 B 的质量。

渗透现象在生理学研究中具有非常重要的意义,因为渗透压是调节生物细胞与其周围环境水分转移的一个主要因素,此外在养分的分布和运输方面也起着重要作用。

生物的细胞膜起着半透膜的作用,细胞内有些物质不能透过,维持着一定的渗透压。与细胞液具有相等渗透压的溶液称为细胞的等渗溶液,渗透压大于细胞液的溶液,称为高渗溶液,反之称为低渗溶液。一般植物细胞液的渗透压在 405~2026 kPa 之间。若植物处于高渗溶液环境,如盐碱地土壤中,植物细胞内水分将向外

渗透,使细胞收缩,导致植物枯萎死亡。若细胞与低渗溶液接触,水将通过细胞膜进入内部,细胞会膨胀,甚至破裂。细胞只能与等渗溶液接触才能维持其正常生命活动。

可通透性物总是自发地从化学势高(浓度高)的一边向化学势低(浓度低)的一边渗透。但有些情况下需要反渗透,即将物质从低浓度区通过半透膜输向高浓度区,这不是自发过程,要消耗能量。

例如,哺乳动物肌肉细胞内外[K^+]和[Na^+]差别很大:

$$\frac{[K^+]_{膜内}}{[K^+]_{膜外}} = \frac{155}{4} = 39; \quad \frac{[Na^+]_{膜外}}{[Na^+]_{膜内}} = \frac{145}{12} = 12。$$

对抗浓度梯度进行反渗透,将 K^+ 由细胞膜外输送到细胞膜内,同时将 Na^+ 由膜内输送到膜外,这个过程做功,称为渗透功。该渗透功所需能量是由高能的三磷酸腺酐(ATP)水解释能提供的。设动物体液为稀溶液,其中溶质的化学势为:

$$\mu_B = \mu_{B,m}^{\ominus}(T, p) + RT \ln \frac{b_B}{b^{\ominus}}$$

将 1 mol B 从质量摩尔浓度 b_B 处迁移到 b'_B 处的吉布斯函数变化值为:

$$\Delta G = \mu'_B - \mu_B = RT \ln \frac{b'_B}{b_B} \quad (3\text{-}91)$$

这就是反渗透过程所需最小功,即渗透功。

反渗透的另一种情况是,当溶液方和溶剂方的压力差 Δp 大于渗透压 π 时,溶剂会从溶液一方向纯溶剂一方渗透,这是纯净水制备、环境治理中污水处理和海水淡化等反渗透技术的基本原理。其关键设备之一是半透膜。

【例5】 在25℃时,从纯苯中有 1 mol 苯转移到大量的苯的摩尔分数为 0.200 的苯的甲苯溶液中,试计算此过程的 ΔG。

解 $\Delta G = G_{苯,m} - G_{苯,m}^* = \mu_{苯} - \mu_{苯}^*$

据式(3-55),有:

$$\Delta G = \mu_{苯} - \mu_{苯}^* = RT\ln x_{苯}$$
$$= (8.315 \text{ J} \cdot \text{K}^{-1} \cdot \text{mol}^{-1})(298.15 \text{ K})\ln 0.200$$
$$= -3990 \text{ J} \cdot \text{mol}^{-1}$$

【例6】 已知水的 $k_f = 1.86$，若1千克的水中含有 39×10^{-3} 千克葡萄糖的溶液，$\Delta T_f = 0.4\text{K}$，试求葡萄糖的摩尔质量和溶液的渗透压 π。

解 设葡萄糖的摩尔质量为 M_B，则溶液的质量摩尔浓度为：

$$b_B = \frac{39 \times 10^{-3}}{M_B} \text{mol/kg}$$

据公式 $\Delta T_f = k_f b_B = k_f \dfrac{39 \times 10^{-3}}{M_B}$

所以 $M_B = \dfrac{k_f}{\Delta T_f} \cdot 39 \times 10^{-3}$

$$= \frac{(1.86 \text{K} \cdot \text{mol}^{-1} \cdot \text{kg})}{(0.4 \text{K})}(39 \times 10^{-3} \text{kg/kg})$$

$$= 181 \times 10^{-3} \text{kg} \cdot \text{mol}^{-1}$$

$$\pi = c_B RT = \frac{n_B}{V}RT = \frac{39 \times 10^{-3} \text{ kg}}{181 \times 10^{-3} \text{ kg} \cdot \text{mol}^{-1} \times 10^{-3} \text{ m}^3}$$
$$\times (8.314 \text{ J} \cdot \text{K}^{-1} \cdot \text{mol}^{-1})(298.15 \text{ K})$$
$$= 534110 \text{ Pa}$$

【例7】 水的正常沸点为100℃，蒸发热为 $2258 \text{ kJ} \cdot \text{kg}^{-1}$，摩尔质量为 $0.018015 \text{ kg} \cdot \text{mol}^{-1}$，求水的 k_b 值。

解 $k_b = \dfrac{RT_b^{*2}}{\Delta_{vap}H_m^*} \cdot M_A$

$$= \frac{(8.314 \text{ J} \cdot \text{K}^{-1} \cdot \text{mol}^{-1})(373.15 \text{ K})^2}{(2258 \times 10^3 \text{ J} \cdot \text{kg}^{-1})}$$
$$\cdot \frac{(18.015 \times 10^{-3} \text{ kg} \cdot \text{mol}^{-1})}{(18.015 \times 10^{-3} \text{ kg} \cdot \text{mol}^{-1})}$$
$$= 0.513 \text{ K} \cdot \text{mol}^{-1} \cdot \text{kg}$$

【例8】 37℃时人类血液的渗透压平均为 7.70 MPa，如果

NaCl 的 i 因子(范特荷甫因子)取 1.9,那么等渗的盐溶液 NaCl 的物质的量浓度是多少?

解　对电解质溶液来说,其渗透压公式为
$$\pi = ic_B RT$$
式中 i 可看成是电解质电离所产生的离子数,而离子间有相互作用,所以对 NaCl 的 $i \neq 2$。i 又称为范特荷甫因子。据题意
$$c_B = 770000 \text{ Pa}/[(1.9)(8.314 \text{ J} \cdot \text{K}^{-1} \cdot \text{mol}^{-1})(310.15 \text{ K})]$$
$$= 157.2 \text{ mol} \cdot \text{m}^{-3} = 0.1572 \text{ mol} \cdot \text{dm}^{-3}$$

这就是医用的等渗生理盐水。上述溶液换算成百分浓度(并考虑 i 因子)约为 0.9%。在配制生理盐水时,浓度非常重要。如果配稀了,或者误用了蒸馏水,输液后血浆浓度被冲稀,渗透压就下降,血浆里的水分就会过多地渗透到血细胞中,引起血细胞的膨胀甚至破裂,发生溶血现象。所以一般情况下,输液必须用 0.9% 的等渗生理盐水。

特殊情况,如大面积烧伤引起血浆严重脱水,就要用低浓度盐水(或称为低渗盐水),以补充血浆里的水分;如病人失钠过多,引起血浆处于低渗状态,就要用高浓度盐水(或称高渗盐水),以调节血浆的浓度。

【例 9】　有些昆虫能够耐低温,是因其血淋巴(血液)中含大量的甘油。据分析某寄生黄蜂的血淋巴中含有大约 30% 的甘油。它能经受的低温是多少?

解　血淋巴中的组成为:30 kg 甘油:70 kg 水。设服从稀溶液的规律,估算冰点下降值:
$$\Delta T_f = k_f b_B = k_f \frac{W_B/M_B}{W_A}$$
$$= (1.86 \text{ K} \cdot \text{mol}^{-1} \cdot \text{kg}) \frac{30 \text{ kg}}{92 \times 10^{-3} \text{ kg} \cdot \text{mol}^{-1} \times 70 \text{ kg}}$$
$$= 8.7 \text{ K}$$

答:这种黄蜂能经受 -8℃ 的低温。

由此可以联想到一般汽车的水箱中,冬天为了防冻,也加了一定量的甘油。

【例10】 设尿素在血浆内的浓度 $c_B = 0.005\ \mathrm{mol \cdot dm^{-3}}$,在尿中浓度 $c'_B = 0.333\ \mathrm{mol \cdot dm^{-3}}$。排泄过程中将 1 mol 尿素从血浆中反渗透于尿中,试求肾脏必须做的最小渗透功。

解 $W_{f,R} = \Delta G = RT \ln \dfrac{c'_B}{c_B}$

$\qquad = (8.314\ \mathrm{J \cdot mol^{-1} \cdot K^{-1}}) \times 310.15\ \mathrm{K}$

$\qquad \times \ln \dfrac{0.333\ \mathrm{mol \cdot dm^{-3}}}{0.005\ \mathrm{mol \cdot dm^{-3}}} = 10.82\ \mathrm{kJ \cdot mol^{-1}}$

3.9 真实液态混合物与真实溶液及活度

3.9.1 真实液态混合物

真实液态混合物的任意组分均不遵守拉乌尔定律,对理想液态混合物所服从的规律产生偏差。若组分的蒸气压大于按拉乌尔定律的计算值,称为正偏差;反之,则称为负偏差。通常真实液态混合物系统中,各种组分均为正偏差,或均为负偏差,但也可能出现若干组分在某一组成范围内为正偏差,而在另一范围内为负偏差。

3.9.2 真实液态混合物中各组分的化学势表达式

为了使真实液态混合物中各组分的化学势等温表达式也具有式(3-58)同样简单方便的形式,类似于对真实气体混合物的处理方法,路易斯提出用活度 a_B 代替摩尔分数 x_B:

$$\mu_B(l, T, p, x_B) = \mu_B^\ominus(l, T) + RT \ln(\gamma_B x_B) \qquad (3\text{-}92)$$

或 $\qquad \mu_B(l, T, p, x_B) = \mu_B^\ominus(l, T) + RT \ln a_B \qquad (3\text{-}93)$

于是 $\qquad a_B \stackrel{\mathrm{def}}{=\!=} \gamma_B x_B \qquad (3\text{-}94)$.

且
$$\lim_{x_B \to 1} \gamma_B = \lim_{x_B \to 1} (a_B/x_B) = 1 \qquad (3-95)$$

即在组分 B 的组成上乘上校正因子 γ_B 之后,称为活度,因此 a_B 也可认为是校正了的组成(浓度),γ_B 为组分 B 的活度因子,其量纲为一。当 $x_B = 1, \gamma_B = 1$,则 $a_B = 1$,即 $\mu_B^{\ominus}(l,T) = \mu_B(l,T,p, x_B=1)$ 为标准态化学势,该标准态与理想液态混合一样,仍然是纯液体 B 在温度 T 和压力 $p^{\ominus}$ 下的状态。

通常将式(3-92)和式(3-93)简写成:
$$\mu_B(l) = \mu_B^{\ominus}(l,T) + RT\ln(\gamma_B x_B) \qquad (3-96)$$
或
$$\mu_B(l) = \mu_B^{\ominus}(l,T) + RT\ln a_B \qquad (3-97)$$

这就是常见的真实液态混合物中任意组分 B 的化学势表达式。

若将液体混合物平衡气相视为理想气体混合物,则真实液态混合物中任意组分 B 的活度和活度因子可根据拉乌尔定律及活度的定义进行计算。

由 $p_B = p_B^* \gamma_B x_B$, $a_B = \gamma_B x_B$,得

$$a_B = \frac{p_B}{p_B^*} \qquad (3-98)$$

$$\gamma_B = \frac{p_B}{p_B^* x_B} \qquad (3-99)$$

这是求活度与活度因子的实验方法之一。对理想液态混合物,$\gamma_B = 1$,而真实的液态混合物有:

$\gamma_B > 1, a_{x,B} > x_B, p_B > p_B^* x_B$,为正偏差;
$\gamma_B < 1, a_{x,B} < x_B, p_B < p_B^* x_B$,为负偏差。

而当 $x_B \to 1$,混合物趋近于纯物质 B,自然有 $\lim_{x_B \to 1} \gamma_B = 1$。因此活度因子表示对理想混合物性质的偏离,是一种非理想性的度量。

3.9.3 真实溶液中溶剂和溶质的化学势表达式

(1) 真实溶液中溶剂的化学势表达式

真实溶液中溶剂 A 的活度与上述真实液态混合物中任意组分活度定义相同。设真实溶液中溶剂 A 的活度为 a_A,当系统的压

力 p 与标准压力 $p^{\ominus}$ 差别不大时,有:

$$\mu_A(l,T,p,b_A) = \mu_A^{\ominus}(l,T) + RT\ln a_A \tag{3-100}$$

$$a_A \stackrel{\text{def}}{=\!=} \gamma_A x_A \tag{3-101}$$

$$\lim_{x_A \to 1} \gamma_A = \lim_{x_A \to 1}(a_A/x_A) = 1 \tag{3-102}$$

其参考态是纯液体 A 在温度 T 和压力 $p^{\ominus}$ 下的状态,γ_A 是活度因子。

(2) 真实溶液中溶质 B 的化学势表达式

与理想稀薄溶液中溶质的化学表达式相似,可选取不同的组成表示方法。

① 用 x_B 表示溶质 B 组成的化学势表达式

当系统处于压力 p 与标准压力 $p^{\ominus}$ 相差不大时,溶质 B 的化学势表达式为:

$$\mu_B(l,T,p,x_B) = \mu_{x,B}^{\ominus}(l,T,x_B=1) + RT\ln(\gamma_{x,B} x_B) \tag{3-103}$$

或 $\quad \mu_B(l,T,p,x_B) = \mu_{x,B}^{\ominus}(l,T,x_B=1) + RT\ln a_{x,B} \tag{3-104}$

其中 $\quad a_{x,B} \stackrel{\text{def}}{=\!=} \gamma_{x,B} x_B \tag{3-105}$

$$\lim_{x_B \to 0} \gamma_{x,B} = \lim_{x_B \to 0} \frac{a_{x,B}}{x_B} = 1 \tag{3-106}$$

式(3-104)与式(3-105)可简写为

$$\mu_B(l) = \mu_{x,B}^{\ominus}(l,T) + RT\ln(\gamma_{x,B} x_B) \tag{3-107}$$

和 $\quad \mu_B(l) = \mu_{x,B}^{\ominus}(l,T) + RT\ln a_{x,B} \tag{3-108}$

以上定义的 γ_A 和 $\gamma_{x,B}$ 分别是真实溶液中溶剂 A 和溶质 B 的活度因子,表示对理想稀溶液性质的偏差,也是一种非理想性的度量。对于理想稀溶液有 $\gamma_A = 1, \gamma_{x,B} = 1$。

② 用 b_B 与 c_B 表示溶质 B 的组成的化学势表达式

与上述相同的处理方法,用 b_B 表示时,有

$$\mu_B(l) = \mu_{b,B}^{\ominus}(l,T) + RT\ln\left(\gamma_{b,B} \frac{b_B}{b^{\ominus}}\right) \tag{3-109}$$

和
$$\mu_B(l) = \mu_{b,B}^{\ominus}(l,T) + RT\ln a_{b,B} \tag{3-110}$$

其中
$$a_{b,B} \stackrel{\text{def}}{=\!=} \gamma_{b,B} \frac{b_B}{b^{\ominus}} \tag{3-111}$$

$$\lim_{b_B \to 0} \gamma_{b,B} = \lim_{b_B \to 0} \frac{a_{b,B} b^{\ominus}}{b_B} = 1 \tag{3-112}$$

用 c_B 表示有：

$$\mu_B(l) = \mu_{c,B}^{\ominus}(l,T) + RT\ln\left(\gamma_{c,B} \frac{c_B}{c^{\ominus}}\right) \tag{3-113}$$

$$\mu_B(l) = \mu_{c,B}^{\ominus}(l,T) + RT\ln a_{c,B} \tag{3-114}$$

$$a_{c,B} \stackrel{\text{def}}{=\!=} \gamma_{c,B} \frac{c_B}{c^{\ominus}} \tag{3-115}$$

$$\lim_{c_B \to 0} \gamma_{c,B} = \lim_{c_B \to 0} \frac{a_{c,B} c^{\ominus}}{c_B} = 1 \tag{3-116}$$

其中 $b^{\ominus} = 1\ \text{mol/kg}, c^{\ominus} = 1\ \text{mol/L}$，是对应的标准态，与理想的稀薄溶液中溶质 B 的标准态的选择完全一致(见图 3-4)。其 $\gamma_{b,B}$ 与 $\gamma_{c,B}$ 的物理意义与 $\gamma_{x,B}$ 相同。活度与活度因子的量纲都为一。

(3) 真实溶液的活度与蒸气压

设某温度下与溶液达平衡的气相为理想气体，对溶剂 A：

$$p_A = p y_A = p_A^* a_A = p_A^* x_A \gamma_A \tag{3-117}$$

式中 p 为气相总压，y_A 为气相中 A 的摩尔分数，p_A 为溶剂在平衡气相中的分压，p_A^* 为纯溶剂 A 的饱和蒸气压。

对溶质 B，由前所述，$\gamma_{x,B}$ 是相对于理想稀溶液的偏差，于是

$$p_B = p y_B = k_{x,B} a_{x,B} = k_{x,B} \gamma_{x,B} x_B \tag{3-118}$$

同理有
$$p_B = p y_B = k_{b,B} a_{b,B} = k_{b,B} \gamma_{b,B} b_B / b^{\ominus} \tag{3-119}$$

$$p_B = p y_B = k_{c,B} a_{c,B} = k_{c,B} \gamma_{c,B} c_B / c^{\ominus} \tag{3-120}$$

$k_{x,B}$、$k_{b,B}$ 与 $k_{c,B}$ 是亨利系数。

因此，测定溶液的蒸气压可求溶液各组分的活度因子。或测定溶液的渗透压、凝固点，也可求溶剂的活度因子。

【例 11】 29.2℃ 时，在 CS_2(A) 与 CH_3COCH_3(B) 液态混合

物 $x_B=0.540$ 时，$p=69.79 \text{ kPa}$，$y_B=0.400$。已知 $p_A^*=56.66 \text{ kPa}$，$p_B^*=34.93 \text{ kPa}$，试分别求：该液体混合物中的两个组分的活度和活度因子。

解 据式(3-99)

$$\gamma_A = \frac{p_A}{p_A^* x_A} = \frac{py_A}{p_A^* x_A} = \frac{p(1-y_B)}{p_A^*(1-x_B)}$$

$$= \frac{69.79 \times (1-0.400)}{56.66 \times (1-0.540)} = 1.607$$

$$a_A = \frac{p_A}{p_A^*} = \frac{69.79(1-0.400)}{56.66} = 0.739$$

同理

$$\gamma_B = \frac{p_B}{p_B^* x_B} = \frac{py_B}{p_B^* x_B} = \frac{69.79 \times 0.400}{34.93 \times 0.540} = 1.480$$

$$a_B = \frac{p_B}{p_B^*} = 69.79 \times 0.400/34.93 = 0.799$$

或

$$a_A = \gamma_A x_A = 1.607 \times (1-0.540) = 0.739$$

$$a_B = \gamma_B x_B = 1.480 \times 0.540 = 0.799$$

【例 12】 25℃ 时，对 $H_2O(A)$ 与 $CH_3COCH_3(B)$ 组成的溶液，实验测得 $x_B=0.1791$，$p=21.30 \text{ kPa}$，$y_B=0.8782$。(1) 已知 $k_{x,B}=185 \text{ kPa}$，试求 $\gamma_{x,B}$；(2) 已知 $p_B^*=30.61 \text{ kPa}$，试求 γ_B。

解 (1) 据式(3-118)

$$\gamma_{x,B} = \frac{p_B}{k_{x,B} x_B} = \frac{py_B}{k_{x,B} x_B} = \frac{21.30 \times 0.8782}{185 \times 0.1791} = 0.565$$

(2) 据式(3-99)

$$\gamma_B = \frac{p_B}{p_B^* x_B} = \frac{py_B}{p_B^* x_B} = \frac{21.30 \times 0.8782}{30.61 \times 0.1791} = 3.412$$

结果表明，$\gamma_{x,B}<1$，$p_B<k_{x,B}x_B$ 丙酮蒸气压相对于理想稀薄溶液为负偏差；而 $\gamma_B>1$，$p_B>p_B^* x_B$，相对于理想液态混合物则为正偏差。

习 题

3－1 思考与判断

(1) 下列各式中,哪些是偏摩尔量? 哪些是化学势? 哪些两者都不是?

(a) $\left(\dfrac{\partial U}{\partial n_B}\right)_{T,p,n_C,(C\neq B)}$; (b) $\left(\dfrac{\partial U}{\partial n_B}\right)_{S,V,n_C,(C\neq B)}$

(c) $\left(\dfrac{\partial U}{\partial n_B}\right)_{T,V,n_C,(C\neq B)}$; (d) $\left(\dfrac{\partial G}{\partial n_B}\right)_{T,p,n_C,(C\neq B)}$

(e) $\left(\dfrac{\partial A}{\partial n_B}\right)_{T,p,n_C,(C\neq B)}$; (f) $\left(\dfrac{\partial H}{\partial n_B}\right)_{S,p,n_C,(C\neq B)}$

(2) 写出下列各公式适用的条件

(a) $\Delta_{\text{mix}} G = RT \sum n_B \ln x_B$

(b) $\pi V = n_B RT$

(c) $\gamma_B = \dfrac{p_B}{p_B^* x_B}$

(d) $\gamma_{b,B} = \dfrac{p_B b^{\ominus}}{k_{b,B} b_B}$

(3) 已知下列各状态的水及其化学势

(a) H_2O(l, 373.2 K, 101325 Pa), (μ_1)

(b) H_2O(g, 373.2 K, 101325 Pa), (μ_2)

(c) H_2O(l, 373.2 K, 2×101325 Pa) (μ_3)

(d) H_2O(g, 373.2 K, 2×101325 Pa) (μ_4)

(e) H_2O(l, 374.2 K, 101325 Pa) (μ_5)

(f) H_2O(g, 374.2 K, 101325 Pa) (μ_6)

比较大小:

① μ_1 与 μ_2 ② μ_3 与 μ_4 ③ μ_5 与 μ_6

④μ_1 与 μ_3　⑤μ_2 与 μ_4　⑥μ_3 与 μ_5

（4）有两种二组分理想的稀薄溶液。含有相同的溶质和不同的溶剂,若溶质的质量摩尔浓度相等,其凝固降低 ΔT_f 是否相等？若二种理想的稀薄溶液中,含相同的溶剂和不同的溶质(均为非电解质),其质量摩尔浓度也相等,ΔT_f 是否相等？

（5）下列说法是否正确？为什么？

(a) 溶液的化学势等于溶液中各组分化学势之和。

(b) 对于某理想稀薄溶液,溶质 B 的组成可分别用 x_B, b_B, c_B 表示,在某化学势表达式中,对应的化学势标准态不同,则相应的化学势也不同。

(c) 25℃下,0.001 mol·kg^{-1} 的蔗糖水溶液的渗透压与同浓度的 NaCl 水溶液的渗透压相等。

(d) 理想溶液的微观模型与理想气体的一样,分子间没有相互作用力。

3-2 （1）20℃时,将 O_2 由 0.1 MPa 压缩到 2.5 MPa,试求 $\Delta \mu_{(O_2)}$。设氧气为理想气体。

（2）20℃时,将液态乙醇由 0.1 MPa 压缩到 2.5 Mpa,试求 $\Delta \mu_{乙醇}$。已知 20℃、0.1 MPa 下液态乙醇的体积质量（密度）为 0.789 g·cm^{-3},并在设定温度下,密度受压力影响很小,故近似看成常数。

3-3 25℃时,有一摩尔分数为 0.4 的甲醇水溶液。如果往大量的此种溶液中加 1 mol 水,溶液的体积增加 0.01735 dm^3,如果往大量的该溶液中加 1 mol 甲醇,溶液的体积增加 0.03901 dm^3。

试计算：(1)将 0.4 mol 甲醇和 0.6 mol 水混合成溶液时,此溶液的体积；(2)此混合过程中体积的变化,已知 25℃时甲醇的体积质量（密度）为 0.7911 kg·dm^{-3},水的体积质量（密度）为 0.9971

kg·dm^{-3}。

3-4 当潜水员由深水急速上升到水面,氮的溶解度降低,在血液中形成气泡阻塞血液流通,称之为"潜函病"。假设氮在血液中的溶解度与在水中相同。在 p = 101325 Pa 时, $c(N_2)$ = 1.39×10^{-5} kg(N$_2$)/kg(H$_2$O)。设人体中有 3kg 血液。在 20℃ 下,人从 60 m 深水中急速上升,试求在人的血液中形成的氮气泡的体积与半径。

3-5 苯和甲苯所组成的溶液可看做是理想溶液。20℃ 时,纯苯和纯甲苯的蒸气压分别为 9919.2 Pa 及 2933.1 Pa。若混合等质量的苯及甲苯,试求:(1) 苯的分压;(2) 甲苯的分压;(3) 总蒸气压;(4) 苯及甲苯在气相中的摩尔分数。

3-6 需要配制在 -17.8℃ 不致结冰的甘油水溶液共 25kg,假定此溶液仍能遵守凝固点降低公式,试估计最少需要甘油多少?

3-7 人的血浆的凝固点为 -0.56℃,求人体中的血浆的渗透压为若干?人体的温度为 37℃。

3-8 在 25 kg 苯中溶入 0.245 kg 苯甲酸(C$_6$H$_5$COOH),测得 ΔT_f = 0.2048 K。试求苯甲酸的分子式。

3-9 测得 30℃ 时蔗糖水溶液的渗透压为 $2.487 p^{\ominus}$,试求:(1) 溶液中蔗糖的质量摩尔浓度 $b_{糖}$;(2) ΔT_b;(3) ΔT_f。

3-10 用一个仅允许水透过的半透膜把一个 0.01 mol·dm^{-3} 蔗糖溶液和一个浓度为 0.001 mol·dm^{-3} 的蔗糖溶液隔开,必须对哪一个溶液加压才能使系统处于平衡状态?试求该渗透压值,假设温度为 25℃。

3-11 25℃, $p^{\ominus}$ 下,3.00 mol 苯与 2.00 mol 甲苯混合形成理想液态混合物。试求此过程的 $\Delta V, \Delta H, \Delta U, \Delta S, \Delta G, \Delta A$。

3-12 325℃ 时,Hg 的摩尔分数为 0.497 的铊汞齐,其汞蒸气压是纯汞的43.3%。求Hg在铊汞齐中的活度及活度因子。

3-13 20℃时,HCl气体溶于苯中形成理想稀薄溶液。达气液平衡时,液相中HCl的摩尔分数为0.0385,气相中苯的摩尔分数为0.095。已知20℃时纯苯的饱和蒸气压为10.010 kPa。试求:(1)气液平衡时气相总压;(2)20℃时HCl在苯中的亨利常数$k_{x,B}$。

第4章 相 平 衡

相是系统中具有完全相同的物理性质和化学组成的均匀部分。物质从一个相移迁到另一个相的过程称为相变。相平衡是多相系统中,宏观上没有任何物质在相间转移的状态。按物质的相态,两相平衡有:气-液平衡,气-固平衡,液-液平衡,液-固平衡,固-固平衡等。若系统中不只两个相,则还有气-液-固平衡等更复杂的组合形式。在讨论相平衡时,为使处理问题简化,常常设系统是处于化学平衡的条件下,或者可以不考虑其化学变化。

相平衡的研究,是分离提纯物质如萃取,蒸馏,精馏,结晶等方法的理论基础。这对石油化工,金属冶炼,环境污染的防治,制药,天然资源的综合利用,生物和生物工程,及特殊功能材料的制造等都是十分重要的。

研究多相系统的状态如何随组成、温度、压力等变量的改变而发生变化,可用几何图形来表示体系状态的变化,这种图就叫相图。相图形象而直观地表明体系的状态与温度、压力、组成的关系,因而它是物质分离提纯方法的重要依据。

相律是表述平衡系统内相数、组分数、自由度以及影响系统性质的其他因素(T、p 等)之间关系的规律。这是 Gibbs 在 1876 年用热力学方法确定的,它是物理化学中最具普遍性规律之一。

本章主要介绍相律及其推导,并应用热力学方法和相律分析几种典型的相平衡系统及相图,了解温度、压力及组成与相之间变化规律。

4.1 相　　律

4.1.1 基本概念

(1) 相与相数

由前所述,相是系统中物理性质和化学组成均匀的部分。相与相之间有明显的界面,从一相越过相界面到另一相性质会有突变。一个热力学平衡系统中,系统相的数目称为相数,用符号 Φ 表示。$\Phi=1$,为均相系统(或称单相系统),$\Phi \geqslant 2$,称为多相系统(或称非均相系统)。

在多相平衡系统中,由于各种气体物质可均匀混合,所以系统中只有一个气相;由于各液体物质互溶程度不同,系统可能是单相的,也可能是两个甚至三个液相共存。至于固体物质,如果不是形成固体溶液,一般一种固体便是一个相。同种固体物质的不同晶型平衡共存时,有几种晶型就有几个相。

(2) 物种数与组分数

物种数是指系统中存在的化学物质种类数,用 S 表示。例如,水和水蒸气两相平衡系统中,只有一种化学物质 H_2O,故 $S=1$。在氯化钠固体与其饱和水溶液的两相平衡系统中,只有两种化学物质,即 H_2O 和 $NaCl$,故 $S=2$。

独立组分数,简称为组分数,用符号 K 表示,并由下式定义:

$$K \stackrel{\text{def}}{=\!=\!=} S-R-R' \tag{4-1}$$

式中,S 为物种数;R 为独立的化学反应数;R' 为浓度限制条件数。

独立化学反应:当一个多相系统存在多个反应时,独立反应是指不是由其他反应组合导出来的反应。为什么要知道系统的独立化学反应数? 因为每一个独立的化学反应存在着一个化学平衡常数,它将反应物和产物浓度相关联,描述系统的状态所需强度变量数因此就可以少一个。系统中有几个独立的化学反应,就有几个独立的平衡常数来限制浓度间的变化关系。

【例1】 在某温度下系统中有以下五种物质,且达化学平衡:$C(s)$,$CO(g)$,$H_2O(g)$,$CO_2(g)$ 和 $H_2(g)$。试问独立的化学反应 R 是多少? 组分数 K 是多少?

解 题给五种物质,有三个化学反应计量式:

$$C(s) + H_2O(g) \Longleftrightarrow CO(g) + H_2(g) \tag{1}$$

$$C(s) + CO_2(g) \Longleftrightarrow 2CO(g) \tag{2}$$

$$CO(g) + H_2O(g) \Longleftrightarrow CO_2(g) + H_2(g) \tag{3}$$

但这三个反应不是独立的,只要有任意两个化学平衡存在,则第三个化学平衡必然成立。或者说其中一个化学反应可由另两个组合而成。如(1)-(2)=(3)。因此该系统的 $R=2$; $K=5-2=3$。

浓度限制条件数 R':这是在同一相中存在的浓度之间的关系。

如 PCl_5、PCl_3、Cl_2 三种气体混合物系统,满足以下化学平衡关系:

$$PCl_5(g) \Longleftrightarrow PCl_3(g) + Cl_2(g)$$

有一个独立的化学反应数 $R=1$,则组分数 $K=3-1=2$。如果系统中起初只有 $PCl_5(g)$,然后由它分解而产生 $PCl_3(g)$ 和 $Cl_2(g)$,达平衡时 PCl_3 与 Cl_2 物质的量必定存在 $1:1$ 的关系,则物种的浓度限制条件数 $R'=1$,于是组分数 $K=S-R-R'=3-1-1=1$。

注意这种关系只有物质在同一相中才存在。如 $CaCO_3(s)$ 的分解反应:

$$CaCO_3(s) \Longleftrightarrow CaO(s) + CO_2(g)$$

$CaO(s)$ 和 $CO_2(g)$ 物质的量的关系也是 $1:1$,但它们不处于同一相中,因此无浓度限制条件,$R'=0$。

此外,有的物种如溶液中的离子是由电解质电离而形成的,由电中性原则也具有浓度限制条件。

例如氯化钠的不饱和水溶液,若从分子水平看,物种有 H_2O

和 NaCl,则组分数 $K=S=2$。若进一步考虑 NaCl 在水中解离成 Na^+ 与 Cl^-,水是弱电解质,则系统中存在 H^+ 与 OH^-,于是物种数为 5。但由于存在一个电离平衡,

$$H_2O \rightleftharpoons OH^- + H^+$$

其电离平衡常数 $K_w=[H^+][OH^-]$;$R=1$。此外还有两个浓度限制条件:一个是 $[H^+]=[OH^-]$;另一个是由溶液电中性原则: $[H^+]+[Na^+]=[OH^-]+[Cl^-]$。因此 $R'=2$。于是组分数 $K=S-R-R'=5-1-2=2$。

由此可见,一个平衡系统随考虑问题的方法不同,物种数可能不同,但组分数是确定惟一的值。

由以上可以说明,系统的组分数是表示平衡系统中各相的组成所需要的最少的独立物种数。

(3) 自由度

自由度用 f 表示。自由度的意义可理解成:为确定一个系统的状态所必须确定的独立强度性质的数目。还可以理解为,系统在一定范围可改变的强度性质的数目,而这些强度性质在这范围内任意改变不会引起旧相的消失或新相的生成。既然这些强度性质在一定范围内可以任意改变,所以,如果不指定它,则系统的状态便不能确定。

4.1.2 相律的数学表达式及其推导

(1) 相律的数学表达式

如前所述,相律是物理化学中最具有普遍性的规律之一,相律就是在平衡系统中,联系系统内相数、组分数、自由度及影响系统性质的外界因素(如温度、压力、电场、磁场、重力场等)之间关系的规律。表示为

$$f=K-\Phi+n$$

式中 f 表示系统的自由度,K 表示组分数,Φ 表示相数,n 表示能够影响系统平衡状态的外界因素的个数。通常不考虑重力场、磁

场等因素,只考虑压力和温度两个变量。式中 n 用 2 代之。则

$$f = K - \Phi + 2 \tag{4-2}$$

对渗透平衡系统,因有两个外压。式中 n 用 3 代之。如果指定了温度或指定了压力,则 n 用 1 代之,则

$$f^* = K - \Phi + 1 \tag{4-3}$$

f^* 称之为"条件自由度"。在 Φ 个相中,对于其中某一个相,如 α 相,要确定它的状态,除了它的物质的量 n^α 外,还必须知道温度 T^α,压力 p^α 和各组分的组成 $x_1^\alpha, x_2^\alpha, \cdots, x_{S-1}^\alpha$。其中 n^α 是广延性质,它的大小不影响相平衡。强度性质 $T^\alpha, p^\alpha, x_B^\alpha$ 决定 α 相的平衡状态,于是描述 α 相的强度性质数目有 $(S-1)+2 = S+1$ 个。此平衡系统中共有 Φ 个相,则描述平衡系统状态的总的强度性质数为:$\Phi(S+1)$,但这不完全是独立的。

由于系统处于热力学平衡状态,必须满足下列平衡条件:

① 热平衡:各相温度相等,即

$$T^\alpha = T^\beta = \cdots = T^\Phi, \text{共有 } \Phi - 1 \text{ 个等式。}$$

② 力平衡:各相压力相等,即

$$p^\alpha = p^\beta = \cdots = p^\Phi, \text{共有 } \Phi - 1 \text{ 个等式}$$

③ 相平衡条件:每种物质在各相的化学势相等,即

$$\mu_1^\alpha = \mu_1^\beta = \cdots = \mu_1^\Phi$$
$$\mu_2^\alpha = \mu_2^\beta = \cdots = \mu_2^\Phi$$
$$\vdots$$
$$\mu_S^\alpha = \mu_S^\beta = \cdots = \mu_S^\Phi$$

共有 $S(\Phi-1)$ 个等式。

④ 化学平衡条件。设有 R 个独立的化学反应,则独立的化学反应计量式数目为 R。

此外,若系统中还有 R' 独立浓度限制条件,则以上变量间关系式数共有:

$2(\Phi-1) + S(\Phi-1) + R + R' = (\Phi-1)(S+2) + R + R'$。

据系统自由度的定义:

f = 平衡系统总的强度性质变量数
 — 平衡系统中变量间的关系式数
= $\Phi(S+1) - [(\Phi-1)(S+2) + R + R']$

整理后得： $f = (S - R - R') - \Phi + 2$ (4-4)

或 $f = K - \Phi + 2$

即为式(4-2)。这就是吉布斯相律，简称相律。

【例 2】 Na_2CO_3 与 H_2O 可以生成以下几种水合物：$Na_2CO_3 \cdot H_2O(s)$，$Na_2CO_3 \cdot 7H_2O(s)$；$Na_2CO_3 \cdot 10H_2O(s)$。试指出：
(1) 在标准压力 $p^{\ominus}$ 下，与 Na_2CO_3 的水溶液、冰平衡共存的水合物最多可以有几种？

(2) 30 ℃时，与水蒸气 $H_2O(g)$ 平衡共存的 Na_2CO_3 水合物最多可以有几种？

解 由式(4-1) $K = S - R - R'$

物种数 $S=5$，独立的化学反应数为 $R=3$，$R'=0$，

所以 $K = S - R - R' = 5 - 3 - 0 = 2$

(1) 因压力不变，则据式(4-3)
$$f^* = K - \Phi + 1$$
当 $f^* = 0$ 时，有最多的相数 Φ，故
$$0 = K - \Phi + 1 = 2 - \Phi + 1$$
$$\Phi = 3$$

这是由相律得出的结论：该系统在标准压力下最多可以有三相平衡共存。这三个相中，由题意可知已有两个相：Na_2CO_3 的水溶液即液相以及冰即固相，还有一个相，这就是 Na_2CO_3 的水合物（固）。因此最多只能有一种 Na_2CO_3 水合物（固）与 Na_2CO_3 的水溶液及固态冰三相平衡共存。

(2) 温度一定，同理有 $f^* = K - \Phi + 1 = 3 - \Phi$

当 $f^* = 0$ 时，平衡系统中有最多的相数：
$$\Phi = 3$$

这三个相中，已有水蒸气一相，还可以有两相与之平衡共存，这

就是说最多可以有两种 Na_2CO_3 的水合物固体与水蒸气平衡共存。

由上例题可见,一个平衡系统中,最小的自由度为 0,则对应有最多的相数。此外,一个平衡系统中,最少相数为 1,则对应有最大自由度。

由上例还可以看出,从相律可以知道系统在某条件下的相数、组分数及自由度等,在相平衡中起着很重要的指导作用。但具体是哪些组分,哪些相,哪些变量等,相律不能告诉我们,还得由具体的系统和实验来确定。由相律还可以得知平衡系统中变量间存在函数关系,但不能得到具体的数学表达形式。

4.2 单组分系统的相平衡

4.2.1 克拉贝龙方程

组分数为 1 的系统叫单组分系统,例如纯水,纯乙醇,纯 CO_2 等纯物质。

对于单组分系统,相律的一般表示式可以写成

$$f = K - \Phi + 2 = 1 - \Phi + 2 = 3 - \Phi \tag{4-5}$$

单组分系统中最常遇见的相平衡问题是两相平衡的情况。此时 $\Phi = 2, f = 3 - 2 = 1$。这表明,单组分系统两相平衡共存时,T 与 p 之间只有一个可以独立变化,一个是另一个的函数。

单组分系统两相平衡时,温度 T 与压力 p 之间的函数关系式即是克拉贝龙(Clapeyron)方程。

(1) 克拉贝龙方程

一个单组分系统,设在温度 T 和压力 p 时系统内有 α 和 β 两相平衡共存。此时,系统中的物质在两相中的化学势必定相等。

$$\mu^{\alpha}(T, p) = \mu^{\beta}(T, p) \tag{4-6}$$

当温度从 T 变化到 $T + dT$ 时,相应地压力从 p 变化到

$p+\mathrm{d}p$,相应的化学势也发生微小变化。在新的条件下,达到新的平衡时,物质在两相中的化学势仍然相等。

$$\mu^\alpha(T,p)+\mathrm{d}\mu^\alpha=\mu^\beta(T,p)+\mathrm{d}\mu^\beta \tag{4-7}$$

比较式(4-6)和式(4-7)得

$$\mathrm{d}\mu^\alpha=\mathrm{d}\mu^\beta$$

因为是单组分系统即纯物质,则

$$\mathrm{d}\mu=\mathrm{d}G_\mathrm{m}=-S_\mathrm{m}\mathrm{d}T+V_\mathrm{m}\mathrm{d}p,$$

对 α 相: $\quad \mathrm{d}\mu^\alpha=-S_\mathrm{m}^\alpha \mathrm{d}T+V_\mathrm{m}^\alpha \mathrm{d}p$

对 β 相: $\quad \mathrm{d}\mu^\beta=-S_\mathrm{m}^\beta \mathrm{d}T+V_\mathrm{m}^\beta \mathrm{d}p$

于是有: $\quad -S_\mathrm{m}^\alpha \mathrm{d}T+V_\mathrm{m}^\alpha \mathrm{d}p=-S_\mathrm{m}^\beta \mathrm{d}T+V_\mathrm{m}^\beta \mathrm{d}p$

整理后:

$$\frac{\mathrm{d}p}{\mathrm{d}T}=\frac{S_\mathrm{m}^\beta-S_\mathrm{m}^\alpha}{V_\mathrm{m}^\beta-V_\mathrm{m}^\alpha}=\frac{\Delta S_\mathrm{m}}{\Delta V_\mathrm{m}}$$

在等温等压,没有非体积功时,可逆相变过程中的熵变:$\Delta S_\mathrm{m}=\dfrac{\Delta H_\mathrm{m}}{T}$,代入上式得

$$\frac{\mathrm{d}p}{\mathrm{d}T}=\frac{\Delta H_\mathrm{m}}{T\Delta V_\mathrm{m}} \tag{4-8}$$

式(4-8)为克拉贝龙方程。它的含义是:当系统的温度发生变化时,若要继续保持两相平衡,压力 p 也要随之而变,其变化率为 $\dfrac{\Delta H_\mathrm{m}}{T\Delta V_\mathrm{m}}$,其中 T:相变温度;ΔH_m:摩尔相变热;ΔV_m:相变时,摩尔体积的改变量。

克拉贝龙方程对任何纯物质的两相平衡,如蒸发与凝结,熔化与凝固,升华与凝华及固体的不同晶型之间的转变都适用,但 ΔH_m 和 ΔV_m 分别有相应的含义。

(2) 克拉贝龙-克劳修斯方程

对于气-液或气-固相平衡来说,因为 $V_\mathrm{m}^\mathrm{g}\gg V_\mathrm{m}^\mathrm{l}$(或 V_m^s),所以

$$\Delta V_\mathrm{m}=V_\mathrm{m}^\mathrm{g}-V_\mathrm{m}^\mathrm{l}\approx V_\mathrm{m}^\mathrm{g} \quad \text{或} \quad \Delta V_\mathrm{m}=V_\mathrm{m}^\mathrm{g}-V_\mathrm{m}^\mathrm{s}\approx V_\mathrm{m}^\mathrm{g}$$

若把气相近似作为理想气体来处理，$V_m^g = \dfrac{RT}{p}$，将此式代入式(4-8)

$$\frac{dp}{dT} = \frac{\Delta H_m}{T \Delta V_m} = \frac{\Delta H_m p}{RT^2} \qquad (4\text{-}9)$$

或

$$\frac{d\ln p}{dT} = \frac{\Delta H_m}{RT^2} \qquad (4\text{-}10)$$

式(4-10)称为克拉贝龙-克劳修斯(Clapeyron-clausius)微分方程。它描述了单组分系统气-液、气-固两相平衡时蒸气压与温度的关系。若温度变动范围不大，ΔH_m 可近似看做常数。对式(4-10)作不定积分

$$\lg p = -\frac{\Delta H_m}{2.303RT} + c \qquad (4\text{-}11)$$

作 $\lg p\text{-}1/T$ 图，其斜率为 $-\dfrac{\Delta H_m}{2.303R}$，由此可求 ΔH_m。若在 T_1、T_2 间作定积分得：

$$\lg \frac{p_2}{p_1} = \frac{\Delta H_m}{2.303R}\left(\frac{1}{T_1} - \frac{1}{T_2}\right) \qquad (4\text{-}12)$$

式(4-11)和式(4-12)分别为克拉贝龙-克劳修斯的不定积分和定积分形式。

(3) 楚顿(Trouton)规则

当液体的气化热数据缺乏时，有时可以用一些经验性的近似规则进行估计。例如对正常液体(即非极性液体、液体分子不缔结)来说，其摩尔气化热与正常沸点之比为一常数，即

$$\frac{\Delta H_{蒸发}}{T_b} = 88 \text{ J} \cdot \text{K}^{-1} \cdot \text{mol}^{-1} \qquad (4\text{-}13)$$

这个近似规则称为楚顿(Trouton)规则。

【例3】 正己烷的正常沸点为 69 ℃。估算 60 ℃ 的蒸气压。

解 据楚顿规则式(4-13)计算蒸发热

$$\Delta_{vap}H_m = (88 \text{ J/K} \cdot \text{mol})(273.15+69)(\text{K})$$
$$= 30.11 \text{ kJ} \cdot \text{mol}^{-1}$$

据式(4-12)

$$\ln\frac{101325 \text{ Pa}}{p} = \frac{(30.11 \times 10^3 \text{ J} \cdot \text{mol}^{-1})(9 \text{ K})}{(8.314 \text{ J} \cdot \text{K}^{-1} \cdot \text{mol}^{-1})(333.15 \text{ K})(342.15 \text{ K})}$$
$$= 0.2859$$

$$\frac{101325 \text{ Pa}}{p} = 1.331$$

$$p = 76127 \text{ Pa}$$

【例 4】 在 273.15 K 和 101325 Pa 下,冰和水的密度分别为 916.8 kg·m^{-3} 与 999.9 kg·m^{-3},冰的熔化热为 333.5 kJ·kg^{-1},试求冰的熔点随压力的变化率。

解
$$\Delta_{fus}V = \frac{1 \text{ kg}}{999.9 \text{ kg} \cdot \text{m}^{-3}} - \frac{1 \text{ kg}}{916.8 \text{ kg} \cdot \text{m}^{-3}}$$
$$= -9.06 \times 10^{-5} \text{ m}^3$$

据式(4-9)

$$\frac{dT}{dp} = \frac{T\Delta_{fus}V}{\Delta_{fus}H} = \frac{(273.15 \text{ K})(-9.06 \times 10^{-5} \text{ m}^3)}{333.5 \text{ kJ} \cdot \text{kg}^{-1}}$$
$$= -7.42 \times 10^{-8} \text{ K} \cdot \text{Pa}^{-1}$$

4.2.2 单组分系统的相图——水的相图

相图又称为状态图,它可以指出在指定的条件下,系统是由哪些相所构成的,各相的组成,以及平衡系统中相的数目随温度、压力和浓度变化的关系。相图通常是由实验数据绘制出来的。其特点是直观。尤其是对多组分多相复杂系统,函数关系比较复杂,不易用数学方式表达,而常用相图表示。

如前所述,对于单组分系统,据相律有 $f = 3 - \Phi$。

若 (1) $\Phi = 1$,则 $f = 2$,称双变量系统。

(2) $\Phi = 2$, $f = 1$,称单变量系统。

(3) $\Phi=3$, $f=0$,称无变量系统。

由此可见,对单组分系统中最多只可能有三个相平衡共存,此时$f=0$,说明状态已确定,在相图上表现为点。系统中最少相数对应最大自由度,对单组分系统最大自由度为 2,也就是说最多有 2 个独立的强度性质变量,具体地说就是温度和压力。所以描述单组分系统的相图是一个以压力为纵坐标,温度为横坐标的平面图,即 $p-T$ 图。

下面以常见的水的相图为例作具体介绍。

水的相图

水(H_2O)在中常压下,可以有气(水蒸气)、液(水)、固(冰)三种不同的聚集状态(或称相态)存在。表 4-1 是水的相平衡实验数据,在此基础上绘制了水的相图,见图 4-1。

表 4-1　　　　　　　　　水的相平衡数据

温度 t/℃	系统的饱和蒸气压 p(kPa)		平衡压力 p(kPa)
	水⇌水蒸气	冰⇌水蒸气	冰⇌水
−20	0.126	0.103	193.5×10^3
−10	0.2857	0.2600	110.4×10^3
0.01	0.6105	0.6105	0.6105
20	2.338	—	—
60	19.916	—	—
99.65	100.000	—	—
100	101.325	—	—
300	8590.3	—	—
374.2	22119.247	—	—

(1) 面

在图 4-1 中"液"、"固"、"气"三个面内,是单相系统,$\Phi=1$,$f=2$。在该三个区域内可以有限度地改变温度和压力,而不会引起相的改变。我们必须同时指定温度和压力这两个变量,系统的状态才能完全确定。

(2) 线

图中三条实线是两个面的交界线,在线上 $\Phi=2$,是两相平衡状态。$f=1$,其含义是指定了温度就不能再任意指定压力,反之亦然。

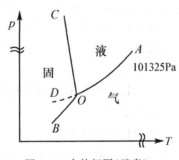

图 4-1 水的相图(示意)

线 OB:固-气平衡线(又称升华线)

线 OB 是冰和水蒸气两相的平衡线,线 OB 在理论上可延长到绝对零度附近。

线 OA:气-液平衡线

线 OA 是水蒸气和水的平衡曲线,即水在不同温度下的蒸气压曲线。OA 线不能任意延长,它终止于临界点 A(647 K,2.2×10^7 Pa),在临界点液体的密度和蒸气的密度相等,液态和气态之间的界面消失。

线 OC:固-液平衡线(又称熔点线)

线 OC 为冰和水的平衡线。线 OC 不能无限向上延长,大约从 2.03×10^8 Pa 开始,相图变得比较复杂,有不同结构的冰生成。

虚线 OD:亚稳平衡线

虚线 OD 是 OA 的反向延长线,是水和水蒸气的介稳平衡线,代表过冷水的饱和蒸气压与温度的关系曲线。OD 线在 OB 线之上,它的蒸气压比同温度下处于稳定状态的冰的蒸气压大。因此过冷的水处于不稳定状态。但有时又能相当长时间内存在,故称为亚稳态。

OB、OA、OC 三条曲线的斜率均可由克拉贝龙方程式求得。

(3) 点

O 点是冰、水、水蒸气三相共存的平衡点,称为三相点。$\Phi=3$,$f=0$,此时温度和压力均已确定,其温度为 0.00989 ℃,压力为 610.6 Pa。由于水的三相点的温度固定不变,并且容易测定,现在国际单位制规定水的三相点的温度为 273.16 K,并以此来规定热力学温标单位,即每一开尔文(K)是水的三相点热力学温度的 $\frac{1}{273.16}$。

应当注意,水的三相点与水的冰点并不是一回事。水的三相点是严格的单组分系统(见图 4-2(a)),而通常所说的冰点则是暴露在空气中的水的三相共存系统(见图 4-2(b))。在此情况下,水已被空气所饱和,故已非单组分系统,液相变为溶液,因而使冰点降低了 0.0024 K。三相点压力为 610.5 Pa,而通常的压力为 101325 Pa。压力从 610.5 Pa 增大到 101325 Pa,又使冰点下降 0.0075 K。这两种效应之和为 0.0099≈0.01 K。所以水的冰点为 273.15 K(或 0 ℃),这就是水的冰点与三相点不一致的原因。

单组分系统的相图是蒸发、干燥、升华、提纯及气体液化等过程的重要依据。在科研与生产实践中经常遇到,我们应了解相图上点、线、面所代表的平衡状态,以及如何利用相图来描述相变化的过程。

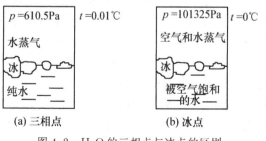

图 4-2 H_2O 的三相点与冰点的区别

4.2.3 水的相图的应用举例

从图 4-1 可见,当系统温度低于三相点 O 时,再将系统的压力降至 OB 线以下,此时固态冰可以不经熔化而直接气化,即是升华。升华在制药工艺上有重要应用。如某些抗生素制备时往往是水剂。而在水溶液中不稳定,不能长时间贮存,需要除去水分,制成较稳定的粉针剂。在制备粉针注射剂时,先将盛有这类药物的水溶液的敞口安瓿瓶,用快速深度冷冻方法,在短时间内使溶液全部凝固,同时将系统压力降至冰的饱和蒸气压以下,使冰升华,从而除去溶剂,然后将安瓿瓶封口得到可以长期贮存的粉针剂。这种干燥法称为冷冻干燥法。由于是在低温下操作,药物不易分解,并使溶质变成疏松的海绵状固体,在使用时易溶解。

4.2.4 超临界流体萃取技术

超临界流体是指温度、压力高于临界点的流体,英文缩写为 SCF。物质在临界点附近具有独特的物理化学性质,其密度与液体接近,而黏度只有液体的 1% 左右,扩散系数大约是液体的 100 倍。因此,与液体相比具有较快的传质速率,与气体相比,具有较大的溶解能力,兼有气体和液体的优点。利用这些特点和相平衡理论产生了超临界流体萃取技术,广泛应用于物质的分离提纯。常用的超临界流体有二氧化碳、乙烷、丙烷等,它们的临界温度较低,可在室温附近进行,又无毒。目前采用超临界提取技术,可以提取水溶液中的有机物,从茶叶中提取咖啡因,从种子中提取食用油脂,脱除香烟中的尼古丁,除去高分子物质中的残留单体等,还可用于化学废液处理的环境工程;用于色谱分析制造超临界色谱仪,可强化传质能力,提高分析速率和准确度。

继 SCF 技术应用于物质的分离提纯之后,又开发了新的应用领域,如利用 SCF 重结晶制得了微细球高分子聚合物,药物颗粒等。还可将 SCF 参与化学反应,提高反应速率,并在参与反应的同时除去反应体系中使催化剂中毒的成分。

关于萃取原理将在三组分系统中介绍。

4.3 两组分系统气液平衡相图

两组分(A 和 B)系统,又称二元系。若无化学反应和其他浓度限制条件,则 $R=0,R'=0$,于是组分数 $K=2$,由相律 $f=K-\Phi+2=2-\Phi+2=4-\Phi$。系统最少相数为1,则最大自由度 $f_{max}=3$,这三个自由度具体为温度、压力和组成,因而两组分系统完整的相图要用三维的立体图来表示。通常是在温度一定的条件下,表示压力与各相组成的关系的平面图,常称为蒸气压-组成图;或在压力一定的条件下表示温度与各相组成的关系的平面图,常称为沸点-组成图。这时条件自由度 f^* 最大为2。

本节介绍的是 A(l)-B(l) 的二组分完全互溶系统,又称为完全互溶双液系。首先介绍理想完全互溶液态混合物系统,然后介绍有正偏差和负偏差的液态混合物系统。

4.3.1 理想的完全互溶液态混合物系统

(1) 蒸气压-组成图

设甲苯(A)与苯(B)可以形成理想的液态混合物。设蒸气为理想气体,在某温度下,纯 A 的饱和蒸气压为 p_A^*,纯 B 的为 p_B^*,液相中 A 与 B 的摩尔分数分别为 x_A, x_B,据拉乌尔定律有:

$$p_A = p_A^* x_A = p_A^*(1-x_B), p_B = p_B^* x_B \quad (4-14)$$

式(4-14)表明,组分 A 的蒸气压 p_A 与 x_B 有直线关系,组分 B 蒸气压 p_B 与 x_B 是正比例关系。又

$$p = p_A + p_B = p_A^* + (p_B^* - p_A^*) x_B \quad (4-15)$$

式(4-15)说明系统的蒸气压 p 与 x_B 也有直线关系。以压力为纵坐标,液相组成为横坐标作图,得三条直线,$p_A\text{-}x_B$,$p_B\text{-}x_B$ 及

p-x_B，见图 4-3。

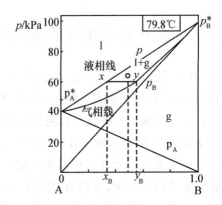

图 4-3　$C_6H_5CH_3(A)$-$C_6H_6(B)$ 蒸气压-组成图

用 y_B 表示与液相组成为 x_B 对应的平衡气相组成，则有：

$$p_A = py_A = p(1-y_B) = p_A^*(1-x_B) \quad (4\text{-}16A)$$

及

$$p_B = py_B = p_B^* x_B \quad (4\text{-}16B)$$

$$p = \frac{p_B^* x_B}{y_B}$$

由式(4-16)

$$y_A = \frac{p_A^* x_A}{p} \quad (4\text{-}17A)$$

$$y_B = \frac{p_B^* x_B}{p} \quad (4\text{-}17B)$$

对于苯与甲苯，苯(B)比甲苯(A)容易挥发，$p_B^* > p > p_A^*$，因此

$$y_B > x_B, \quad y_A < x_A \quad (4\text{-}18)$$

即气相中易挥发组分的摩尔分数比液相的大，而难挥发组分的摩尔分数比液相的小。

将 p 与 y_B 的关系也画到 p-x_B 图上。得到理想液态混合物的压力-组成图，或称恒温相图。如图 4-3 所示。图中各线、面表

示的意义如下:

p-x_B 线:液相线,表示一定温度下系统的总蒸气压 p(简称蒸气压)与液相组成关系,对理想液态混合物系统为直线。

p-y_B 线:气相线。表示一定温度下系统的蒸气压与气相组成的关系,它位于液相线的下方。气相线与液相线在左右两边两纵坐标上交于一点,为对应的纯组分在上述某温度下的饱和蒸气压 p_A^* 与 p_B^*。

液相线以上的面:液相区,用"l"表示。当系统的压力与组成处于该面上时,其压力大于对应的蒸气压,应全部凝结为液体,气相不可能稳定存在。

气相线以下的面:气相区,用"g"表示。当系统的组成与压力处于气相区时,其压力小于对应的蒸气压,则会全部气化,液相不可能稳定存在。

液相线与气相线之间的面:气-液平衡共存区,用"l+g"表示。

(2) 系统点与相点

相图中表示系统总组成的点称为系统点。如图 4-4 中的 O 点就是系统点,对应的组成为 x_B^0。当系统的温度升高或降低时,虽然系统的状态变了,但总组成不变,O 点的组成总是 x_B^0。相图中表示某个平衡相组成的代表点称为相点。如图 4-4 中的 x 点和 y 点都是相点,x 点代表液相组成,其组成为 x_B^l,y 点代表气相的组成,其组成为 x_B^g。系统点和相点在单相区可以重合,如图 4-4 中 O' 点,既代表系统的总组成,又代表液相的组成。在多相平衡区系统点和相点往往是不重合的,如图 4-4 中 O 点是系统点,而相应的相点为 x 点与 y 点。

(3) 沸点-组成图

图 4-4 是甲苯(A)-苯(B)二元系在 101325 Pa 下的 t-x_B 图。或称为恒压相图。图中:

t-x_B 线:液相线(即图 4-4 中下面一条线)。表示在一定压力下沸点随液相组成的变化。某一定组成的液态混合物加热达到线上温度时就可起泡而沸腾。因而液相线又称泡点线,液相线上的点称为泡点。

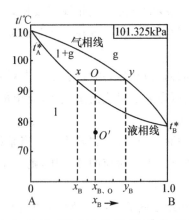

图 4-4 $C_6H_5CH_3(A)$-$C_6H_6(B)$沸点-组成图

t-y_B 线:气相线(图 4-4 中上面的一条线)。表示混合物的沸点与气相组成的关系。又称露点线,一定组成的气体冷却达到线上温度时即开始凝结,就像产生露水一样。与上述蒸气压-组成图相反,气相线在液相线上方。气相线与液相线在左右两边纵坐标上分别交于一点,对应于纯组分的沸点 t_A^* 和 t_B^*。

液相线以下的面:液相区,用"l"表示。

气相线以上的面:气相区,用"g"表示。

液相线与气相线之间的面:气-液共存区。用"l+g"表示。

以下相图中物质相态均用以上符号表示。

处在气-液共存区内任何系统点的平衡态都为液-气两相平衡共存。例如 O 点是系统点,处于气-液两相平衡的状态点是通过 O 点作水平线(即温度一定)与两线的交点 y 与 x,这就是相点。

以上蒸气压-组成图和沸点-组成图都是根据实验数据绘制出来的,有的数据也可以由纯组分的饱和蒸气压从理论上计算出来,因为甲苯与苯可以看成是理想的液态混合物。

4.3.2 正偏差系统的蒸气压-组成相图和沸点-组成相图

实际的双液系,都会相对理想的液态混合物存在偏差。如3.9.2节所述,产生正偏差的系统是蒸气压较理想的高:$py_B > p_B^* x_B$,$\gamma_B > 1$。如果混合物中不同组分分子间相互吸引力比纯组分的弱,会使其蒸气压较理想的高。图4-5与图4-6分别是水(A)-丙酮(B)二元系蒸气压-组成相图与沸点-组成相图。这些图是根据实验数据绘制出来的。由图可以看出蒸气压偏离直线,沸点线显著向下位移。其图中点、线、面的意义如前所述。

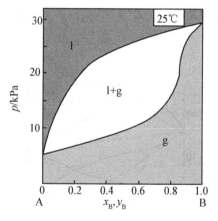

图4-5　$H_2O(A)$与$CH_3COCH_3(B)$的蒸气压-组成相图

有的正偏差非常大,或者两组分的沸点相差不太大时,蒸气压不仅偏离直线,甚至会出现极大值,而沸点往往出现极小值。图

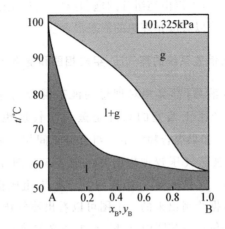

图 4-6 H₂O(A)与 CH₃COCH₃(B)沸点-组成相图

4-7 与图 4-8 分别是苯(A)-乙醇(B)二元系蒸气压-组成相图和沸点-组成相图。

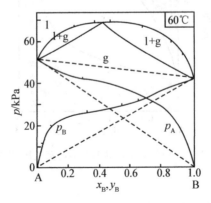

图 4-7 苯(A)-乙醇(B)蒸气压-组成相图

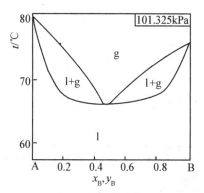

图 4-8 苯(A)-乙醇(B)沸点-组成相图

在图 4-7 中还绘出了组分 p_A 与 p_B 随 x_B 的变化,虚线为理想混合物的值。可见 $p_A > p_A^* x_A, p_B > p_B^* x_B$。这种类型的特点为:

(1) 蒸气压随 x_B 变化出现极大值,沸点随 x_B 变化出现极小值。

(2) 在极值左边,$y_B > x_B$,极值右边,$y_B < x_B$。

(3) 在极值处,气相线与液相线汇合,即 $y_B = x_B$。在沸点-组成相图(图 4-8)中,此处沸点最低(68.0 ℃),并在沸腾时沸点恒定不变,故称为最低恒沸点,相应该点($y_B = x_B = 0.475$)液态混合物称为最低恒沸混合物。其他点、线、面的意义与前相同。

4.3.3 负偏差系统的蒸气压-组成相图和沸点-组成相图

实际中产生负偏差系统比正偏差的少得多。出现负偏差时,系统的蒸气压较理想的低。这是因为混合物中不同组分分子间相互作用力较强,如有的形成氢键等,增加了分子间吸引倾向,使蒸气压较理想的低。醚、醛、酮、酯与卤代烃之间大多形成负偏差系统。当负偏差很强,或两组分沸点相差不大时,蒸气压随组成的变化会出现极小值,沸点则往往出现极大值。图 4-9 与图 4-10 分别是三氯甲烷(A)-丙酮(B)二元系的蒸气压-组成相图和沸点-组成相图。由图可见,在沸点极大处,$y_B = x_B$,分别称为最高恒沸点和最高恒沸混合物。其分析方法与前同。

最低恒沸混合物与最高恒沸混合物,统称为恒沸混合物,它与具有确定组成的化合物是不同的。当条件变化,如压力变化,恒沸点就相应改变,组成也改变。但在恒沸点处条件自由度 $f^* = 2 - \Phi + 1 - 1 = 2 - 2 + 1 - 1 = 0$。即要多减一个组成间的依赖关系($y_B = x_B$),此时温度、压力、组成均不能任意改变。

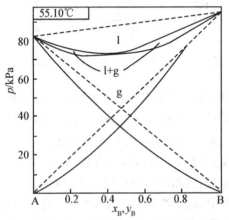

图 4-9 $CHCl_3(A)$-$CH_3COCH_3(B)$蒸气压-组成相图

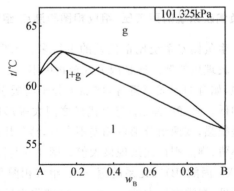

图 4-10 $CHCl_3(A)$-$CH_3COCH_3(B)$沸点-组成相图

4.3.4 杠杆规则

利用相图还可以用来计算平衡两相物质的量(或质量)的关系。

如图 4-4 中 O 点,系统总组成为 x_B^o,系统总的物质的量为 n^o,平衡的气、液相,分别对应于 y 点与 x 点,气相物质的量为 n^g,组成为 x_B^g;液相物质的量为 n^l,组成为 x_B^l。对 B 进行物料衡算:

$$n_B = n^o x_B^o = (n^l + n^g) x_B^o = n^g x_B^g + n^l x_B^l$$

整理:
$$\frac{n^g}{n^l} = \frac{x_B^o - x_B^l}{x_B^g - x_B^o} = \frac{\overline{ox}}{\overline{yo}} \qquad (4-19)$$

式(4-19)称为杠杆规则。由式(4-19)可见,气相物质的量与液相物质的量的关系,恰似一个以总组成 O 点为支点的杠杆,分别与两臂的长度 $\overline{yo}$ 和 $\overline{ox}$ 成反比。若横坐标是质量分数,杠杆规则也能用,得到的是质量比。

【例 5】 设有 200 mol $x_B^o = 0.500$ 的 $C_6H_5CH_3$(A)-C_6H_6(B)混合物,在压力为 101.325kPa,温度为 95.3 ℃时,试求系统中气-液平衡两相的物质的量。

解 由图 4-4,系统点为 O 时,有:$x_B^g = 0.621$,$x_B^l = 0.400$,代入式(4-19),得:

$$\frac{n^g}{n^l} = \frac{0.500 - 0.4}{0.621 - 0.500}$$

又因为 $n^g + n^l = 200$,所以求得

$$n^g = 90.5 \text{ mol}, n^l = 109.5 \text{ mol}$$

4.3.5 蒸馏与精馏

(1) 蒸馏

蒸馏与精馏是分离液体混合物的重要方法,在实验室和实际生产中广泛应用。

将组成为 x_1 的混合物置于蒸馏瓶中,在恒压下进行简单蒸馏,如图 4-11 所示。在温度 t_1 开始沸腾,将沸腾时形成的蒸气由冷凝管冷却并收集。当混合物沸点由 t_1 上升到 t_2 时,液面上蒸气的组成由 a' 变到 b',由冷凝器冷凝,馏出的第一滴组成近似为 a',最后一滴为 b',因此馏出液的组成约为 a' 到 b' 间的平均值,但在蒸馏瓶中剩余液组成是 b。在蒸馏过程中,随着易挥发组分较多地蒸出,混合物的沸点不断升高,馏出液的组成也沿气相线变化。用简单蒸馏方法可以收集不同沸程范围若干馏分,或除去原混合物中不挥发性组分。不能将二组分作有效分离。

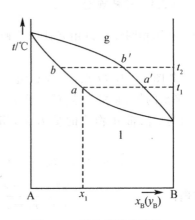

图 4-11 简单蒸馏的原理

(2) 精馏

采用精馏或分馏方法能使液态混合物较好地分离。

精馏原理如图 4-12 所示。将组成为 x_B 的混合物,在恒压下加热,温度达到 t_2 时,此时系统平衡共存的两相分别是:液相,组成为 x_2;气相,组成为 y_2。显然,$y_2 > x_B > x_2$,即气相中 B 的摩尔分数大于原液中 B 的摩尔分数,液相中 B 的摩尔分数则小于原液中的。将气相与液相分开,并使气相冷却至温度为 t_1,此时平衡共存的气相组成为 y_1,显然 $y_1 > y_2$。重复进行气、液分离和气相的部分冷凝,最后得到的气相组成可接近纯 B。另一方面,将组成为 x_2 的液相加热至温度 t_3,此时平衡共存的液相组成为 x_3,显然 $x_3 < x_2$。重复进行气、液相分离和液相的部分蒸发,最后得到的液相组成可接近纯 A。实际精馏过程是在精馏塔或精馏柱中实现的。液

态混合物不断地从塔的中部加入,蒸气由下向上流动,液体由上向下流动。在精馏塔的每一块塔板上都同时发生着由下一块塔板上来的蒸气的部分冷凝和由上一块塔板下来的液体的部分气化过程。由顶部冷凝器出来的几乎是纯B,由塔底出来的几乎是纯A。

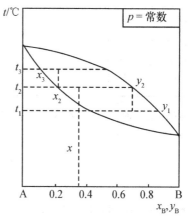

图 4-12 二元溶液的精馏

对具有恒沸点的两组分系统,用精馏的方法,只能得到某一纯组分及恒沸混合物。如乙醇与水的混合物,在101.325kPa下,只能得到含乙醇95%的最低恒沸混合物,相当于 $x_{乙醇}=0.897$。市售的无水乙醇是由其他方法得到的,如利用CaO除去其中水,或利用苯,使其与乙醇、水一起共沸精馏,由于苯、水、乙醇形成三组分恒沸物,从塔顶蒸出,在塔底得到无水乙醇。最近提出采用超临界流体萃取法。

4.4 部分互溶和完全不互溶的双液系统相图

4.4.1 部分互溶液-液平衡系统的相图

当两种液体性质有较大的差别时,在一定压力和温度下会发生部分互溶(或分层)现象,即一种液体在另一种液体中有一定溶解度,典型的例子见图4-13。

横坐标 w 为质量分数。以下相图中与此相同。

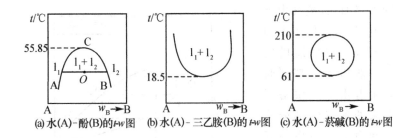

图 4-13 部分互溶液-液平衡相图

例如水与酚的相图,其相图有两个相区,一个是 ACB 线外单相区,据相律,条件自由度 $f^* = 3 - \Phi = 3 - 1 = 2$,即是温度和组成。或者说在 ACB 线外的单相区内温度和浓度可变化而不会产生新相和消失旧相;另一个是 ACB 线内(又称帽形区内)的两相平衡区,由相律,$f^* = 3 - 2 = 1$,即温度和浓度(溶解度)两个强度性质中只有一个是独立的,一定温度下有确定的溶解度,其中 AC 线为酚在水中的溶解度曲线,BC 线是水在酚中的溶解度曲线。在两相区内任意点如 O 点,为系统点,$l_1 l_2$ 为连接线,l_1 与 l_2 是两个平衡共存的液相,又称为共轭溶液,两相物质的量之比服从杠杆规则。随着温度的升高,两液体互溶度增加,溶解度曲线向中间靠拢,直到会合于 C 点,称为临界会溶点,C 点对应的温度称为"临界会溶温度"。当温度超过此点,酚-水可以任意比例互溶。水-酚相图是具有最高会溶温度的类型,属此相图的系统还有苯胺-水,苯胺-环己烷等。图 4-13(b)是水(A)与三乙基胺(B)的相图,是具有最低会溶温度的类型。其低临界会溶温度,$T_c = 291.6$ K。在图 4-13(c)中是水(A)-菸碱(B)的相图,在原理上可以看成是以上两个相图组合而成,有完全封闭式的溶解度曲线,存在高与低两个临界会溶温度。

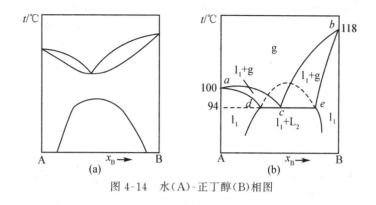

图 4-14 水(A)-正丁醇(B)相图

水(A)与正丁醇(B)的相图如图 4-14(a)所示。该图可以看成具有最低恒沸混合物的气-液相图与部分互溶的液-液相图的组合。当降低系统的压力时,混合物沸点降低,气-液平衡相图下移。而压力对液-液平衡影响很小,因而压力的变化对液-液平衡曲线的位置影响不大。所以压力降低到一定程度时,气-液平衡曲线与液-液平衡曲线相交,得到如图 4-14(b)看似复杂形状的相图。因此对简单相图的理解是分析复杂相图的基础。

温度升高溶解度增加,这是较常见的情况。这可以用熵增加来解释,或称熵效应。当两个纯的液态物混合时,混合吉布斯函数为负:$\Delta_{mix}G<0$。而混合熵 $\Delta_{mix}S = -R\sum_{B} n_B \ln x_B$ 为正,因而 $-T\Delta_{mix}S$ 为负值,且随温度升高而更负,则越容易溶解。出现温度升高溶解度降低的现象,则可能是两组分间存在氢键,温度低时,氢键强,有利于溶解;温度升高,氢键受到破坏,溶解度降低。出现最低会溶温度往往是二组分间存在强的氢键的结果。水与三乙基胺及水和萘碱就是如此。

4.4.2 完全不互溶的双液系统

当两种液体物质性质上差别很大,相互溶解度很小时,可以看成实际上不互溶的双液系统,例如水与芳香烃,水与烷烃,水与二硫化碳等。当两种不互溶的液体 A 与 B 混合,各组分的蒸气压与同温下单独存在时完全一样,只是温度的函数,与另一组分的存在与否以及数量的多少无关。所以不互溶的二组分系统的总蒸气压应为两纯组分的蒸气压之和,即

$$p = p_A^* + p_B^* \tag{4-20}$$

于是系统中,总蒸气压大于任一组分的蒸气压,而混合系统的沸点也就低于任一组分的沸点。图 4-15 表示水-苯混合系统的蒸气压与温度的关系。由图可见,当压力 $p = 101.325 \text{kPa}$ 时,苯的沸点为 80.1 ℃,水的沸点为 100 ℃,而水与苯的混合物沸点为

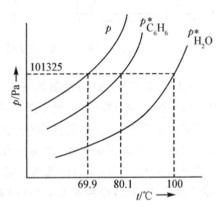

图 4-15 水与苯蒸气压-温度关系示意图

69.9 ℃,这时水与苯饱和蒸气压之和为 101.325 kPa。可见混合物的沸点比两个组分的沸点都低。气相的组成可由它们的分压来计算。已知 69.9 ℃ 时,$p_{H_2O}^* = 27.9657 \text{kPa}$,$p_{C_6H_6}^* = 73.3593 \text{kPa}$,于是

$$y_{C_6H_6} = \frac{p_{C_6H_6}^*}{p_{C_6H_6}^* + p_{H_2O}^*} = \frac{73.3593}{73.3593 + 27.9657} = 0.724$$

图 4-16 为 $H_2O(A)-C_6H_6(B)$ 在 101.325 kPa 下的沸点-组成图。图中 t_A^*、t_B^* 分别为纯水和纯苯的沸点,CED 线(不含 C 点与 D 点)为恒沸点线,即任何比例的水与苯的混合物其沸点均为 69.9 ℃,该线也是三相(液态水,液态苯及 $y_B = 0.724$ 的蒸气相)平衡线。t_A^*E 线为 $H_2O(l)$ 与蒸气的气-液平衡线,其蒸气对 $H_2O(l)$ 是饱

和的,对 $C_6H_6(l)$ 则是不饱和的。t_B^*E 线为 $C_6H_6(l)$ 与蒸气的气-液平衡线,蒸气对 $C_6H_6(l)$ 是饱和的,对 $H_2O(l)$ 是不饱和的。

水蒸气蒸馏:利用混合物共沸点低于每一纯组分的沸点的原理,将不溶于水的高沸点物和水一起蒸馏,使

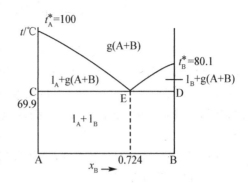

图 4-16　$H_2O(A)$-$C_6H_6(B)$ 沸点-组成相图

两液体在低于水的沸点下共沸,并同时馏出,又由于二者彼此不互溶,因此冷凝后就会分层,从而分离。

实验室和生产中常用水蒸气蒸馏来提纯与水不互溶的有机物。在含有杂质的有机物液体中通入水蒸气,此时部分水蒸气冷凝成液体水,部分水蒸气与有机物蒸气一起逸出。从而将有机物与杂质分离。有的有机物沸点较高,或者不稳定,在沸点前就分解了,应用此法可达到与减压蒸馏相同的效果。

在蒸馏过程中,馏出冷凝物两种液体的质量比,据道尔顿分压定律有:

$$\frac{p_A^*}{p_B^*} = \frac{n_A}{n_B} = \frac{m_A/M_A}{m_B/M_B} = \frac{m_A \cdot M_B}{m_B \cdot M_A}$$

或:

$$\frac{m_A}{m_B} = \frac{p_A^*}{p_B^*} \cdot \frac{M_A}{M_B} \tag{4-21}$$

式中 m_A,m_B 分别代表馏出物中 A 与 B 的质量,M_A 及 M_B 分别为 A 与 B 的摩尔质量,p_A^* 与 p_B^* 分别为纯 A 与纯 B 的蒸气压。若以 A 表示水,则式(4-21)的 m_A,m_B 值称为有机液体 B 的蒸气消耗系数。其值越小,水蒸气蒸馏效率就越高,则分离出一定量的有机物所消耗的水量就越少。

4.5 两组分固-液相平衡系统

固-液相平衡系统是凝聚相系统,由于压力对它的影响不大,故常忽略。据相律 $f^* = 2 - \Phi + 1$,系统中至少有一个相,则最大自由度 $f^* = 2$,具体说来,就是温度与组成。所以描述此类系统的相图,一般是温度-组成平面图。据两组分互溶程度的不同,可分为:

(1) 在固态完全不互溶系统,又称为简单低共熔系统;
(2) 固态部分互溶系统;
(3) 固态完全互溶系统。

此外,还有两组分间生成化合物等复杂系统的相图。然而复杂系统的相图,往往可以看成是简单相图组合而成,所以对简单相图的分析与识别是基础。

4.5.1 简单低共熔系统

(1) 盐-水系统的溶解度法

图 4-17 是水-硫酸铵温度-组成相图,是根据不同温度下 $(NH_4)_2SO_4$ 饱和水溶液的浓度及相应固相组成的实验数据而绘制的。这种利用盐的溶解度来绘制相图的方法称为溶解度法。各区域所代表的相态已在图中标出。图中 D 点是纯水的凝固点,DA 线是冰和溶液的两相平衡线,也称为水的冰点下降曲线。当原溶液组成在 A 点左边时,冷却时首先析出的是冰。AE 是 $(NH_4)_2SO_4$ 的溶解度曲线,将组成在 A 点右边溶液冷却时首先析出的是$(NH_4)_2SO_4$固体。从 DA 线与 AE 线的斜率可以看出,水的冰点随$(NH_4)_2SO_4$浓度增加而下降,$(NH_4)_2SO_4$的溶解度随温度升高而增大。一般因为盐的熔点很高,大大超过了饱和溶液的沸点,所以 AE 曲线不能延伸到$(NH_4)_2SO_4$的熔点。在 DA 线与 AE 线以上的区为液相区,$\Phi = 1$,自由度 $f^* = K - \Phi + 1 = 2$

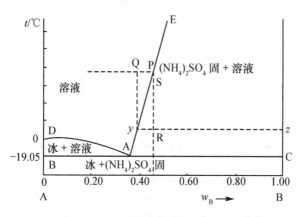

图 4-17 $H_2O(A)-(NH_4)_2SO_4(B)$ 相图

$-1+1=2$。在 DAB 区是冰和溶液共存的两相平衡区,溶液的组成在 DA 曲线上;EAC 区是溶液与 $(NH_4)_2SO_4$ 固体平衡共存的两相区,溶液的组成在 AE 曲线上,这两个区域由相律可知自由度 $f^*=2-\Phi+1=2-2+1=1$,即只有一个自由度,若温度一定,系统各相的组成也就定了。A 点是曲线 DA 与 AE 的交点,在该点三相平衡共存,这三相是:固态冰,固态 $(NH_4)_2SO_4$ 以及溶液。此时自由度 $f^*=2-3+1=0$。温度各相组成都是确定的:即温度 $t=-19.05\ ℃$,溶液组成为 A 点:质量分数为 0.384,此温度是溶液所能存在的最低温度,也是冰和 $(NH_4)_2SO_4$ 能够共同熔化的温度,所以 A 点称为"最低共熔点",在 A 点析出的固体称为"最低共熔混合物"。在 $-19.05\ ℃$ 以下为固相区,它是固体冰与固体 $(NH_4)_2SO_4$ 两相平衡共存区,据相律分析,此区域的自由度为 1。

类似的水-盐系统有多种,一些水-盐系统最低共熔点及组成列于表 4-2 中。这是实验室或化工生产中获取低温浴或冷冻循环液的常用方法。

表 4-2　　　一些水(A)-盐(B)系统的最低共熔点

盐(B)	最低共熔点/℃	最低共熔混合物组成 W_B
NaCl	−21.1	0.233
KCl	−10.7	0.197
NH_4Cl	−15.4	0.187
$CaCl_2$	−55.0	0.299
$(NH_4)_2SO_4$	−19.05	0.398

在用结晶法提纯盐类时,可根据相图拟定操作步骤,在化工生产中有指导作用。例如要获得较纯的$(NH_4)_2SO_4$固体(简称盐),得先将粗盐(即不纯的盐)溶解在热水中,其浓度必须控制在 A 点右边,设为 P 点(80 ℃,45%),过滤除去不溶性杂质,再冷却,当温度冷至 S 点时,开始析出固体盐$(NH_4)_2SO_4$,温度继续下降至 R 点时,有更多的盐析出。根据杠杆规则,溶液的量 m_1 与结晶析出盐的量 m_s 之比:

$$\frac{m_1}{m_s} = \frac{Rz}{yR}$$

从图 4-17 中可见,冷却温度愈接近低共熔点温度,固体盐析出量愈大。但为了避免有低共熔物生成,冷却温度应高于低共熔温度。

当系统点处在 R 点时,系统中两相(组成为 y 的溶液与固体盐)平衡共存,此时可将结晶盐分离出来。将剩下的溶液 y(又称为母液)再升温到 Q 点,并加入粗盐,使浓度又回到 P 点,然后再重复上述操作,每次可得到一定量的较纯的固体盐。而母液中杂质的量在增加,到一定程度对母液进行处理。

(2) 简单低共熔混合物相图的热分析方法

热分析方法是绘制相图常用方法之一。其基本原理是使一定组成的液态混合物缓慢地冷却,记录其温度随时间的变化,以温度为纵坐标,时间为横坐标作图,得到冷却曲线,或称步冷曲线。若系统在冷却过程中,没有相变化,则系统的温度随时间变化是均匀的;若有相变化,由于相变化时伴有热效应,则系统的温度随时间的变化速率会发生变化。所以可以冷却曲线的斜率变化来判断系统在冷却过程中所发生的相变化。此方法称为"热分析法"。

图 4-18(a)是邻硝基氯苯(A)-对硝基氯苯(B)混合物的冷却曲线。若试样是纯 B(曲线 1),开始温度随时间均匀地下降,在 82 ℃时出现水平线段,以后又均匀地下降。试样 1 在此过程中的状态变化是:在 82 ℃以上是液态,在 82 ℃时有固体 B 析出,液-固两相平衡共存,在 82 ℃以下为固体状态。应用相律,纯 B 处于液态或固态时,$f^*=1-1+1=1$,为单变量系统,即温度可以变化;液-固两相平衡共存时,$f^*=1-2+1=0$,为无变量系统,温度不变。82 ℃时为纯 B 即对硝基氯苯的凝固点(熔点),由于凝固时放热,补偿了向环境散热,使系统温度保持不变,冷却曲线因而出现水平线段。

曲线 2 的试样组成是 $x_B=0.70$,先是温度平稳地下降,在 58 ℃时出现转折点,在 14.7 ℃时出现水平线段,以后温度又平稳地下降。在此过程中,观察试样状态的变化:在 58 ℃以上为液相;在 58～14.7 ℃之间有固体 B 析出,固液两相共存;在 14.7 ℃时,固体 A 和固体 B 同时析出,同时还存在溶液,即三相平衡共存,$f^*=2-3+1=0$,温度、组成均不变;在 14.7 ℃以下为固体 A 和固体 B 两相平衡共存,$f^*=2-2+1=1$,温度可变。58 ℃时刚有固体 B 析出,溶液相组成仍为 $x_B=0.70$,此温度即为该组成溶液的凝固点(不是熔点)。由于凝固放热,部分地补偿了向环境散热,使温度下降速率变慢,冷却曲线因而出现转折。14.7 ℃时,同时析出固体 A 与固体 B,凝固放热完全补偿了向环境散热,因此冷却曲线上出现了水平线段。

曲线 3 是试样组成为 $x_B=0.33$ 的冷却曲线。开始温度平稳地降低,在 14.7 ℃时出现水平线段,以后又平稳地下降。对应试样的状态:在 14.7 ℃以上时系统为液相;在 14.7 ℃时,固体 A 与固体 B 同时析出,三相(溶液相、固相 A 和固相 B)共存;14.7 ℃以下为固体 A 与固体 B 两相共存。14.7 ℃是组成为 $x_B=0.33$ 溶液的凝固点。据相律分析，三相共存时，$f^* = 2-\varPhi+1=0$，温度和液相组成都不能变动，因此固体 A 与固体 B 必定是以 0.67：0.33 的摩尔比同时析出，这样才能使溶液的组成始终维持在 $x_B=0.33$。这时形成的固体是比较均匀的微小晶体的混合物。如果将这种固体混合物加热，则在 14.7 ℃下熔化，该温度称为最低共熔点，相应的固体称为最低共熔混合物。

曲线 4 是 $x_B=0.20$ 试样的冷却曲线。在 22 ℃出现转折，在 14.7 ℃时出现水平线段。$x_B=0.20$ 溶液的凝固点为 22 ℃，此时析出的是固体 A。

曲线 5 是纯 A 的冷却曲线，在 32 ℃时出现水平线段，纯 A 的凝固点（又是熔点）即是 32 ℃。

以温度为纵坐标，组成为横坐标，将不同组成液态混合物冷却曲线上的转折点和水平线段的温度画在图上，得一系列点。把相应于固体开始析出的点连接起来，得到两条曲线 aE 和 bE；把相应于溶液消失的点连接起来，可得到一条水平直线 CED，就得到相图 4-18(b)。

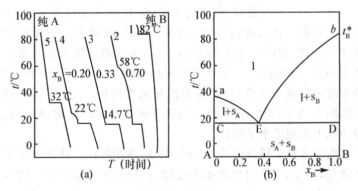

图 4-18　邻硝基氯苯(A)-对硝基氯苯(B)二元系的冷却曲线和相图

图 4-18(b)中,aEb 线以上为熔融物液相区 l, $\Phi=1$。aE 线表示纯固态邻硝基氯苯与熔化物平衡时液相组成与温度的关系曲线,Eb 线为纯固态对硝基氯苯与熔化物平衡时液相组成与温度关系曲线。这两条曲线都可理解为:因为含有对硝基氯苯,邻硝基氯苯的熔点降低曲线,或因为含有邻硝基氯苯时对硝基氯苯的熔点降低曲线。在 CEa 区、DEb 区为两相平衡共存区。E 点($14.7\ ℃$, $x_B=0.33$)是三相共存点,条件自由度 $f^*=2-\Phi+1=0$。过 E 点的水平直线 CED 称为三相平衡线(两端点除外),这三相是:固体 A,固体 B 及组成为 E 的液相。在 CED 线以下是固体 A 与固体 B 两相共存区。在两相共存区中可用杠杆规则计算两相的数量比。但落在三相线 CED 上的系统,杠杆规则不适用,此时三个相的状态是由 C、E、D 三点来描述的。

(3) 简单低共熔系统相图应用举例

除前述盐-水系统用于冷却结晶法分离提纯盐类物质外,还有其他方面的应用。

① 利用熔点变化检查试样的纯度。测定样品的熔点来大致判断其纯度是常用的方法。熔点偏低,往往含杂质多。测得样品的熔点如果与标准试样相同,为了进一步证实二者是同一物质可将样品与标样混合后再测熔点,若熔点不变则为同一种物质,否则熔点会大大下降。这种鉴别方法称为混合熔点法。

② 在制药业上可用于改良剂型增进药效

一般在冷却曲线的转折点至水平线段之间的温度下降区,析出的固体颗粒大,而且不均匀,而在低共熔点析出的低共熔混合物则是细小、均匀的微晶。微晶的分散程度较高,比表面积大,溶解度也较大块晶体的大(见第 7 章表面现象中的开尔文公式)。例如难溶于水的药物服用后不易吸收,药效慢,若将其与尿素或其他能溶于水并且无毒的化合物共熔,用快速冷却方法制成低共熔混合物,因尿素在胃液中能很快溶解,剩下高度分散的药物,其溶解度和溶解速率都比大颗粒要高,有利于药物吸收。

4.5.2 有化合物生成的相图

有的两组分固-液平衡系统可能生成化合物,如:
$$aA + bB \Longrightarrow A_aB_b$$
则系统中物种数增加 1,但同时有一个独立的化学平衡,系统的相分数 $K = 3 - 1 - 0 = 2$,故仍是两组分系统。

(1) 生成稳定化合物的相图

若组分 A 与组分 B 形成稳定的化合物,化合物熔化时的液相组成和固态化合物的组成相同,则化合物有自己的熔点,该熔点称为"相合熔点"。

图 4-19 是苯酚(A)-苯胺(B)的 t-x_B 相图。它们能生成 1∶1 的化合物 $C_6H_5OH \cdot C_6H_5NH_2$(C),化合物的熔点为 31 ℃。此类相图可以看成是两个低共熔相图合并而成。左半边是 A 与 C 的相图,E_1 是 A 与 C 的低共熔点。右半边是 C 与 B 的相图,E_2 是 C 与 B 的低共熔点。D 点对应的温度是化合物 C 的熔点,应

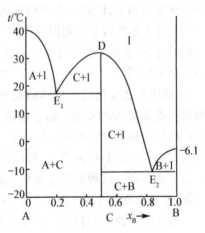

图 4-19 苯酚(A)-苯胺(B)相图

用相律分析此点的自由度 $f^* = 1 - 2 + 1 = 0$,(注意落在 CD 线上的点,包括 C 点)组分数为 1。温度和组成均不能变。

有时在两个组分之间形成不止一个稳定化合物。如图 4-20 是水(A)与硫酸(B)的相图。水与硫酸生成三种水合物:$H_2SO_4 \cdot 4H_2O(C_1)$,$H_2SO_4 \cdot 2H_2O(C_2)$ 和 $H_2SO_4 \cdot H_2O(C_3)$。图中 C_1、

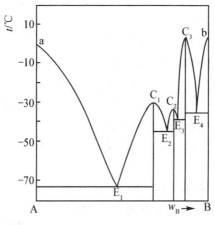

图 4-20 水(A)-硫酸(B)的相图

C_2 和 C_3 三个点分别是 C_1、C_2 和 C_3 化合物的熔点。相应地将整个相图分成四个具有简单低共熔点的相图。四个低共熔点分别为 E_1、E_2、E_3 和 E_4。

通常质量分数 $w_B = 0.98$ 的浓硫酸常用于炸药工业,医药工业等,但由相图可见 $w_B = 0.98$ 的浓硫酸在 0 ℃左右凝固,在冬季容易冻结,输送管道容易堵塞,无论是运输或使用都有困难,所以冬季常以 $w_B = 0.925$ 的硫酸作为产品,其凝固点约为 -35 ℃,避免上述情况发生。

氨基比林和巴比妥可以生成 1∶1 分子化合物,退热镇痛药复方氨基比林是由氨基比林和巴比妥以物质的量比为 2∶1 加热熔融而成,此时生成 1∶1 化合物再与剩余的氨基比林共熔,其镇痛作用比未经熔融处理的好。

(2) 生成不稳定化合物的相图

有的二组分系统 A 与 B 能生成一种化合物 C_1,但还没有达到熔点,它就分解为新的固体物 C_2 和熔融物,这个反应可表示为:

$$C_1(固) \rightleftharpoons C_2(固) + 熔融物$$

这个反应又称为转熔反应,C_2 可以是 A 或 B,还可能是新的化合物。由于不稳定化合物 C_1 分解后产生的液相与固态化合物 C_1 的组成不相同,故称此化合物为具有"不相合熔点"的化合物。分解反应所对应的温度称为并成分熔点或称为转熔温度。

图 4-21 为 CaF_2(A)与 $CaCl_2$(B)的相图,它们能生成不稳定化合物 $CaF_2 \cdot CaCl_2$(C),在 737℃ 时发生转熔反应,建立固体 C、固体 A 和液态混合物的三相平衡:

$$C(固) \rightleftharpoons A(固) + 熔融液体 l_1$$

若固体 C 加热到 737 ℃,将分解为固体 A 和液体 l_1;反之,当固体 A 和液体 l_1 冷却到 737 ℃时,则会有固体 C 生成。此时三相平衡共存,$f^* = 0$,温度及液体的组成均不能变动。相图中各区域中代表的相已注明。

能生成不稳定化合物的系统还有:Na-K、Au-Sb、KCl-$CaCl_2$、H_2O-NaCl、苦味酸-苯等。

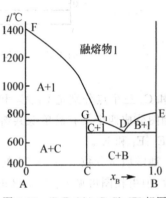

图 4-21 CaF_2(A)-$CaCl_2$(B)相图

4.5.3 有固溶体生成的相图

两种固体物质混合,加热熔化后,冷却凝固,在凝固时,如果一种物质能均匀地分布在另一种物质中,就形成了固态溶液,简称固溶体。据两组分在固相中互溶程度的不同,可分为"完全互溶"和"部分互溶"两种情况。

(1) 固相完全互溶系统的相图

有的系统中的两个组分不仅能在液态时完全互溶,而且在固

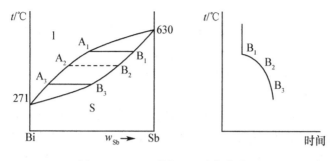

图 4-22 Bi-Sb 的相图和冷却曲线

态时也能完全互溶,通常是由于两组分的分子、原子或离子大小接近,在晶格中能够彼此取代而成。这类系统的相图与前述完全互溶的双液系统的气-液平衡相图有相似的形式。在这类系统中,析出的固相只能有一个相,所以系统中最多只有两相平衡共存:液相与固相。据相律分析,$f^* = 2-2+1 = 1$,即在压力恒定时,系统的自由度为 1,而不是零。因此这种系统的冷却曲线上不可能出现水平线段。图 4-22 是 Bi-Sb 相图及冷却曲线。图中 $A_1A_2A_3$ 线以上区域为液相区,$B_1B_2B_3$ 线以下区域为固相区,两线之间为液相与固相平衡共存区。$A_1A_2A_3$ 线为液相冷却时开始出现固体的"凝固点线",$B_1B_2B_3$ 为固相线,也就是固相加热开始熔化的"熔点线"。由图 14-22 可见,平衡液相组成与固相组成是不相同的。当组成为 A_1 的液体冷却时,首先结晶析出组成为 B_1 的固体,其中高熔点物质 Sb 的含量比液体 A_1 的多,在冷却过程中液相组成沿 $A_1A_2A_3$ 线移动,固相组成沿 $B_1B_2B_3$ 线移动。当固相组成为 B_3 时,它与原始的液相 A_1 组成相同,此时液相的量接近于零。若温度继续降低,则液相消失。然而实际情况由于固相中物质扩散很慢,随着温度降低,新结晶析出的固体将包于原固体之外,形成多层结构。

(2) 固相部分互溶系统的相图

两固体物部分互溶相图与液体部分互溶气-液平衡相图很相似。图 4-23 KNO_3(A)-$TiNO_3$(B)的相图属于此种类型。图中已标明各区域所代表的相。E 点为最低共熔点，只是此点是两种固态混合物同时析出。E 点的自由度为零。

属于这类系统的还有尿素-氯霉素，尿素-磺胺噻唑、Ag-Cu、Pb-Sb 等。

有的系统有一转熔温度，如图 4-24 Hg-Cd 相图。Cd 溶于 Hg 的固溶体 α，与 Hg 溶于 Cd 的固溶体 β 在 182 ℃时与组成为 C 的熔化物三相平衡共存：

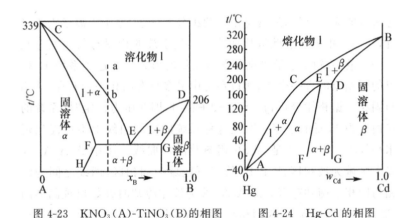

图 4-23　KNO_3(A)-$TiNO_3$(B)的相图　　图 4-24　Hg-Cd 的相图

固溶体 α(组成为 E) ⇌ 固溶体 β(组成为 D)+熔化物(组成为 C)
这个温度称为转熔温度。此时自由度 $f^* = 2-3+1 = 0$。这时即使对系统加热，温度也不会升高，只有等 E 全部熔化后温度才开始上升。电化学电动势测量所用标准电池中用的是 Cd-Hg 电极，该电池在常温下有稳定的电动势，其原因是此时镉汞齐中镉的含量在 $w_{Cd} = 0.05 \sim 0.14$，处于两相固溶体 α 和熔化物液相平衡区。若系统中 Cd 的总量稍有改变，在一定温度下也只是改变平衡两相的相对质量,而不影响浓度。

还有一些固态混合物具有最高熔点或最低熔点,与有恒沸点的气-液平衡相图形式上很相似。

利用平衡时固态混合物与液态混合物组成不同,可以提纯物质。如半导体材料硅,要求纯度高达 $w_{Si}=0.99999999$,常采用的区域熔炼法就是根据这一原理。

4.6 三组分系统的相平衡

4.6.1 三组分系统相图的坐标

三组分系统,又称三元系,自由度 $f=3-\Phi+2=5-\Phi$。系统最多可能有 4 个自由度(温度、压力和两个浓度项)。若在压力恒定条件下,则 $f^*=3-1+1=3$,须用三维空间坐标,常用正三棱柱体,见图 4-25(a),柱高表示温度,底面正三角形表示组成。

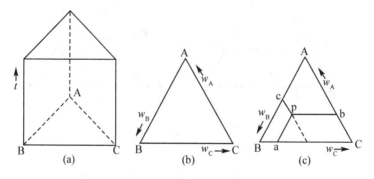

图 4-25 三元系相图坐标及其组成表示法

为处理问题方便,常常是恒定温度与压力,于是系统最大 $f^*=$

2,可用平面正三角形来表示。见图 4-25(b)与(c)。正三角形的三个顶点分别代表纯组分 A、B 和 C。三条边 AB、BC 和 CA 代表(A 和 B、B 和 C、C 和 A)三个两组分系统,相应质量分数为 w_B,w_C 和 w_A,三角形中任何一点都表示三组分系统的组成。如图 4-25(c)中的任意一点 p 点的组成确定如下:通过 p 点作平行于三角形三条边的直线交于 a、b、c 三点,则 pa+pb+pc=AB=AC=BC。如果每条边分为 10 等份,则 pa=Cb=w_A,pb=Ac=w_B,pc=Ba=w_C。w_A、w_B 和 w_C 分别为组分 A、B 和 C 的质量分数,通常是沿逆时针方向在三角形的三条边上标出各组分的组成(质量分数或摩尔分数)。

用正三角形表示组成有以下特点:

(1) 与正三角形的某边平行的任意一条直线上各点所代表的三组分系统中,与此线相对的顶点的组分含量一定相同。如图 4-26 中 ee′ 线上各点所含 A 的质量分数一定相同。

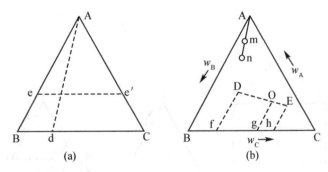

图 4-26　三组分系统组成表示法

(2) 凡通过正三角形某一顶点的任意一条直线上各点所代表的三组分系统中,另外两个顶点组分的含量之比一定相同。例如图 4-26(a)中 Ad 线上各点所含 B 和 C 的含量之比一定相同。

(3) 如果有两个三组分系统 D 与 E 构成新的系统,其系统点必位于 D、E 两点之间的连线上,E 的量愈多,则代表新系统的系统点 O 的位置愈接近于 E 点,见图 4-26(b)。杠杆规则在这里可以使用:

$$D \text{ 的量} \times OD = E \text{ 的量} \times OE$$

(4) 由三个三组分系统 D、E、F 所构成的新系统,其系统点一定落在三角形 DEF 中,见图 4-27。可用杠杆规则先求出 D、E 两个系统合并后的位置 G 点,再用同样的方法求出 G 与 F 相混合后系统的组成 H 点。H 点实际上是三角形 DEF 的重心,所以又称为重心规则。

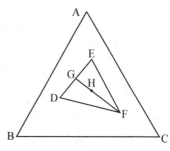

图 4-27 三组分体系的重心规则

(5) 设 m 为三组分液相系统,如果从液相 m 中析出组分 A 的晶体时(见图 4-26(b)),则剩余液相的组成将沿 Am 的延长线变化。假定在结晶过程中,液相的浓度变化到 n 点,则此时晶体 A 的量与剩余液体量之比等于 mn/mA。

4.6.2 部分互溶的三组分液-液平衡相图

这类系统中,三种液体可以是其中只有一对两个部分互溶,也可以是有两对部分互溶,甚至三对部分互溶。现介绍 A、B 和 C 中只有一对部分互溶系统。

图 4-28 是醋酸(A)、氯仿(B)和水(C)的相图。氯仿和醋酸、水和醋酸均可以任意比例互溶,而氯仿和水

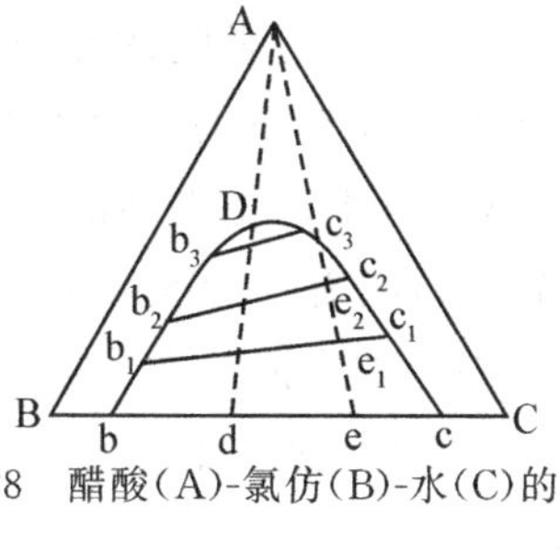

图 4-28 醋酸(A)-氯仿(B)-水(C)的相图

只能部分互溶。图中,B 和 C 组成在 Bb 和 cC 之间可以完全互溶;而介于 b 和 c 之间,系统分为两层,一层是水在氯仿中的饱和溶液(b 点),另一层是氯仿在水中的饱和溶液(c 点)。这一对溶液称为共轭溶液。

如果在组成为 e 的系统中逐渐加入醋酸,则系统点将沿 eA 线向 A 点移动。若系统点到达 e_1 点,则系统的两共轭溶液为 b_1 和 c_1。当温度与压力恒定,据相律 $f^* = 3-2+0 = 1$,即只有一个自由度,说明只有一个液相中的一个组分的组成可以任意变化,这一相中另一个组分的组成以及另一个液相中的组成均不能任意变动。为了表示这两个共轭液相间的平衡关系,将两个平衡相的相点 b_1 和 c_1 用直线连起来,称为结线。由于醋酸在两液层中并非等量分配,所以这些结线不一定和底边 BC 平行。随着醋酸的不断加入,系统点沿 eA 线移动,两溶液层的组成分别沿 $bb_1b_2b_3$ 曲线及 $cc_1c_2c_3$ 曲线移动。当系统点接近 c_3 时,含氯仿较多的一层(接近 b_3)数量渐减,最后该层消失,系统进入帽形区以外的单相区。

在帽形区 bDc 内,系统分为两相,其组成可由结线的两端读出。由图可见,自下而上,结线愈来愈短,两液层的组成逐渐靠近,最后缩为一点 D。此时两液层组成相同,即两共轭三组分溶液变成一个溶液,D 点称为等温会溶点,或称褶点。曲线 bDc 则称为双结线即溶解度曲线。显然帽形区内是两相平衡共存。

考虑了温度的影响的正三棱柱体相图见图 4-29(a)。图中 $b'D'c'$ 是较高温度下的溶解度曲线(即双结线)。若温度升高,曲线可缩成一点 K。将许多的等温线组合起来,会构成一个曲面。每一个等温线有一个会溶点,把会溶点连起来,便得空间一条 $KD'D$ 曲线。如果把立体图投影在平面上,便得到图 4-29(b)。图中每一条曲线代表一个等温截面的溶解度曲线。

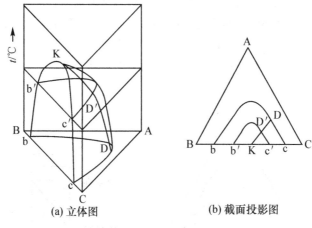

(a) 立体图　　　　　　(b) 截面投影图

图 4-29　三液体有一对部分互溶的温度组成图

4.6.3　萃取原理

利用三元液-液平衡相图可以说明液-液萃取过程的原理。

例如要将苯(A)从正庚烷(B)与苯(A)的混合物中分离出来,可加入与正庚烷不互溶或微溶的溶剂(称为萃取剂),但该萃取剂与被萃取物苯可以完全互溶,例如二甘醇(S),如图 4-30 所示。

在组成为 F 的原始混合物(又称料液)中加入萃取剂 S,则 F 点将沿 FS 线向 S 方向移动。进入帽形区。若加一定量 S 后系统点为 O,从结线可知,两平衡液相组成分别为 x_1(称萃余液或萃余相)与 y_1(萃取液)。经过一次萃取后,x_1 中含正庚烷较原始液 F 多,y_1 中含苯较多,使部分苯与正庚烷分离。如果在组成为 x_1 的混合物中再加入萃取剂 S 进行第二次萃取,此时系统点将沿 x_1S 线向 S 方向移动,设系统点到达 O' 点,达平衡时两相的组成分别为 x_2 和 y_2,此时 x_2 中正庚烷含量又较 x_1 多,y_2 中苯的含量又较 y_1 多。如此反复,经多次萃取后,可得到基本上不含苯的正庚烷,从而达到分离的目的。工业上,上述过程是在萃取塔(图 4-31)中进行的,这是一个连续的多级萃取过程,萃取剂与料液在塔中逆向而流,充分接触,不断进行相间的物质传递,在适当高的塔中,可使苯与正庚烷基本上分离。萃取的方法广泛用于有机物的分离、中、西药物的制取,稀有金属的提取,废水的处理等。

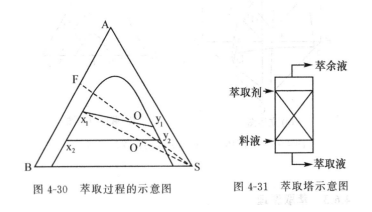

图 4-30 萃取过程的示意图　　图 4-31 萃取塔示意图

4.6.4 分配定律

在上述苯(A)-正庚烷(B)-二甘醇(S)系统中,实验发现在一定温度和压力下,被萃取物质 A(例如苯)在两相中浓度较小时,近似有下列关系式:

$$K = \frac{x_A^{(\alpha)}}{x_A^{(\beta)}} \tag{4-22}$$

此例中 A 代表苯。$x_A^{(\alpha)}$ 与 $x_A^{(\beta)}$ 分别为物质 A 在 α 相与 β 相中的摩尔分数。式(4-22)为分配定律数学表达式。即在定温定压下,如果一个物质溶解在两个同时存在的但互不相溶的液体里,达到平衡后,该物质在两相中浓度之比等于常数。这是 1891 年由德国的能斯特提出,故又称能斯特分配定律。K 称为分配系数,它是随温度、压力、被萃取物 A 及两溶剂的性质的不同而变的。

分配定律可由热力学导出。令 μ_i^α、μ_i^β 分别表示 α、β 两相中物质 i 的化学势。在一定温度和压力下，两液相达平衡时，

$$\mu_i^\alpha = \mu_i^\beta$$

而 $\mu_i^\alpha = \mu_i^{\ominus\alpha} + RT\ln a_i^\alpha$，$\mu_i^\beta = \mu_i^{\ominus\beta} + RT\ln a_i^\beta$，代入上式并整理后有

$$\frac{a_i^\alpha}{a_i^\beta} = \exp\left(\frac{\mu_i^{\ominus\beta} - \mu_i^{\ominus\alpha}}{RT}\right) = K \quad (4-23)$$

如果 i 在 α、β 相中的浓度不大，则活度可以用浓度代替。

应用分配定律时应注意，只能适用于溶质在两溶剂中分子形态相同的情况。

分配定律是液-液萃取提纯法的理论依据。广义的萃取还包括有固-液相间的物质分配，如用白酒浸泡中药，还有气-液相的吸收传质分配等。只要 $K \neq 1$，经过若干次分配，总可以使溶质 i 在某一相中得到富集、分离和提纯。

在萃取过程中，在一定量溶剂条件下，用分批加入萃取剂的多次萃取法提高效率和增加经济效益。

假定某溶质在两溶剂中没有缔合、解离、化学变化等作用。设在 V_1 溶液中含有溶质 W，若萃取数次，每次都用 V_2 的新鲜溶剂，则第一次达到平衡后，剩留在原溶剂中的溶质的量 W_1 应符合下式：

$$K = \frac{溶质在原溶剂中的浓度}{溶质在萃取溶剂中的浓度} = \frac{\dfrac{W_1}{V_1}}{\dfrac{W - W_1}{V_2}}$$

$$W_1 = W \frac{KV_1}{KV_1 + V_2}$$

若用同样体积的 V_2 作第二次萃取，则剩留在原溶剂中溶质的质量 W_2 为

$$W_2 = W_1 \frac{KV_1}{KV_1 + V_2} = W\left(\frac{KV_1}{KV_1 + V_2}\right)^2$$

以此类推，经过 n 次萃取，剩留在原溶剂中溶质的质量 W_n 为

$$W_n = W\left(\frac{KV_1}{KV_1+V_2}\right)^n \qquad (4\text{-}24)$$

这也称为"少量多次"的原则。这正是上述工业上萃取塔设计的理论基础。

习　题

4－1　思考题

(1) 蔗糖和食盐混合得十分均匀，无法辨认，该系统中有几个相？

(2) 某温度和压力下水与水蒸气共存—封闭容器中，物种数与相数各是多少？

(3) 若干块 NaCl 晶体，物种数与相数各是多少？

(4) 纯水在三相点的自由度为零，在冰点时的自由度是否也为零，为什么？

(5) 什么是系统点？什么是相点？

(6) 两组分液体混合物，若形成恒沸混合物，在恒沸点时的组分数、相数和自由度各为多少？

4－2　判断题

(1) 水在临界点的自由度为零。

(2) 二组分系统平衡共存的最多相数为 3。

(3) 克劳修斯-克拉贝龙方程适用于任何单组分两相平衡系统。

(4) 水的相图中固-液平衡线的 $\dfrac{\mathrm{d}p}{\mathrm{d}T}<0$，是因为液态水的密度比固体冰的大。

(5) 某相图中，当系统处于熔点时，只有一个相。

(6) 萃取剂的选择原则之一是分配系数 K 不能为 1。

4－3　试确定在 $H_2(气) + I_2(气) = 2HI(气)$ 的平衡系统中的

组分数。

(1) 反应前只有 HI；

(2) 反应前有等摩尔的 H_2 和 I_2；

(3) 反应前有任意量的 H_2，I_2 和 HI。

4-4 如果系统中有下列物质存在，且建立了化学平衡。试确定系统的组分数。

(1) $C(s)$，$H_2O(g)$，$H_2(g)$，$CO(g)$，$CO_2(g)$

(2) $Fe(s)$，$FeO(s)$，$C(s)$，$CO(g)$，$CO_2(g)$

(3) $HgO(s)$，$Hg(l)$，$O_2(g)$

(4) 将 $NH_4HCO_3(s)$ 放入真空容器中，恒温至 400 K，并按下式分解达平衡：

$$NH_4HCO_3(s) \rightleftharpoons NH_3(g) + H_2O(g) + CO_2(g)$$

4-5 在一定温度下，纯水与蔗糖水溶液用只允许水通过的半透膜隔开，并达渗透平衡。请问系统的组分数、相数和自由度。

4-6 在水、苯、苯甲酸系统，若任意指定下列事项，系统中最多可有几相：

(1) 定温；

(2) 定温、定水中苯甲酸浓度；

(3) 定温、定压、定苯中苯甲酸浓度。

4-7 溴苯 C_6H_5Br 的正常沸点为 156.15 ℃，试计算在 100 ℃时溴苯的饱和蒸气压为若干？与实测值 18812 Pa 比较之（假定溴苯为一正常液体）。

4-8 一冰溪的厚度为 400 m，其密度为 0.9168 kg·m^{-3}，试计算此冰溪底部冰的熔点。设此时冰溪的温度为 -0.2 ℃，此冰溪能向山下滑动否？

4-9 液体 A 与 B 的正常沸点（101.325 kPa 下）分别等于 70 ℃和 90 ℃。如果两种液体都服从 Trouton 规则，请比较当两种液体在 25 ℃时，A 与 B 的蒸气压的大小。

4-10 S(正交) = S(单斜)，$\Delta H = 292.9$ J·mol^{-1}。在 $p^{\ominus}$，

115 ℃下处于平衡状态。在 $100p^{\ominus}$ 时,平衡温度为 120 ℃,试指出硫的两种晶型哪种密度大些。

4－11 CO_2 的临界温度为 304.2 K,临界压力为 7 386.6 kPa,三相点为 216.4 K,517.77 kPa,熔点随压力增加而增加。

(1) 请画出 CO_2 的 p-t 的相图。

(2) 指出各相区线及点的相态。

4－12 苯(A)-乙醇(B)在 101325 Pa 下的沸点-组成数据如下表：

t/℃	80.1	75.0	68.0	69.0	71.0	76.0	78.0
x_B	0	0.050	0.475	0.775	0.875	0.985	1.000
y_B	0	0.195	0.475	0.555	0.650	0.900	1.000

请回答:(1) 蒸馏 x_B=0.875 的混合液,最初馏出液中乙醇的摩尔分数是多少？(2) 将组成为 x_B=0.775 的溶液在精馏塔中精馏,若塔板足够多,塔顶馏出液及蒸馏釜的残留液各是什么？(3) 现有 10 mol 组成 x_B=0.860 的溶液,在 71.0 ℃、101325 Pa 下达气液平衡。分别求液相和气相组成以及液相和气相的物质的量。

4－13 水和氯苯为完全不互溶的液体,其恒沸点为 363.35 K。在该温度下 $p^*(H_2O)$=72400 Pa,$p^*(C_6H_5Cl)$=28900 Pa,若要提纯 200 kg 氯苯,需水蒸气多少？

4－14 已知两组分固液系统的相图如下

(1) 标出各相区的相态,水平线 EF,GH 及垂直线 DS 上系统的自由度；

(2) 绘出 a、b、c 三个状态由 t_1 冷却到 t_2 的冷却曲线；

(3) 使系统的状态由 P 点降温,说明到达 M、N、Q、R 点的相态和相数；

(4) 已知纯 A 的熔化热 $\Delta_{fus}H_m$=18027 J·mol^{-1},低共熔点

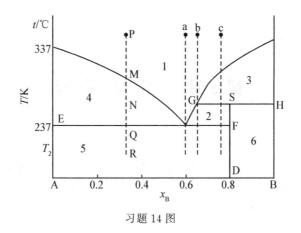

习题 14 图

的组成 $x_A=0.4$(摩尔分数),若把 A 作为非理想溶液中的溶剂时,求该溶液中组分 A 的活度因子。

4-15 一有机酸在水及乙醚间的分配系数为 0.4,今有该有机酸 5×10^{-3} kg 溶于 0.100 dm³ 水中,

(1) 若连续三次用 0.020 dm³ 乙醚萃取,问水中还剩多少有机酸?

(2) 若一次用 0.060 dm³ 乙醚萃取,问水中剩下多少酸?

第5章 化学平衡

本章主要应用化学热力学的基本原理,讨论化学反应的方向和限度,进而了解各种因素如浓度、温度、压力等对化学平衡的影响。

5.1 化学反应的方向与限度

5.1.1 摩尔反应吉布斯函数

设有一任意的封闭系统内发生了微小的变化(包括温度、压力和化学反应等变化),则系统吉布斯函数变化为:

$$dG = -SdT + Vdp + \sum_{B=1}^{k}\mu_B dn_B$$

若化学反应是在等温等压下进行,则

$$dG = \sum_{B=1}^{k}\mu_B dn_B \tag{5-1}$$

μ_B 代表参与反应的任一物质 B 的化学势。

设反应为

$$aA + bB = yY + zZ \tag{5-2A}$$

或

$$0 = \sum_B \nu_B B = \nu_A A + \nu_B B + \nu_Y Y + \nu_Z Z$$
$$= -aA - bB + yY + zZ \tag{5-2B}$$

由反应进度 ξ 的定义：

$$d\xi = \frac{dn_B}{\nu_B} \text{ 或 } dn_B = \nu_B d\xi$$

代入式(5-1)得

$$dG = \sum_B \nu_B \mu_B d\xi \tag{5-3}$$

式中 $\sum_B$ 表示对所有参与反应的物质求和。

由式(5-3)，对于反应进度的微小变化 $d\xi$ 或反应按计量方程进行 $\Delta \xi$ 为 1 mol 时系统的吉氏自由能的改变为

$$\left(\frac{\partial G}{\partial \xi}\right)_{T,p,W_f=0} = \sum_B \nu_B \mu_B = (\Delta_r G_m)_{T,p,W_f=0} \tag{5-4}$$

由于 μ_B 是温度、压力和组成的函数，可理解为在等温等压下发生的化学反应，系统中各物质的量的微小变化，不足以引起各物质的组成变化，因而其化学势不变；或者理解为在等温等压条件下在很大量的系统中在反应进度为 ξ 时，发生了 $\Delta \xi = 1$ mol 的反应，也可视反应系统各物质的组成不变，化学势也不变。因而 $\Delta_r G_m$ 是反应系统中，参与反应各物质的组成的函数，也就是反应进度 ξ 的函数，见图 5-1。

由热力学第二定律所给的判据，对化学反应的方向可作如下判断：

$$\left(\frac{\partial G}{\partial \xi}\right)_{T,p,W_f=0} \begin{cases} < 0 & \text{反应正向进行，如图 5-1 中 m 点} \\ = 0 & \text{反应处于平衡状态，如图 5-1 中 e 点} \\ > 0 & \text{反应逆向进行，如图 5-1 中 n 点} \end{cases}$$

(5-5)

式(5-4)中，$(\Delta_r G_m)_{T,p,W_f=0}$ 称为化学反应的摩尔吉布斯函数(变)，式(5-4)也可以看成是它的定义式，单位为 kJ·mol^{-1}。

5.1.2 化学反应亲和势

化学反应亲和势是由德唐德(De Donder)提出来的,定义为:

$$A \xlongequal{def} -\left(\frac{\partial G}{\partial \xi}\right)_{T,p,W_f=0} = -\Delta_r G_m = -\sum_B \nu_B \mu_B \quad (5-6)$$

A 为化学反应亲和势。亲和势和反应的摩尔吉布斯函数都是状态函数,属强度性质。都可以用于判断反应的方向和限度:

$A > 0, \Delta_r G_m < 0$ 　反应正向进行;

$A = 0, \Delta_r G_m = 0$ 　系统已达平衡。

$A < 0, \Delta_r G_m > 0$ 　反应逆向进行。

因而 A 可用来表示物质间进行化学反应的可能性。A 愈大,表示进行化学反应的可能性愈大。这正是反应亲和势名词的来由。

由以上讨论可知,等温等压下,当反应物化学势的总和大于产物化学势的总和时,反应自发向右进行,一直到相等为止。即是参与反应的物质的 μ_B 决定化学变化的方向与限度。

由上所叙反应是从高化学势向低化学势的方向进行。但为什么通常反应不能进行到底,而是进行到一定程度达到平衡后不再反应了。如图 5-1,反应物不能都变为产物,而在 ξ_e 处达平衡,其原因是存在着混合自由能,包括反应物之间的混合和随着反应的进行反应物与产物之间的混合,使得反应系统的自由能下降。

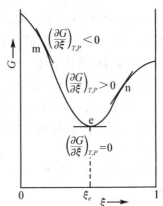

图 5-1　反应系统的吉布斯函数和 ξ 的关系

5.2 化学反应等温式和平衡常数

化学反应系统比较复杂,一般分为气体(或气相)反应,溶液中反应,凝聚相反应,复相反应等。化学反应等温式对研究化学反应非常重要,因为它能判断等温等压下化学反应的方向和限度,能为控制反应方向提供依据。

5.2.1 气体反应系统

(1) 真实气体反应系统

该类反应是参与反应各物均处于气体状态,对于任一气体反应系统:

$$aA + bB = yY + zZ$$

或

$$0 = \sum_B \nu_B B(g)$$

其中任一物质 B 的化学势为

$$\mu_B(T,p) = \mu_B^\ominus(T) + RT\ln\frac{f_B}{p^\ominus}$$

代入式(5-4)得:

$$\Delta_r G_m = \sum_B \nu_B \mu_B^\ominus + RT\ln \prod_B \left(\frac{f_B}{p^\ominus}\right)^{\nu_B} \tag{5-7}$$

令

$$\Delta_r G_m^\ominus = \sum_B \nu_B \mu_B^\ominus \tag{5-8}$$

$$Q_f = \frac{\left(\dfrac{f_Y}{p^\ominus}\right)^y \left(\dfrac{f_Z}{p^\ominus}\right)^z}{\left(\dfrac{f_A}{p^\ominus}\right)^a \left(\dfrac{f_B}{p^\ominus}\right)^b} = \prod_B \left(\frac{f_B}{p^\ominus}\right)^{\nu_B} \tag{5-9}$$

Q_f 称为逸度商。于是式(5-7)为:

$$\Delta_r G_m = \Delta_r G_m^\ominus + RT\ln Q_f \tag{5-10}$$

当反应系统达平衡时,据反应平衡条件,则 $\Delta_r G_m = 0$,于是有:

$$\Delta_r G_m = \Delta_r G_m^\ominus + RT\ln(Q_f)_{eq} = 0$$

或
$$\Delta_r G_m^\ominus = -RT\ln(Q_f)_{eq}$$

令
$$K_f^\ominus = (Q_f)_{eq} = \prod_B \left(\frac{f_B}{p^\ominus}\right)_{eq}^{\nu_B} \tag{5-11}$$

则
$$\Delta_r G_m^\ominus = -RT\ln K_f^\ominus \tag{5-12}$$

再代入式(5-10)得
$$\Delta_r G_m = -RT\ln K_f^\ominus + RT\ln Q_f \tag{5-13}$$

式(5-7)、式(5-10)和式(5-13)都称为化学反应等温式。是由范特霍夫(Van't Hoff)首先提出来的。其中 $K_f^\ominus$ 是达平衡时的逸度商,称为标准热力学平衡常数,或简称为标准平衡常数。式(5-11)为其定义式。$K_f^\ominus$ 的量纲为一。

由式(5-8)可知,$\Delta_r G_m^\ominus$ 仅仅是温度的函数,又据式(5-12)可以推知 $K_f^\ominus$ 也仅仅是温度的函数,与反应系统的压力或体积无关。

又因为 $f_B = \left(\dfrac{\gamma_B x_B p}{p^\ominus}\right)$ 其中 p 为反应系统总压力,所以式(5-11)可写成:

$$K^\ominus(T) = \prod_B \left(\frac{f_B}{p^\ominus}\right)_{eq}^{\nu_B} = \prod \left(\frac{\gamma_B x_B p}{p^\ominus}\right)^{\nu_B}$$

令
$$K_\gamma = \prod_B \gamma_B^{\nu_B}, K_x = \prod_B x_B^{\nu_B} \tag{5-14}$$

则
$$K_f^\ominus(T) = K_\gamma \cdot K_x \cdot \prod \left(\frac{p}{p^\ominus}\right)^{\nu_B} \tag{5-15}$$

显然 K_γ 与 K_x 都与温度有关,还与压力有关,或者说 K_γ 与 K_x 是温度和压力的函数。

(2) 理想气体反应系统

当反应系统为理想气体混合物时,或实际反应系统压力不太高,温度不太低,可以看成理想气体混合物时,则 $f_B = p_B, r_B = 1$。则理想气体反应标准平衡常数为:

$$K_p^\ominus(T) = \prod_B \left(\frac{p_B}{p^\ominus}\right)^{\nu_B} = \prod_B \left(\frac{x_B p}{p^\ominus}\right)^{\nu_B} \tag{5-16}$$

$K_p^\ominus$ 的量纲为一,也仅仅是温度的函数。注意 $K_p^\ominus$ 的数值与标准态的选取有关,本书上一版的 $p^\ominus=101.325\mathrm{kp}$,而现在 $p^\ominus=100\mathrm{kPa}$,因而 $K_p^\ominus$ 的数值是不同的。但当 $\sum_\psi \nu_B = y+z-a-b=0$ 时,与标准态取值无关。

于是理想气体反应的平衡等温式为

$$\Delta_r G_m^\ominus(T) = -RT\ln K_p^\ominus(T) \tag{5-17}$$

而理想气体反应等温式为

$$\Delta_r G_m(T,p) = \Delta_r G_m^\ominus(T) + RT\ln Q_p \tag{5-18}$$
$$= -RT\ln K_p^\ominus(T) + RT\ln Q_p$$

其中

$$Q_p = \frac{\left(\dfrac{p_Y}{p^\ominus}\right)^y \cdot \left(\dfrac{p_Z}{p^\ominus}\right)^z}{\left(\dfrac{p_A}{p^\ominus}\right)^a \cdot \left(\dfrac{p_B}{p^\ominus}\right)^b} = \prod_B \left(\dfrac{p_B}{p^\ominus}\right)^{\nu_B} \tag{5-19}$$

Q_p 称为分压商。

除标准热力学平衡常数外,还常用其他经验平衡常数,其表达式如下:

$$K_p(T) = \prod_B (p_B)_{eq}^{\nu_B},$$
$$K_c(T) = \prod_B (c_B)_{eq}^{\nu_B}, K_x(T,p) = \prod_B (x_B)_{eq}^{\nu_B} \tag{5-20}$$

c_B 为气体物质 B 的体积摩尔浓度,x_B 为气体物质 B 的摩尔分数。p 为气体反应系统的总压力。对理想气体,$p_B = c_B RT = x_B p$,于是它们之间有下列关系:

$$K_p^\ominus = K_p \left(\dfrac{1}{p^\ominus}\right)^{\sum \nu_B} = K_c \left(\dfrac{RT}{p^\ominus}\right)^{\sum \nu_B}$$
$$= K_x \left(\dfrac{p}{p^\ominus}\right)^{\sum \nu_B} = K_n \left(\dfrac{p}{p^\ominus \sum_B n_B}\right)^{\sum \nu_B}$$

$$\tag{5-21}$$

其中 $\sum \nu_B = -a-b+y+z$,$K_n = \left(\dfrac{n_Y^y n_Z^z}{n_A^a n_B^b}\right)_{eq}$。$K_x$ 的量纲为一。若 $\sum \nu_B = 0$,K_p 与 K_c 的量纲也为一;若 $\sum \nu_B \neq 0$,K_p 与 K_c 量纲不为一。

(3) 反应等温式的意义

反应等温式的重要意义是表征了反应进行的方向和限度。对于一个有限的反应系统在反应进行过程中,反应物与产物的组成在变化,对气相反应各组分的分压在变化,或逸度在变化,相应的化学势在变化,因而分压商或逸度商也在不断地变化。当反应进行到某一进度时。

若 $Q_f < K_f^{\ominus}$,$(\Delta_r G_m)_{T,p,W_f=0} < 0$,反应正向进行;
若 $Q_f = K_f^{\ominus}$,$(\Delta_r G_m)_{T,p,W_f=0} = 0$,反应达平衡;
若 $Q_f > K_f^{\ominus}$,$(\Delta_r G_m)_{T,p,W_f=0} > 0$,反应逆向进行。

于是可以通过控制反应条件,按人们所要求的反应方向进行。例如降低产物的逸度,或不断取出产物,使 Q_f 值维持在一个很小的数值;或者增加反应物的逸度,可促使反应正向进行。又因为 $K_f^{\ominus}$ 是温度的函数,其中 K_x、K_y 既是温度的函数,还是压力的函数,通过控制反应温度或压力,使 $K_f^{\ominus}$ 或 K_x 变大,从而也可使反应正向进行。因此,由热力学方法导出的化学反应等温式,指出了解决化学反应方向的途径。

平衡常数是化学反应的一个很重要的参数。一般平衡常数数值越大,表示系统达平衡时,反应正向进行的程度越大。平衡常数是化学反应在给定条件下,反应所能达到的限度的标志。

以上讨论也可用于理想气体反应,以及后面即将介绍的溶液中的反应、复相反应等,只不过要将 Q_f 或 $K_f^{\ominus}$ 作相应的变更。

【例 1】 在 1 000 K 时,理想气体反应
$$CO(g) + H_2O(g) = CO_2(g) + H_2(g)$$
的 $K_p^{\ominus} = 1.43$。设有一反应系统,各物质分压为:
$$p_{CO} = 0.500 \text{ MPa}, \qquad p_{H_2O} = 0.200 \text{ MPa}$$

$p_{CO_2} = 0.300$ MPa, $p_{H_2} = 0.300$ MPa

(1) 试计算此条件下的 $\Delta_r G_m$,并说明反应的方向。

(2) 已知在 1 200 K 时,$K_p^\ominus = 0.73$ 保持上述各分压不变,试判断反应的方向。

解 (1) 将已知数据代入式(5-14)

$$\begin{aligned}\Delta_r G_m &= -RT\ln K_p^\ominus + RT\ln Q_p \\ &= -8.314 \times 1\,000\ln 1.43 + 8.314 \times 1\,000 \\ &\quad \times \ln\frac{(0.300 \times 10^6/100\,000)(0.300 \times 10^6/100\,000)}{(0.500 \times 10^6/100\,000)(0.200 \times 10^6/100\,000)} \\ &= -3.85 \times 10^3 (\text{J} \cdot \text{mol}^{-1})\end{aligned}$$

由于 $(\Delta_r G_m)_{T,p,W_f=0} < 0$,故上述反应向右自发进行。

(2) 在 1 200 K 时,

$$Q_p = \frac{\dfrac{0.300}{p^\ominus} \times \dfrac{0.300}{p^\ominus}}{\dfrac{0.500}{p^\ominus} \times \dfrac{0.200}{p^\ominus}} = 0.90$$

$$K_p^\ominus = 0.73 \quad Q_p > K_p^\ominus$$

$$\Delta_r G_m = RT\ln\frac{Q_p}{K_p^\ominus} > 0,$$

故上述反应不能向右自发进行,即逆向是自发的。

(4) 平衡常数与计量方程

平衡常数与化学反应计量方程要一一对应。即使是同一化学反应,计量方程的系数不同,则对应的平衡常数也不同。

【例 2】 下列反应

(1) $\dfrac{1}{2}N_2(g) + \dfrac{3}{2}H_2(g) = NH_3(g)$ $\Delta_r G_m^\ominus(1), K_p^\ominus(1)$

(2) $N_2(g) + 3H_2(g) = 2NH_3(g)$ $\Delta_r G_m^\ominus(2), K_p^\ominus(2)$

(3) $NH_3(g) = \dfrac{1}{2}N_2(g) + \dfrac{3}{2}H_2(g)$ $\Delta_r G_m^\ominus(3), K_p^\ominus(3)$

试求 $K_p^\ominus(3)$ 与 $K_p^\ominus(1)$ 和 $K_p^\ominus(2)$ 之间的关系。

解：∵ $2\Delta_r G_m^\ominus(1) = \Delta_r G_m^\ominus(2)$

或 $-RT\ln[K_p^\ominus(1)]^2 = -RT\ln K_p^\ominus(2)$

∴ $[K_p^\ominus(1)]^2 = K_p^\ominus(2)$

又∵ $\Delta_r G_m^\ominus(3) = -\Delta_r G_m^\ominus(1)$

或 $-RT\ln K_p^\ominus(3) = RT\ln K_p^\ominus(1)$

∴ $K_p^\ominus(3) = \dfrac{1}{K_p^\ominus(1)}$

由上例可见，反应计量方程若是倍数关系，则平衡常数是指数关系；反应计量方程是正、逆关系，则平衡常数互为倒数关系。

所以在给出一个化学反应的平衡常数值时，一定要给出对应的计量方程。

5.2.2 复相反应

若参与反应的各物质不处于同一相中，则称为多相反应或复相反应。现考虑反应物或产物中有一个或几个物质处于纯液体或纯固体状态，同时有一个或几个反应物或产物处于气体状态，而气体物质不溶于液体或固体物中。设有 N 种物质参与反应，其中有 n 种是气体，其余的处于凝聚相（液体或固体）。反应式为

$$0 = \sum_{B=1} \nu_B B(g) + \sum_{B=n+1} \nu_B B(l\ 或\ s)$$

则平衡条件为： $0 = \sum_{B=1} \nu_B \mu_B + \sum_{B=n+1} \nu_B \mu_B$

若气体压力不大，可看成理想气体，则有

$$\mu_B = \mu_B^\ominus(T) + RT\ln(p_B/p^\ominus)$$

代入上式，得

$$\sum_{B=1}^n \nu_B \mu_B^\ominus + RT\sum_{B=1}^n \ln(p_B^{eq}/p^\ominus) + \sum_{B=n+1}^N \nu_B \mu_B^*(T,p) = 0$$

或 $\sum_{B=1}^n \nu_B \mu_B^\ominus + RT\ln\prod_{B=1}^n (p_B^{eq}/p^\ominus)^{\nu_B} + \sum_{B=n+1}^N \nu_B \mu_B^*(T,p) = 0$

(5-22)

式(5-22)中，第三项是凝聚相在指定压力 p 和温度 T 下的化学

势。由于是纯的凝聚态，又凝聚相的化学势随压力变化不大，则 $\mu_B^*(T,p) \approx \mu_B^\ominus(T,p^\ominus)$，于是式(5-22)可改写为：

$$\sum_{B=1}^{N} \nu_B \mu_B^\ominus + RT\ln \prod_{B=1}^{n} (p_B^{eq}/p^\ominus)^{\nu_B} \approx 0$$

于是 $\sum_{B=1}^{N} \nu_B \mu_B^\ominus = -RT\ln K_p^\ominus \approx -RT\ln \prod_{B=1}^{n} (p_B^{eq}/p^\ominus)^{\nu_B}$

式中 $\mu_B^\ominus$ 是参与反应的所有物质处于纯态，和某温度 T 及标准压力 $p^\ominus = 100$ kPa 下的(即标准状态下的)化学势，一定温度下有定值。于是

$$K_p^\ominus(T) = \prod_{B=1}^{n} \left(\frac{p_B^{eq}}{p^\ominus}\right)^{\nu_B} \tag{5-23}$$

例如，下列反应

$$CaCO_3(s) = CaO(s) + CO_2(g)$$

$$K_p^\ominus = \frac{p_{CO_2}}{p^\ominus}$$

其化学反应等温式为 $\Delta_r G_m = \Delta_r G_m^\ominus + RT\ln Q_p$

由此可见，当有凝聚相参加反应时，标准平衡常数表示式中不出现凝聚相，形式更为简单。

上述讨论中强调的是纯固体物或纯液体物，若气体溶于固体(或液体)中，则 $\mu_B(l)$ 或 $\mu_B(s)$ 的值不仅与温度、压力有关，还须考虑其组成。

5.2.3 溶液中的反应

当溶剂不参与反应，或溶剂参加反应，但大大地过量，则化学反应达平衡时：$\sum_B \nu_B \mu_B = 0$，将 $\mu_B = \mu_B^\ominus + RT\ln a_B$ 代入得：

$$\Delta_r G_m = \sum \nu_B \mu_B = \sum_B \nu_B \mu_B^\ominus + RT\ln(\prod a_B^{\nu_B})_{eq} = 0 \tag{5-24}$$

也就是 $\Delta_r G_m^\ominus = \sum_B \nu_B \mu_B^\ominus = -RT\ln K_a^\ominus \tag{5-25}$

其中
$$K_a^\ominus = \prod_B (a_B^{\nu_B})_{eq} \tag{5-26}$$

于是溶液中反应的反应等温式为

$$\Delta_r G_m = -RT\ln K_a^\ominus + RT\ln(\prod_B a_B^{\nu_B}) \tag{5-27}$$

或
$$\Delta_r G_m = -RT\ln K_a^\ominus + RT\ln Q_a \tag{5-28}$$

其中 $Q_a = \prod_B a_B^{\nu_B}$，称为活度商。$K_a^\ominus$ 称为标准活度平衡常数。它仅是温度的函数。但随溶液组成表示法不同而不同。

当用 b_B 表示组成时：

$$K_{a,b}^\ominus = \prod_B (a_{B,b}^{\nu_B})_{eq} = \prod_B \left(\frac{\gamma_{B,b} b_B}{b^\ominus}\right)_{eq}^{\nu_B}$$

当用 x_B 表示组成时：$K_{a,x}^\ominus = \prod_B (a_{B,x}^{\nu_B})_{eq} = \prod_B (\gamma_{B,x} x_B)_{eq}^{\nu_B}$

当用 c_B 表示组成时：$K_{a,c}^\ominus = \prod_B (a_{B,c}^{\nu_B})_{eq} = \prod_B \left(\frac{\gamma_{B,c} c_B}{c^\ominus}\right)_{eq}^{\nu_B}$

对于理想稀薄溶液，$\gamma_B \to 1$，则

$$K_{a,b}^\ominus = \prod_B \left(\frac{b_B}{b^\ominus}\right)_{eq}^{\nu_B} = K_b^\ominus \tag{5-29}$$

$$K_{a,x}^\ominus = \prod_B (x_B)_{eq}^{\nu_B} = K_x^\ominus \tag{5-30}$$

$$K_{a,c}^\ominus = \prod_B \left(\frac{c_B}{c^\ominus}\right)_{eq}^{\nu_B} = K_c^\ominus \tag{5-31}$$

则对应的反应等温式为

$$\Delta_r G_m = -RT\ln K_b^\ominus + RT\ln \prod_B \left(\frac{b_B}{b^\ominus}\right)^{\nu_B} \tag{5-32}$$

$$\Delta_r G_m = -RT\ln K_x^\ominus + RT\ln \prod_B (x_B)^{\nu_B} \tag{5-33}$$

$$\Delta_r G_m = -RT\ln K_c^\ominus + RT\ln \prod_B \left(\frac{c_B}{c^\ominus}\right)^{\nu_B} \tag{5-34}$$

以上反应等温式同样可以用来判断反应的方向和限度。对理想稀薄溶液中反应也有相应的经验平衡常数。

当参与反应各物均为液体,且为理想液态混合物时,$\gamma_{B,x}=1$,$a_{B,x}=\gamma_{B,x} \cdot x_B = x_B$。又因是凝聚相,可以忽略压力对反应的影响。于是有

$$K_x^\ominus = \prod_B (x_B)^{\nu_B} \tag{5-35}$$

对应的反应等温式为

$$\Delta_r G_m = \Delta_r G_m^\ominus(T) + RT\ln Q_x$$
$$= -RT\ln K_x^\ominus + RT\ln \prod_B (x_B)^{\nu_B} \tag{5-36}$$

由以上可以看出,无论是气相反应,或是液相反应及溶液中反应和复相反应,也无论是理想的或是非理想的系统,化学反应等温式和平衡常数表达的形式是相同的。

5.2.4 平衡常数的求得

平衡常数是化学反应等温方程式中一个重要的物理量,一般求平衡常数有以下几种方法:

(1) 直接测定

平衡常数的测定有化学法(直接法)和物理法(间接法)。

化学法是利用化学分析方法测定平衡系统中各物质的浓度。物理法则是利用反应系统中物质的物理性质如折光率、颜色、电导率、光吸收、压力或体积与浓度的关系来确定反应达平衡时系统中各物质的浓度。其中最重要的问题是:要确认反应系统是否达平衡。

【**例 3**】 谷氨酰胺水解反应在 298 K 达平衡时,混合物中含有 0.92 mmol/L 的谷氨酰胺和 0.98 mol/L 的谷氨酸胺,相应的体积摩尔浓度的活度因子分别为 0.94 和 0.54,计算热力学平衡常数 $K_a^\ominus$。

解 水解反应为

谷氨酰胺(aq) + H_2O(l) = NH_4^+(aq) + 谷氨酸胺(aq)

$$K_a^\ominus = \frac{(0.54)^2 \cdot \left(\dfrac{0.98 \text{ mol} \cdot \text{dm}^{-3}}{1 \text{ mol} \cdot \text{dm}^{-3}}\right)^2}{(0.94) \cdot \left(\dfrac{0.92 \times 10^{-3} \text{ mol} \cdot \text{dm}^{-3}}{1 \text{ mol} \cdot \text{dm}^{-3}}\right)} = 324$$

上例是水溶液中的反应。对于有水参与的反应,H_2O 是溶剂,又是反应物或产物。通常规定的稀水溶液中,H_2O 的活度因子为1,活度也为1。因此在计算稀水溶液中有 H_2O 参与反应的平衡常数时,H_2O 不进入平衡常数项。但在 $\Delta_r G_m^\ominus$ 中实际上已包含了它的贡献。

(2) 由 $\Delta_r G_m^\ominus$ 求算 $K_m^\ominus$,而怎样得到 $\Delta_r G_m^\ominus$ 的值是下节的内容。

(3) 由已知反应的 $K^\ominus$ 间接计算未知反应的 $K^\ominus$。

【例 4】 已知下列反应(1)与反应(2)的标准摩尔反应吉布斯函数。试求反应(3)的 $\Delta_r G_m^\ominus(3)$ 与 $K^\ominus(3)$。

(1) $2CO(g) = C(s) + CO_2(g)$ $\Delta_r G_m^\ominus(1)$

(2) $C(s) + H_2O(g) = CO(g) + H_2(g)$ $\Delta_r G_m^\ominus(2)$

(3) $CO(g) + H_2O(g) = CO_2 + H_2(g)$ $\Delta_r G_m^\ominus(3)$

解 因为方程(1) + 方程(2) = 方程(3),则

$$\Delta_r G_m^\ominus(3) = \Delta_r G_m^\ominus(1) + \Delta_r G_m^\ominus(2)$$

即

$$-RT\ln K^\ominus(3) = -RT\ln K^\ominus(1) - RT\ln K^\ominus(2)$$

所以

$$K^\ominus(3) = K^\ominus(1) \cdot K^\ominus(2)$$

若 $K^\ominus(1)$ 与 $K^\ominus(2)$ 已知,则可算出 $K^\ominus(3)$。

注意这种反应的组合,对 $\Delta_r G_m^\ominus$ 为加减关系,而对 $K^\ominus$ 则为乘除关系。

5.3 化学反应的标准摩尔吉布斯函数变化值

5.3.1 $\Delta_r G_m^\ominus$ 的用途及求得

在式(5-8)中 $\Delta_r G_m^\ominus$ 是指产物与反应物都处于标准状态的吉布斯函数变化,故称为化学反应的标准摩尔吉布斯函数(变化)。

$$\Delta_r G_m^{\ominus} \xlongequal{\text{def}} \sum_B \nu_B \mu_B^{\ominus}$$

$\Delta_r G_m^{\ominus}$ 是化学反应的重要数据,其主要用途如下:

(1) 在一定温度下,据 $\Delta_r G_m^{\ominus} = -RT\ln K_a^{\ominus}$ 的关系求平衡常数。

(2) 从某一些反应的 $\Delta_r G_m^{\ominus}$ 计算另一些反应的 $\Delta_r G_m^{\ominus}$,例如

① $C(s) + O_2(g) = CO_2(g)$ $\qquad\qquad\qquad \Delta_r G_m^{\ominus}(1)$

② $CO(g) + \frac{1}{2}O_2(g) = CO_2(g)$ $\qquad\qquad\quad \Delta_r G_m^{\ominus}(2)$

③ $C(s) + \frac{1}{2}O_2(g) = CO(g)$ $\qquad\qquad\qquad \Delta_r G_m^{\ominus}(3)$

且 ① － ② ＝ ③,所以 $\Delta_r G_m^{\ominus}(3) = \Delta_r G_m^{\ominus}(1) - \Delta_r G_m^{\ominus}(2)$

(3) 利用 $\Delta_r G_m^{\ominus}$ 可以估计反应的可能性。

由反应等温式

$$(\Delta_r G_m)_{T,p} = \Delta_r G_m^{\ominus} + RT\ln Q_a$$

由 $(\Delta_r G_m)_{T,p}$ 可判别方向,而 $\Delta_r G_m^{\ominus}$ 只是反映反应的限度,不能用来作判据。但若 $\Delta_r G_m^{\ominus}$ 这一项的绝对值很大,则由 $\Delta_r G_m^{\ominus}$ 的正、负就决定了 $\Delta_r G_m$ 的正负。例如若 $\Delta_r G_m^{\ominus}$ 是一个很大的负值,则一般情况下,$\Delta_r G_m$ 的值也应为负,反之,若 $\Delta_r G_m^{\ominus}$ 是一很大的正值,$\Delta_r G_m$ 的值大致也为正。一般说来当 $\Delta_r G_m^{\ominus} > +42$ kJ·mol^{-1},则可认为反应不能进行。若 $\Delta_r G_m^{\ominus} < -42$ kJ·mol^{-1},则大致可认为反应能自发进行。若处于上述值之间,则须对具体情况进行分析。上述规则是近似的。

获得反应的 $\Delta_r G_m^{\ominus}$ 至关重要。一般说来,有如下几种方法:

(1) 由 $K^{\ominus}$ 可计算出 $\Delta_r G_m^{\ominus}$,因为有些反应的平衡常数易于测定。

(2) 电化学方法,将所研究的反应设计在可逆电池中进行。若能得到电池的 $E^{\ominus}$,则

$$\Delta_r G_m^{\ominus} = -ZFE^{\ominus}$$

式中 F 是法拉第常数,$E^{\ominus}$ 为可逆电池标准状态的电动势,Z 是电池反应式中的得失电子数。这将在下一章中讨论。

(3) 热化学方法,利用热力学第三定律可求 $\Delta_r S_m^\ominus$,用热化学方法可测得 $\Delta_r H_m^\ominus$,然后利用 $\Delta_r G_m^\ominus = \Delta_r H_m^\ominus - T\Delta_r S_m^\ominus$,可计算 $\Delta_r G_m^\ominus$。

(4) 由前所述可由已知的一些反应的 $\Delta_r G_m^\ominus$ 求另一些反应的 $\Delta_r G_m^\ominus$,特别是那些难以直接测得热化学数据的反应。

(5) 通过标准摩尔生成吉布斯函数来计算反应的 $\Delta_r G_m^\ominus$。这就是下面将要讨论的内容。

5.3.2 标准摩尔生成吉布斯函数

吉布斯函数与 U, H, F 等一样,其绝对值都不知道,所以不能用简单的加减法求一个反应的 $\Delta_r G_m$ 或 $\Delta_r G_m^\ominus$,与处理 U, H 等相同的方法,选定某种状态作为参考,取相对值。

在某温度 T 和标准压力 $p^\ominus$ 下,规定稳定的单质的标准摩尔生成吉布斯函数等于零。由稳定的单质生成 1 摩尔某物质时反应的标准吉布斯函数变化值($\Delta_r G_m^\ominus$)称为该物质的标准摩尔生成吉氏自由能,用符号 $\Delta_f G_m^\ominus$ 表示,"f"代表生成,"$\ominus$"代表物质生成反应中反应物和产物都各自处于标准压力 $p^\ominus$。但没有规定温度,一般数据手册给的是 25 ℃ 下的值。

例如 $H_2O(g)$ 在 25 ℃ 下的生成反应为:

$$H_2(g, p^\ominus) + \frac{1}{2}O_2(g, p^\ominus) = H_2O(g, p^\ominus)$$

反应的 $\Delta_r G_m^\ominus$ 即为 $\Delta_f G_m^\ominus(H_2O, g)$。

$$\Delta_r G_m^\ominus = \Delta_f G_m^\ominus(H_2O) - \Delta_f G_m^\ominus(H_2) - \frac{1}{2}\Delta_f G_m^\ominus(O_2)$$

$$= \Delta_f G_m^\ominus(H_2O)$$

附录中列出了一些物质在 25 ℃ 下的标准摩尔生成吉氏函数。有了这些数据,就能很方便地计算某一反应的 $\Delta_r G_m^\ominus$ 值。对于任意反应:

$$aA + bB = yY + zZ$$

$$\Delta_r G_m^\ominus = [y\Delta_f G_m^\ominus(Y) + z\Delta_f G_m^\ominus(Z)] - [a\Delta_f G_m^\ominus(A) + b\Delta_f G_m^\ominus(B)]$$
$$= \sum_B \nu_B \Delta_f G_m^\ominus(B)$$

(5-37)

【例 5】 葡萄糖发酵反应 $C_6H_{12}O_6(s) = 2C_2H_5OH(l) + 2CO_2(g)$

其中： $\Delta_f G_m^\ominus(葡萄糖) = -910.52 \text{ kJ} \cdot \text{mol}^{-1}$

$\Delta_f G_m^\ominus(乙醇) = -174.77 \text{ kJ} \cdot \text{mol}^{-1}$

$\Delta_f G_m^\ominus(CO_2) = -394.38 \text{ kJ} \cdot \text{mol}^{-1}$

求该反应的 $\Delta_r G_m^\ominus$。

解 据式(5-37)

$\Delta_r G_m^\ominus = [(2)(-174.77 \text{ kJ} \cdot \text{mol}^{-1}) +$

$(2)(-394.38 \text{ kJ} \cdot \text{mol}^{-1}) - (-910.52 \text{ kJ} \cdot \text{mol}^{-1})]$

$= -227.78 \text{ kJ} \cdot \text{mol}^{-1}$

【例 6】 对于下列反应

$CO_2(g) + 2NH_3(g) = H_2O(l) + CO(NH_2)_2(aq)$

已知下列数据：

	$CO_2(g)$	$NH_3(g)$	$H_2O(l)$	$CO(NH_2)_2(aq)$
$\dfrac{\Delta_f G_m^\ominus(25\ ℃)}{\text{kJ} \cdot \text{mol}^{-1}}$	-394.38	-16.64	-237.19	-203.85

求 25 ℃下反应的平衡常数。

解 $\Delta_r G_m^\ominus = \Delta_f G^\ominus(U, aq, 298.15) + \Delta_f G_m^\ominus(H_2O, l, 298.15)$

$- \Delta_f G_m^\ominus(CO_2, g, 298.15) - 2\Delta_f G_m^\ominus(NH_3, g, 298.15)$

$= (-203.85) + (-237.19) - (-394.38)$

$-2(-16.64)$

$= -13.38(\text{kJ} \cdot \text{mol}^{-1})$

$-RT\ln K^\ominus = -13\ 380$

$K^\ominus = 220.9$

说明：该反应中参与反应的物质有气态、液态和水溶液三种，

而 $\Delta_r G_m^{\ominus}(T) = \sum_B \nu_B \mu_B^{\ominus}(T)$，各组分的标准态规定是不同的，这样各取各的标准吉布斯函数值算得的 $\Delta_r G_m^{\ominus}(T)$ 值，再求出的 $K^{\ominus}$ 称为"杂"平衡常数。

5.3.3 溶液中溶质 B 的标准摩尔生成吉布斯函数

化合物在水溶液中的标准生成吉布斯函数用符号 $\Delta_f G_m^{\ominus}(B, aq)$ 表示。它与 $\Delta_f G_m^{\ominus}(B)$ 是不同的。由前所述在溶液中溶质 B 的标准态是指 $c^{\ominus} = 1 \text{ mol} \cdot \text{dm}^{-3}$ 或 $b^{\ominus} = 1 \text{ mol} \cdot \text{kg}^{-1}$，且仍服从亨利定律的假想状态。$\Delta_f G_m^{\ominus}(B, aq)$ 可由下述过程得到：

$$\text{稳定单质} \xrightarrow{\Delta_f G_m^{\ominus}(B)} \text{纯的化合物 B} \xrightarrow{\Delta G_1} \text{B(饱和水溶液，浓度为 } c_s\text{)} \xrightarrow{\Delta G_2} \text{B}(c^{\ominus} = 1 \text{ mol} \cdot \text{dm}^{-3})$$

$$\underbrace{}_{\Delta_f G_m^{\ominus}(B, aq)}$$

其中 $\Delta G_1 = 0$。这是因为处于标准态的化合物 B 与其饱和水溶液达溶解平衡，物质 B 在这两相中，化学势相等，所以吉布斯函数不变。ΔG_2 是由化合物 B 的饱和水溶液变为标准状态溶液的吉布斯函数变化：

$$\Delta G_2 = \mu_B^{\ominus}, C - \mu_B(c_s) = RT \ln \frac{c^{\ominus}}{\gamma_{B,c} c_s}$$

于是 $\Delta_f G_m^{\ominus}(B, aq) = \Delta_f G_m^{\ominus}(B) + RT \ln \dfrac{c^{\ominus}}{\gamma_{B,c} c_s}$

同理，用质量摩尔浓度表示组成时有：

$$\Delta_f G_m^{\ominus}(B, aq) = \Delta_f G_m^{\ominus}(B) + RT \ln \frac{b^{\ominus}}{\gamma_{B,b} b_s}$$

【例 7】 已知 298 K 时，$\Delta_f G_m^{\ominus}$（甘氨酸，s）$= -370.7$ kJ·mol^{-1}，在水溶液饱和浓度为 $b_s = 3.33$ mol·kg^{-1}，且 $\Delta_f G_m^{\ominus}$（甘氨酸，aq，$b^{\ominus}$）$= -372.9$ kJ·mol^{-1}，求甘氨酸在饱和溶液时的活度和活度因子。

解 溶解过程为：

稳定单质 $\xrightarrow{\Delta_f G_m^\ominus}$ 甘氨酸(s) $\xrightleftharpoons{\Delta G_1 = 0}$ 甘氨酸(饱和水溶液,b_s) $\xrightarrow{\Delta G_2^\ominus}$
甘氨酸($b^\ominus$)

$$\Delta_f G_m^\ominus(\text{甘氨酸},\text{aq}) = \Delta_f G_m^\ominus(\text{甘氨酸}) + \Delta G_2^\ominus$$
$$= \Delta_f G_m^\ominus + RT\ln\frac{b^\ominus}{a_s}$$

代入题给数据:

$-372.9\ \text{kJ} \cdot \text{mol}^{-1} = -370.7\ \text{kJ} \cdot \text{mol}^{-1}$
$$+ (8.314 \times 10^{-3} \times 298\ \text{K} \times \ln\frac{b^\ominus}{a_s})(\text{kJ} \cdot \text{mol}^{-1})$$

$$a_s = 2.43\ \text{mol} \cdot \text{kg}^{-1}$$

$$\gamma_s = \frac{a_s}{b_s} = \frac{2.43}{3.33} = 0.73$$

这是应用平衡数据求活度和活度因子的例子。

若化合物在水中电离,它在水中电离形态的标准生成吉布斯函数是 $\Delta_f G_m^\ominus(\text{B},\text{aq})$ 与其电离作用的 $\Delta G^\ominus$ 值之和。见例题 8。

表 5-1 给出了几种氨基酸及其在水溶液中的标准生成吉布斯函数。

表 5-1 几种氨基酸及其水溶液的标准生成吉布斯函数

化合物 B	$\Delta_f G_m^\ominus/(\text{kJ}\cdot\text{mol}^{-1})$	$b_s^*/(\text{mol}\cdot\text{kg}^{-1})$	$\gamma_{B,b}^{**}$	$\Delta_f G_m^\ominus(\text{B},\text{aq})$
丙氨酸(S)	-372.0	1.9	1.046	-373.6
甘氨酸(S)	-370.7	3.33	0.729	-372.8
丙氨酰甘氨酸(S)	-489.5	3.161	0.73	-491.6
亮氨酸(S)	-349.4	0.165	1.0	-343.1

* b_s 为在水中溶解度,** $\gamma_{B,b}$ 为饱和溶液的溶质 B 的活度因子。

【例 8】 298 K 时 L-谷氨酸饱和溶液浓度为 0.0595 mol·dm^{-3},并有 3.8% 离解。已知 $\Delta_f G_m^\ominus(\text{L-谷氨酸},\text{s}) = -728.3\ \text{kJ} \cdot$

mol^{-1},L-谷氨酸电离的 $\Delta G^{\ominus} = 24.64 \text{ kJ} \cdot mol^{-1}$,饱和溶液中未离解的 L-谷氨酸的活度因子 $\gamma_c = 0.55$。试计算:

(1) L-谷氨酸在水溶液中的 $\Delta_f G_m^{\ominus}(aq)$;

(2) L-谷氨酸离子在水溶液中的 $\Delta_f G_m^{\ominus}$。

解 (1) $\Delta_f G_m^{\ominus}(L\text{-谷氨酸},aq) = \Delta_f G_m^{\ominus}(L\text{-谷氨酸},s) + RT\ln\dfrac{c^{\ominus}}{\gamma_c c_s}$

$= -728.3 \text{ kJ} \cdot mol^{-1} + 8.314 \times 10^{-3} \text{ kJ} \cdot mol^{-1} \cdot K^{-1} \times 298 \text{ K} \cdot$

$\ln\dfrac{1 \text{ mol} \cdot dm^{-3}}{0.55 \times (1-0.038) \times 0.0595 \text{ mol} \cdot dm^{-3}}$

$= -719.7 \text{ kJ} \cdot mol^{-1}$

(2) $\Delta_f G_m^{\ominus}(L\text{-谷氨酸离子},aq) = \Delta_f G_m^{\ominus}(L\text{-谷氨酸},aq) + \Delta G^{\ominus}$

$= (-719.7 + 24.64) \text{ kJ} \cdot mol^{-1}$

$= -695.1 \text{ kJ} \cdot mol^{-1}$

5.4 生物化学中的标准态

在生物化学中,有许多反应是在水中进行,常涉及氢离子,而生物体内反应大多是在 pH=7 即 $[H^+] = 10^{-7} \text{mol} \cdot dm^{-3}$ 下进行。于是生物化学的标准态规定氢离子的标准态为 $[H^+] = 10^{-7} \text{mol} \cdot dm^{-3}$,而其他物质的标准态与物理化学中的规定相同。所以在生物化学过程中,凡涉及氢离子的反应,该反应的标准摩尔吉氏自由能用符号 $\Delta_r G_m^{\oplus}$ 表示,以示区别。设有以下反应:

$$A + B = C + XH^+$$

标准态是指 $[A] = [B] = [C] = 1 \text{ mol} \cdot dm^{-3}$,但 $[H^+] = 10^{-7} \text{ mol} \cdot dm^{-3}$,则 $\Delta_r G_m^{\oplus}$ 与 $\Delta_r G_m^{\ominus}$ 的关系为

$$\Delta_r G_m^{\oplus} = \Delta_r G_m^{\ominus} + RT\ln[H^+]^X$$
$$= \Delta_r G_m^{\ominus} + XRT\ln 10^{-7} \quad (5\text{-}38)$$

若 $X = 1, T = 298.15 \text{ K}$,则

$$\Delta_r G_m^\oplus = \Delta_r G_m^\ominus - 39.95 \text{ kJ} \cdot \text{mol}^{-1}$$

这表示在含有 H^+ 的生物反应中若 H^+ 在产物一方 $\Delta_r G_m^\oplus$ 比 $\Delta_r G_m^\ominus$ 小 39.95 kJ·mol^{-1}。如果 H^+ 在反应物一方，则

$$\Delta_r G_m^\oplus = \Delta_r G_m^\ominus + 39.95 \text{ kJ} \cdot \text{mol}^{-1}$$

对于没有 H^+ 参与的反应，则 $\Delta_r G_m^\oplus = \Delta_r G_m^\ominus$，就不必使用 $\Delta_r G_m^\oplus$ 的符号。

【例9】 NAD^+ 和 $NADH$ 是菸酰胺腺嘌呤二核苷酸的氧化态和还原态：

$$NADH + H^+ = NAD^+ + H_2$$

已知在 298.15 K 时，反应的 $\Delta_r G_m^\ominus = -21.83$ kJ·mol^{-1}。当 $[NADH] = 1.5 \times 10^{-2}$ mol·dm^{-3}，$[H^+] = 3 \times 10^{-5}$ mol·dm^{-3}，$[NAD^+] = 4.6 \times 10^{-3}$ mol·dm^{-3} 和 $p_{H_2} = 1013.25$ Pa 时，试计算该反应的 $\Delta_r G_m^\oplus$，$K^\ominus$ 和 $K^\oplus$ 及 $\Delta_r G_m$。

解 在反应式中 H^+ 在反应物一方，所以

$$\Delta_r G_m^\oplus = \Delta_r G_m^\ominus + 39.95 \text{ kJ} \cdot \text{mol}^{-1}$$
$$= (-21.83 + 39.95) \text{ kJ} \cdot \text{mol}^{-1}$$
$$= 18.12 \text{ kJ} \cdot \text{mol}^{-1}$$

由 $\Delta_r G_m^\ominus = -RT\ln K^\ominus$ 求得 $K^\ominus = 6\ 697$

由 $\Delta_r G_m^\oplus = -RT\ln K^\oplus$ 求得 $K^\oplus = 6.69 \times 10^{-4}$

$K^\ominus$ 与 $K^\oplus$ 相差 10^7，原因是 H^+ 的标准态选择不同，下面按物化标准态求 $\Delta_r G_m$。

$$\Delta_r G_m = \Delta_r G_m^\ominus + RT\ln \frac{\dfrac{[NAD^+]}{c^\ominus} \dfrac{p_{H_2}}{p^\ominus}}{\dfrac{[NADH]}{c^\ominus} \dfrac{[H^+]}{c^\ominus}}$$

$$= -21\ 830 \text{ J} \cdot \text{mol}^{-1} + (8.314 \text{ J} \cdot \text{K}^{-1}\text{mol}^{-1}) \cdot$$

$$(298.15 \text{ K})\ln \frac{4.6 \times 10^{-3} \times \dfrac{1\ 013.25}{100\ 000}}{1.5 \times 10^{-2} \times 3 \times 10^{-5}}$$

$$= -10.33 \text{ kJ} \cdot \text{mol}^{-1}$$

若用生化标准态 $\Delta_r G_m^{\oplus\prime}$,则

$$\Delta_r G_m = \Delta_r G_m^{\oplus\prime} + RT\ln \frac{\dfrac{[\text{NAD}^+]}{c^{\ominus}} \cdot \dfrac{p_{\text{H}_2}}{p^{\ominus}}}{\dfrac{[\text{NADH}]}{c^{\ominus}} \dfrac{[\text{H}^+]}{c^{\ominus}}}$$

$$= 18\,120 \text{ J} \cdot \text{mol}^{-1} + (8.314 \text{ J} \cdot \text{K}^{-1}\text{mol}^{-1})(298.15 \text{ K}) \cdot$$

$$\ln \frac{4.6 \times 10^{-3} \times 0.010\,132\,5}{1.5 \times 10^{-2} \times \dfrac{3 \times 10^{-5}}{10^{-7}}}$$

$$= -10.33 \text{ kJ} \cdot \text{mol}^{-1}$$

计算表明不管用哪一种标准状态,摩尔吉布斯函数的变化值是一致的。

5.5 耦 联 反 应

设系统中发生两个化学反应,若一个反应的产物为另一个反应的反应物之一,则这两个反应是耦联的。耦联反应可以影响反应的平衡位置,甚至使不能进行的反应通过耦联反应而得以进行。

例如,在 25 ℃ 下,下列反应,乙苯脱氢生成苯乙烯:

(1) $\quad C_8H_{10}(g) = C_8H_8(g) + H_2(g)$

$\quad K_p^{\ominus}(1) = 2.7 \times 10^{-15}$

乙苯氧化脱水生成苯乙烯:

(2) $\quad C_8H_{10}(g) + \dfrac{1}{2}O_2(g) = C_8H_8(g) + H_2O(g)$

$\quad K_p^{\ominus}(2) = 2.9 \times 10^{25}$

(3) $\quad H_2(g) + \dfrac{1}{2}O_2(g) = H_2O(g)$

$\quad K_p^{\ominus}(3) = 1.26 \times 10^{40}$

反应(1)几乎不能正向进行,反应(2)则可完全反应而生成苯乙烯。

而反应(2)可以看成是反应(1)与反应(3)的耦联的结果。

这种方法在设计合成新路线时很重要。当然同时还要考虑动力学因素。

在生物体内,在 37 ℃ 和 pH = 7 时,活细胞中进行的许多反应,其 $\Delta_r G_m^{\ominus}$ 具有很大的正值,而生命过程仍然正常进行。其中一个很重要的原因,是由于进行了适当的耦联反应。在生化耦联作用中,一种酶催化剂能使两个没有共同物质的反应同时发生。

例如活细胞内谷酰胺的生物合成反应

$$谷氨酸盐 + NH_4^+ \Longleftrightarrow 谷酰胺 + H_2O$$

在 310 K、pH = 7 的水溶液中,$\Delta_r G_m^{\ominus} = 15.69 \text{ kJ} \cdot \text{mol}^{-1}$,此反应 $\Delta_r G_m^{\ominus}$ 是一个较大的正值,一般情况下不能自发进行。实际上此反应是在 ATP 参与下,由谷酰胺合成酶催化完成的。

ATP 水解生成 ADP 和 Pi(无机磷酸根)是生物体内一个很重要的放能反应(即自由能降低)。

$$ATP + H_2O \Longleftrightarrow ADP + Pi$$
$$\Delta_r G_m^{\ominus} = -30.54 \text{ kJ} \cdot \text{mol}^{-1}$$

将以上二个反应耦联,得

$$谷氨酸盐 + NH_4^+ + ATP = 谷酰胺 + ADP + Pi$$
$$\Delta_r G_m^{\ominus} = -15.36 \text{ kJ} \cdot \text{mol}^{-1}$$

在生命过程中,ATP 起着能量转运的作用,它与一些放能的氧化过程(如糖的酵解作用)相耦联,把氧化过程中产生的能量以磷酸高能键的形式贮存起来,它又与合成代谢反应耦联,提供合成代谢反应所需的能量。此过程见图 5-2。

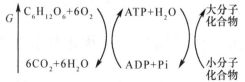

图 5-2　生命过程中的耦联反应示意图

【例 10】 有如下反应

(1) 葡萄糖 + 磷酸 ══ 葡萄糖 -6- 磷酸
$\Delta_r G_m^{\ominus}(1) = 17.15 \text{ kJ} \cdot \text{mol}^{-1}$

(2) 磷酸烯醇式丙酮酸 + H_2O ══ 丙酮酸 + 磷酸
$\Delta_r G_m^{\ominus}(2) = -55.23 \text{ kJ} \cdot \text{mol}^{-1}$

(3) ATP + H_2O ══ ADP + Pi
$\Delta_r G_m^{\ominus}(3) = -30.54 \text{ kJ} \cdot \text{mol}^{-1}$

试根据自由能的计算,怎样耦联才能利于 ATP 的合成。

解 若(1)与(3)耦联

(1) + (3):葡萄糖 + ATP ══ 葡萄糖 -6- 磷酸 + ADP
$\Delta_r G_m^{\ominus} = 17.15 + (-30.54) = -13.44 \text{ kJ} \cdot \text{mol}^{-1}$

此反应能在生化标态下能自发进行,但是这不是合成 ATP,而是消耗 ATP。

若(2)与(3)耦联

(2) - (3) 得:

磷酸烯醇式丙酮酸 + ADP ══ 丙酮酸 + ATP

$$\Delta_r G_m^{\ominus} = \Delta_r G_m^{\ominus}(2) - \Delta_r G_m^{\ominus}(3)$$
$$= -55.23 - (-30.54)$$
$$= -24.69 \text{ kJ} \cdot \text{mol}^{-1}$$

所以,(2)、(3) 耦联,有利于 ATP 的合成。

此外,细胞膜的主动输运(或称活性输运),也是通过与膜的自发反应相耦联而得以实现的。所谓主动输运是物质从低浓度区输运到高浓度区,如 K^+ 从细胞膜外向膜内的迁移。单就这个过程来说,是等温等压吉氏自由能增加的非自发过程,但与一个自发反应相耦联,把这两个过程作为整体来看又是自发的过程了。

5.6 温度对化学平衡常数的影响

温度对化学平衡的影响,具体表现在对平衡常数的影响上。

据温度对吉布斯函数变化值的影响,即吉布斯-亥姆霍兹公式,对标准摩尔吉布斯函数的变化值有

$$\left[\frac{\partial\left(\frac{\Delta_r G_m^\ominus}{T}\right)}{\partial T}\right]_p = -\frac{\Delta_r H_m^\ominus}{T^2}$$

将 $\Delta_r G_m^\ominus = -RT\ln K^\ominus$ 代入得

$$\left[\frac{\partial \ln K^\ominus}{\partial T}\right]_p = \frac{\Delta_r H_m^\ominus(T)}{RT^2} \qquad (5\text{-}39)$$

式中 $\Delta_r H_m^\ominus$ 是参与反应各物均处标准状态时的等压反应热。

式(5-39)称为 Van't Hoff 方程。由此可以得出结论:

升高温度,对吸热反应($\Delta_r H_m^\ominus > 0$)有利;

降低温度对放热反应($\Delta_r H_m^\ominus < 0$)有利;

温度对无热效应反应($\Delta_r H_m^\ominus = 0$)的平衡无影响。

Le chatelier 原理与该结论是一致的。

对式(5-39)积分

(1) 若温度变化范围不太大,$\Delta_r H_m^\ominus$ 可以看成不随温度而变的常数,于是得到定积分式:

$$\ln K^\ominus(T_2) - \ln K^\ominus(T_1) = \frac{\Delta_r H_m^\ominus}{R}\left(\frac{1}{T_1} - \frac{1}{T_2}\right) \qquad (5\text{-}40)$$

和不定积分式:

$$\ln K^\ominus = -\frac{\Delta_r H_m^\ominus}{RT} + I' \qquad (5\text{-}41)$$

式中 I' 是积分常数。

(2) 若温度变化范围大,则要考虑 $\Delta_r H_m^\ominus$ 与 T 的关系:

$$\Delta_r H_m^\ominus(T) = \Delta H_0 + \int \Delta c_p dT$$

$$= \Delta H_0 + \Delta a T + \frac{1}{2}\Delta b T^2 + \frac{1}{3}\Delta c T^3 + \cdots$$

ΔH_0 是积分常数。将此式代入到式(5-39)得:

$$\frac{d\ln K^\ominus}{dT} = \frac{\Delta H_0}{RT^2} + \frac{\Delta a}{RT} + \frac{\Delta b}{2R} + \frac{\Delta c}{3R}T + \cdots$$

移项积分得：

$$\ln K^{\ominus} = \frac{-\Delta H_0}{RT} + \frac{\Delta a}{R}\ln T + \frac{\Delta b}{2R}T + \frac{\Delta c}{6R}T^2 + \cdots + I$$

(5-42)

式中 I 为积分常数。把 $\Delta_r G_m^{\ominus} = -RT\ln K^{\ominus}$ 代入上式得：

$$\Delta_r G_m^{\ominus} = \Delta H_0 - \Delta a T\ln T - \frac{\Delta b}{2}T^2 - \frac{\Delta c}{6}T^3 + \cdots - IRT$$

(5-43)

由于生化反应适宜的温度范围很小，一般把 $\Delta_r H_m^{\ominus}$ 看成不随温度而变的常数。则式(5-40)和式(5-41)应用较多。当生化反应达到变性阶段时，则须用到式(5-42)或式(5-43)。

【例 11】 在 25 ℃ 时，磷酸盐与醛缩酶结合反应的平衡常数为 540。已知 $\Delta_r H_m^{\ominus} = -87.86 \text{ kJ} \cdot \text{mol}^{-1}$，求 37 ℃ 时的平衡常数。设 $\Delta_r H_m^{\ominus}$ 与温度无关。

解 将题给数据代入式(5-40)得

$$\ln \frac{K_2^{\ominus}}{540} = \frac{-87\,860 \text{ J} \cdot \text{mol}^{-1}}{8.314 \text{ J} \cdot \text{K}^{-1} \cdot \text{mol}^{-1}} \left[\frac{1}{298} - \frac{1}{310}\right]$$
$$= 1.365$$

得 $K_2^{\ominus} = 138$

5.7 压力及惰性气体对化学平衡的影响

5.7.1 压力对化学平衡的影响

平衡常数与压力的关系，对凝聚相反应：

$$\left[\frac{\partial \ln K_a^{\ominus}}{\partial p}\right]_T = -\frac{\Delta V_m^*}{RT}$$

在压力变化不太大时，ΔV_m^* 很小，故可认为 $K_a^{\ominus}$ 与压力无关。

对非理想气体反应系统：$\left[\dfrac{\partial \ln K_f^{\ominus}}{\partial p}\right]_T = 0$

对理想气体反应系统：$\left[\dfrac{\partial \ln K_p^{\ominus}}{\partial p}\right]_T = 0$； $\left[\dfrac{\partial \ln K_c^{\ominus}}{\partial p}\right]_T = 0$

$$\left[\dfrac{\partial \ln K_x}{\partial p}\right]_T = -\dfrac{\Delta V_m}{RT} \quad (5\text{-}44)$$

或直接有：

$$\left[\dfrac{\partial \Delta_r G_m^{\ominus}}{\partial p}\right]_T = \Delta_r V_m \quad (5\text{-}45)$$

式中 $\Delta V_m^{\ominus}$ 为气相反应中反应产物的体积与反应物体积的差值。由式(5-44)可知，当 $\sum\limits_B \nu_B = 0$ 时，压力对 K_x 无影响；当 $\sum\limits_B \nu_B > 0$ 时，K_x 随压力增加而减小，反应平衡点向左移；当 $\sum\limits_B \nu_B < 0$ 时，K_x 随压力增加而增加，反应平衡点向右移。总之压力增加，反应向体积缩小的方向进行。Le chatelier 平衡移动原理与此结论是一致的。

5.7.2 惰性气体对化学平衡的影响

在有气体参与的化学反应系统中，惰性气体是指不参与反应的气体。

惰性气体的存在并不影响平衡常数 K_p，但却能影响平衡组成，因而使平衡发生移动。

当温度、总压一定时，惰性气体的存在实际上起了稀释作用，它和减少反应系统总压力的效应是一样的。已知：

$$K_p = K_x p^{\sum\limits_B \nu_B} = \dfrac{n_Y^y \cdot n_Z^z}{n_A^a \cdot n_B^b}\left(\dfrac{p}{\sum\limits_B n_B}\right)^{\sum\limits_B \nu_B} \quad (5\text{-}46)$$

式中 n_B 代表平衡后各物质的物质的量，$\sum\limits_B n_B$ 代表系统总的物质的量。若 $\sum\limits_B \nu_B > 0$，加入惰性气体，$\sum\limits_B n_B$ 增大，使 $\left(\dfrac{p}{\sum\limits_B n_B}\right)^{\sum\limits_B \nu_B}$ 项减小，而 K_p 不变，则 $\dfrac{n_Y^y \cdot n_Z^z}{n_A^a \cdot n_B^b}$ 项应增大，反应向右移动。反之，

若 $\sum\limits_B \nu_B < 0$，加入惰性气体，则反应向左移动。若 $\sum\limits_B \nu_B = 0$，惰性气体的加入则不使平衡组成发生移动。

习　　题

5-1　思考与判断

(1) 在化学反应达平衡时有：
$$\Delta_r G_m^\ominus = -RT\ln K^\ominus$$
$K^\ominus$ 是处于标准状态下的反应各物的分压比？

(2) 反应平衡常数改变了，化学平衡一定会移动；反之，平衡移动了，反应平衡常数也一定改变？

(3) 化学反应的亲和势 A 随反应进度而变？

(4) $\Delta_r G_m^\ominus$，$\Delta_r G_m$ 与 $\Delta_f G_m^\ominus$ 各表示什么？

(5) Le chatelier 平衡移动原理内容为："如果对一个平衡系统施加外部影响(如改变组成、压力或温度等)，则平衡将向着减小此外部影响的方向移动。"请将其与本章介绍的反应温度、系统的总压及惰性气体的加入等对化学平衡影响的结果作一比较。

5-2　理想气体反应 $2SO_2(气) + O_2(气) \rightleftharpoons 2SO_3(气)$，在 1 000K 时，$K_p = 3.45\ (p^\ominus)^{-1}$。试计算 SO_2 分压为 $0.200 p^\ominus$、O_2 分压为 $0.100 p^\ominus$，SO_3 分压为 $1.00\ p^\ominus$ 的混合气中，发生上述反应的 ΔG，并判断自发反应的方向。若 SO_2 及 O_2 的分压仍然分别为 0.200 及 $0.100 p^\ominus$，为使反应向 SO_3 减少的方向进行，SO_3 的分压不得小于多少 $p^\ominus$？

5-3　2 500 K 时，反应 $\frac{1}{2}N_2(气) + \frac{1}{2}O_2(气) \rightleftharpoons NO(气)$ 的平衡常数为 0.045 5。试计算该温度下空气中 NO 的摩尔百分数。假定空气中所含 O_2 及 N_2 的摩尔比为 20.8∶79.2。

5-4　某温度下，一定量的 PCl_5 气体在 $p^\ominus$ 下部分分解为

PCl_3(气)及Cl_2(气),达到平衡时,混合气体积为 1 dm^3。PCl_5 之离解度约为50%,问以下各情况下 PCl_5 的离解度将怎样变化? 假定为理想气体系统。

(1) 将气体总压降低,直至体积为 2 dm^3;
(2) 总压力保持 1 $p^\ominus$ 条件下通入 N_2,至体积为 2 dm^3;
(3) 保持体积为 1 dm^3 的条件下通入 N_2,使压力增到 $2p^\ominus$;
(4) 保持体积为 1 dm^3 的条件下通入 Cl_2,使压力增到 $2p^\ominus$;
(5) 保持总压力为 $1p^\ominus$ 的条件下通入 Cl_2,使体积增至 2 dm^3。

5-5 假定 CH_3COOH 与 C_2H_5OH 的酯化反应可近似地看做为一理想液体混合物反应,已知在 100 ℃ 时该反应的 $K_x = 4.0$,当 CH_3COOH 和 C_2H_5OH 的起始摩尔比为(1)1.00∶0.18;(2)1.00∶1.00;(3)1.00∶8.00 时,试分别计算上述三种情况 CH_3COOH 被酯化的百分数。

5-6 在 60 ℃ 时,反应

$$H_2S(气) + I_2(固) = 2HI(气) + S(固)$$

$K_p = 1.33 \times 10^{-5} p^\ominus$,试计算总压为 1 $p^\ominus$ 时,气相平衡混合物中 HI 的摩尔分数为若干?

5-7 试利用摩尔标准生成吉布斯自由能数据,求下列反应在 298.15 K 的 $\Delta_r G_m^\ominus$ 及 $K^\ominus$,并估计反应进行的可能性。

(1) SO_2(气) + $\frac{1}{2} O_2$(气) $=\!=\!=$ SO_3(气)

(2) $\frac{1}{2} N_2$(气) + $\frac{1}{2} O_2$(气) $=\!=\!=$ NO(气)

(3) $AgNO_3$(固) $=\!=\!=$ Ag(固) + NO_2(气) + $\frac{1}{2} O_2$(气)

(4) C_6H_6(液) + Cl_2(气) $=\!=\!=$ C_6H_5Cl(液) + HCl(气)

5-8 已知在 298 K 的如下数据:

(1) CO_2(气) + $4H_2$(气) $=\!=\!=$ CH_4(气) + $2H_2O$(气)

$\Delta_r G_m^\ominus(1) = -112.600 \text{ kJ} \cdot \text{mol}^{-1}$

(2) $2H_2(气) + O_2(气) \Longrightarrow 2H_2O(气)$

$\Delta_r G_m^\ominus(2) = -456.115 \text{ kJ} \cdot \text{mol}^{-1}$

(3) $2C(固) + O_2(气) \Longrightarrow 2CO(气)$

$\Delta_r G_m^\ominus(3) = -272.044 \text{ kJ} \cdot \text{mol}^{-1}$

(4) $C(固) + 2H_2(气) \Longrightarrow CH_4(气)$

$\Delta_r G_m^\ominus(4) = -51.070 \text{ kJ} \cdot \text{mol}^{-1}$

试求(5) $CO_2(气) + H_2(气) \Longrightarrow H_2O(气) + CO(气)$ 在 298 K 时的 $\Delta_r G_m^\ominus$ 及 K_p。

5-9 20 ℃ 时,同位素交换反应及各自的 K_p 为

(1) $H_2 + D_2 \Longrightarrow 2HD$ $K_p(1) = 3.27$

(2) $H_2O + D_2O \Longrightarrow 2HDO$ $K_p(2) = 3.18$

(3) $H_2O + HD \Longrightarrow HDO + H_2$ $K_p(3) = 3.40$

试求 20 ℃ 时反应 $H_2O + D_2 \Longrightarrow D_2O + H_2$ 的 K_p。

5-10 试根据附录中有关物质的 $\Delta_f G_m^\ominus$、$\Delta_c H_m^\ominus$ 及 $S_m^\ominus$ 的数据,估计下列反应在 298 K 实现的可能性如何?

(1) $6C(石墨) + 6H_2O(液) \Longrightarrow C_6H_{12}O_6(葡萄糖)$

(2) $6C(石墨) + 6H_2(气) + 3O_2(气) \Longrightarrow C_6H_{12}O_6(葡萄糖)$

5-11 银可能受到 $H_2S(g)$ 的腐蚀,反应如下:

$2Ag(s) + H_2S(g) \Longrightarrow Ag_2S(s) + H_2(g)$

在 298 K 及 $1p^\ominus$ 下,将 Ag 置于摩尔比为 1:1 的 H_2 与 H_2S 的混合气中,试问(1) 以上腐蚀过程能否发生?(2) 在混合气中,H_2S 的组成低于何值才不至于发生腐蚀? 已知 298 K 时,$Ag_2S(s)$ 和 $H_2S(g)$ 的 $\Delta_f G_m^\ominus$ 分别为 $-40.26 \text{ kJ} \cdot \text{mol}^{-1}$ 和 $-33.02 \text{ kJ} \cdot \text{mol}^{-1}$。

5-12 已知在 36 ℃ 时,ATP 水解反应,$\Delta_r G_m^\oplus = -30\,960 \text{ J} \cdot \text{mol}^{-1}$,$\Delta_r H_m^\ominus = -20\,080 \text{ J} \cdot \text{mol}^{-1}$,求在 5 ℃ 时,$\Delta_r G_m^\oplus$ 及平衡常数。

5-13 写出柠檬酸$^{3-} \Longrightarrow$ 顺乌头酸$^{3-} + H_2O$ 的热力学平衡

常数表达式,并计算 25 ℃ 时在与 0.4m mol·dm^{-3} 的顺乌头酸盐成平衡时,柠檬酸盐的浓度。已知柠檬酸和顺乌头酸在水溶液中的 $\Delta_f G_m^\ominus$ 分别为 $-1\,168.17$ 和 -922.57 kJ·mol^{-1}

5-14 L-谷氨酸 + 丙酮酸 ⇌ α-酮戊二酸 + L-丙氨酸

(a) 假定 298.2 K 时, $K_a = 1.107$,计算 $\Delta G^\ominus$。

(b) $\Delta G^\ominus$ 的数据大小有什么意义,说明了什么?

(c) 假定在氨基转移酶存在下,L-谷氨酸和丙酮酸的浓度都是 10^{-4} mol·dm^{-1},α-酮戊二酸和 L-丙氨酸浓度都是 10^{-2} mol·dm^{-3}。问该情况下能否有 L-丙氨酸的生成。

5-15 下面为抑制剂与碳酸酐酶结合反应的平衡常数随温度变化的数据,求该反应在 298 K 的 $\Delta_r G_m^\ominus$,$\Delta_r H_m^\ominus$ 和 $\Delta_r S_m^\ominus$。

T/K	289	294.2	298	304.9	310.5
$K \times 10^{-7}$	7.25	5.25	4.17	2.66	2.0

5-16 298 K 时 L-天冬氨酸在其 0.035 5 mol·kg^{-1} 水溶液中的活度因子 $\gamma_{B,b} = 0.45$,已知 $\Delta_f G_m^\ominus$(L-天冬氨酸,s) = -721.4 kJ·mol^{-1},$\Delta_f G_m^\ominus$(L-天冬氨酸离子,aq) = -699.2 kJ·mol^{-1},试计算 L-天冬氨酸电离的 $\Delta_r G_m^\ominus$?

第6章 电化学

电化学是研究化学现象与电现象之间关系的科学,其研究对象是电能和化学能之间的相互转化及转化过程中的有关规律。

如电池:干电池(扣式、柱式等),锌锰电池,镍氢电池,燃料电池等,是将化学能转变成电能。又如工业电解 NaCl 制备烧碱和氯气,是将电能转变成化学能。

对于生物研究,应用较多的是电导滴定,电势滴定,极谱分析,生物电化学传感器,生物膜电势等。

本章主要涉及两方面问题:电解质溶液和可逆电池。

6.1 电解质溶液导电的特点

我们都知道金属、石墨导电是通过自由电子的定向运动而实现的,称之为电子导体。当电流通过这类导体时,除了可能产生热效应外,不发生任何化学变化,且导电能力随温度升高而减小。

电解质溶液又是如何导电的呢?这就涉及到另一类导体——离子导体。电解质溶液导电机理是通过阴、阳离子的迁移而实现导电的,其导电能力随温度升高而增加,原因就是离子运动速度加快。通电时在两电极表面上将有化学反应发生。如用金属铂电

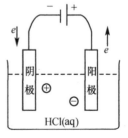

图 6-1 电解池

极电解盐酸水溶液,如图 6-1 所示,在一盐酸水溶液中,插入两个惰性金属 Pt 电极,通电后,H^+ 离子向阴极移动,并在阴极上获得电子还原为 H_2;Cl^- 向阳极移动,并在阳极上放出电子氧化为 Cl_2。两个电极上的化学反应为:

阴极上:$2H^+ + 2e^- \rightarrow H_2$

阳极上:$2Cl^- \rightarrow Cl_2 + 2e^-$

总之,电解质溶液的导电是靠正、负离子的定向迁移实现电流的输送,靠电极与溶液间的界面上的化学反应实现电子导电和电解质溶液导电的转变。这是认识电池与电解反应的基础。

由上述电解例子可知,进行氧化反应的电极是阳极,进行还原反应的电极是阴极,而电势高的为正极,电势低的为负极。这是电化学中正负极、阴阳极的命名规则。对于电解池正极为阳极,负极为阴极。

在电解过程中,在各个电极上发生化学变化的物质的物质的量与通过溶液的电量成正比;若将几个电解池串联并通入一定的电量后,在各电解池电极上发生化学反应而析出的物质其物质的量是相同的。称之为法拉第定律,这是自然科学中最准确的定律之一。

对于含有 M^{Z+} 离子的溶液,电极反应为:$M^{Z+} + Z_+ e^- \rightarrow M$,$Z_+$ 为电极反应式中电子计量系数,当通过 Q 电量时,析出物质 M 的物质的量(n)为:

$$n = \frac{Q}{Z_+ F}$$

$$\text{或 } Q = nZ_+ F \tag{6-1}$$

式(6-1)是法拉第定律的数学表示式。其中 $F = 96\ 500$ C·mol^{-1},为法拉第常数,即 1 摩尔电子所带电量。

$1F = N_A e = (6.022 \times 10^{23}\ mol^{-1})(1.6022 \times 10^{-19}\ C)$

$\qquad = 96\ 484.6$ C·mol^{-1}

$\qquad \approx 96\ 500$ C·mol^{-1}

式中 N_A 为阿伏加德罗常数，e 为电子的电荷。C 代表电量单位（库仑）。

6.2 离子的电迁移和迁移速率

6.2.1 通过电解质溶液中某截面的离子数量与总电量的关系

对于电解池（如图 6-1），若有 $1F$ 电量通过，则在阴极界面处一定有 1 摩尔的 H^+ 还原成 H_2，同时在阳极界面处有 1 摩尔的 Cl^- 氧化成 Cl_2，所以溶液中各个截面上所通过的电量也都一定是 $1F$。某一截面的电量为 1 法拉第时，由于电的传输是由正、负离子共同承担，溶液中某一截面的 H^+ 和 Cl^- 就不是 1 摩尔。显然在电极上放电的某种离子的数量与通过电解质溶液中某截面的该种离子的数量是不相同的。

离子的迁移速率与传输的电量：由上所述，电解质溶液中各离子输送电量之和等于通过的总电量 Q，最简单的情况是溶液中仅有一种正离子和一种负离子：

$$q_+ + q_- = Q$$

式中 q_+ 与 q_- 分别为正离子和负离子传输的电量。

是否有 $q_+ = q_- = \frac{1}{2}Q$？一般不是。一种离子传输电量的多少，是与离子的迁移速率成正比的。在相同电场力的作用下，正、负离子的迁移

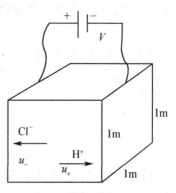

图 6-2　HCl 溶液的正、负离子在电场中的运动

速率并不相等，迁移速率快的，输送电量多，迁移速率慢的，输送电

量少。如 HCl 溶液的正、负离子在电场中的运动,如图 6-2 所示。

假设面积为 1 m² 的两平行电极间有 HCl 电解质溶液,电势差为 V,在此电势差下,正、负离子的迁移速率分别为 u_+,u_- (m·s^{-1}),正、负离子价数分别为 Z_+ 和 Z_-,且溶液中每 m³ 含有正、负离子个数分别为 n_+,n_-。设一个电子的电量为 e,则每秒钟内通过某一截面的正、负离子所输送的电量分别为:

$$q_+ = n_+ u_+ Z_+ e \quad (6\text{-}2)$$

$$q_- = n_- u_- Z_- e \quad (6\text{-}3)$$

溶液为电中性,必有 $n_+ Z_+ = n_- Z_-$,则有

$$\frac{q_+}{q_-} = \frac{u_+}{u_-} \quad (6\text{-}4)$$

即:正、负离子每秒钟所输送的电量之比等于其迁移速率之比。

6.2.2 离子的迁移数

某种离子所传输的电量在通过溶液的总电量 Q 中所占分数为该离子的迁移数,用 t 表示。若溶液中只含有一种正离子和一种负离子,则

$$\text{正离子的迁移数 } t_+ = \frac{\text{正离子传输的电量}}{\text{总电量}}$$

$$\text{负离子的迁移数 } t_- = \frac{\text{负离子传输的电量}}{\text{总电量}}$$

或者由式(6-2),(6-3)有:

$$t_+ = \frac{q_+}{Q} = \frac{q_+}{q_+ + q_-} = \frac{u_+}{u_+ + u_-} \quad (6\text{-}5)$$

$$t_- = \frac{q_-}{Q} = \frac{q_-}{q_+ + q_-} = \frac{u_-}{u_+ + u_-} \quad (6\text{-}6)$$

由上面二式可进一步得:

$$\frac{t_+}{t_-} = \frac{q_+}{q_-} = \frac{u_+}{u_-}, \text{且 } t_+ + t_- = 1$$

影响电解质的迁移数的因素有温度、电解质溶液的浓度。表 6-1 列出了一些电解质的水溶液在 25℃不同浓度下的阳离子迁移数之实验测定值。由表中数据可以看出,同种离子在不同的电解质溶液中其迁移数是不同的。

表 6-1　　25℃部分电解质不同浓度的水溶液中阳离子的迁移数

电解质	$c/\mathrm{mol \cdot dm^{-3}}$					
	0(外推)	0.01	0.02	0.05	0.1	0.2
HCl	0.8209	0.8251	0.8266	0.8792	0.8314	0.8337
LiCl	0.3364	0.3289	0.3261	0.3211	0.3166	0.3112
NaCl	0.3963	0.3918	0.3902	0.3876	0.3854	0.3621
KCl	0.4906	0.4902	0.4901	0.4899	0.4898	0.4894
KBr	0.4849	0.4833	0.4832	0.4831	0.4833	0.4887
KI	0.4892	0.4884	0.4883	0.4882	0.4883	0.4887
KNO_3	0.5072	0.5084	0.5087	0.5093	0.5103	0.5120
$1/2K_2SO_4$	0.4790	0.4829	0.4848	0.4870	0.4890	0.4910
$1/2CaCl_2$	0.4360	0.4264	0.4220	0.4140	0.4060	0.3953
$1/3LaCl_3$		0.4625		0.4482	0.4375	

6.2.3　离子迁移率

从本质上看,迁移数取决于离子迁移的速率 u,这已从式(6-5)和式(6-6)得出。离子的迁移速率 u 在一定温度和浓度时,除了与离子本性(离子半径,离子水化程度,所带电荷等)及溶剂的性质(如极性,黏度等)有关外,还受外加电场强度的影响。它与两极间的电势降 E 成正比,而与两极间的距离 x 成反比,即与电势梯度 $\mathrm{d}E/\mathrm{d}x$ 成正比。可表示为:

$$u_+ = U_+ \mathrm{d}E/\mathrm{d}x, \qquad u_- = U_- \mathrm{d}E/\mathrm{d}x$$

式中 U_+、U_- 为比例系数,其物理意义是当电势梯度 $\mathrm{d}E/\mathrm{d}x=1\mathrm{V} \cdot \mathrm{m}^{-1}$ 时的离子迁移速率,称为离子迁移率或淌度,其大小与溶剂的性质,离子的本性,溶液的浓度及温度等因素有关。U_+、U_- 的单位为 $\mathrm{m}^2 \cdot \mathrm{s}^{-1} \cdot \mathrm{V}^{-1}$(米^2·秒$^{-1}$·伏$^{-1}$)。一些离子在 25℃ 无限稀水溶液中的离子迁移率列于表 6-2。

从表中数据可见,H^+ 和 OH^- 迁移率特别大。理论上的解释:可能是因为在电场力作用下,H^+ 和 OH^- 在导电过程中如图 6-3 所示进行链式传递,由(a)转变为(b)。这种链式传递是很快的。

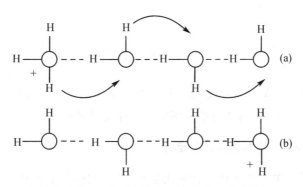

图 6-3 H^+,OH^- 在导电过程中可能的链式传递

淌度更体现离子本身的性质。值得注意的是,虽然电势梯度影响离子的迁移速率,但并不影响离子迁移数。因为电势梯度改变时,正、负离子迁移速率按相同比例改变。而温度和浓度的变化常常是既影响离子的淌度也影响离子的迁移数。

表 6-2　25℃时一些离子在无限稀水溶液中离子迁移率 U

正离子	$\dfrac{U_+^\infty \times 10^7}{m^2 \cdot s^{-1} \cdot V^{-1}}$	负离子	$\dfrac{U_-^\infty \times 10^7}{m^2 \cdot s^{-1} \cdot V^{-1}}$
H^+	3.620	OH^-	2.050
Li^+	0.388	Cl^-	0.791
Na^+	0.520	Br^-	0.812
K^+	0.762	I^-	0.796
NH_4^+	0.760	NO_3^-	0.740
Tl^+	0.774	ClO_4^-	0.705
Ag^+	0.642	HCO_3^-	0.461
Mg^{2+}	0.550	$CH_3CO_2^-$	0.424
Ca^{2+}	0.616	SO_4^{2-}	0.827
Ba^{2+}	0.659	$Fe(OH)_6^{4-}$	1.140
La^{3+}	0.721	$Fe(CN)_6^{3-}$	1.040

6.3　电　　导

对于金属的导电能力一般以电阻来衡量。电阻越小,导电能力越强。那么,对于电解质溶液又怎样衡量呢?

6.3.1　电解质溶液的电导

对于电解质溶液通常采用电导,即电阻的倒数来衡量其导电性能

$$G = 1/R$$

其中 R 为电阻,单位是欧姆(Ω);G 是电导,单位是(Ω^{-1}),也称为西门子(S)

导体的电阻与其长度 l 和截面积 A 有如下关系

$$R = \rho \cdot l/A$$

ρ 为电阻率,它的倒数 $1/\rho$ 称为电导率(又称为比电导),以 κ 表示,单位为西门子·米$^{-1}$(S·m^{-1})。则电导

$$G = \kappa \cdot A/l \qquad (6\text{-}7)$$

κ 相当于一个边长为 1 米的立方导体的电导。对于电解质则是两极面积各为 1 m^2,两电极相距 1 m 时溶液的电导。κ 与电解质种类、溶液的浓度及温度等因素有关。

为便于比较电解质溶液的导电能力,通常用摩尔电导率 Λ_m 来表示。其定义为相距 1 m 的两平行电极间的电解质溶液中含电解质的物质的量为 1 mol 时溶液的电导。其单位为 S·m^2·mol^{-1}

Λ_m 与电导率 κ 的关系,如图 6-4 所示。

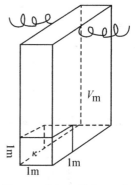

图 6-4 摩尔电导率 Λ_m 与电导率 κ 的关系

$$\Lambda_m = \kappa V_m = \kappa/c \qquad (6\text{-}8A)$$

V_m——1 mol 电解质的溶液的体积,c——电解质溶液的物质的量的浓度,mol·m^{-3},习惯用 mol·dm^{-3},所以

$$\Lambda_m = \kappa \cdot 10^{-3}/c \qquad (6\text{-}8B)$$

在使用 mol 时,必须明确规定基本单元。同样,在使用摩尔电解质的摩尔电导率时,也应明确规定基本单元。如:

$\Lambda_m(MgCl_2) = 0.02588$ S·m^2·mol^{-1}

$\Lambda_m(1/2MgCl_2) = 0.01294$ S·m^2·mol^{-1}

$\Lambda_m(MgCl_2) = 2\Lambda_m(1/2MgCl_2)$

本教材所采用基本单元所荷电量相同,如:1 mol(KCl); 1 mol($1/2K_2SO_4$);1 mol($1/3La(NO_3)_3$)等。

同为 1 mol 电解质是为了便于比较,不但可以用来比较不同种类电解质溶液在指定温度、浓度条件下的导电能力,而且也可以

用来比较指定电解质在不同温度或浓度条件下的导电能力,实际上也规定了正、负离子所带电量为 $N_A \cdot e$,其中 N_A 为阿伏加德罗常数。

【例1】 测得 $0.0100 \text{ mol} \cdot \text{dm}^{-3}$ 磺胺水溶液的电导率为 $1.104 \times 10^{-5} \text{ S} \cdot \text{m}^{-1}$(25℃),试求此电解质的摩尔电导率。

解 据式(6-8B)

$$\Lambda_m = \kappa \cdot 10^{-3}/c$$
$$= 1.104 \times 10^{-5} (\text{S} \cdot \text{m}^{-1}) \times 10^{-3}/0.0100 (\text{mol} \cdot \text{dm}^{-3})$$
$$= 1.104 \times 10^{-6} (\text{S} \cdot \text{m}^2 \cdot \text{mol}^{-1})$$

6.3.2 摩尔电导率与浓度的关系

电解质溶液的摩尔电导率随电解质的种类及溶液浓度不同而变。如表 6-3 和图 6-5。

表 6-3　　一些电解质在 25℃ 时的摩尔电导率

$\Lambda_m/(10^{-4} \text{ S} \cdot \text{m}^2 \cdot \text{mol}^{-1})$

$\dfrac{c}{\text{mol} \cdot \text{dm}^{-3}}$	NaCl	KCl	NaAc	HCl	HAc	NH_4OH
0.0000	126.45	149.86	91.00	426.16	390.7	271.4
0.0001	—	—	—	—	134.7	93.0
0.0005	124.50	147.81	89.20	422.74	67.7	47.0
0.001	123.74	146.95	88.50	421.36	49.2	34.0
0.005	120.65	143.55	85.72	415.80	22.9	16.0
0.010	118.51	141.27	83.76	412.00	16.3	11.3
0.020	115.76	138.34	81.24	407.24	11.6	8.0
0.050	111.06	133.37	76.92	399.09	7.4	5.1
0.100	106.74	128.96	72.80	391.32	—	3.6
0.200	101.60	123.90	67.70	379.63	—	—
0.500	93.30	117.20	58.60	359.20	—	—
1.000	—	111.90	49.10	332.80	—	—

从表中数据可见，无论强弱电解质，其摩尔电导率 Λ_m 均随浓度增加而减少，但变化规律不同。对于强电解质，其 Λ_m 随浓度减小而缓慢增加，当 c 减小到一定程度后（0.001 mol·dm^{-3} 以下），有以下线性关系：

$$\Lambda_m = \Lambda_m^\infty - A\sqrt{c} \tag{6-9}$$

对于一定的强电解质溶解于一定的溶剂中，一定温度下，A 是一个常数。Λ_m^∞ 是 Λ_m-c 曲线的直线部分外推至纵坐标的截矩，为溶液在无限稀释下的摩尔电导率，是电解质在水溶液中导电能力的特征值。弱电解质无此简单关系式，于是弱电解质的 Λ_m^∞ 无法由实验外推法得到。

另外，据 Λ_m 的定义，无论电解质的强与弱、溶液的稀与浓，都规定了溶液中的电解质的量为 1 mol，对于强电解质，因为稀释，离子间距离增大，库仑引力

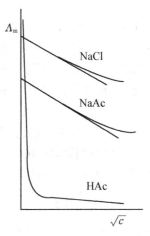

图 6-5　摩尔电导率与浓度的关系

减弱，则 Λ_m 增大；而弱电解质，由于部分电离，浓度大，电离度小，随着溶液的稀释，电离度增大，使得溶液中参与导电的离子数目增加，则 Λ_m 随浓度降低而急剧增大。

6.3.3　离子独立运动定律

无限稀释时电解质的摩尔电导率 Λ_m^∞，反映了离子间没有引力时电解质所具有的导电能力。表 6-4 列出了实验测得的部分强电解质的无限稀释摩尔电导率数据。

表 6-4　　25℃部分强电解质的 $\Lambda_m^\infty/(S \cdot m^2 \cdot mol^{-1})$

电解质	$\Lambda_m^\infty \times 10^4$	$\Delta\Lambda_m^\infty \times 10^4$	电解质	$\Lambda_m^\infty \times 10^4$	$\Delta\Lambda_m^\infty \times 10^4$
KCl	149.9	34.9	HCl	426.2	4.9
LiCl	115.0		HNO_3	421.3	
KNO_3	145.0	34.9	KCl	149.9	4.9
$LiNO_3$	110.1		KNO_3	145.0	
KOH	271.5	34.9	LiCl	115.0	4.9
LiOH	236.7		$LiNO_3$	110.1	

由表 6-4 可见，当电解质溶液无限稀释时，每种离子的运动是独立的，不受其他离子的影响。因此该种电解质的 Λ_m^∞ 可认为是正、负离子分别独立地作出贡献，即为正、负离子无限稀释摩尔电导率之和，称之为柯尔劳许(Kohlrausch)离子独立定律：

$$\Lambda_m^\infty = \lambda_{m,+}^\infty + \lambda_{m,-}^\infty \tag{6-10}$$

$\lambda_{m,+}^\infty, \lambda_{m,-}^\infty$ 分别为正、负离子无限稀释摩尔电导率。与电解质的摩尔电导率相同，使用离子摩尔电导率时也必须指明浓度为 c 的离子的基本单元，一般采用的基本单元所荷电量相同，如 1 mol (Cl^-); 1 mol ($\frac{1}{2}SO_4^{2-}$); 1 mol ($1/3La^{3+}$)。在一定温度下，一定溶剂中，Λ_m^∞ 是一定值，与共存的其他离子的性质无关。这样就可以用强电解质的 Λ_m^∞ 来求弱电解质的 Λ_m^∞。

如：$\Lambda_m^\infty(HAc) = \lambda_m^\infty(H^+) + \lambda_m^\infty(Ac^-)$
$\qquad\qquad = \Lambda_m^\infty(HCl) + \Lambda_m^\infty(NaAc) - \Lambda_m^\infty(NaCl)$

6.3.4　离子迁移数 t，离子淌度 U 和无限稀释离子摩尔电导率的关系

由式(6-10) $\Lambda_m^\infty = \lambda_{m,+}^\infty + \lambda_{m,-}^\infty$
可得

$$\frac{\lambda_{m,+}^\infty}{\Lambda_m^\infty} + \frac{\lambda_{m,-}^\infty}{\Lambda_m^\infty} = 1$$

又有 $t_+ + t_- = 1$,

因此某种离子的迁移数也可以看成是该种离子的导电能力占电解质总导电能力的分数。从而有：

$$t_+ = \frac{\lambda_{m,+}^\infty}{\Lambda_m^\infty}; \lambda_{m,+}^\infty = \Lambda_m^\infty t_+$$

$$t_- = \frac{\lambda_{m,-}^\infty}{\Lambda_m^\infty}; \lambda_{m,-}^\infty = \Lambda_m^\infty t_-$$

另外也可推导出

$$\lambda_{m,+}^\infty = U_+^\infty F; \lambda_{m,-}^\infty = U_-^\infty F$$

F 为法拉第常数。其推导过程，可参考其他参考书。

常见离子的无限稀释摩尔电导率见表 6-5。

从表 6-5 可知，$\lambda_m^\infty(Li^+) < \lambda_m^\infty(Na^+) < \lambda_m^\infty(K^+)$。这与离子的水化半径正好相反：$r(Li^+) > r(Na^+) > r(K^+)$。说明离子水化半径越大，其迁移率越小，$\Lambda_m^\infty$ 也越小。

另外，影响离子的摩尔电导率的因素还有温度、溶剂等。温度升高，Λ_m^∞ 增大。这是由于温度升高，离子溶剂化作用减弱，黏度减小，离子迁移速率加快的原因。

表 6-5　　**25℃下无限稀释的离子摩尔电导率**

阳离子	$\dfrac{\lambda_{m,+}^\infty \times 10^4}{S \cdot m^2 \cdot mol^{-1}}$	阴离子	$\dfrac{\lambda_{m,-}^\infty \times 10^4}{S \cdot m^2 \cdot mol^{-1}}$
H^+	349.82	OH^-	198.00
Li^+	38.69	Cl^-	76.34
Na^+	50.11	Br^-	78.14
K^+	73.52	I^-	76.84
Ag^+	61.92	NO_3^-	71.44
NH_4^+	73.40	Ac^-	40.90
$(CH_3)_4N^+$	32.66	HCO_3^-	44.48
$1/2 Mg^{2+}$	53.05	$1/2 SO_4^{2-}$	79.80
$1/2 Ca^{2+}$	59.50	$1/2 CO_3^{2-}$	83.00

溶剂不同，Λ_m^∞ 也不同，这是由于溶剂的介电常数不同，电解质阴、阳离子间相互作用及溶剂化作用不同。电解质在介电常数 ε 大的溶剂中，离子与溶剂作用强，离子间作用小，其 Λ_m^∞ 就大。另外不同溶剂黏度不同，也影响离子迁移速率，从而影响电导。

6.3.5 电导的测定

测定电解质溶液的电导实际上是测其电阻再求电导，常用方法是惠斯登电桥法。图 6-6 是用惠斯登电桥法测电解质溶液电阻的示意图。与测金属电阻的原理和方法相似，但应注意：
① 因直流电可发生电解，所以不能用直流电源，改用交流电源；
② 直流检流计改用耳机或示波器；
③ 为补偿电导池的电容，常在 R_1 上并联一可变电容器。

当电桥平衡时 $\quad \dfrac{R_1}{R_x}=\dfrac{R_3}{R_4}$

电导 $\quad G_x=\dfrac{1}{R_x}=\dfrac{R_3}{R_1 R_4}$

上式中 R_1，R_3，R_4 是已知的，故可以从上式中求出溶液的电导。

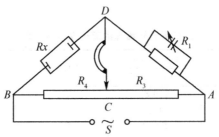

图 6-6　惠斯登电桥法测电解质溶液电阻

6.3.6 电导测定的应用举例

(1) 弱电解质的电离平衡常数的测定

据阿仑尼乌斯弱电解质电离平衡理论，对于弱电解质，设初始

浓度为 c,达平衡时有:

$$\text{MA} = \text{M}^+ + \text{A}^-$$
$$c(1-\alpha) \quad c\alpha \quad c\alpha$$

电离平衡常数 $\quad K = \dfrac{\alpha^2 c}{1-\alpha} \quad$ (6-11)

α 为电离度,随 c 减小而增大,且有简单近似关系:$\alpha = \dfrac{\Lambda_m}{\Lambda_m^\infty}$

并将其代入式(6-11)中得:

$$K = \frac{c\Lambda_m^2}{(\Lambda_m^\infty - \Lambda_m)\Lambda_m^\infty} \quad (6\text{-}12)$$

式中 Λ_m 为弱电解质溶液的摩尔电导率,Λ_m^∞ 为该弱电解质的无限稀释摩尔电导率。式(6-12)又称为奥斯瓦尔德稀释定律。

表 6-6　　　　　　　　**KCl 溶液的电导率**

$c/\text{mol}\cdot\text{dm}^{-3}$	$\kappa/\text{S}\cdot\text{m}^{-1}$		
	0℃	18℃	25℃
1.000	6.54300	9.8200	11.170
0.100	0.71540	1.1192	1.2880
0.010	0.07751	0.1227	0.1410

实验中可测得溶液的电导 G,由 $G = \kappa \cdot A/l$ 求出 κ 值,再由 $\Lambda_m = \kappa/c$,得到 Λ_m,同时查出 Λ_m^∞,即可求出 α,进而求出电离平衡常数 K。A/l 称为电导池常数。因为电极表面为防止极化,往往镀了铂黑,以扩大其表面积,因此电极面积无法直接测量。通常是把已知电导率的溶液(常用一定浓度的 KCl 溶液)注入电导池中,测其电导,就可计算出电导池常数 A/l 的值。表 6-6 是几种不同浓度 KCl 溶液的 κ 值。

(2)水的纯度的测定

常用的自来水,因含有多种电解质而有相当大的电导率,常温下约为 $1.0 \times 10^{-1}\,\text{S}\cdot\text{m}^{-1}$。经过离子交换柱除去阴、阳离子后可得到去离子水,常温下电导率约为 $5.0\times10^{-3}\sim1.0\times10^{-1}$ S·m^{-1}。水越纯净,其电导率越小。在基础科学研究中,常需要纯度很高的水,称为电导水,要求电导率在 1.0×10^{-4} S·m^{-1} 以下。最纯的水是将水在石英蒸馏器中连续蒸馏 42 次,其电导率为 4.3×10^{-6} S·m^{-1} (18℃)。所以常用水的电导率值作为衡量水的纯度的标准。

(3)难溶盐的溶解度和溶度积的测定

一些难溶盐如 AgCl、AgBr、BaSO$_4$ 等很难直接测定其溶解度,因为其饱和溶液的浓度太低,但可用电导法测定。在测定过程中要注意水的电导对总电导的贡献。

【例2】 25℃时,测得饱和 AgCl 水溶液的电导率为 3.41×10^{-4} S·m^{-1},同温下水的电导率为 1.60×10^{-4} S·m^{-1},试求 25℃时 AgCl 的溶解度和溶度积。

解 从 AgCl 饱和水溶液的电导率值可知,其值较小,与水的处于同一数量级,那么水对总电导的贡献不可忽略,所以有:

$$\kappa(\text{AgCl})=\kappa(\text{溶液})-\kappa(\text{水})=(3.41-1.60)\times10^{-4}$$
$$=1.80\times10^{-4}\text{ S·m}^{-1}$$

由表(6-5)知 $\Lambda_m^\infty(\text{AgCl})=\lambda_m^\infty(\text{Ag}^+)+\lambda_m^\infty(\text{Cl}^-)$
$$=(61.92+76.34)\times10^{-4}$$
$$=138.26\times10^{-4}\text{ S·m}^2\cdot\text{mol}^{-1}$$

据公式 $\Lambda_m=\kappa\cdot10^{-3}/c$,因为溶液极稀,可用 Λ_m^∞ 代替 Λ_m,则溶解度:

$c=\kappa\cdot10^{-3}/\Lambda_m$
$=1.81\times10^{-4}(\text{S·m}^{-1})\times10^{-3}/138.26\times10^{-4}(\text{S·m}^2\cdot\text{mol}^{-1})$
$=1.31\times10^{-5}(\text{mol·dm}^{-3})$

或 $c=1.31\times10^{-5}(\text{mol·dm}^{-3})\times143.3\times10^{-3}(\text{kg·mol}^{-1})$
$=1.88\times10^{-6}(\text{kg·dm}^{-3})$

溶度积 $K^\ominus{}_{sp}=\left(\dfrac{c}{c^\ominus}\right)^2=1.31^2\times10^{-10}=1.716\times10^{-10}$

【例3】 测得 25℃下纯水的电导率为 0.055×10^{-4} S·m^{-1},

水的密度为 0.997 kg·dm^{-3},试计算水的电离度和离子积。

解 纯水的浓度为:

0.997(kg·dm^{-3})×1 000/18.016(kg·mol^{-1})=55.34(mol·dm^{-3})

$\Lambda_m = \kappa \cdot 10^{-3}/c$

= 0.055×10^{-4}(S·m^{-1})×10^{-3}/55.34(mol·dm^{-3})

= 1×10^{-10}(S·m^2·mol^{-1})

由表 6-5 查得 $\Lambda_m^\infty = \lambda_m^\infty(H^+) + \lambda_m^\infty(OH^-)$

= 547.82×10^{-4} S·m^2·mol^{-1}

$\alpha = \Lambda_m/\Lambda_m^\infty = 1×10^{-10}/547.82×10^{-4} = 1.825×10^{-9}$

$c_{H^+} = c_{OH^-} = \alpha c = 1.825×10^{-9} × 55.34$(mol·dm^{-3})

= 1.01×10^{-7}(mol·dm^{-3})

所以溶度积 $K_{sp}^\ominus = (c_{H^+} \cdot c_{OH^-})/(c^\ominus)^2 = 1.02×10^{-14}$

(4)电导滴定

因 H$^+$ 和 OH$^-$ 的迁移速率快,导电能力强,所以无论强酸滴定强碱,还是强碱滴定强酸,终点时都有最小的电导值而出现拐点(如图 6-7 ABC 曲线)。而用强电解质滴定弱电解质时,随着强电解质的加入,电导逐渐增加,到终点时也将出现拐点,当强电解质少许过量时,电导将迅速增加(如图 6-7 $A'B'C'$ 曲线)。

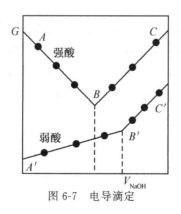

图 6-7 电导滴定

6.4 强电解质的活度及活度系数

6.4.1 溶液中电解质的活度及活度系数

在第 3 章中介绍了对非电解质溶液,活度与浓度之间有如下的关系:$a_{B,b} = \gamma_{B,b} \dfrac{b_B}{b^\ominus}$,B 表示溶质。而电解质溶液的情况要比非电解质溶液复杂一些。在溶液中,强电解质完全电离,独立运动的粒子不再是电解质分子,而是正、负离子。此时对于电解质正、负离子的活度与浓度之间仍存在下列关系:

$$a_+ = \gamma_+ b_+/b^\ominus, \quad a_- = \gamma_- b_-/b^\ominus \tag{6-13}$$

式中 a_+、γ_+、b_+ 及 a_-、γ_-、b_- 分别表示正离子和负离子的活度,活度系数,质量摩尔浓度。

对于完全离解的强电解质 MA 的化学势等于离子 M^+ 和 A^- 的化学势之和

$$\mu_{MA} = \mu_{M^+} + \mu_{A^-} \tag{6-14}$$

即

$$\mu_{MA^\ominus} + RT\ln a_{MA} = \mu_{M^+\ominus} + RT\ln a_{M^+} + \mu_{A^-\ominus} + RT\ln a_{A^-} \tag{6-15}$$

式中 $\mu_{MA^\ominus}$ 是 MA 在 γ 为 1,且活度为 1 时的化学势,$\mu_{M^+\ominus}$ 是正离子活度为 1 时的化学势,$\mu_{A^-\ominus}$ 是负离子活度为 1 时的化学势。

又因 $\mu_{MA^\ominus} = \mu_{M^+\ominus} + \mu_{A^-\ominus}$ 由式(6-15)可得:

$$a_{MA} = (a_{M^+}) \cdot (a_{A^-}) \tag{6-16}$$

将式(6-13)代入式(6-16)可得

$$a_{MA} = (\gamma_+ \dfrac{b_+}{b^\ominus}) \cdot (\gamma_- \dfrac{b_-}{b^\ominus}) \tag{6-17}$$

由于溶液总是电中性的,不可能制成只有正离子或只有负离子单独存在的溶液,因此单个离子的活度系数 γ_+ 或 γ_- 无法由实验直接测定,而用实验测出的是两者的平均值 $\gamma_\pm$,$\gamma_\pm$ 称为离子的平均活度系数。

对于 1—1 价型电解质(正、负离子均为一价的电解质,如 NaCl,HCl 等)

$$\left.\begin{array}{l}\text{定义离子平均活度系数} \quad \gamma_\pm = (\gamma_+ \cdot \gamma_-)^{\frac{1}{2}} \\ \text{离子的平均质量摩尔浓度} \quad b_\pm = (b_+ \cdot b_-)^{\frac{1}{2}} \\ \text{离子平均活度} \quad a_\pm = (a_+ \cdot a_-)^{\frac{1}{2}}\end{array}\right\} \quad (6\text{-}18)$$

而
$$a_\pm = \gamma_\pm \frac{b_\pm}{b^\ominus} \quad (6\text{-}19)$$

将(6-18)式代入(6-17)式得

$$a_{MA} = (\gamma_\pm \frac{b_\pm}{b^\ominus})^2 = \gamma_\pm^2 (\frac{b}{b^\ominus})^2 \quad (6\text{-}20)$$

以上讨论的是 1—1 价型的强电解质溶液,对于任意价型的强电解质,如 $M_{v_+} A_{v_-}$,在溶液中完全电离

$$M_{v_+} A_{v_-} = v_+ M^{z+} + v_- A^{z-}$$

$z+$ 和 $z-$ 代表正、负离子的价数。

其化学势为: $\mu_{M_{v_+} A_{v_-}} = v_+ \mu_+ + v_- \mu_-$

同理可导出

$$a_{M_{v_+} A_{v_-}} = (a_{M_{v_+}^{z+}})^{v_+} (a_{A_{v_-}})^{v_-} \quad (6\text{-}21)$$

令 $v_+ + v_- = v$,则

$$\left.\begin{array}{l} a_\pm = (a_{M_{v_+}}^{v_+} \cdot a_{A_{v_-}}^{v_-})^{\frac{1}{v}} \\ b_\pm = (b_+^{v_+} \cdot b_-^{v_-})^{\frac{1}{v}} \\ \gamma_\pm = (\gamma_+^{v_+} \cdot \gamma_-^{v_-})^{\frac{1}{v}}\end{array}\right\} \quad (6\text{-}22)$$

所以有 $\quad a_{M_{v_+} A_{v_-}} = a_\pm^v = (\gamma_\pm \frac{b_\pm}{b^\ominus})^v \quad (6\text{-}23)$

如何从电解质的质量摩尔浓度 b 求出离子平均质量摩尔浓度 $b_\pm$,可用如下方法。因电解质在溶液中完全电离,正、负离子浓度为:

$$b_+ = v_+ b; \quad b_- = v_- b$$

则有: $b_\pm = (b_+^{v_+} \cdot b_-^{v_-})^{\frac{1}{v}} = (v_+^{v_+} \cdot v_-^{v_-})^{\frac{1}{v}} b$ (6-24)

对于给定浓度为 b 的任意强电解质 $M_{v_+} A_{v_-}$ 的溶液,其 $\gamma_\pm$ 可用实验的方法直接测定,常用的实验方法有蒸气压法,冰点降低法,电动势法等。得到了 $\gamma_\pm$ 数据,就可根据上述推导的公式计算出强电解质 $M_{v_+} A_{v_-}$ 的活度。

6.4.2 离子强度(I)

一些电解质在 25℃ 时,不同浓度下的 $\gamma_\pm$ 列于表 6-7。

从表 6-7 数据可知,对于价型相同的电解质,当溶液浓度较低时,相同浓度的离子平均活度系数 $\gamma_\pm$ 几乎相等,如 HCl,HBr,NaCl,KCl 等在 0.01 mol·kg^{-1} 以下有相同的 b 时,$\gamma_\pm$ 有近乎相同的值。CaCl$_2$、ZnCl$_2$ 在 0.005 mol·kg^{-1} 以下,在相同的 b 时有近乎相同的 $\lambda_\pm$ 值。从表中数据还可以看出不同价型的电解质,当溶液浓度相同时,正、负离子价数的乘积越大,其离子的 $\gamma_\pm$ 偏离 1 的程度越大。1921 年路易斯(Lewis)根据离子平均活度系数的偏差以及大量实验事实而提出离子强度 I 的概念。他认为当温度一定时,影响强电解质离子平均活度系数 $\gamma_\pm$ 的主要因素是浓度和离子价数,而离子价数比浓度的影响更大,且与离子本性无关。

定义离子强度 I:

$$I = \frac{1}{2}(b_1 Z_1^2 + b_2 Z_2^2 + \cdots) = \frac{1}{2}\sum_i b_i Z_i^2 \quad (6\text{-}25)$$

式中 b_i 是 i 离子的真实质量摩尔浓度,I 与 b 相同的量纲。

路易斯还总结出电解质平均活度系数与离子强度之间在稀溶液范围内的经验关系式:

$$\lg \gamma_\pm = -A\sqrt{I}$$

该式实际上是针对 1—1 价型电解质而言的。

我们最常用到的计算离子活度系数 γ_i 是德拜-休格尔极限公式,可根据离子氛、离子强度及中心离子从离子氛中逸出时克服引力而做功等概念推导出稀溶液中离子活度系数 γ_i 公式：

$$\log\gamma_i = -AZ_i^2\sqrt{I} \quad (6-26)$$

式中 Z_i 是离子 i 的价数，A 是常数，与温度、溶剂有关，在 25℃，水溶液中，$A=0.509$。由此可以推导出离子平均活度系数：

$$\log\gamma_\pm = -A|Z_+Z_-|\sqrt{I} \quad (6-27)$$

式(6-26)和(6-27)称为德拜-休格尔极限公式。适用范围在离子强度约为 $0.01\ \text{mol}\cdot\text{kg}^{-1}$ 以下的稀溶液。

德拜-休格尔理论揭示了路易斯由经验总结出的离子强度 I 的物理意义，它实际上是电解质溶液中离子电荷所形成的静电场强度的度量。

表 6-7　　25℃ 部分电解质的离子平均活度因子

$\dfrac{b}{\text{mol}\cdot\text{kg}^{-1}}$	0.001	0.005	0.010	0.050	0.100	0.500	1.000
HCl	0.9656	0.9285	0.9048	0.8404	0.7964	0.7571	0.8090
NaCl	0.9650	0.9270	0.9020	0.8190	0.7780	0.6820	0.6580
KCl	0.9650	0.9270	0.9020	0.8160	0.7690	0.6510	0.6060
NaOH	—	—	—	0.8180	0.7660	0.6930	0.6790
KOH	—	—	—	0.8240	0.7980	0.7280	0.7560
HBr	0.9660	0.9300	0.9060	0.8380	0.8080	0.7900	0.8710
H_2SO_4	0.8300	0.6300	0.5440	0.3400	0.2650	0.1540	0.1300
$CaCl_2$	0.8880	0.7890	0.7320	0.5840	0.5240	0.5100	0.7250
$ZnCl_2$	0.8810	0.7670	0.7080	0.5560	0.5020	0.3760	0.3250
$ZnSO_4$	0.7000	0.4770	0.3870	0.2020	0.1500	0.0630	0.0440
$CdSO_4$	0.6970	0.4760	0.3830	0.1990	0.1500	0.0615	0.0415
$LaCl_3$	0.7900	0.6360	0.5600	0.3880	0.3830	0.3280	0.4240

【例 4】 计算 25℃下，Na_2SO_4 电解质溶液在浓度为 0.001 mol·kg^{-1}时的平均活度系数。

解 离子强度 $I = \frac{1}{2}(0.002 \times 1^2 + 0.001 \times 2^2) \text{mol} \cdot \text{kg}^{-1}$
$= 0.003 \text{ mol} \cdot \text{kg}^{-1}$
$\lg \gamma_\pm = -0.509 \times 1 \times 2 \times \sqrt{0.003} = -0.0558$
$\gamma_\pm = 0.879$

6.5 可逆电池及其电动势的测定

6.5.1 可逆电池的条件

电池是把化学能转变为电能的装置。这种装置是将氧化反应和还原反应分区进行的。另外，借助可逆电池可测量在电池中进行的化学反应的各种热力学函数的变量，是科学研究的重要手段。

据热力学关系式，在等温等压下，吉布斯自由能的变化

$$(\Delta_r G)_{T,p} = W_{f,\max}$$

即系统的吉布斯自由能的减小，等于在等温等压条件下系统所做的最大非体积功。本章仅涉及电功，所以上式可写为：

$$(\Delta_r G)_{T,p} = -nFE$$

或当反应进度 $\Delta \xi = 1$ mol 时，$(\Delta_r G_m)_{T,p} = \dfrac{-nFE}{\Delta \xi} = -ZEF$

(6-28)

式中 n 为电池输出电荷时的物质的量，单位为 mol，F 为法拉第常数，E 为可逆电池的电动势，单位为伏特(V)，Z 为电极的氧化或还原反应中的电子的计量系数。

可逆电池应具备什么条件呢？据热力学上可逆过程的定义，当一过程进行后，若按原过程的反向进行，能使系统复原，同时环境也复原，则原过程是可逆过程。在电池中，应该是放电为原过

程,充电为逆过程,那么可逆电池的条件是:

(1)电池经过放电之后,再进行充电时,必须有恢复原状的可能性。即放电反应与充电反应必须互为逆反应,即物质可逆。

例如下面两种反应:

当电池放电时,起原电池作用,化学能转变成电能,即为放电反应,或原电池反应。

当电池的 E 小于外加电动势 $E_{外}$ 时,对该电池进行充电,则起电解池的作用,电能转变成化学能,即为充电反应,或称电解反应。

第一种情况(如图 6-8(1))

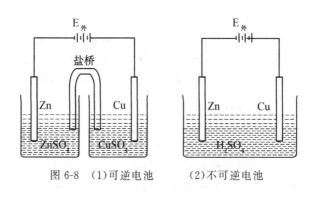

图 6-8　(1)可逆电池　　(2)不可逆电池

① 放电　　Zn 极　　　$Zn - 2e^- \rightarrow Zn^{2+}$
　　　　　 Cu 极　　　$Cu^{2+} + 2e^- \rightarrow Cu$
原电池反应　　　　　$Zn + Cu^{2+} \rightarrow Zn^{2+} + Cu$

② 充电　　Zn 极　　　$Zn^{2+} + 2e^- \rightarrow Zn$
　　　　　 Cu 极　　　$Cu - 2e^- \rightarrow Cu^{2+}$
电解反应　　　　　　$Zn^{2+} + Cu \rightarrow Zn + Cu^{2+}$

放电反应与充电反应互为逆反应。

第二种情况(如图 6-8(2))

将 Zn、Cu 极同时放入 H_2SO_4 溶液中

①放电　　Zn 极：　　　　$Zn - 2e^- \rightarrow Zn^{2+}$
　　　　　Cu 极：　　　　$H^+ + 2e^- \rightarrow H_2$

放电反应　　　　　　$Zn + 2H^+ \rightarrow Zn^{2+} + H_2$

②充电　　Zn 极：　　　　$2H^+ + 2e^- \rightarrow H_2$
　　　　　Cu 极：　　　　$Cu - 2e^- \rightarrow Cu^{2+}$

充电反应　　　　　　$2H^+ + Cu \rightarrow Cu^{2+} + H_2$

放电与充电两反应不是互为逆反应,不具备可逆电池的物质可逆条件。

(2)当电池放电或充电时,E 与 $E_{外}$ 相差无限小。即电流为无限小的情况下进行放电和充电。这就是说电池在接近平衡状态下,无限缓慢地进行放电或充电。放电时,E 对 $E_{外}$ 做最大功,充电时,$E_{外}$ 对 E 做最小功,且大小相等。原电池经放电和充电后本身复原,且环境没有留下永久性变化,也复原,即能量可逆。

可逆电池必须同时具备物质可逆和能量可逆的条件。

6.5.2　电动势的测定

测量可逆电池电动势的仪器是电位差计。

一个可逆电池必须满足的条件之一是通过的电流要无限小,否则它将不可能成为可逆电池。另外,若有某一定有限电流通过电池时,在电池内阻上要产生电位降,也造成两极间电势差较电池电动势为小。所以只有在没有电流通过电池时,两电极间的电势差才为电池的电动势。故不能直接用伏特计来测量电池的电动势,原因就在于用伏特计测量时必须有有限电流通过电池,否则伏特计指针不会偏转。

通常采用对消法来测电池电动势。工作原理是在外电路中与原电池并联一个电流方向相反,数值相等的外电动势。使连接两电极的导线上无电流通过。这时所加的外电动势的数值就等于待测电池的电动势。其具体测定线路如图 6-9 所示。

工作电池 E_w 是比待测电池 E_x 电动势高的电池,它供给均匀电阻 AB 电流 I,在 AB 上产生均匀的电势降,用来对消 E_x 或 E_N 的电动势。测量时,将开关 K 与 E_x 连接,移动触点 C,使电流计 G 中没有电流通过,这时在 AC 段上的电位降数值与待测电池的电动势的数值完全相等,而方向相反。

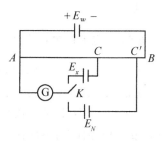

图 6-9 对消法测电动势

此时有:

$$\frac{E_x}{V_{AB}}=\frac{AC}{AB}$$

V_{AB} 为 A,B 两点的电势差。同样,当开关与 E_N 相连,找到某一点 C',使 G 中无电流通过。有:

$$\frac{E_N}{V_{AB}}=\frac{AC'}{AB}$$

上两式相除得

$$\frac{E_x}{E_N}=\frac{AC}{AC'}$$

E_N 为标准电池的电动势,在一定温度下有确定的已知值,AC,AC' 为实验测定值,因此可求得 E_x。

电位差计就是根据对消法原理设计的。

在测定电池电动势时需用到标准电池,常用到的标准电池是镉汞电池,或称为韦斯顿(Weston)标准电池。其构造和使用所注意的问题参见有关实验教材。

以上讨论了可逆电池所要具备的条件和可逆电池电动势的测定。对于可逆电池来说,可用热力学的方法研究,而不可逆电池则不能。严格地讲,图 6-8(1)中的电池仍是不可逆的,因为凡是两电极所处的溶液不同的电池,虽然中间以"盐桥"连接,能消除部分液体接界电势,但仍是不可逆的,在要求不太高时,可作为可逆电池来处理。

6.5.3 电池的书面表达

为了方便,根据惯例,对电池的书写有如下规定:

①以化学式表示电池中各物质的组成,并需分别注明物态,对气体注明压力,且不能直接作电极,必须借助不活泼金属如 Pt,Au,Ag 等作导体;对溶液注明浓度或活度。

②用单竖线"|"表示相界面,包括电极与溶液的接界和不同溶液间的接界。用"‖"代表盐桥。

③发生氧化反应的负极,写在左边;发生还原反应的正极,写在右边。并按实际连接的顺序写。

如图 6-8(1)电池的电池表示式为:

$$Zn(s)|ZnSO_4(b_1)\|CuSO_4(b_2)|Cu(s)$$

这里有个口诀,可帮助大家记忆:

　　　氧化还原左右摆;
　　　各类电极应分开;
　　　电位差值右减左;
　　　E 为负值倒过来。

写总反应时,应将物质的状态、活度、压力等注明。

另外对电池的电动势正负号作了规定:如果按电池表示式所得到的电池反应是自发的,则 E 为正值;如果按电池表示式所得到的电池反应是不自发的,则 E 为负值,此表示式不代表自发电池,需将此表示式中左、右两极互换,才能得到自发电池。

根据电池表示式的书写规定,可以由电池表示式写出相应的电池反应,也可以把某些反应设计成电池。

【例 5】 写出下列电池对应的化学反应

$$(Pt)H_2(g)|NaOH(b)|O_2(g)(Pt)$$

解 左侧负极　　$H_2(g)+2OH^-(b)-2e^- \rightarrow 2H_2O(l)$

＋） 右侧正极　　$1/2O_2(g)+H_2O(l)+2e^- \rightarrow 2OH^-(b)$

电池反应　　　$H_2(g)+1/2O_2(g) \rightarrow H_2O(l)$

【例 6】 将下列化学反应设计成电池
$$Zn(s)+Cd^{2+}(b_2) \rightarrow Zn^{2+}(b_1)+Cd(s)$$

解　氧化反应部分：$Zn(s)-2e^- \rightarrow Zn^{2+}(b_1)$

　　对应的电极为　$Zn|Zn^{2+}(b_2)$，写在左边；

　　还原反应部分：$Cd^{2+}(b_2)+2e^- \rightarrow Cd$

　　对应的电极为　$Cd|Cd^{2+}(b_2)$，写在右边。

$Zn^{2+}(b_1)$ 与 $Cd^{2+}(b_2)$ 为两种不同的电解质溶液，用盐桥连接，故电池为：
$$Zn(s)|Zn^{2+}(b_1) \parallel Cd^{2+}(b_2)|Cd(s)$$

6.6　电极电势及可逆电极的种类

6.6.1　电极电势产生的原因

产生电极电势的微观机理是相当复杂的，我们可作如下理解。以金属电极为例，金属晶格中有金属离子和能够自由移动的电子，当把金属电极插入到该金属离子的水溶液中，金属晶格上的离子因受到溶液中水分子的极化吸引，使一部分金属离子脱离原来的晶格，成为水合离子而进入溶液；同样溶液中的离子也可能被吸附到金属表面上来。金属离子在两相间的移动倾向，取决于金属离子在电极相和溶液相的化学势，它总是从化学势 μ 高的相往 μ 低的相转移。当金属在两相中的化学势相等时则达到动态平衡。此时，若净结果是金属离子由电极相进入溶液相而把电子留在电极

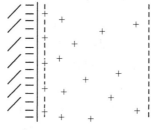

图 6-10　扩散双电层

上,则电极相带负电,而溶液相带正电,反之亦然。无论哪种情况,都破坏了电极-溶液间界面处的电中性,在相间出现电势差。电极所带的电荷分布在电极表面上,溶液中有带相反电荷的离子,此种离子一方面由于库仑引力趋向于排列在紧靠电极表面附近的地方;另一方面由于热运动,这些离子又会向远离电极的方向扩散。当静电吸引与热扩散达到平衡时,在电极与溶液的界面处形成一个扩散双电层。若规定溶液内部不带电处的电势为0,电极的电势为ε,则电极与溶液间界面电势差就是ε。如图6-10所示。

6.6.2 电极电势与标准氢电极

一个电池的电动势应该是各个相界面上电势差的代数和。主要有:电极-溶液界面电势;不同金属间的接触电势,一般很小,可不考虑;以及两种溶液间的液体接界电势,可用盐桥使其降至最小,以致可以忽略不计。如下列电池:

$$Cu|Zn(s)|ZnSO_4(b_1) \| CuSO_4(b_2)|Cu(s)$$

$$\varepsilon_{接} \quad \varepsilon_- \quad \varepsilon_{液} \quad \varepsilon_+$$

则 $E = \varepsilon_+ - \varepsilon_- + \varepsilon_{接} + \varepsilon_{液} \approx \varepsilon_+ - \varepsilon_-$ 若能得到单个电极的ε,那么E也就容易求得。但现在还无法由实验直接测定得到单个电极的ε,用电位差计只能得到两个电极电势的相对差值,即$E = \varphi_+ - \varphi_-$。这样就必须选定一个相对标准,得出各电极的相对电极电势φ的值,也就很容易地用上式计算任意电池的电动势E。目前普遍采用的是标准氢电极作为标准电极。所有的电极电势都相对它而言,这样就可得出各电极的相对电极电势φ。

标准氢电极如图6-11所示。镀铂黑的铂片浸入$a_{H^+}=1$的溶液中并以

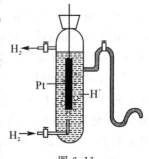

图 6-11

$p_{H_2}=100$ kPa 的纯氢气不断冲击到 Pt 电极上。规定在任意温度下标准氢电极的电极电势 $\varphi_{H^+/H_2}=0$,其他电极的电极电势值均是相对标准氢电极而得到的。

标准氢电极:

电极反应: $2H^+(a_{H^+}=1)+2e^-=H_2(p^{\ominus})$

电极表达式: $(Pt)H_2(p^{\ominus})|H^+(a_{H^+}=1)$

其他电极的电极电势是由标准氢电极作氧化极,即负极;而将待定的电极作还原极,即正极,组成电池测得的:

$(Pt)H_2(p_{H_2}=1p^{\ominus})|H^+(a_{H^+}=1)\|$ 待测

然后用电位差计测量该电池的电动势,这个数值和符号就是待测电极电势的数值和符号。

例如 25℃下要确定锌电极的电极电势,组成如下电池:

$(Pt)H_2(p_{H_2}=1p^{\ominus})|H^+(a_{H^+}=1)\|Zn^{2+}(a_{Zn^{2+}}=0.1)|Zn$

测此电池的电动势 $E=-0.792$ 伏

$$E=\varphi_+-\varphi_-=\varphi_{待定}-\varphi_{H^+/H_2}=\varphi_{待定}$$

所以锌电极 $Zn|Zn^{2+}(a_{Zn^{2+}}=0.1)$ 的电极电势为 -0.792 伏。

又如要确定 25℃下铜电极 $Cu|Cu^{2+}(a_{Cu^{2+}}=0.1)$ 的电极电势,组成如下电池:

$(Pt)H_2(p_{H_2}=1p^{\ominus})|H^+(a_{H^+}=1)\|Cu^{2+}(a_{Cu^{2+}}=0.1)|Cu$

测得该电池的电动势 E 为 0.307 伏,即是该铜电极的电极电势。

6.6.3 标准电极电势

若电极反应的物质其活度都等于 1,即各物质均处于标准状态时,按上述方法该电极作为正极与作为负极的标准氢电极组成电池,所测得的电动势即为标准电极电势 $\varphi^{\ominus}$,若电池是自发的,则 $\varphi^{\ominus}$ 为正值,反之,则为负值。

例如求铜电极的标准电极电势,组成如下电池(25℃):

$(Pt)H_2(p_{H_2}=1p^{\ominus})|H^+(a_{H^+}=1)\|Cu^{2+}(a_{Cu^{2+}}=1)|Cu$

此时的电动势即为电池的标准电动势,以 $E^{\ominus}$ 表示。25℃时为

0.337伏。

$$E^{\ominus} = \varphi_+^{\ominus} - \varphi_-^{\ominus} = \varphi_{Cu^{2+}/Cu}^{\ominus} - \varphi_{H^+/H_2}^{\ominus} = \varphi_{Cu^{2+}/Cu}^{\ominus} = 0.337\text{伏}$$

求锌的标准电极电势,组成如下电池(25℃):

$(Pt)H_2(p_{H_2}=1p^{\ominus})|H^+(a_{H^+}=1)\|Zn^{2+}(a_{Zn^{2+}}=1)|Zn$

测得 $E^{\ominus} = -0.763$ 伏,则 $\varphi_{Zn^{2+}/Zn}^{\ominus} = -0.763$ 伏,实际上组成自发电池时,锌极应为负极。

较常见的各种电极的标准电极电势如表6-8。
这里应注意前面所述的 ε 与此处的 φ 的区别:

ε 是绝对值,也称为绝对电极电势,无法测量;而 φ 是以标准氢电极为参考标准的相对电极电势。

另外,标准电极电势也是一个与温度有关的量。

按上述规定的标准电极电势,实际上是标准还原电极电势,所以表6-8中 $\varphi^{\ominus}$ 值的大小表示当电极上进行反应时,各物质的活度都为1时还原趋势的大小。$\varphi^{\ominus}$ 较大,则还原趋势大;其值越负,被氧化的趋势就越大。故当两标准电极组成电池时,$\varphi^{\ominus}$ 较大的为正极,较小的为负极。

表6-8   25℃时标准的还原电极电势表

电极	电极还原反应	$\varphi^{\ominus}/V$
A.对阳离子可逆电极		
Li^+/Li	$Li^+ + e^- = Li$	-3.045
K^+/K	$K^+ + e^- = K$	-2.925
Ca^{2+}/Ca	$Ca^{2+} + 2e^- = Ca$	-2.866
Na^+/Na	$Na^+ + e^- = Na$	-2.714
Mg^{2+}/Mg	$Mg^{2+} + 2e^- = Mg$	-2.363
Al^{3+}/Al	$Al^{3+} + 3e^- = Al$	-1.662
Ti^{2+}/Ti	$Ti^{2+} + 2e^- = Ti$	-1.628
Mn^{2+}/Mn	$Mn^{2+} + 2e^- = Mn$	-1.180
Zn^{2+}/Zn	$Zn^{2+} + 2e^- = Zn$	-0.7628
Cr^{3+}/Cr	$Cr^{3+} + 3e^- = Cr$	-0.744
Fe^{2+}/Fe	$Fe^{2+} + 2e^- = Fe$	-0.4402
Cd^{2+}/Cd	$Cd^{2+} + 2e^- = Cd$	-0.4029

续表

电极	电极还原反应	$\varphi^\ominus/V$
Tl^+/Tl	$Tl^+ + e^- \rightleftharpoons Tl$	-0.3363
Sn^{2+}/Sn	$Sn^{2+} + 2e^- \rightleftharpoons Sn$	-0.136
H^+/H_2	$H^+ + e^- \rightleftharpoons 1/2H_2$	± 0.000
Cu^{2+}/Cu	$Cu^{2+} + 2e^- \rightleftharpoons Cu$	$+0.337$
Cu^+/Cu	$Cu^+ + e^- \rightleftharpoons Cu$	$+0.521$
$H^+, H_2O_2/O_2$	$O_2 + 2H^+ + 2e^- = H_2O_2$	$+0.682$
Hg_2^{2+}/Hg	$Hg_2^{2+} + 2e^- = 2Hg$	$+0.788$
Ag^+/Ag	$Ag^+ + e^- = Ag$	$+0.7991$
Hg^{2+}/Hg	$Hg^{2+} + 2e^- = Hg$	$+0.854$
H^+/O_2	$O_2 + 4H^+ + 4e^- = 2H_2O$	$+1.229$
$H^+, H_2O_2(Pt)$	$H_2O_2 + 2H^+ + 2e^- = 2H_2O$	$+1.771$
B.对阴离子可逆电极		
H_2/OH^-	$2H_2O + 2e^- = H_2 + 2OH^-$	-0.828
O_2/OH^-	$1/2O_2 + H_2O + 2e^- = 2OH^-$	$+0.401$
I_2/I^-	$1/2I_2 + e^- = I^-$	$+0.5355$
Br_2/Br^-	$1/2Br_2 + e^- = Br^-$	$+1.0652$
Cl_2/Cl^-	$1/2Cl_2 + e^- = Cl^-$	$+1.3595$
F_2/F^-	$1/2F_2 + e^- = F^-$	$+2.87$
C.氧化还原可逆电极		
$(Pt)Cr^{3+}, Cr^{2+}$	$Cr^{3+} + e^- = Cr^{2+}$	-0.408
$(Pt)Sn^{4+}, Sn^{2+}$	$Sn^{4+} + 2e^- = Sn^{2+}$	$+0.15$
$(Pt)Cu^{2+}, Cu^+$	$Cu^{2+} + e^- = Cu^+$	$+0.153$
$H^+,醌,氢醌$	$C_6H_4O_2 + 2H^+ + 2e^- = C_6H_4(OH)_2$	$+0.6995$
$(Pt)Fe^{3+}, Fe^{2+}$	$Fe^{3+} + e^- = Fe^{2+}$	$+0.771$
D.难溶物电极		
$SO_4^{2-}/PbSO_4-Pb$	$PbSO_4 + 2e^- = P_b + SO_4^{2-}$	-0.351
$I^-/AgI-Ag$	$AgI + e^- = Ag + I^-$	-0.151
$Br^-/AgBr-Ag$	$AgBr + e^- = Ag + Br^-$	$+0.071$
$Cl^-/CuCl-Cu$	$CuCl + e^- = Cu + Cl^-$	$+0.0137$
H^+/Sb_2O_3-Sb	$Sb_2O_3 + 6H^+ + 6e^- = 2Sb + 3H_2O$	$+0.152$
$Cl^-/AgCl-Ag$	$AgCl + e^- = Ag + Cl^-$	$+0.2224$
Cl^-/Hg_2Cl_2-Hg	$Hg_2Cl_2 + 2e^- = 2Hg + 2Cl^-$	$+0.2676$
SO_4^{2-}/Hg_2SO_4-Hg	$Hg_2SO_4 + 2e^- = 2Hg + SO_4^{2-}$	$+0.6151$
$H^+, Pb^{2+}/PbO_2$	$PbO_2 + 4H^+ + 2e^- = Pb^{2+} + 2H_2O$	$+1.455$

6.6.4 生化标准电极电势

在生物体系中许多氧化还原的过程涉及 H^+,如把氧气还原

成水(一个关键的呼吸反应)可写作:
$$O_2 + 4H^+ + 4e^- \rightleftharpoons 2H_2O$$
或
$$O_2 + 4H \rightleftharpoons 2H_2O$$

在生物体系中的反应大部分是在接近 pH=7 的条件下进行的,因此对 H^+ 离子而言,选择 $a_{H^+} = 10^{-7}$ mol·dm^{-3} 作为生化标准是合适的,其他物质的标准态与物理化学中规定相同,据此选择的标准态称为生化标准态。在生物体系中,凡涉及到 H^+ 参加的电极反应,其标准电极电势是以 $p_{H_2} = 1p^\ominus$, $a_{H^+} = 10^{-7}$ 的氢电极而确定,用 $\varphi^\oplus$ 表示,$\varphi^\oplus$ 与 $\varphi^\ominus$ 的关系为:

$$\varphi^\oplus = \varphi^\ominus + \frac{RT}{F} \ln 10^{-7}$$

在不涉及 H^+ 参与的反应中,与物理化学中的标准电极电势相同。

例如延胡索酸盐转变为琥珀酸盐的电极反应:
$$^-OOCCH = CHCOO^- + 2H^+ + 2e^- = {}^-OOCCH_2CH_2COO^-$$
其 $\varphi^\oplus = 0.031$ 伏。

某些生物体系在 25℃ 时的标准电极电势值列于表 6-9 中。

表 6-9 某些生物体系在 25℃ (pH=7) 的标准还原电势

体系	电极还原反应	$\varphi^\oplus/V$
O_2/H^+	$O_2(g) + 4H^+ + 4e \rightleftharpoons 2H_2O$	+0.816
$Cytc^{3+}/Cytc^{2+}$	$Fe^{3+} + e \rightleftharpoons Fe^{2+}$	+0.254
Fe^{3+}/Fe^{2+} 血红蛋白	$Fe^{3+} + e \rightleftharpoons Fe^{2+}$	+0.170
Fe^{3+}/Fe^{2+} 肌红蛋白	$Fe^{3+} + e \rightleftharpoons Fe^{2+}$	+0.046
延胡索酸盐/琥珀酸盐	$^-OOCH = CHCOO^- + 2H^+ + 2e \rightleftharpoons {}^-OOCCH_2CH_2COO^-$	+0.031
NB/MB_2	$MB + 2H^+ + 2e \rightleftharpoons MB_2$	+0.011
草酰乙酸盐/苹果酸盐	$^-OOCCOCH_2COO^- + 2H^+ + 2e \rightleftharpoons {}^-OOCCHOHCH_2COO^-$	−0.166
丙酮酸盐/乳酸盐	$CH_3COCOO^- + 2H^+ + 2e \rightleftharpoons CH_3CHOHCOO^-$	−0.186
乙醛/乙醇	$CH_3CHO + 2H^+ + 2e \rightleftharpoons CH_3CH_2OH$	−0.197
$FAD/FADH_2$	$FAD + 2H^+ + 2e \rightleftharpoons FADH_2$	−0.219
$NAD^+/NADH$	$NAD^+ + 2H^+ + 2e \rightleftharpoons NADH + H^+$	−0.320
$NADP^+/NADPH$	$NADP^+ + 2H^+ + 2e \rightleftharpoons NADPH + H^+$	−0.324
H^+/H_2	$2H^+ + 2e \rightleftharpoons H_2$	−0.414
CO_2/甲酸盐	$CO_2 + H^+ + 2e \rightleftharpoons HCOO^-$	−0.420
乙酸/乙醛	$CH_3COOH + 2H^+ + 2e \rightleftharpoons CH_3CHO + H_2O$	−0.518

表中 Cyt 是细胞色素类。每种细胞色素分子中的铁原子可以是氧化型,也可以是还原型。MB 和 MBH_2 为亚甲蓝的氧化型和还原型。FAD 和 $FADH_2$ 是黄素腺嘌呤二核苷核酸的氧化型和还原型。

6.6.5 电极的种类

电极的种类很多,结构也各不相同,但构成可逆电池的电极上进行的反应都应该是可逆的。根据电极结构和电极上的反应,可把电极分为以下几类:

第一类:包括金属电极;氢电极;氧电极及卤素电极等。

如金属电极:锌电极,铜电极等

电极组成:$Zn(s)|Zn^{2+}(b)$

电极反应:$Zn^{2+}(b)+2e^- =\!=\!= Zn(s)$

又如氧电极组成:$(Pt)O_2(p_{O_2}=1p^\ominus)|OH^-(a_{OH^-})$

电极反应:$1/2\ O_2(p_{O_2}=1p^\ominus)+H_2O+2e^- =\!=\!= 2OH^-(a_{OH^-})$

第二类:包括微溶盐和微溶氧化物电极。

微溶盐电极是将金属覆盖一层该金属的微溶盐,然后浸入含有该微溶盐的负离子的溶液中而构成。

微溶氧化物电极是将金属覆盖一薄层该金属的微溶氧化物,然后浸入到含有 H^+ 或 OH^- 的溶液中而构成的。

如典型的为甘汞电极(如图 6-12 所示)

电极组成:

$Hg(l)-Hg_2Cl_2(s)|Cl^-(a_{Cl^-})$

电极反应:

$Hg_2Cl_2(s)+2e^-$

$=2Hg(l)+2Cl^-(a_{Cl^-})$

第三类:氧化还原电极

由不参与电极反应的惰性金属

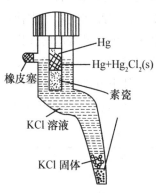

图 6-12 甘汞电极

如铂等插入到含有某种离子的不同氧化态的溶液中构成电极。这里金属只起导电作用,而氧化-还原反应在溶液中进行。例如将铂片插入含有 Fe^{3+} 和 Fe^{2+} 的溶液中,组成氧化还原电极:

电极组成:$(Pt)Fe^{3+}(a_1),Fe^{2+}(a_2)$

电极反应:$Fe^{3}(a_1)+e^- \rightleftharpoons Fe^{2+}(a_2)$

又如醌氢醌电极是一种有机物的氧化还原电极,是将铂片插入到醌氢醌的饱和溶液中组成。它是等分子的对苯二酚(H_2Q)和醌(Q)结合的复合物,微溶于水($0.005 \, mol \cdot dm^{-3}$),在溶液中部分分解为对苯二酚和醌:

$$C_6H_4O_2 \cdot C_6H_4(OH)_2 \rightleftharpoons C_6H_4O_2 + C_6H_4(OH)_2$$

电极组成:$(Pt)C_6H_4O_2,C_6H_4(OH)_2,H^+$

电极反应:$C_6H_4O_2 + 2H^+ + 2e^- \rightleftharpoons C_6H_4(OH)_2$

第四类:膜电极

包括玻璃电极以及其他离子选择电极。这将在下面涉及到。

6.6.6 参比电极

在实际工作中,标准氢电极的使用很不方便,如氢气的制备、净化、压力的控制,铂黑的制作及保持清洁等,很难控制电极的稳定性。因此在实际中常使用二级标准电极,或称为参比电极。如甘汞电极是最常用的参比电极,如图 6-12。它的特点是电极电势稳定,制备简单,使用方便。

甘汞电极电势随氯离子浓度增加而降低,并受温度影响。见表 6-10,表中 t 为摄氏温度。

表 6-10　　　　　　　甘汞电极电势

KCl 溶液浓度($mol \cdot dm^{-3}$)	$\varphi_{甘}$(伏)(25℃)	$\varphi_{甘}$ 与温度的关系
0.1	0.3338	$\varphi = 0.3337 - 7.0 \times 10^{-5}(t-25)$
1.0	0.2801	$\varphi = 0.2801 - 2.4 \times 10^{-4}(t-25)$
饱和	0.2415	$\varphi = 0.2412 - 7.6 \times 10^{-4}(t-25)$

另一常见的参比电极是银-氯化银电极,其电极反应为:
$$AgCl(s)+e^- = Ag(s)+Cl^-(a_{Cl^-})$$
在 Ag 表面上镀上 AgCl,然后插入含 Cl^- 的水溶液中,即得 Ag-AgCl 电极,在 25℃时,其标准电极电势为 0.2224 伏。

6.7 可逆电池的热力学

如前所述,电池反应的自由能变化为:
$$(\Delta_r G_m)_{T,p} = -ZEF$$
这是热力学与电化学相互联系的纽带。

6.7.1 能斯特(Nernst)方程

对于任意给定的电池反应
$$0 = -aA - bB + yY + zZ$$
据式(5-28)其反应的摩尔吉布斯函数
$$\Delta_r G_m = \Delta_r G_m^\ominus + RT \ln Q_a$$
将式(6-28)代入得:
$$E = E^\ominus - \frac{RT}{ZF} \ln Q_a \tag{6-29}$$

式(6-29)称为电池反应的能斯特(Nernst)方程。它表明了电池的电动势与反应各组分的活度之间的关系。

例如下列电池,设产生 2F 的电量:
$$Zn(s) + Cu^{2+}(a_{Cu^{2+}}) = Zn^{2+}(a_{Zn^{2+}}) + Cu(s)$$

其电极反应　负极:$Zn(s) = Zn^{2+}(a_{Zn^{2+}}) + 2e^-$
　　　　　　　正极:$Cu^{2+}(a_{Cu^{2+}}) + 2e^- = Cu(s)$

其 Nernst 方程:
$$E = E^\ominus - \frac{RT}{ZF} \ln \frac{a_{Zn^{2+}}}{a_{Cu^{2+}}} = E^\ominus - \frac{RT}{2F} \ln \frac{a_{Zn^{2+}}}{a_{Cu^{2+}}}$$

其中 $Z=2$,既是电极反应的电子计量系数,又可以认为是产生电量的法拉第数。

如果我们把反应式写成如下形式：

$$1/2Zn(s)+1/2Cu(a_{Cu^{2+}})=1/2Zn(a_{Zn^{2+}})+1/2Cu(s)$$

则电极反应

负极：$1/2Zn(s)=1/2Zn^{2+}(a_{Zn^{2+}})+e^-$

正极：$1/2Cu^{2+}(a_{Cu^{2+}})+e^-=1/2Cu(s)$

其 Nernst 方程：

$$E=E^{\ominus}-\frac{RT}{ZF}\ln\frac{(a_{Zn^{2+}})^{\frac{1}{2}}}{(a_{Cu^{2+}})^{\frac{1}{2}}}=E^{\ominus}-\frac{RT}{2F}\ln\frac{a_{Zn^{2+}}}{a_{Cu^{2+}}}$$

比较以上两式，无论反应式如何写，而 E 是不变的。说明 E 为强度性质的量。如各种型号的干电池，尽管大小不一，但 E 都是一样的。

必须强调，对于电池，它们的活度商是 $a_{生成物}/a_{反应物}$，而对于任意的电极，其电极电势的公式为：

$$\varphi=\varphi^{\ominus}-\frac{RT}{ZF}\ln\frac{a_{还原态}}{a_{氧化态}} \tag{6-30}$$

其中 $\varphi^{\ominus}$ 是指电极反应中各物质的活度为 1 时的标准电极电势。式(6-30)是电极电势的 Nernst 方程。

6.7.2 电池电动势的温度系数和电池反应的 ΔS 与 ΔH

温度对电池电动势是有影响的。在实验中我们可根据不同温度下的 E 值，从而得到 $\left(\frac{\partial E}{\partial T}\right)_p$ 即电动势随温度变化率，或称为电池电动势的温度系数。

由 Gibbs-Helmholts 公式：

$$T\left(\frac{\partial \Delta G}{\partial T}\right)_p=\Delta G-\Delta H$$

将 $\Delta_r G_m=-ZEF$ 代入得

$$\Delta_r H_m=-ZEF+ZFT\left(\frac{\partial E}{\partial T}\right)_p \tag{6-31}$$

此即可逆电池反应的焓的变化,也就是在热化学中的反应热,即等压不做非体积功的反应的热效应。测得 E 及 $\left(\dfrac{\partial E}{\partial T}\right)_p$ 就可算出 $\Delta_r H_m$。由于电动势的测量很准,故是测量热力学数据的重要方法之一。

上式与 $\Delta H = \Delta G + T\Delta S$ 比较可得

$$\Delta_r S_m = ZF\left(\dfrac{\partial E}{\partial T}\right)_p \tag{6-32}$$

对于化学反应在电池中可逆进行时,其热效应:

$$Q_R = T\Delta_r S_m = ZFT\left(\dfrac{\partial E}{\partial T}\right)_p \tag{6-33}$$

又据式(6-31)有

$$Q_R = \Delta_r H_m + ZEF \tag{6-34}$$

而在烧杯中进行的化学反应其 $Q_p = \Delta H_p$。

6.7.3 标准电动势 $E^\ominus$ 与电池反应的平衡常数 $K_a^\ominus$

对于在等温、等压下进行的可逆电池反应,若反应物和产物均处于标准状态,则

$$\Delta_r G_m^\ominus = -ZFE^\ominus$$

由化学平衡我们知道:$\Delta G^\ominus = -RT\ln K_a^\ominus$

所以

$$E^\ominus = \dfrac{RT}{ZF}\ln K_a^\ominus \tag{6-35}$$

这样,由 $E^\ominus$ 就可求 $K_a^\ominus$,或由 $K_a^\ominus$ 及反应式,就可求 $E^\ominus$。

对于平衡常数,它包括各种平衡:络合平衡;酸碱平衡;氧化还原平衡;沉淀平衡等常数,若把反应设计成可逆电池,测得 $E^\ominus$(电池标准电动势)就可求得平衡常数。这里要强调一点,对于同一化学反应,反应方程式的写法不同,平衡常数不同。如

$$H_2 + 1/2 O_2 = H_2O$$

或 $2H_2 + O_2 = 2H_2O$

此两个反应的平衡常数不同,但 $E^\ominus$ 是相同的。

【例 7】 25℃,下列反应:

Fe^{3+} + 还原细胞色素 c = Fe^{2+} + 氧化细胞色素 c

$E^\ominus$ = 0.50 伏,试求(1)该反应的平衡常数;(2)当 $[Fe^{3+}]/[Fe^{2+}]$ 为 1000∶1,两种细胞色素 c 的浓度均为 0.0001 mol·kg^{-1} 时的电动势。

解 据公式 $\Delta_r G_m^\ominus = -ZFE^\ominus = -RT\ln K_a^\ominus$ 得

$$\ln K_a^\ominus = \frac{ZFE^\ominus}{RT} = \frac{1 \times 96\,500 \times 0.50}{8.314 \times 298} = 19.47$$

$$K_a^\ominus = 2.87 \times 10^8$$

假定活度等于浓度,则有:

$$E = E^\ominus - \frac{RT}{ZF}\ln Q_a = E^\ominus - \frac{RT}{ZF}\ln \frac{a_{Fe^{2+}} \cdot a_{氧化细胞色素c}}{a_{Fe^{3+}} \cdot a_{还原细胞色素c}}$$

$$= 0.50 - \frac{8.314 \times 298}{1 \times 96\,500} \ln \frac{1 \times 0.000\,1}{1\,000 \times 0.000\,1}$$

$$= 0.677(伏)$$

6.8 电池的种类及电池电动势的计算

以电池中物质所发生的变化把电池分为两类:一类是电池反应的总结果,物质发生了化学变化,称为"化学电池";另一类是电池反应的总结果,物质由一种浓度变为另一种浓度,仅仅是物质的浓度变化,称为"浓差电池"。

在这二类电池中,若仅有一种电解质溶液,称为单液电池;有两种电解质溶液,称为双液电池。

6.8.1 单液化学电池

这类电池有很多,例如下列电池:

$$Cd(s)|CdSO_4(b)|Hg_2SO_4(s)-Hg(l)$$

其电极反应:$Cd(s) \rightarrow Cd^{2+}(b) + 2e^-$

$$Hg_2SO_4(s) + 2e^- \rightarrow 2Hg(l) + SO_4^{2-}(b)$$

电池反应:$Cd(s) + Hg_2SO_4(s) \rightarrow CdSO_4(b) + 2Hg(l)$

则电动势:
$$E = E^\ominus - \frac{RT}{2F}\ln Q_a = E^\ominus - \frac{RT}{2F}\ln a_{CdSO_4}$$

$$= E^\ominus - \frac{RT}{2F}\ln(\frac{\gamma_\pm b_\pm}{b^\ominus})^2_{CdSO_4}$$

$$= E^\ominus - \frac{RT}{2F}\ln(\frac{\gamma_\pm \cdot b}{b^\ominus})^2_{CdSO_4}$$

6.8.2 双液化学电池

顾名思义,就是有两种电解质溶液。两种电解质溶液的接触,在界面上就存在着的电势差,即液接电势,它属于热力学不可逆过程,必须设法避免使用双液电池,在不可避免时,要采用盐桥使液接电势尽量降低至忽略不计。

液接电势的产生就是由于离子的迁移速度不同而引起的。如浓度相同的 $AgNO_3$ 溶液和 HNO_3 溶液相接触时,可认为 NO_3^- 不扩散,因为两边浓度相等,而 H^+ 和 Ag^+ 是必然要扩散的。H^+ 向 $AgNO_3$ 一方扩散,Ag^+ 向 HNO_3 一方扩散,然而 H^+ 比 Ag^+ 的迁

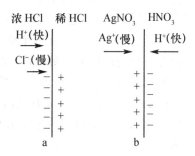

图 6-13 液体接界电势形成示意图

移速度快,使得接界处 $AgNO_3$ 一方带正电,HNO_3 一方带负电。当界面两侧带电后,会使扩散快的离子减速,而使扩散慢的加速,当两种离子速率相等时,界面上形成稳定的电势差,这就是液接电

势,也称扩散电势。如图 6-13(a)说明的是两种不同浓度的 HCl 溶液相接触时,产生液接电势的情况。图 6-13(b)说明的是两种阴离子相同而阳离子不同的电解质溶液产生液接电势的情况。

对于这种液体接触电势,从热力学上讲是不可逆的。实验中很难测定,理论上也很难计算,在实际工作中应尽量避免液接电势。若无法避开双液电池时,通常采用盐桥的方法来降低其液接电势。最常用的盐桥是在 U 型管中用 KCl 饱和了的 3%琼脂制成的盐桥,如图 6-14 所示。琼脂是一种半固体状态的凝胶,目的是起固定作用,但并不妨碍电解质溶液的导电性。在使用盐桥时,将此 U 型管倒插入两个电极的两种溶液中,与两种溶液有两个接界,代替原来两种电解质溶液的一个接界。因盐桥中 KCl 的 K^+、Cl^- 的迁移率很接近,在两个接界面上产生的很小电势,因为 K^+ 迁移速率稍慢,而 Cl^- 则稍快,而且两个界面上液接电势符号相反,故又抵消一部分。另外因盐桥中 KCl 浓度很高(饱和),高达 $4.2\ mol\cdot dm^{-3}$,可以掩盖其他离子的迁移,故盐桥能大大降低液接电势。通常液接电势约为 30 mV。使用 KCl 盐桥后可降低到 1~3 毫伏,因此可以忽略不计。

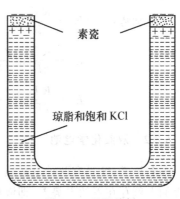

图 6-14　KCl 盐桥

但要注意,在用与 KCl 能产生沉淀的电解质溶液时,要换用其他种类的盐桥,如 NH_4NO_3 或 KNO_3 盐桥。因 NH_4^+ 和 K^+ 与 NO_3^- 的迁移速率相近。

对于用盐桥消除了液接电势的双液化学电池,如:

$Zn(s)|ZnCl_2(b_1=0.50)\parallel CdSO_4(b_2=0.10)|Cd(s)$

其电极反应：

负极　$Zn(s) \rightarrow Zn^{2+}(b_1) + 2e^-$

正极　$Cd^{2+}(b_2) + 2e^- \rightarrow Cd(s)$

电池反应　$Zn(s) + Cd^{2+}(b_2) \rightarrow Zn^{2+}(b_1) + Cd(s)$

电动势　$E = E^\ominus - \dfrac{RT}{2F} \ln \dfrac{a_{Zn^{2+}} \cdot a_{Cd}}{a_{Cd^{2+}} \cdot a_{Zn}}$

$\qquad\qquad = E^\ominus - \dfrac{RT}{2F} \ln \dfrac{a_{Zn^{2+}}}{a_{Cd^{2+}}}$

$\qquad\qquad = E^\ominus - \dfrac{RT}{2F} \ln \dfrac{\gamma_{Zn^{2+}} \cdot b_{Zn^{2+}}/b^\ominus}{\gamma_{Cd^{2+}} \cdot b_{Cd^{2+}}/b^\ominus}$

在这里，单种离子的活度系数是不可测量的，需要作一近似处理，引入 $\gamma_+ = \gamma_- = \gamma_\pm$ 的假定，以可测定的 $\gamma_\pm$ 代替不可测定的 γ_+ 和 γ_-。在该例中，查表(6-7) $0.50\ mol \cdot kg^{-1}$ 的 $ZnCl_2\ \gamma_\pm = 0.376$；$0.10\ mol \cdot kg^{-1}$ 的 $CdSO_4\ \gamma_\pm = 0.150$，$E^\ominus = \varphi^\ominus_{Cd^{2+}/Cd} - \varphi^\ominus_{Zn^{2+}/Zn}$ $= -0.4029 - (-0.7628) = 0.3599$(伏)，所以 25℃时，该电池的电动势为：

$$E = 0.3599 - \dfrac{8.314 \times 298}{2 \times 96500} \ln \dfrac{0.376 \times 0.50}{0.150 \times 0.10}$$

$$= 0.3599 - 0.0324 = 0.327(伏)$$

6.8.3　单液浓差电池(电极浓差电池)

只有一种电解质溶液，以固体溶液(合金)作为正、负电极，其组成不同就有不同的活度。故其活度的差异在两个电极上，由它们组成的电池称为电极浓差电池。如：

$\qquad Cd(Hg)(a_1) | CdSO_4(b) | Cd(Hg)(a_2)$

$\qquad (Pt)H_2(p_1) | HCl(b) | H_2(p_2)(Pt)$

前一电池的电极反应为：

负极　$Cd(a_1) \rightarrow Cd^{2+}(b) + 2e^-$

正极　$Cd^{2+}(b) + 2e^- \rightarrow Cd(a_2)$

电池反应 $Cd(a_1) \to Cd(a_2)$

电动势 $E = E^{\ominus} - \dfrac{RT}{ZF} \ln \dfrac{a_2}{a_1}$,而浓差电池的标准电动势 $E^{\ominus} = 0$(为什么?自己思考),所以 $E = -\dfrac{RT}{2F} \ln \dfrac{a_2}{a_1} = \dfrac{RT}{2F} \ln \dfrac{a_1}{a_2}$

对于后一电池,是由于 H_2 的气体压力不同而组成浓差电池。其电极反应为:

负极 $H_2(p_1) \to 2H^+(b) + 2e^-$

正极 $2H^+(b) + 2e^- \to H_2(p_2)$

电池反应 $H_2(p_1) \to H_2(p_2)$

电动势为:

$$E = E^{\ominus} - \dfrac{RT}{ZF} \ln \dfrac{p_2}{p_1} = \dfrac{RT}{ZF} \ln \dfrac{p_1}{p_2}$$

6.8.4 双液浓差电池

该电池有相同电解质溶液,只是浓度不同而已。

例如 $Ag(s) | AgNO_3(b_1) \| AgNO_3(b_2) | Ag(s)$

电极反应为:

正极 $Ag(s) \to Ag^+(b_1) + e^-$

负极 $Ag^+(b_2) + e^- \to Ag(s)$

电池反应 $Ag^+(b_2) \to Ag^+(b_1)$

则电池的电动势为:

$$E = -\dfrac{RT}{1F} \ln \dfrac{(a_{Ag^+})_1}{(a_{Ag^+})_2}$$

$$= \dfrac{RT}{F} \ln \dfrac{(\gamma_{Ag^+} \cdot b)_2}{(\gamma_{Ag^+} \cdot b)_1}$$

6.9 电池电动势测定的应用举例

在本章前几节已论述过通过测定电池的一些参数,如 E、$E^{\ominus}$

和 $\left(\frac{\partial E}{\partial T}\right)_p$，可用于求电池反应的各种热力学函数的改变值，如 $\Delta_r G_m$、$\Delta_r H_m$、$\Delta_r S_m$ 和平衡常数 $K_a^\ominus$ 等。

电动势测定的应用是极其广泛的，其基本关系式有：

(1) 由标准电极电势计算标准电动势 $E^\ominus = \varphi_+^\ominus - \varphi_-^\ominus$。

(2) 由标准电动势 $E^\ominus$ 及 $\left(\frac{\partial E}{\partial T}\right)_p$，可计算电池反应的 $\Delta_r G_m^\ominus$、$\Delta_r H_m^\ominus$、$\Delta_r S_m^\ominus$ 及 Q_r 等。

(3) 由标准电动势 $E^\ominus$，可通过 $E^\ominus = \frac{RT}{ZF}\ln K^\ominus$ 计算电池反应的平衡常数，微溶物的溶度积、水的离子积、络合物的络合常数等。

(4) 从 $E = E^\ominus - \frac{RT}{ZF}\ln Q_a$，由 E、$E^\ominus$ 及浓度可计算离子活度及平均活度系数；由浓度及活度系数计算，再根据 E 为正或为负可判断反应进行的方向等。

6.9.1 pH 值的测定

测定溶液的 pH 值，对生物研究非常重要。从我们已经学习的知识可知 $pH = \lg\frac{1}{a_{H^+}} = -\lg a_{H^+}$，实际上是确定 a_{H^+} 的大小。用电动势法测定溶液的 pH 值，既准确又快捷，此法的关键在于选择对氢离子可逆的电极。此类电极有氢电极、玻璃电极、氢醌电极及锑电极等。

(1) 氢电极测 pH 值

要测定某一溶液的 pH 值，原则上可以用氢电极和甘汞电极构成如下电池：

$(Pt)H_2(p=p^\ominus) | 待测溶液(pH=x) | 甘汞电极$

对于上述电池在 25℃，$p_{H_2} = p^\ominus$ 时，其电动势：

$$E = \varphi_{甘} - \varphi_{H^+/H_2}$$

$$= \varphi_{甘} - \left[\varphi^{\ominus}_{H^+/H_2} - \frac{RT}{F}\ln\frac{\left(\dfrac{p_{H_2}}{p^{\ominus}}\right)^{\frac{1}{2}}}{a_{H^+}}\right]$$

$$= \varphi_{甘} + \frac{RT}{F}\ln\frac{1}{a_{H^+}}$$

$$= \varphi_{甘} + \frac{2.303RT}{F}\ln\frac{1}{a_{H^+}}$$

$$= \varphi_{甘} + 0.059\ 16\text{pH}$$

$$\text{pH} = \frac{E - \varphi_{甘}}{0.059\ 16}$$

其中 $\dfrac{2.303RT}{F} = \dfrac{2.303 \times 8.314 \times 298.15}{96\ 487} = 0.059\ 16$

在一定温度下,测定该电极的 E,就能求该溶液的 pH 值。在实际工作中,氢电极应用起来有许多不便。如:氢气要很纯,且要维持恒定压力。溶液中不能有氧化剂、还原剂等。另外有些物质,如蛋白质、胶体等易在铂电极上吸附,使电极不灵敏,不稳定,而产生误差,但不失为一种快捷准确的方法。

(2)玻璃电极测 pH 值

玻璃电极是测定 pH 值最常用的一种指示电极,是一种对氢离子具有特殊选择性的离子选择电极。如图 6-15 所示。它是由特制玻璃吹成的很薄的膜。球内盛有 0.10 mol·dm^{-3} 盐酸和 Ag-AgCl 电极,将此玻璃电极插入待测溶液中,由于膜内外 H$^+$ 浓度不同而产生电势差。由于内侧的 H$^+$ 一定,电势差随着外侧的 H$^+$ 浓度不同而变化。

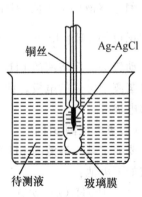

图 6-15 玻璃电极

电极式为： Ag-AgCl(s)|HCl($b=0.10$)

25℃电极电势为：

$$\varphi_{玻}=\varphi_{玻}^{\ominus}-\frac{RT}{F}\ln\frac{1}{a_{H^+}}=\varphi_{玻}^{\ominus}-0.059\,16\mathrm{pH}$$

将玻璃电极与甘汞电极组成电池,就能从测得的 E 值求出待测溶液的 pH 值。

Ag-AgCl(s)|HCl(0.1 mol·dm^{-3})|待测溶液(pH=x)|甘汞电极
玻璃膜

在 298K 时,其电动势为：

$$E=\varphi_{甘}-\varphi_{玻}=\varphi_{甘}-\varphi_{玻}^{\ominus}+0.059\,16\mathrm{pH}$$

$$\mathrm{pH}=\frac{E-\varphi_{甘}+\varphi_{玻}^{\ominus}}{0.059\,16}$$

式中 $\varphi_{玻}^{\ominus}$ 对给定的玻璃电极为一常数,但对于不同的玻璃电极,由于玻璃膜的组成不同,制备方法不同,以及使用后表面状态的不同,使得 $\varphi_{玻}^{\ominus}$ 值不同。可用已知 pH 值的缓冲溶液,测定 E 值,就可求得 $\varphi_{玻}^{\ominus}$。

由于玻璃膜电阻很大,一般可达 10~100 兆欧,因此测量 E 时不能用普通的电位差计,而要用电子管或晶体管伏特计。这种用玻璃电极专门用来测量溶液 pH 值的仪器叫做 pH 计。由于玻璃电极不受溶液中存在的氧化剂或还原剂的干扰,也不受各种杂质的影响,使用方便,故应用广泛。

玻璃电极不仅仅是一种对 H^+ 具有选择性的电极。通过改进玻璃的组成,还可制成其他离子的选择电极,如 K^+、Na^+、NH_4^+、Ag^+、Tl^+、Li^+、Rb^+、Cs^+ 等一系列阳离子的选择电极。此外还有各种膜电极,例如应用 Ag_2S 压片,可制成 S^{2-} 离子选择电极。

6.9.2 求平均活度系数 $\gamma_\pm$

【例8】 下列电池

(Pt)H_2($p=1p^{\ominus}$)|HCl(b)|Hg_2Cl_2-Hg

已知 $b=0.07503 \text{ mol} \cdot \text{kg}^{-1}$,在 298K 下测得 $E=0.4119$ 伏,求该浓度 HCl 溶液的 $\gamma_\pm$。

解 该电池的反应为:
$$1/2 H_2(p^\ominus) + 1/2 Hg_2Cl_2(s) \rightarrow Hg(l) + HCl(b)$$

电池的电动势为
$$E = (\varphi^\ominus_{Cl^-/Hg_2Cl_2-Hg} - \varphi^\ominus_{H^+/H_2}) - \frac{RT}{F} \ln a_{H^+} \cdot a_{Cl^-}$$

$$E = E^\ominus - \frac{RT}{F} \ln \left(\frac{b \cdot \gamma_\pm}{b^\ominus} \right)^2$$

查得 $\varphi^\ominus_{Cl^-/Hg_2Cl_2-Hg} = 0.268$ V

所以 $E^\ominus = \varphi^\ominus_+ - \varphi^\ominus_- = \varphi^\ominus_+ = 0.268$ V

则有:$0.4119 = 0.268 - 2 \times 0.05916 (\lg 0.07503 + \lg \gamma_\pm)$

得 $\gamma_\pm = 0.81$

6.9.3 求难溶盐的溶度积 K_{sp}

难溶盐有许多,典型的有 AgCl、AgBr、AgI、CuS、Hg_2Cl_2、Ag_2S 等。一般情况下是将难溶盐的溶解平衡设计成电池,查出标准电极电势 $\varphi^\ominus$,算出 $E^\ominus$ 进而求算出 $K^\ominus_{sp}$。

【例 9】 试求 AgI 在 298K 时溶度积 K_{sp}。

解 AgI 的溶解平衡
$$AgI(s) \rightarrow Ag^+(b_1) + I^-(b_2)$$

组成如下电池:
$$Ag(s) | Ag^+(b_1) \| I^-(b_2) | AgI-Ag(s)$$

电极反应:

负极 $Ag(s) \rightarrow Ag^+(b_1) + e^-$

正极 $AgI(s) + e^- \rightarrow Ag^+(b_1) + I^-(b_2)$

电池反应 $AgI(s) \rightarrow Ag^+(b_1) + I^-(b_2)$

$$E^\ominus = \varphi^\ominus_+ - \varphi^\ominus_- = (-0.151) - 0.7991 = -0.9501 (\text{伏})$$

($\varphi^\ominus_+, \varphi^\ominus_-$ 由标准电极电势表查得)

所以 $\ln K^{\ominus}{}_{sp} = \dfrac{ZFE^{\ominus}}{RT} = \dfrac{1 \times 96\,500 \times (-0.950\,1)}{8.314 \times 298.15} = -37$

$K^{\ominus}{}_{sp} = 8.55 \times 10^{-17}$

6.9.4 电势滴定

电势滴定就是根据电势的变化来确定滴定终点的一种定量分析方法。其基本原理是利用滴定终点时电动势发生突跃,从而确定滴定终点。如酸碱滴定,是将氢电极插入被滴定酸中如 HCl,与甘汞电极组成电池,再用 NaOH 进行滴定。在滴定过程中,pH 值逐渐增大,电动势也增大,这是因为 298K 时,$E = \varphi_{甘} + 0.059\,16\mathrm{pH}$。接近终点时,少量 NaOH 的加入,可引起 pH 值的突变,对应的电动势也有突变。然后将测得的电动势对加入的 NaOH 溶液体积作图,确定终点,如图 6-16 所示。此方法对氧化还原反应、沉淀反应也适用,特别是那些有色溶液、浑浊溶液的滴定。

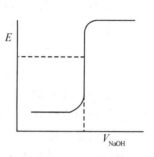

图 6-16 电势滴定

6.9.5 某些生物体系的应用

【例 10】 在 298K,pH = 7 时,MB/MBH$_2$ 系统的还原电势是 0.011 V。MB 代表亚甲蓝的氧化态,MBH$_2$ 代表亚甲蓝的还原态。问当亚甲蓝有 5% 被氧化时和 95% 被氧化时,其还原电势各是多少?

解 电极反应为:$\mathrm{MB} + 2\mathrm{H}^+ + 2e^- = \mathrm{MBH}_2$

$$\varphi = \varphi^{\ominus} - \dfrac{0.059\,16}{2} \lg \dfrac{[\mathrm{MBH}_2]}{[\mathrm{MB}][\mathrm{H}^+]^2}$$

因为 pH = 7,$\varphi = \varphi^{\ominus} + \dfrac{0.05\,916}{2} \lg \dfrac{[\mathrm{MB}]}{[\mathrm{MBH}_2]}$

所以 $\varphi_1 = 0.011 + \dfrac{0.059\,16}{2} \lg \dfrac{5}{100-5} = -0.027$ V

$$\varphi_2 = 0.011 + \frac{0.05916}{2}\lg\frac{95}{100-95} = -0.086 \text{ V}$$

【例 11】 下列反应(pH=7)

$$NADH + H^+ + 1/2 O_2(g) \Longrightarrow NAD^+ + H_2O$$

试计算标准电动势,标准自由能变化和平衡常数。

解 查表 6-9 知,$\varphi^{\ominus}_{NAD/NADH} = -0.320 \text{ V}, \varphi^{\ominus}_{O_2/H^+} = 0.816 \text{ V}$

所以 $E^{\ominus} = \varphi^{\ominus}_+ - \varphi^{\ominus}_- = 0.816 - (-0.320) = 1.136 \text{ V}$

$$\Delta_r G^{\ominus}_m = -ZFE^{\ominus} = -2 \times 96\,500 \times 1.136 = -219 \text{ kJ}$$

又据 $\Delta_r G^{\ominus}_m = -RT\ln K_a' - 219\,000$

$= 8.314 \times 298.15 \ln K_a'$

$K^{\ominus}_a = 2.31 \times 10^{38}$

$\Delta_r G^{\ominus}_m = -219 \text{ kJ}$ 是一对电子在流过呼吸链全程时的自由能变化。每个葡萄糖分子的氧化总共需要 12 对电子通过呼吸链,其自由能总的减少是 $-12 \times 220 = -2\,640 \text{ kJ}$,而葡萄糖燃烧的自由能是 $-2\,879 \text{ kJ}$,因此葡萄糖氧化的可利用的自由能在代谢途径的呼吸链中大部分被释放出来,这个自由能大部分用来合成 34 摩尔的 ATP。再包括糖酵解合成的 2 摩尔的 ATP 和在三羧酸循环中产生的 2 摩尔的 ATP,所以从 1 摩尔葡萄糖变成 CO_2 和 H_2O,总共可得 38 摩尔的 ATP。

6.9.6 生物电化学传感器

前已涉及玻璃膜电极,其是用玻璃制成的,事实上还可用其他材料制作膜电极,如一些聚合物材料。膜电极是化学传感器的一种,再应用于生物体系就是生物电极,又称为生物电化学传感器。它是利用生物体具有分子识别的能力,从而对特定物质有选择性亲和力,这样就可制成各种不同的生物电极。根据生物材料的不同,又分为酶电极、微生物电极、免疫电极、组织电极和细胞电极。如葡萄糖氧化酶电极,它是一种固定化酶膜电极。葡萄糖氧化酶(GOD)选择性地催化下列反应:

$$\beta-D-G+O_2 \xrightarrow{GOD} \beta-D-\text{葡萄糖}+H_2O_2$$

该反应定量地消耗氧,可用氧电极测出氧的变化,从酶电极的输出电流求葡萄糖的浓度。反应中有 H_2O_2 产生,所以还可以用 H_2O_2 电极测 H_2O_2 的浓度,从而间接求葡萄糖的浓度。

葡萄糖氧化酶电极是目前研究得最多最成功的一种酶电极,现已有商品可售,用于检测血糖和尿糖,诊断糖尿病,具有快速、准确、简便、样品用量少,不需其他试剂等优点,广泛用于临床检验。

其他生物电化学传感器,如对于水中有机污染物的情况,食品的新鲜程度,发酵状况等生物传感器已有上市商品。

结合蛋白质是某种蛋白质与特定物质所形成的稳定蛋白质复合体,它具有优良的分子识别功能,利用结合蛋白质的亲和电位测定,可制成不同的传感器。例如利用抗生素蛋白可制做维生素 H 传感器;利用蛋白质 A 可制做免疫球蛋白 G 传感器。此外,以微生物作为识别材料可制成微生物传感器,它可用于致癌物质的测定。因为许多致癌物质能使微生物变性,使微生物中的 DNA 受到损伤,而使其丧失呼吸功能。利用某些特定的微生物菌株制成的微生物传感器,可进行致癌物质的筛选。生物传感器的研究发展与微电子、微机技术和超微电极等高科技紧密相联,它在生理过程的跟踪、生物学、临床化验、药物检定、环境保护、活体检测、发展生物芯片等方面将有十分广阔的前景。

6.10 生物电化学

生命现象中包含着许多电化学问题,电化学过程是生命活动的主要基元过程之一,例如神经细胞受到外界刺激时,细胞膜电势将发生变化,产生动作电位。此外,生物电极、电生理学将是医疗保健的重要技术。生物电化学是通过电化学的基本原理和实验方法来研究生物体系在分子和细胞水平上电荷和能量传输的运动规律,以及对生物体系活动功能的影响。它涉及生物体系的各种氧化还原反应(如呼吸链、光合链等)的热力学(反应机制、生物催化等);生物膜和人工模拟膜上电荷与物质的分离和转移(生物膜界面结构、界面电势、跨膜电势等);生物体系中的电动力学(膜及生物体系的介电性质和外加电磁场对细胞分裂、融合、生长过程的影响等),应用生物电化学(包括生物电极和电池、电化学在医学与药学中的应用等)。由此可见,电化学已成为生命科学中最基本的学科之一,电化学的基本理论和实验方法,不仅能在生命个体和有机组织的整体水平上,而且可在分子与细胞水平上来认识和研究生命过程中的化学本质,它对生物学科的发展及应用都有重要的意义。在此仅对生物氧化、生物膜电势作一些简单的介绍。

6.10.1 生物氧化

生物氧化是糖、脂肪和蛋白质分解代谢的主要方式,也是能量释放的重要途径。其净反应是从"燃料"分子中转移电子,使氧分子还原成水。它是靠亚细胞器中的线粒体将生物氧化第一阶段的代谢物,如丙酮酸、苹果酸、乳酸、谷氨酸等进行链式酶催化反应,称为末端氧化链或呼吸链。其中各种氧化还原酶作为电子载体参与反应,依次产生它们的氧化型/还原型的偶对变化。末端呼吸链的变化及其氧化还原电势如图 6-17 所示:

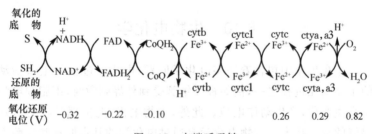

图 6-17 末端呼吸链

其中 $NAD^+/NADH$、$FAD/FADH_2$ 分别是尼克酰胺腺嘌呤二核苷酸、黄素腺嘌呤二核苷酸的氧化型和还原型，$CoQ/CoQH_2$ 为泛醌（辅酶 Q）氧化还原载体分子，其后 cyt 类为细胞色素，是含血红素基团的传递电子的蛋白质，ctyb、ctyc、ctya 和 $ctya_3$ 代表不同形式的细胞色素，每种 cyt 中含有铁原子，为细胞色素 Fe^{3+}/细胞色素 Fe^{2+} 氧化还原载体分子，$cyta_1$ 和 $cyta_3$ 合在一起称为细胞色素氧化酶或呼吸酶，它可将电子直接转移给分子氧。各种电子载体酶在呼吸链中的排列次序，取决于其氧化还原电位的相对大小。当代谢物被氧化时，氢原子（H^+ 和电子）由底物中脱去，一对电子从呼吸链始端沿图 6-16 的步骤向下传递，其电势变化是呼吸链两端电势之差，其总反应为：

$$NADH + H^+ + \frac{1}{2}O_2 \rightarrow NAD^+ + H_2O$$

$$E^\ominus = 0.82V - (-0.32V) = 1.14V$$

反应的自由能为：

$$\Delta_r G_m^\ominus = -nFE^\ominus = -2 \times (96\,500\ C \cdot mol^{-1}) \times 1.14\ V = -220\ kJ \cdot mol^{-1}$$

此放能反应与二磷酸腺苷（ADP）磷酸化产生三磷酸腺苷（ATP）的吸能反应耦联，氧化磷酸化。反应式为：

$$NADH + H^+ + 3ADP + 3H_3PO_3 + \frac{1}{2}O_2 \rightarrow NAD^+ + 3ATP + 4H_2O$$

ATP 为高能化合物，是许多生物反应的初级能源，蛋白质的合成、离子的迁移、肌肉的收缩、神经细胞的电活动都要靠 ATP 水解放能才得以进行。氧化 1 molNADH 可生成 3 molATP，耗能约 90 kJ，通过此氧化磷酸化耦联，将生物氧化放出能量 220 kJ 中的 41%，以化学能的形式储存于 ATP 中。

一个葡萄糖分子氧化，共有 12 对电子通过呼吸链，总自由能改变为：

$$12 \times (-220)\ kJ \cdot mol^{-1} = -2640\ kJ \cdot mol^{-1}$$

葡萄糖的燃烧热为 $-2\,808\ kJ \cdot mol^{-1}$，可见，葡萄糖氧化时能利用的自由能在代谢的呼吸链中绝大部分被释放出来了。生物氧化与燃烧反应的区别是它处在酶催化的呼吸链中,在水溶液和体温的条件下进行。在链中电势低的物质容易失去电子,电位高的物质可以氧化电势低的物质,能量是逐步释放和受调节的,而不像燃烧时,能量是集中大量释放,引起体系温度骤然升高。此外,生物氧化主要是脱氢和电子转移的反应,氢与氧化合成水。而燃烧则包含有氧与代谢物的碳原子生成二氧化碳的氧化作用。

生物氧化可形成生物燃料电池。燃料电池与常规化学电源的区别是普通化学电池的反应物质贮存于电池内部,这些物质耗尽时电池不能提供电能,而燃料电池的燃料与氧化剂贮存于外部的容器中,只要连续向电池供给燃料和氧化剂,它就能不断地输出电能。例如氢、氧燃料电池,阳极活性物质为 H_2,阴极活性物质为 O_2。在人体液中存在的葡萄糖和氧可作为阳极和阴极反应的活性物质,将载有阳极催化剂(Pt 或 Pt—Ru 合金)与阴极催化剂(Pt 或 Au 合金)的电极与体液可组成生物体内的燃料电池。其电极反应为:

阳极(负极) $C_6H_{12}O_6 + 24OH^- - 24e \rightarrow 6CO_2 + 18H_2O$

阴极(正极) $6O_2 + 12H_2O + 24e \rightarrow 24OH^-$

电池反应 $C_6H_{12}O_6 + 6O_2 \rightarrow 6CO_2 + 6H_2O$

依靠体液的活性物质为燃料,作为连续的能源在体内组成生物燃料电池,成为体内人造器官的电源是安全可能的。

6.10.2 细胞膜电势

生物细胞膜是一种特殊类型的半透膜。膜的两侧存在着由多种离子组成的电解质溶液,在正常情况下,神经细胞膜内、外 K^+ 离子浓度分别为 400 mmol·dm^{-3} 与 20 mmol·dm^{-3},膜内 K^+ 离子浓度比膜外的约高 20 倍;而膜内、外 Na^+ 离子浓度则分别为 50 mmol·dm^{-3} 与 440 mmol·dm^{-3},膜内 Na^+ 离子浓度比膜外的低许多。此外,细胞膜对离子的通透性 P 是可以调变的。在通常静息状态时,神经细胞膜对 K^+ 的通透性约比对 Na^+ 的大 100 倍。由于细胞膜两侧离子浓度不同而产生的膜电势,称为生物膜电势,也称为半透膜电势。如当青蛙腿收缩时,可以检测到有微弱的电信号,同样,人肌肉细胞收缩也有同样信号。

此外,在动物细胞膜上通过不同的电流,并同时测定膜电势的数值,曼德尔(Mandle)发现活细胞膜并不是一个简单的电阻,膜电势的产生与电极过程有关。而死组织的细胞膜上无新陈代谢作用,细胞膜就成为一个简单的电阻。电化学家认为膜电势产生的本质是在膜与溶液界面上进行着电荷传递过程,在细胞膜的一侧进行有机物的氧化反应,而在另一侧进行氧的还原反应,关于膜电势产生的机理还有待深入研究。根据膜电势变化的规律来研究生物机体活动的情况,是当前生物电化学研究中的一个十分活跃的领域,并得到广泛的应用。膜电势的存在表明每个细胞膜上都有一个双电层,相当于许多电偶极子分布在表面上。跨膜电势的测定、膜电势的控制在医学上有重要的意义。例如,心肌收缩与松弛时,心肌细胞膜电势相应发生变化,心脏的总偶极矩也随着变化。心电图就是测量人体表面几组对称点之间因心脏偶极矩改变所引起电势差随时间的变化,来检查心脏工作的情况。此外,脑电图、肌动电流图,对了解大脑神经的活动、肌肉的活动都提供了直接有效的检测手段。

图 6-18 就是半透膜电势测定的示意图。

将一片动物组织钉在充满溶液的容器底部,溶液的组成与机体的细胞外液体相同(细胞外液体含有大量溶解的电解质,哺乳动物的体液总电解质浓度的典型值为 $0.3\ mol \cdot dm^{-3}$)。用一个微型盐桥穿刺到单个细胞膜

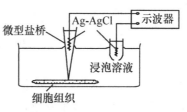

图 6-18 半透膜电势的测定

内,可以组成一个电化学电池,其中 β 相是生物细胞内侧,膜为细胞原生质膜,α 相就是浸泡溶液。测得的电势差就是生物细胞内侧与外侧的电势差,即半透膜电势。膜电势显示在示波器上或卡片记录仪上,微型盐桥是由细尖的玻璃管(直径大约为 5×10^{-7} m)内充满浓 KCl 水溶液组成。当尖端穿透细胞膜,膜即将玻璃毛细管封住。

人们研究了细胞两侧的电势差,发现两侧的电位差 $\varphi^{int}-\varphi^{ext}$ 有 -30 至 -100 mV,细胞内侧电势低于外侧。静止肌肉细胞的电势差为 -90 mV,静止神经细胞为 -70 mV,肝细胞为 -40 mV。因为活机体中存在界面电势差,活机体符合电化学系统的定义。

当神经细胞有一个沿神经细胞传递的刺激或肌肉细胞收缩时,半透膜电势 $\varphi^{int}-\varphi^{ext}$ 发生改变,暂时变成正值。也就是说,通过刺激或肌肉收缩,细胞膜电势可以发生变化。通过视觉、听觉、触觉等,我们可以接受外界的感觉,我们的思维过程,以及我们自觉不自觉的肌肉收缩,所有这些过程都与界面电势差有直接关系。了解生命过程需要了解这些电势差如何维持以及如何变化。

对于神经细胞的半透膜电势,1943 年,Goldman 应用非平衡态方法并应用膜中 φ 线性变化的假设,导出一个半透膜电势方程。这个方程(改进后的形式)后来被 Hodgkin 和 Katz 用于研究神经脉冲。此方程被称之为 Goldman-Hodgkin-Katz 方程,其形式为:

$$\Delta\varphi = \varphi_{内}-\varphi_{外}$$
$$= \frac{RT}{F}\ln\frac{P(K^+)[K^+]^{ext}+P(Na^+)[Na^+]^{ext}+P(Cl^-)[Cl^-]^{int}}{P(K^+)[K^+]^{int}+P(Na^+)[Na^+]^{int}+P(Cl^-)[Cl^-]^{ext}}$$

(6-36)

式中 $[K^+]^{ext}$ 和 $[K^+]^{int}$ 为细胞外和细胞内 K^+ 的体积摩尔浓度,$P(K^+)$ 为 K^+ 离子对膜的穿透性 $[P(K^+)$ 定义为 $D(K^+)/\tau$,其中 $D(K^+)$ 为 K^+ 通过厚度为 τ 的膜的扩散系数$]$。

式(6-36)中的六个浓度实际上应该以活度代替。但因细胞内、外的离子强度近似相等,所有六个活度系数近似相等,被省略了。而实际上 $P(K^+)$ 比 $P(Na^+)$ 和 $P(Cl^-)$ 大得多,式(6-36)可以简化。

示踪实验表明,K^+、Na^+ 及 Cl^- 三种离子,对神经细胞膜是可以穿透的。人们发现鱿鱼静止神经细胞的 $P(K^+)/P(Cl^-) \approx 2$,$P(K^+)/P(Na^+) \approx 25$。而且观察的鱿鱼神经细胞内离子的浓度为:

$[K^+]^{int} = 410$, $[Na^+]^{int} = 49$, $[Cl^-]^{int} = 40$;

$[K^+]^{ext} = 10$, $[Na^+]^{ext} = 460$, $[Cl^-]^{ext} = 540$。

这是三种主要的无机离子。在细胞内,还有相当大浓度的有机阴离子(带电蛋白质,有机磷酸盐,有机酸阴离子),这些物质穿透性很低。

应用膜电势公式:

$$E = \varphi_{内} - \varphi_{外} = \frac{RT}{F} \ln \frac{[K^+]_{外}}{[K^+]_{内}}$$

则有:

$$E_{K^+} = \varphi_{内}(K^+) - \varphi_{外}(K^+) = \frac{RT}{F} \ln \frac{a_{外}(K^+)}{a_{内}(K^+)}$$

$$= \frac{(8.314 \text{ J} \cdot \text{K}^{-1} \cdot \text{mol}^{-1})(298\text{K})}{(96\,500 \text{ C} \cdot \text{mol}^{-1})} \ln \frac{10}{410}$$

$$= -95 \text{ mV}$$

同理:$E_{Na^+} = +57 \text{ mV}$ $E_{Cl^-} = -67 \text{ mV}$

如 -70 mV 为平衡膜电势,则可认为 Cl^- 处在电化学平衡状态,而 K^+、Na^+ 则不平衡。

由理论计算可知,对于 $Z = 1$ 的离子,平衡浓度比 $c_{外}/c_{内} = 1 : 15$;对 $Z = -1$ 的离子,则平衡浓度比为 $c_{外}/c_{内} = 15 : 1$。而实际浓度比:

K^+: $c_{外}/c_{内} = 1 : 41$

Na^+: $c_{外}/c_{内} = 9 : 1$

Cl^-: $c_{外}/c_{内} = 14 : 1$

所以 Na^+ 不断地自动进入细胞,K^+ 自动地流出。而某种活性传输过程维持 Na^+ 与 K^+ 稳定的浓度,这是利用细胞的代谢能,连续地将 K^+ "泵"出细胞,而把 Na^+ 输入细胞。

一个神经脉冲是半透膜电势的一个短暂(1 ms)的变化,此变化以 10^3 到 10^4 m/s 的速度沿神经纤维传播,速度与神经的种类和特性有关。$\Delta\varphi$ 的变化由 Na^+ 对膜的穿透性的局部增加开始,$P(Na^+)/P(K^+)$ 可能达到 20。当 $P(Na^+)$ 远大于式(6-36)中的 $P(K^+)$ 和 $P(Cl^-)$ 时,膜电势 $\Delta\varphi_{eq}(Na^+)$ 的值趋向 $+60$ mV。在传递神经脉冲时,观察到的峰值为 $+40$ 或 $+50$ mV。到达峰值以后,$P(Na^+)$ 减小,而 $P(K^+)$ 暂时增加。因此,电势朝着它的静止值 -70 mV 复原。由于 $P(K^+)$ 暂时增加,电势会在一定程度上超过静止值,当离子的穿透性回到原来值时,电势最后也回到 -70 mV,但穿透性改变的机理还不太清楚。

习 题

6-1 思考题

1. 原电池与电解池有何不同,其导电机理有何不同?
2. 影响溶液导电能力的主要因素有哪些?
3. 强电解质溶液和弱电解质溶液的 Λ_m 随浓度 c 的变化是否相同?为什么?
4. 当电解质溶液的浓度增加时,溶液中的离子数目增加,电导率应该增加,但实际上当溶液的浓度增加到一定程度后,电导率下降,为什么?
5. 选用盐桥时应注意什么问题?
6. 电池电动势 $E = E_+ - E_-$,标准电池电动势 $E^\ominus = RT/zF \ln K_a$,电池反应的 $\Delta_r G_m = -zEF$,试问:

a. 电池中电解质溶液的浓度是否影响 E、$E^\ominus$ 和 $\Delta_r G_m$?

b. 电池反应的得失电子数是否影响 E、$E^\ominus$ 和 $\Delta_r G_m$?

c. $E^{\ominus}$ 是电池反应达平衡时的电动势,正确吗?

6-2 为了校正某安培计,有一个氢气库仑计和一个银库仑计串联在电路中。当电流通过时(a)1 小时内在量气管中收集到 0.095 dm^3 的氢气(温度 19℃,压力 99 192Pa)。(b)在同时间内,在银库仑计中沉积出 $0.845×10^{-3}$ kg 银。试计算电流值。

6-3 于硫酸钠溶液中通过 1 000 库仑电量时,在阴极和阳极上分别生成 NaOH 和 H_2SO_4 质量为多少?

6-4 某个浓度为 0.01 mol·dm^{-3} 的 KCl 溶液具有 $1.408\ 8×10^{-1}$ S·m^{-1} 的电导率。充满该溶液某个电导池的电阻为 4.215Ω。

(a)求该电导池常数。

(b)若同一电导池充满某种 HCl 溶液后,其电阻等于 1.032 6Ω。试问该 HCl 溶液的电导率是多少?

6-5 在 25℃时,浓度为 0.027 5 mol·dm^{-3} H_2CO_3 的电导率为 $3.86×10^{-3}$ S·m^{-1},计算 $H_2CO_3 = H^+ + HCO_3^-$ 的电离平衡常数。

6-6 已知下列溶液在 18℃时无限稀释摩尔电导率为 $\Lambda_m^{\infty}\left(\frac{1}{2}Ba(OH)_2\right) = 228.8; \Lambda_m^{\infty}\left(\frac{1}{2}BaCl_2\right) = 120.3; \Lambda_m^{\infty}(NH_4Cl) = 129.8$。试计算 18℃时 NH_4OH 的 Λ_m^{∞}。以上 Λ_m^{∞} 值的单位为 (10^{-4} S·m^2·mol^{-1})

6-7 用平均离子活度系数和质量摩尔浓度导出 1—2 型电解质(如 K_2SO_4)的活度表达式。

6-8 下列各溶液的离子强度为多少? (a)0.1 mol·kg^{-1} NaCl;(b)0.1 mol·kg^{-1} $Na_2C_2O_4$;(c)0.1 mol·kg^{-1} $CuSO_4$;(d)含 0.1 mol·kg^{-1} Na_2HPO_4 和 0.1 mol·kg^{-1} NaH_2PO_4 的溶液。

6-9 对 25℃下的浓度为 0.002 mol·kg^{-1} 的 $CaCl_2$ 溶液,用德拜一休克尔极限公式,计算 Ca^{2+},Cl^- 的活度系数和该电解质的离子平均活度系数。

6-10 在临床生物化学中草酸钙因为它能在肾中沉积为结石而引起人们的兴趣。已知室温下每 dm^3 水能溶解 7×10^{-6} kg 草酸钙。计算在室温下的下列数据：

(a) 饱和的草酸钙水溶液中草酸根离子的浓度；

(b) 草酸钙在水中的热力学溶度积常数；

(c) 在浓度为 10^{-3} mol·dm^{-3} $CaCl_2$(aq)溶液中，饱和草酸钙溶液的草酸根离子的浓度。

6-11 在 25℃时 $BaSO_4$ 饱和溶液的电导率为 4.58×10^{-4} S·m^{-1}，$BaSO_4$ 溶液的无限稀释时摩尔电导率为 0.0143 S·m^2·mol^{-1}，水的电导率为 1.52×10^{-4} S·m^{-1}，求 $BaSO_4$ 的溶解度和溶度积。

6-12 写出下面每个电池的电池反应

(a) $(Pt)H_2(p_{H_2})|H^+(b_1)\|Ag^+(b_2)|Ag(s)$

(b) $(Pt)H_2(p_{H_2})|HCl(b)|AgCl-Ag$

(c) $(Pt)H_2(p_{H_2})|H^+(b_1)\|Fe^{3+}(b_2),Fe^{2+}(b_3)|(Pt)$

(d) $(Pt)NAD^++H^+,NADH\|$ 丁酮二酸根$^{2-}+2H^+$，苹果酸根$^{2-}$(Pt)

6-13 写出下面反应的电池表示式

(a) $Sn^{2+}(b_1)+Pb(s)=Pb^{2+}(b_2)+Sn(s)$

(b) 乳酸根$^-+NAD^+=$丙酮酸根$^-+NADH+H^+$

(c) $AgCl(s)+I^-(b_1)=AgI(s)+Cl^-(b_2)$

(d) $\frac{1}{2}H_2(g)+AgCl=Ag(s)+HCl(b)$

6-14 电池：$Zn(s)|Zn^{2+}(b')\|Fe^{3+}(b_1),Fe^{2+}(b_2)(Pt)$ 的标准电动势在 25℃时是 1.53 V，在 50℃时是 1.55 V，写出该电池的电极反应，电池反应，标明正负极，阴阳极，并计算 $\Delta S^\ominus$，并说明需作什么假定。

6-15 已知：$Fe^{3+}+e^-=\!=\!=Fe^{2+}$ $\varphi_1^\ominus=0.771$ V

$$Fe^{2+} + 2e^- \rightleftharpoons Fe \qquad \varphi_2^\ominus = -0.440 \text{ V}。$$

求:$Fe^{3+} + 3e^- \rightleftharpoons Fe$ 的 $\varphi_3^\ominus$。

6-16 从血浆产生胃液,要求 H^+ 从 $pH=7$ 的溶液迁移到 $pH=1$ 的环境中,求在37℃为反抗浓度梯度的迁移与 H^+ 相关的最小自由能变化。(提示:设计一个浓差电池求 $E^\ominus$,然后求 $\Delta G^\ominus$)

6-17 设计一个电池其反应是 $AgBr(s) = Ag^+(b) + Br^-(b)$。并计算25℃时溶度积。所需数据请查表。

6-18 将氢电极和摩尔甘汞电极浸入同一溶液中,在25℃时测得电动势为0.664 V,计算 pH 值和氢离子的活度。

6-19 从下列两个电池,求胃液的 pH 值。25℃时,

$H_2(p_{H_2} = 1p^\ominus) | 胃液 \parallel KCl(0.1 \text{ mol} \cdot \text{dm}^{-3}) | Hg_2Cl_2\text{-}Hg$
$E = 0.420 \text{ V}$

$H_2(p_{H_2} = 1p^\ominus)H^+(a=1) \parallel KCl(0.1 \text{ mol} \cdot \text{dm}^{-3}) | Hg_2Cl_2\text{-}Hg$
$E = 0.333\ 8 \text{ V}$

6-20 利用电池 $Hg\text{-}Hg_2Cl_2 | KCl（饱和溶液）\parallel x, Q, QH_2(Pt)$,进行酸碱滴定。如待测溶液 x 为 $0.1 \text{ mol} \cdot \text{dm}^{-3}$ HCl,滴定液是 NaOH。

(a)估算滴定开始和终了的电动势;

(b)投入氢醌(QH_2)量的多少会影响电动势的值吗?

6-21 在25℃时,$1 \text{ mol} \cdot \text{dm}^{-3}$ KCl 的甘汞电极与氢醌电极组成电池。

(a)当被测溶液 pH 值为何值时电池电动势为零?

(b)被测液 pH 值大于何值时,醌氢醌电极为负极?

(c)当被测液 pH 值小于何值时,醌氢醌电极为正极?

6-22 根据下列反应组成电池,并求25℃时的 $E^\ominus$ 及 $\Delta G^\ominus$ 和 K_a。

(a) $\frac{1}{2}Cd(固) + \frac{1}{2}Br_2(液) = \frac{1}{2}Cd^{2+}(a=1) + Br^-(a=1)$

(b) $Cd(固) + Br_2(液) = Cd^{2+}(a=1) + 2Br^-(a=1)$

试比较以上两个反应计算结果的异同。

6-23 在 25℃时，电池 $H_2(p^\ominus)|H_2SO_4(0.1b)|O_2(p^\ominus)$ 的 E 为 1.228 V。H_2O(液)的生成热为 -286.1 kJ·mol^{-1}。

(a)计算电池的温度系数；

(b)计算 0℃时该电池的电动势。

第 7 章 表面现象

表面是相与相之间的交界面,更确切地说应是界面。如液体与气体,固体与气体,液体与固体,液体与液体,固体与固体之间的交界面。习惯上把固体与气体、液体与气体间的交界面称为表面。实际应用时"表面"与"界面"常不加以区别。这种交界面是一个约为几个分子厚度的界面层,与界面层相邻的两个均匀的相叫本体相,或简称体相。凡是界面上发生的一切物理现象或化学现象叫界面现象或表面现象。如气体在固体表面上的吸附,固体催化剂表面上的催化反应,电极与电解质溶液界面上的电极反应,液体表面上的蒸发,液体在固体表面上的润湿与铺展等。

表面化学在生物、材料、石油化工、环境工程、药学等领域都有重要的应用。

7.1 表面吉布斯函数与表面张力

7.1.1 表面功

产生各种表面现象的原因从微观角度看,是因为处于界面层分子与体相分子的处境不同,受力情况不同。例如气液界面(图

7-1),处于本体相内的分子受到临近分子的引力,来自各个方向,大小相等,合力为零。而在表面层的分子却不是被同种分子完全包围,气相方面的引力比液相方面的要小得多,表面层分子受到指向液体内部的拉力,所以在没有其他作用力存在时,液体表面有自动缩小呈球形的趋势,因体积一定的各种形状物体中,以球体的表面积最小。若要把液体分子从液体内部移到表面层以形成新表面时,就必须克服指向液体内部的引力而消耗功。可见表面上的分子比内部分子具有更高的能量。

在一定温度、压力的情况下,对一定液体或固体,可逆地增加表面所需的功 δW_f 与增加的表面积 dA 成正比。可表示为:

$$\delta W_f = \gamma dA \quad (7-1)$$

其中 γ 为比例系数。这是热力学中所提到的非体积功的一种,即表面功。系统增加表面需做功,如喷洒农药,将大块的液体变成小的液滴,需环境对系统做功。又如将小麦磨成面粉,也需要功。

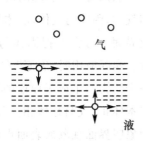

图 7-1 液体表面分子与体相分子的受力情况示意图

7.1.2 表面吉布斯函数

有表面功时的热力学基本公式:

$$dU = TdS - pdV + \gamma dA + \sum_B \mu_B dn_B \quad (7-2)$$

$$dH = TdS + Vdp + \gamma dA + \sum_B \mu_B dn_B \quad (7-3)$$

$$dF = -SdT - pdV + \gamma dA + \sum_B \mu_B dn_B \quad (7-4)$$

$$dG = -SdT + Vdp + \gamma dA + \sum_B \mu_B dn_B \quad (7-5)$$

于是有,

$$\gamma = \left(\frac{\partial U}{\partial A}\right)_{S,V,n_B} = \left(\frac{\partial H}{\partial A}\right)_{S,P,n_B} = \left(\frac{\partial F}{\partial A}\right)_{T,V,n_B} = \left(\frac{\partial G}{\partial A}\right)_{T,P,n_B}$$

(7-6)

因此,式(7-1)中的比例系数 γ 的物理意义是式(7-6)中在各自相应的条件下,可逆地增加单位表面积时,系统的热力学能、焓、亥姆霍兹函数和吉布斯函数的增量。其中应用得最多的是:

$$\gamma = \left(\frac{\partial G}{\partial A}\right)_{T,P,n_B} \tag{7-7}$$

该式表明,γ 是在等温等压及组成不变的条件下,增加单位表面积时系统的吉布斯函数的增量。也就是说当以可逆方式形成新表面时,环境对系统所做的表面功,转变成表面层分子比内部分子多余的表面吉布斯函数。因此 γ 称为比表面吉布斯函数,或(比)表面自由能,其单位为焦·米$^{-2}$(J·m^{-2})。它是强度性质的量。

7.1.3 表面张力

从另一角度来考虑,由于表面层分子受到向内的拉力,使整个表面处于张力状态下,γ 又称之为表面张力。这可以从皂膜实验中直觉的力学观点来说明。如图 7-2 所示,当作用力 f 使可动边金属丝向右移动 dx 时,皂膜两边各增加的面积为 $dA = l\,dx$,外力 f 对系统做功 $\delta W_f = f\,dx$,其结果是皂膜的表面积增加 $2l\,dx$,由表面功公式得

$$\delta W_f = \gamma \cdot (2l\,dx)$$

所以 $f\,dx = \gamma \cdot (2l\,dx)$

故: $\gamma = \dfrac{f}{2l}$ (7-8)

γ 为表面张力系数,简称表面张力,它表示在液面上或平行于液面的垂直作用于单位边界长度上的使表面积收缩的力,单位是

牛顿·米$^{-1}$(N·m^{-1})。注意"收缩"二字体现了该力的方向,若是弯曲液面,则在弯曲面的切面上。

影响表面张力的因素:γ 值的大小与物质的种类、共存的另一相的性质以及温度、压力等因素有关。对于纯液体,共存的另一相一般指空气或其饱和蒸气。一些纯液体在常压时的表面张力值列于表 7-1。

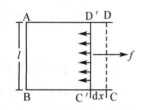

图 7-2 表面张力实验示意图

表 7-1 表面张力

液体	温度(℃)	$\dfrac{\gamma}{mN·m^{-1}}$	液体	温度(℃)	$\dfrac{\gamma}{mN·m^{-1}}$	液体	温度(℃)	$\dfrac{\gamma}{mN·m^{-1}}$
水	20	72.88	四氯化碳	20	26.90	铜	1 200	1 160
水	25	72.14	丙酮	20	23.70	铁	1 550	1 880
水	30	71.40	乙醇	20	22.30	氦	−272	0.365
二硫化碳	20	33.50	汞	20	486.5			

如果共存的另一相不是空气或其饱和蒸气,则表面张力或界面张力就有相当大的变化,参见表 7-2。

表 7-2 20℃ 时液-液界面张力

	$\dfrac{\gamma}{mN·m^{-1}}$		$\dfrac{\gamma}{mN·m^{-1}}$
汞-水	375.0	水-苯	35.0
汞-乙醇	389.0	水-正丁醇	1.8
苯-汞	357.0	水-CCl$_4$	45.0

对于界面张力存在一个规律:两种互相饱和的液体之间的界面张力等于该两种液体的表面张力(气 - 液)之差。如 25℃ 下:

$\gamma_{苯,水}$(实验值) $= 33.6 \text{ mN} \cdot \text{m}^{-1}$

$\gamma_{苯(以水饱和),空气} = 28.4 \text{ mN} \cdot \text{m}^{-1}$

$\gamma_{水(以苯饱和),空气} = 61.8 \text{ mN} \cdot \text{m}^{-1}$

$\gamma_{苯,水}$(计算值) $= (61.8 - 28.4) \text{ mN} \cdot \text{m}^{-1} = 33.4 \text{ mN} \cdot \text{m}^{-1}$

计算值与实验值相当符合,于是一些不能直接测量的界面张力,可由此规律估算。

由于温度升高,液体分子间引力减弱,而共存的蒸气密度增加,所以表面分子的过剩自由能减少。因此大多数液体的表面张力随温度升高而降低,并且可以预期,当达到临界温度时,表面张力趋于零。

液体表面张力测定方法有很多,如毛细管上升法、滴重法、拉环法、气泡最大压力法等。

由上所述可知,表面张力与表面自由能在数学上是等效的,因它们有相同的数值和量纲。但它们有不同的单位和物理意义。

7.1.4 表面热力学关系式

由式(7-4)和式(7-5)对组成不变,恒容或恒压系统:

$$(dF)_{V,n_B} = -SdT + \gamma dA \tag{7-9}$$

$$(dG)_{P,n_B} = -SdT + \gamma dA \tag{7-10}$$

据全微分性质有:

$$\left(\frac{\partial S}{\partial A}\right)_{T,V,n_B} = -\left(\frac{\partial \gamma}{\partial T}\right)_{A,V,n_B} \tag{7-11}$$

$$\left(\frac{\partial S}{\partial A}\right)_{T,P,n_B} = -\left(\frac{\partial \gamma}{\partial T}\right)_{A,P,n_B} \tag{7-12}$$

对组成不变的恒容系统,由式(7-2)有

$$(dU)_{V,n_B} = Tds + \gamma dA$$

$$\left(\frac{\partial U}{\partial A}\right)_{T,V,n_B} = T\left(\frac{\partial S}{\partial A}\right)_{T,V,n_B} + \gamma$$

将式(7-11)代入得：

$$\left(\frac{\partial U}{\partial A}\right)_{T,V,n_B} = \gamma - T\left(\frac{\partial \gamma}{\partial T}\right)_{T,V,n_B} \tag{7-13}$$

同理：$(dH)_{P,n_B} = TdS + \gamma dA$

$$\left(\frac{\partial H}{\partial A}\right)_{T,P,n_B} = T\left(\frac{\partial S}{\partial A}\right)_{T,P,n_B} + \gamma = \gamma - T\left(\frac{\partial \gamma}{\partial A}\right)_{A,P,n_B} \tag{7-14}$$

$\left(\frac{\partial \gamma}{\partial T}\right)_{A,V,n_B}$ 和 $\left(\frac{\partial \gamma}{\partial T}\right)_{A,P,n_B}$ 称为表面张力的温度系数，是可由实验测出来的，而且一般有 $\left(\frac{\partial \gamma}{\partial T}\right)_{A,V,n_B} < 0$，或 $\left(\frac{\partial \gamma}{\partial T}\right)_{A,P,n_B} < 0$。所以当系统分散程度增加时，$G$、$H$、$S$、$A$、$U$ 均增加。

等温等压下，系统分散程度增加，增加了系统的表面积，吉布斯函数增加，表示系统更不稳定。化学活性也增加了。如面粉厂、铝粉厂等，要注意粉尘爆炸。因为高度分散的面粉或铝粉与空气接触，容易燃烧。

前面各章在讨论两相或多相系统的热力学性质时，均未考虑表（界）面，这是由于通常情况下，系统处于表（界）面的物质比体相少得多，因而忽略不计，但在高度分散的系统中，比表面积（单位物质所具有的表面积）很大，这时表（界）面性质将不容忽视。例如，10^{-3} kg 水作为一个球体存在时，表面积为 4.83×10^{-3} dm^2。如果把它分散成半径为 10^{-9} m 的小球，共可得 2.4×10^{20} 个小球，总面积为 3×10^5 dm^2，比表面吉布斯函数约为 220 焦耳。这样系统将处于能量较高的不稳定状态，因此有借助于一些方式降低其表面能而趋于稳定的趋向，于是有以后各节所述的表面现象。

7.2 弯曲液面的一些现象

7.2.1 弯曲液面的附加压力

当用一根细管吹肥皂泡,若不堵住管口,肥皂泡将会自动缩小,这说明泡内气体压力超过泡外大气压力(否则泡内气体不会向大气流动)。这个事实告诉我们弯曲液面两侧的压力是不等的。弯曲液面两边的压力差,称为弯曲液面的附加压力,用 Δp 表示。利用表面自由能的概念可得出弯曲液面的附加压力和表面曲率半径的关系。曲率半径是曲面上某点相切之圆的半径。对规则球形,球半径即为曲率半径。

如图 7-3 所示,液滴曲率半径为 R,外部大气压为 p_0,液滴处于平衡状态时它内部所受压力将是 $p_0 + \Delta p$。若忽略重力的影响,稍加压力改变毛细管中液体的体积,使液滴体积增加 $\mathrm{d}V$,相应地表面积增加 $\mathrm{d}A$,此时系统自环境所得净功:

$$(p_0 + \Delta p)\mathrm{d}V - p_0\mathrm{d}V = \Delta p\mathrm{d}V$$

此功用于克服表面张力 γ 而增加液滴的表面积 $\mathrm{d}A$,即

$$\Delta p\mathrm{d}V = \gamma\mathrm{d}A$$

因为球面积 $A = 4\pi R^2$,则 $\mathrm{d}A = 8\pi R\mathrm{d}R$

又球体积 $V = \dfrac{4}{3}\pi R^3$,则 $\mathrm{d}V = 4\pi R^2\mathrm{d}R$

所以 $\dfrac{\mathrm{d}A}{\mathrm{d}V} = \dfrac{8\pi R\mathrm{d}R}{4\pi R^2\mathrm{d}R} = \dfrac{2}{R}$

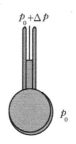

图 7-3 附加压力与曲率半径

即可得 $\Delta p = \dfrac{2\gamma}{R}$ \hfill (7-15)

由此可知,① 液滴半径越小,受到向内的附加压力 Δp 越大。② 液面若是平的,则 $R \to \infty$,Δp 为零。即平液面不受到附加压

力。③若液面呈凹形,则 R 为负值,Δp 也为负,说明凹液面下的压力小于平液面,如玻璃细管中的水面和水中的气泡。④对相同液滴半径的不同液体,其曲面下的附加压力与表面张力成正比。此外,若是液膜,如肥皂泡,因为有两个面,则

$$\Delta p = \frac{4\gamma}{R}$$

【例1】 凹液面的 Δp 为负,所以水会沿玻璃毛细管上升。25℃,$p^{\ominus}$ 下,欲阻止水在直径为 10^{-4} m 的毛细管中上升,需加多大压力?

解 $\Delta p = \dfrac{2\gamma}{R} = \dfrac{2 \times (72.14 \times 10^{-3} \text{ 牛} \cdot \text{米}^{-1})}{(0.5 \times 10^{-4} \text{ 米})} = 2\,886 \text{Pa}$

设液体上升高度 h,液柱所产生的静压力($\rho g h$)恰好与 Δp 相平衡。

即有 $\Delta p = \dfrac{2\gamma}{R} = \rho g h$ \hfill (7-16)

式中 ρ 为液体的密度,h 为液柱上升的高度,g 为重力加速度。若 r 代表毛细管半径,则 r 与 R 的关系为 $R = \dfrac{r}{\cos\theta}$,$\theta$ 为接触角(见图 7-4)。代入式(7-16)得:

$$h = \frac{2\gamma\cos\theta}{r\rho g} \tag{7-17}$$

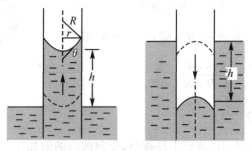

图 7-4 毛细上升和下降

若在完全润湿的情况下($\cos\theta = 1$),毛细管中液面上升的高度 h:

$$h = \frac{2 \times 72.14 \times 10^{-3}}{0.5 \times 10^{-4} \times 10^3 \times 9.80} \approx 0.294 \text{ 米}$$

不润湿毛细管的液体,则在管内的液面呈凸型($\theta > 90°$),此时附加压力为正,管内的液面将低于容器中的液面,下降深度 h 也可用式(7-17)计算。例如玻璃毛细管插入汞中,汞面将下降。

式(7-17)也就是利用毛细管上升法测表面张力的基本原理。

在土壤中,也存在许多毛细管,它可使土壤中的水上升,农业上锄地,不但除杂草,同时也破坏土壤所构成的毛细管,防止地下水分沿着毛细管蒸发掉。

7.2.2 微小液滴上的饱和蒸气压

通常所说的饱和蒸气压是指曲率半径是无限大的即平液面液体,一定温度下有定值。而微小液滴的饱和蒸气压较之上述平液面的要高,其大小与液滴的半径有关。

设 V_m 为液体的摩尔体积,G_m(液,平面) 及 p_0 分别表示液面为平面时液体的摩尔吉布斯函数及蒸气压,G_m(液,曲面) 及 p 分别表示液面为曲面(如液体中的气泡、毛细管中凹液面和凸液面等)时液体的摩尔吉布斯函数及蒸气压。R' 为曲面的曲率半径。Δp 为曲面产生的附加压力。应用热力学公式:

$\mathrm{d}G_{m,T} = V_m \mathrm{d}p$

G_m(液,曲面) $- G_m$(液,平面) $= V_m \Delta p$

据液体化学势与饱和蒸气压的关系式

$\mu_r = G_m$(液,曲面)$= \mu^{\ominus} + RT\ln(p/p^{\ominus})$

而 $\quad \mu = G_m$(液,平面)$= \mu^{\ominus} + RT\ln(p_0/p^{\ominus})$

以上两式相减 $\quad G_m$(液,曲面)$- G_m$(液,平面)$= RT\ln\dfrac{p}{p_0}$

即 $\quad RT\ln\dfrac{p}{p_0} = V_m \Delta p$

又因为 $\Delta p = \dfrac{2\gamma}{R'}$,所以

$$RT\ln\frac{p}{p_0} = V_m \Delta p = \frac{2\gamma V_m}{R'}$$

或者
$$\ln\frac{p}{p_0} = \frac{2\gamma V_m}{RTR'} \tag{7-18}$$

此式称为开尔文(Kelvin)公式。由此可见:

① $R'>0$,凸液面,$\ln p/p_0 > 0$,$\therefore p > p_0$,液滴半径 R' 越小,其饱和蒸气压越大。

② $R' \to \infty$,平液面,$\ln p/p_0 = 0$,$\therefore p = p_0$。

③ $R' < 0$,凹液面,$\ln p/p_0 < 0$,$\therefore p_凹 < p_0$。

于是有 $p_凸 > p_0 > p_凹$。

7.2.3 亚稳状态

(1) 过饱和蒸气

由开尔文公式可知,微小液滴上的蒸气压比通常液体的大。所以对平液面液体已达饱和的蒸气压,对微小液滴来说尚未达饱和。这种在通常相平衡条件下应凝结而不凝结的蒸气称为过饱和蒸气。如果人为地提供一些凝结中心,则可以使凝聚水滴的初始曲率半径加大,使蒸气的过饱和程度减小,促使蒸气凝结成水滴。这就是人工降雨的原理。同理,可以解释过热(冷)液体。

又例如,某液体在能被润湿的毛细管内,管内液体是凹液面,在某温度下,液体的蒸气压对平液面虽未达饱和,但对管内凹液面已是过饱和,该蒸气在毛细管内会凝结成液体,这种现象称为毛细管凝结。硅胶是一种多孔性物质(也可看成是毛细管),具有很大的比表面,利用它的多孔性可自动吸附空气中的水蒸气并在毛细管内发生凝结,达到干燥空气的目的。

(2) 过饱和溶液

开尔文公式还可应用于晶体物质在液体中的溶解,由于微小

晶体的饱和蒸气压大于普通大块晶体,可以导出在液体中的溶解度与晶体大小的关系:

$$\ln\frac{c_r}{c_0} = \frac{2\gamma_{s,l}M}{RT\rho r} \tag{7-19}$$

式中 c_r 与 c_0 分别表示半径为 r 的微小晶体与普通大块晶体的溶解度,ρ 和 M 分别为晶体的体积质量与摩尔质量,$\gamma_{s,l}$ 为固液界面张力。式(7-19)表明一定温度下,晶体粒子的溶解度与其半径 r 成反比,即粒子越小,溶解度越大。实验室常采取将沉淀析出物陈化,即延长保温时间,使原来沉淀析出物的大小不均匀晶体中小晶体逐渐溶解,大晶体不断长大,趋于均一化。由于细小晶体的溶解度大于普通晶体,故在实验室或生产中常出现过饱和溶液。所谓过饱和是对大块晶体而言,就小晶体而言并未饱和。为使过饱和溶液结晶,常常加入大晶体粒子作为晶种,使溶质结晶析出。

同理,开尔文公式也可用于计算不同大小晶体的熔点、微小晶体熔点下降。如金的正常熔点是 1 336 K,而直径为 4 nm 时,熔点只有 1 000 K。

上述的过饱和、过冷、过热等现象不是热力学平衡状态,它们是偏离平衡而处于较高能量状态,但往往又能维持相当长时间而存在,故常称为亚稳状态。它与新相种子难以生成有关。常创造条件有利于新相种子形成促进系统由亚稳态过渡到平衡态。但有时亚稳态下的特殊性质,又恰是人们所需要的,又要维持亚稳态。

7.3　溶液的表面吸附

7.3.1　溶液的表面张力

纯液体在指定温度和压力下表面张力有确定值。对于溶液,它的表面张力不仅与温度和压力有关,而且与溶液的种类和浓度有关,变化规律还不相同。对于水溶液,大致可分为三种情况,如

图 7-5 所示。

Ⅰ.表面张力随溶液浓度增加而稍有升高,且近于直线。这类溶质有无机盐类、蔗糖、甘露醇等多羟基化合物。

Ⅱ.表面张力随溶液浓度增加而降低,这类溶质通常是低脂肪醇、醛、酸、酯等有机化合物水溶液。

Ⅲ.表面张力在溶液浓度降低时,随着溶液浓度的增加而急剧下降,但至一定浓度后表面张力几乎不再变化,如皂类物质 RCOONa,RSO$_3$Na 等。

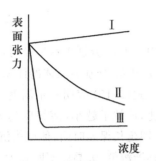

图 7-5 水溶液的表面张力与浓度的关系

常把那些能使水的表面张力显著下降的溶质称为表面活性物质,以 $\left(-\dfrac{\mathrm{d}\gamma}{\mathrm{d}c}\right)_T$ 表示表面活性的大小,如上述 Ⅲ 类物质。那些使水的表面张力增加的溶质称为表面非活性物质,如 Ⅰ 类溶质。从广义上讲,第 Ⅱ 类物质也属于表面活性物质。

注意,表面活性物质是对指定的溶剂而言,是相对的。一般不特别说明时,是对水而言。

各种表面活性物质的表面活性大小有区别,同系物中随碳氢链的增加表面活性增加。由实验可知,脂肪酸同系物的稀水溶液中每增加一个 CH$_2$,表面活性约增加 3 倍。称为特劳贝(Traube)规则。

希士科夫斯基给出了脂肪酸同系物溶液表面张力与体积浓度间的关系

$$\frac{\gamma_0-\gamma}{\gamma_0}=b\ln\left(1+\frac{c/c^{\ominus}}{a}\right) \quad (7\text{-}20)$$

式中 γ_0 与 γ 分别代表纯溶剂和溶液的表面张力,c 是溶液本体浓度，a 和 b 是经验常数，同系物之间 b 值相同而 a 值各异。

表面活性物质降低水的表面张力的这种能力，可以从它的结构特征得以解释。表面活性物质分子都是两亲分子，分子的一端是极性基团，如 —OH，—COOH，—SO_3H 等，是亲水的。而另一端是非极性的碳氢链，是憎水的，或者说是亲油的。常以符号"—O"表示，"—"表示非极性的碳氢链，"O"表示极性基团。水是强极性液体，由于表面活性物质分子的两亲性结构特征，它有溶解于水的趋势，同时憎水的碳氢链受到水的排挤，又有"逃出"水相的趋势，于是它被排向水面，将憎水部分伸向空气，这样表面层溶质分子所受的向内的拉力比水分子的要小一些，所以表现出表面活性物质溶液的表面张力低于纯水的表面张力。

7.3.2 吉布斯吸附等温式

吉布斯（Gibbs）于1878年用热力学方法导出了溶液表面张力随浓度的变化率 $\left(\dfrac{\mathrm{d}\gamma}{\mathrm{d}c}\right)$ 与表面吸附量 Γ 之间的定量关系，即吉布斯吸附等温式

$$\Gamma_2^{(1)} = \frac{-c/c^{\ominus}}{RT}\frac{\mathrm{d}\gamma}{\mathrm{d}c/c^{\ominus}} \qquad (7\text{-}21)$$

其中 Γ_2 是溶质在表面层吸附量，定义为"单位面积的表面层所含溶质的摩尔数比同量溶剂在本体溶液中所含溶质摩尔数的超出值"，c 是溶液的本体浓度，且服从稀溶液的规律。γ 是溶液的表面张力，T 为温度，R 是气体常数。

此式的物理意义是：若一种溶质能降低溶剂的表面张力，即 $\mathrm{d}\gamma/\mathrm{d}c < 0$，$\Gamma_2^{(1)} > 0$，即溶质在表面层的浓度大于本体浓度；反之，若溶质能增加溶剂的表面张力，即 $\mathrm{d}\gamma/\mathrm{d}c > 0$，则 $\Gamma_2^{(1)} < 0$，即溶质在表面层浓度小于液体本体浓度。物质在表面层与本体相的浓度差异称为吸附。前一种情况称为正吸附，后一种情况称为负吸附。

下面简要导出吉布斯吸附等温式。

(1) 表面吸附量

设某多组分封闭系统中有相 α 和 β 两相平衡共存。实验证明,两相交界处通常是一个约几个分子直径的薄层,其中各组分的组成是连续变化的,如图 7-6 所示。AA' 面以上为 α 相,BB' 以下为 β 相。AA' 与 BB' 之间为表面相,吉布斯把界面层抽象成一个无厚度的理想几何面,于是在上述界面区内任一位置画一个平行与 AA' 与 BB' 的平面 SS',被称为吉布斯相界面,以"σ"表示,设其面积为 A。

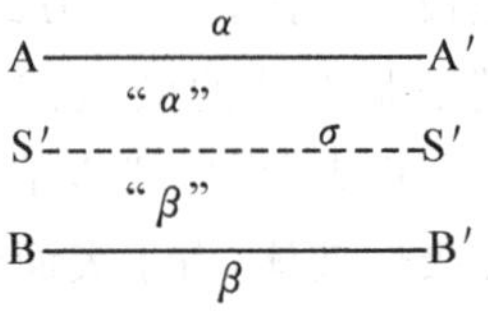

图 7-6 表面相与相界面

设系统内组分 B 的物质的量为 n_B,则

$$n_B = n_B^\alpha + n_B^\beta + n_B^\sigma \quad \text{或} \quad n_B^\sigma = n_B - n_B^\alpha - n_B^\beta \quad (7\text{-}22)$$

而 $n_B^\alpha = C_B^\alpha V^\alpha, n_B^\beta = C_B^\beta V^\beta$

其中 C_B^α, C_B^β 分别为 α 相和 β 相物质 B 的浓度,且是以 SS' 为分界。即是说 c_B^α 和 c_B^β 的浓度一直到 SS' 都不变,V^α 和 V^β 也都算到 SS' 处。由式(7-22),n_B^σ 的量反映了组分 B 在相界面上的吸附量。它可能为正,即正吸附,也可能为负,即负吸附。

单位面积上的吸附量为:

$$\Gamma_B = \frac{n_B^\sigma}{A} \quad (7\text{-}23)$$

Γ_B 称为表面吸附量,或表面超量,其正、负号与 n_B^σ 一致。

(2) 吉布斯吸附公式的推导

若系统内发生了一微小变化,其吉布斯函数变化为:

$$dG = -SdT + Vdp + \gamma dA + \sum_B \mu_B dn_B$$

对于 σ 表面则有:

$$dG^\sigma = -S^\sigma dT + \gamma dA + \sum_B \mu_B dn_B^\sigma \quad (7\text{-}24)$$

达平衡时，$\mu_B^\alpha = \mu_B^\beta = \mu_B^\sigma = \mu_B$

在一定温度下，式(7-24)可改写为

$$\mathrm{d}G^\sigma = \gamma \mathrm{d}A + \sum_B \mu_B \mathrm{d}n_B^\sigma \tag{7-25}$$

在恒温恒压下且组成不变时，γ 和 μ_B 都是常数，积分上式，得：

$$G^\sigma = \gamma A + \sum_B \mu_B n_B^\sigma$$

其微分式为：$\mathrm{d}G^\sigma = \gamma \mathrm{d}A + A\mathrm{d}\gamma + \sum_B \mu_B \mathrm{d}n_B^\sigma + \sum_B n_B^\sigma \mathrm{d}\mu_B \tag{7-26}$

比较式(7-25)和式(7-26)，得

$$A\mathrm{d}\gamma + \sum_B n_B^\sigma \mathrm{d}\mu_B = 0 \tag{7-27}$$

或 $\mathrm{d}\gamma = -\sum_B \dfrac{n_B^\sigma}{A} \mathrm{d}\mu_B = -\sum_B \Gamma_B \mathrm{d}\mu_B \tag{7-28}$

若为两组分系统，则式(7-28)可展开为：

$$\mathrm{d}\gamma = -\Gamma_1 \mathrm{d}\mu_1 - \Gamma_2 \mathrm{d}\mu_2 \tag{7-29}$$

这就是吉布斯表面张力公式。又因为 μ_1 与 μ_2 是相互关联的，不可能只改变 μ_1 而 μ_2 不变，反之亦然，所以由吉布斯表面张力公式不能得到某一组分的绝对吸附量。于是吉布斯提出了相对吸附的概念。若将图 7-6 中 SS' 分界选择在组分 1（通常是溶剂）的吸附为零则所有其他组分在该界面上的吸附就是对组分 1 的相对吸附，以 $\Gamma_B^{(1)}$ 表示。

对吉布斯相界面的选择可通过图 7-7 来理解。

由图 7-7(a) 所示，若把分界面 SS' 置于 S_1 或 S_2 处，V^α 和 V^β 就不同，$C_B^\alpha V^\alpha$ 和 $C_B^\beta V^\beta$ 也就不同，自然 n_B^σ 或 Γ_B 也就会因 SS' 的位置不同而值不同。吉布斯规定 SS' 面处在某一位置，要使图 7-7(b) 中面积 a 和面积 b 相等，也就是说 SS' 处在的位置，要使某一组分 B 在 α 相中多余的量正好补偿其在 β 相中缺少的量(a=b)，结果使组分 B 的表面超量为零。若组分 B 为溶剂即组分 1，则有 $\Gamma_1^{(1)} = 0$。所以对两组分系统式(7-29)有： $\mathrm{d}\gamma = -\Gamma_2^{(1)} \mathrm{d}\mu_2$

$$\text{或 } \Gamma_2^{(1)} = -\left(\dfrac{\partial \gamma}{\partial \mu_2}\right)_T \tag{7-30}$$

这就是吉布斯(相对)吸附等温式,简称吉布斯吸附公式。

又 $\mu_2 = \mu_2^{\ominus}(T) + RT\ln a_2$

则 $\Gamma_2^{(1)} = -\dfrac{1}{RT}\left(\dfrac{\partial \gamma}{\partial \ln a_2}\right) = -\dfrac{a_2}{RT}\left(\dfrac{\partial \gamma}{\partial a_2}\right)_T$ (7-31)

若为理想的稀薄溶液,溶质的活度因子为1,则

$$\mu_2 = \mu_2^{\ominus}(T) + RT\ln(c_2/c^{\ominus})$$

或 $\Gamma_2^{(1)} = -\dfrac{1}{RT}\left(\dfrac{\partial \gamma}{\partial \ln(c_2/c^{\ominus})}\right) = -\dfrac{c_2/c^{\ominus}}{RT}\left(\dfrac{\partial \gamma}{\partial (c_2/c^{\ominus})}\right)_T$ (7-32)

即式(7-21)。$\Gamma_2^{(1)}$ 常简写为 Γ_2。

若溶质的化学势表示式为:

$$\mu_2 = \mu_2^{\ominus}(T) + RT\ln\dfrac{p_2}{p^{\ominus}}, 则$$

$$\Gamma_2^{(1)} = -\dfrac{1}{RT}\left(\dfrac{\partial \gamma}{\partial \ln(p_2/p^{\ominus})}\right)_T \quad (7\text{-}33)$$

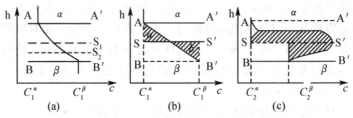

图 7-7 相界面 SS′ 的选定(h 为与界面的距离)

吉布斯吸附公式已由多种实验证实。本章习题(7-14)是其中之一。

吉布斯吸附公式原则上可适用于任何界面,但实际应用得较多的是气液和液液界面。

应用 Gibbs 公式,先要由实验或经验公式得到 γ 和 c 之间的关系,然后求出 $d\gamma/dc$,再代入式(7-31)或式(7-32),求 $\Gamma_2^{(1)}$。

【例2】 在 20℃ 时,丙酸水溶液的表面张力与浓度关系如式

(7-20),已知丙酸的 $a=0.112, b=0.131$,求浓度为 $0.36\ \mathrm{mol\cdot dm^{-3}}$ 时丙酸溶液表面吸附量($\gamma_{水}=0.0728$ 牛·米$^{-1}$)。

解 将式(7-20)对 c 微分得

$$\frac{\mathrm{d}\gamma}{\mathrm{d}\dfrac{c}{c^{\ominus}}}=\frac{-\gamma_0 b}{a+c/c^{\ominus}}$$

$$\therefore \frac{\mathrm{d}\gamma}{\mathrm{d}c/c^{\ominus}}=\frac{(-0.0728\ \mathrm{N\cdot m^{-1}})(0.131)}{(0.36+0.112)}$$

$$=-20.34\ \mathrm{mN\cdot m^{-1}}$$

代入 Gibbs 吸附公式得

$$\Gamma_2=-\frac{c/c^{\ominus}}{RT}\frac{\mathrm{d}\gamma}{\mathrm{d}(c/c^{\ominus})}$$

$$=\frac{-0.36}{(8.314\ \mathrm{N\cdot m\cdot K^{-1}\cdot mol^{-1}})\times 293K}\times(-0.02034\ \mathrm{N\cdot m^{-1}})$$

$$=3.00\times 10^{-6}\ \mathrm{mol\cdot m^{-2}}$$

一般说来在浓度较稀时,$\mathrm{d}\gamma/\mathrm{d}c$ 值在一定范围内是定值,即 γ-c 是直线关系,可直接求 $\mathrm{d}\gamma/\mathrm{d}c$。

7.3.3 溶液表面吸附等温线

由吉布斯吸附公式可计算表面活性物质溶液在各浓度下的吸附量。得到 $\Gamma_2^{(1)}$-c_2 曲线,又称为吸附等温线,如图 7-8 所示。

描述图 7-8 这类曲线的方程可由希士科夫斯基公式即式(7-20)导出。

将式(7-20)对浓度 c 微分,得

$$-\frac{\mathrm{d}\gamma}{\mathrm{d}c}=\frac{b\gamma_0}{a+c/c^{\ominus}}$$

若为理想稀薄溶液,代入式(7-32)

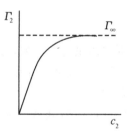

图 7-8 吸附等温线

$$\Gamma_2 = \frac{b\gamma_0}{RT} \cdot \frac{c_2/c^{\ominus}}{a + c_2/c^{\ominus}}$$

一定温度下,令 $K = \dfrac{b\gamma_0}{RT}$,则

$$\Gamma_2 = \frac{Kc_2/c^{\ominus}}{a + c_2/c^{\ominus}} \tag{7-34}$$

若 K 与 a 已知,则可由某一浓度 c_2 求对应的吸附量 Γ_2 值。式(7-34)与气体在固体表面上单分子吸附的 Langmuir 公式很相似。也可用下面关系式来描述:

$$\Gamma_2 = \Gamma_{\infty} \frac{k'(c_2/c^{\ominus})}{1 + k'(c_2/c^{\ominus})} \tag{7-35}$$

式中 $k' = \dfrac{1}{a}$,$K = \Gamma_{\infty}$。当浓度低时,$k'c_2/c^{\ominus} \ll 1$,式(7-35)为:

$$\Gamma_2 = \Gamma_{\infty} k'(c_2/c^{\ominus})$$

Γ_2 与 c_2 成直线关系,即为 Γ_2-c_2 曲线的低浓度段;如浓度足够大,使 $k'c_2/c^{\ominus} \gg 1$,则式(7-35)为:

$$\Gamma_2 = \Gamma_{\infty} = K = \frac{b\gamma_0}{RT}$$

此时吸附量为一常数,与本体浓度无关,Γ_{∞} 不再随浓度增加而增加,故 Γ_{∞} 称为饱和吸附量。饱和吸附量是表面活性物质的重要性能参数。

式(7-35)可改写为

$$\frac{c/c}{\Gamma_2} = \frac{c/c}{\Gamma_{\infty}} + \frac{1}{k'\Gamma_{\infty}} \tag{7-36}$$

由 $\dfrac{c/c}{\Gamma_2}$-c 作图,为一直线,由其斜率可求 Γ_{∞}。

【例 3】 在稀溶液范围内,气液表面张力与体相浓度间有如下线形关系:$\gamma_0 - \gamma = bc_2$。其中 γ_0 为纯溶剂的表面张力,γ 是溶

液本体浓度为 c_2 时的表面张力。试导出单位表面吸附量随浓度的变化关系。

解 $\left(\dfrac{\partial \gamma}{\partial (c_2/c^{\ominus})}\right)_T = -b$，代入式(7-32) 得

$$\Gamma_2 = -\frac{c_2/c^{\ominus}}{RT} \cdot \frac{\partial \gamma}{\partial (c_2/c^{\ominus})} = \frac{bc_2}{RTc^{\ominus}}$$

即在稀溶液的范围内，Γ_2 与 c_2 成正比。

7.3.4 表面活性物质分子在表面上定向

由实验可知，同系物的各不同化合物，例如具有不同长度的直链脂肪酸，其饱和吸附量是相同的。由此可以推想，在达到饱和吸附时这些表面活性物质分子在溶液的表面上一定是如图 7-9 所示的状态，定向而整齐地排列，极性基伸入水内，非极性基露在空气中。

因为达到饱和吸附时，表面层几乎完全被溶质分子所占据，而同系物中不同化合物的区别是碳氢链的长短不同，分子的截面积是相同的，所以它们的饱和吸附量相同是必然的。

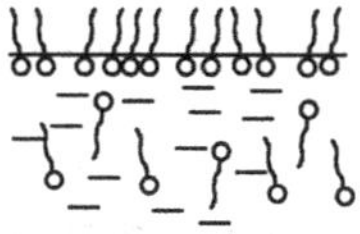

吸附量 Γ_2 本来的定义是表面上溶质的超出量，但达到饱和吸附时，本体浓度

图 7-9 饱和吸附层结构示意图

与表面浓度相比很小，可以忽略不计，因此可以把饱和吸附量近似看成是单位表面上溶质的摩尔数。由此，可以由 Γ_∞ 计算出每个吸附分子所占的面积即分子的截面积 S：

$$S = \frac{1}{\Gamma_\infty N_A} \tag{7-37}$$

此法求得醇的 $S = 0.278 \sim 0.289 \text{nm}^2$，脂肪酸的 $S = 0.302 \sim 0.310 \text{nm}^2$。所得结果比用其他方法偏大，这是因为表面层中在达到饱和吸附时仍然存在有水分子。

从 Γ_∞ 值还可以求算饱和吸附层的厚度 δ：

$$\delta = \frac{\Gamma_\infty M}{\rho}$$

式中 M 是吸附物的摩尔质量，ρ 是其体积质量。

饱和吸附层中表面活性物质分子既然是定向直立排列的，那么直链脂肪族同系物的链长增加，δ 也应相应地增加，从实验结果知道，同系物碳链增加一个 —CH_2— 基时，δ 增加约 0.13～0.15nm。这与 X 光分析结果相符。

在吸附量不大时，表面活性物质在表面上排列不会那么整齐，每个分子有相当的活动范围，但其基本取向不变。

表面活性物质在表面上浓集且定向排列，可以发生在极性不同的任意两相界面上，包括气-液，气-固，液-液，液-固界面，其亲水性一端朝着极性大的一相，憎水性的另一端朝着极性小的一相。这样一方面可使表面活性物质的分子处境稳定，另一方面也降低了两相交界处的表面能。

7.4 表面活性剂及其作用

7.4.1 表面活性剂的分类

能显著地降低水的表面张力的表面活性物质称为表面活性剂，一般其碳氢链长为 8 碳以上。表面活性剂在生活中有许多方面的应用，肥皂是应用得最早的表面活性剂。目前表面活性剂的品种数以千计，广泛应用于工业、农业、日用、医药、地质、采矿、食品、纺织等各个行业。根据其用途的不同，取了不同的名称，如洗涤剂、乳化剂、润湿剂、浮选剂等。

按照它的化学结构分类，可分为离子型和非离子型两类。凡表面活性物质溶于水且电离生成离子的称为离子型表面活性剂。其中又分以下几种：

阴离子型：RCOONa（烷基羧酸钠），$ROSO_3Na$（烷基硫酸盐),RSO_3Na(烷基磺酸盐)等。

阳离子型:$RNH_2 \cdot HCl$(胺类)等。

两性型:$RNHCH_2CH_2COOH$(氨基酸)等。

当溶于水后,不发生电离的表面活性物质为非离子型,如聚乙二醇,纤维素,聚氧乙烯型[$R-O(CH_2CH_2O)_nH$]等。

此外,还有混合型,如醇醚硫酸盐 $R(C_2H_4O)_nSO_4Na$。其中带有两种亲水基团。

还有一些特殊表面活性剂,如含氟表面活性剂:在非极性碳氢链中,H原子被F所取代,如 $C_9F_{19}CONH(CH_2)_3N^+(CH_3)_3I^-$。

含硅表面活性剂:是以硅氧烷链为憎水基,如

$$(CH_3)_3SiO-(\underset{\underset{CH_3}{|}}{\overset{\overset{CH_3}{|}}{Si}}-O-)_n-(CH_2CH_2O)_mR$$

含磷表面活性剂,如生物体中细胞膜的磷脂类。如

$$\begin{array}{l} CH_2-O-\overset{\overset{O}{\|}}{C}-R_1 \\ | \\ CH-O-\overset{\overset{O}{\|}}{C}-R_2 \\ | \\ CH_2-O-\underset{\underset{O^-}{|}}{\overset{\overset{O}{\|}}{P}}-OX \end{array}$$

7.4.2 液体对固体的润湿作用

润湿是生产中和日常生活中常遇到的现象,它是近代化工、工农业技术的基础。如机械润滑,矿物浮选,注水采油,施用农药,油漆、印染、洗涤、焊接等都离不开润湿作用。

我们都知道,防雨布不易被水润湿,而普通的棉布易被润湿;

水能在玻璃上展开,而汞不能,是以小汞珠立于玻璃板上,我们说水能润湿玻璃,汞对玻璃不润湿。从热力学的观点来看,当固体与液体接触后,系统(固体 + 液体)的自由能降低时,就叫润湿。降低越多,润湿程度越高。

下面讨论固体与液体接触的过程。为讨论问题方便,设有面积为 1 m² 的固体和液体接触,如图 7-10。该接触过程是失去了 1 m² 的固气界面和 1 m² 的液气界面,产生了一个 1 m² 的液固界面。则未接触前表面吉布斯函数为 $\gamma_{g,l}$ 与 $\gamma_{g,s}$,接触后为 $\gamma_{l,s}$。故系统的吉布斯函数变化为:

$$\Delta G = \gamma_{l,s} - \gamma_{g,l} - \gamma_{g,s} \qquad (7\text{-}38)$$

$$W_a = -\Delta G = \gamma_{g,l} + \gamma_{g,s} - \gamma_{l,s} \qquad (7\text{-}39)$$

W_a 称为粘附功。显然 ΔG 值越负,或 W_a 越大,润湿性越好。然而 $\gamma_{l,s}$ 与 $\gamma_{g,s}$ 无可靠的测定方法。需另寻途径。接触角数据可以解决此困难。因为接触角是实验可测的。

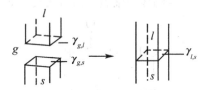

图 7-10 固液接触时表面能的变化

图 7-11 接触角

接触角 处在固体表面上的某种液体的液滴,会保持一定的形状,如图 7-11 所示。在三相交界处取任意一点 O,作液面的切线,则此切线与固体表面包含液体一方的夹角称为接触角,以 θ 表示。液滴之所以保持一定的形状,是三个力合力为零的结果。由图 7-11 可以看出:

$$\gamma_{g,s} = \gamma_{l,s} + \gamma_{g,l} \cos\theta \quad (7\text{-}40)$$

或

$$\cos\theta = (\gamma_{g,s} - \gamma_{l,s})/\gamma_{g,l} \quad (7\text{-}41)$$

式(7-40)或式(7-41)称为 Young 方程。是由 T·Young 在 1805 年首先提出来的。

将式(7-40)代入式(7-38),得

$$\Delta G = -\gamma_{g,l}(1 + \cos\theta) \quad (7\text{-}42\text{A})$$

也即粘附功 $\quad W_a = -\Delta G = \gamma_{g,l}(1 + \cos\theta) \quad (7\text{-}42\text{B})$

θ 角越小,ΔG 负值越大,越润湿。通常以 90° 为分界:

$\theta < 90°$,润湿; $\theta > 90°$,不润湿;

$\theta = 0°$,完全润湿; $\theta = 180°$,完全不润湿。

又因为 $\cos\theta \leq 1$,若 $(\gamma_{g,s} - \gamma_{l,s}) > \gamma_{g,l}$ 时,Young 方程不再适用。因此 $\theta \to 0°$,是 Young 方程的极限,也是发生铺展湿润的起码条件。

铺展润湿,简称铺展,是液体在固体表面上的完全展开。一定温度、压力下,液滴在固体表面上的铺展过程如图 7-12 所示。该过程中,原有的气-

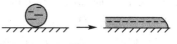

图 7-12

固界面消失,新产生了液-固界面与气-液界面。设均为 $1\ m^2$,并忽略铺展前液滴的面积。该过程的吉布斯函数变化为:

$$\Delta G = \gamma_{l,s} + \gamma_{g,l} - \gamma_{g,s}$$

定义铺展系数 S:

$$S = -\Delta G = \gamma_{g,s} - \gamma_{s,l} - \gamma_{g,l} \quad (7\text{-}43)$$

当 $S \geq 0$ 时,液体可在固体表面上自动铺展。

两种不互溶的液体接触,也有类似的润湿与铺展现象。设油滴在水面上铺展:

$$S = -\Delta G_{T,P} = -(\gamma_{油} + \gamma_{水,油} - \gamma_{水}) \tag{7-44}$$

$S \geqslant 0$ 时,油滴才能在水面上铺展。

实际生活或生产中,有的希望液体对固体有好的润湿性,有的则要求相反。使用适当的表面活性剂,可以改变润湿剂。

式(7-41)中,$\gamma_{g,s}$ 与固体的本性有关,一定的固体有定值,不易改变,而 $\gamma_{g,l}$ 和 $\gamma_{l,s}$,可用加入某种物质,如表面活性剂,使它们的值变小,使得式中右边的数值变大,θ 值变小,从而改变润湿性能。

如喷洒农药,如果农药水溶液对植物的茎叶表面润湿性不好,喷洒时药液滚落而造成浪费,同时洒在植物上药液不能很好展开,杀虫效果也差。但若在药液中加入少量表面活性剂,使 θ 变小,提高了润湿程度,则大大提高药效。

又如,矿石的富集,是将矿石粉碎投于水中,因矿物、矿渣表面都是亲水的,均被润湿,则都沉于水底。在水中加入少量某种表面活性物质,其极性基团能与有用矿物表面发生选择性化学吸附,非极性基伸展向外。这样,有用的矿物小颗粒的表面变成憎水性的。如果从水底通入空气,有用矿物便逃离水相而附于气泡上随之升到水面。而无用矿渣仍留于水底,从而使矿物得到富集。此即矿石"浮选法"基本原理。

这种使原来润湿良好的固体表面定向吸附了一层活性分子后接触角 θ 增大,变成使水不润湿的表面的过程称为去润湿作用,或称疏水化。作为去润湿剂分子要求极性基与固体表面的亲和力强,活性分子易于在固体表面吸附铺展,同时活性分子的溶解度要小,在浮选过程中常用的活性剂有油酸、植物油、R_2PO_2SSMc,等。医药工业包装针剂时,在安瓿内壁涂上一层硅酮类高聚物(一种高分子表面活性剂),使玻璃内壁疏水化,针剂水溶液不至于残留粘附在玻璃内壁上,不会造成药物损失,尤其是贵重药物。又如制药业,若是内服药,必须考虑其在胃肠中的润湿性;外用药则要求对皮肤、粘膜有好的润湿性,这样才能保证其药效。

7.4.3 胶束与增溶作用

（1）胶束

由图 7-5 曲线 Ⅲ 可知，当表面活性物质浓度很低时，溶液的表面张力随着浓度的增加而急剧下降，但当浓度达到或超过某一值以后，溶液的表面张力变化很小，发生明显的转折。这个转折是与溶液达到饱和吸附相对应的。因为达到饱和吸附时，表面几乎全被表面活性物质所占据，溶液浓度再增加，表面活性物质不能再进入表面，所以溶液表面张力不再明显下降。于是表面活性物质在溶液内部另寻稳定的处境——形成胶束。

胶束又称胶团，是在溶液内，表面活性物质亲水的极性基向水，疏水的碳氢链向内的集合体。胶束有各种形状，如球形、层状、棒状，见图 7-13。在不同条件下，可能形成不同形状的胶束，例如

图 7-13 胶束的形状

在浓度不太高的肥皂水溶液中产生球状，高浓度时形成层状。一般胶束大约由几十个到几百个表面活性物质分子组成，平均半径约为几百纳米。大量形成胶束时最低浓度称为临界胶束浓度，简写成 CMC。若表面活性物质的碳氢链长而直，分子间范德华引力大，有利于胶束形成，则临界浓度就低。相反，碳氢链短而支链化，则分子间几何障碍大，不利于胶束的形成，临界浓度就高。一般形成胶束的临界浓度为 0.02% ~ 0.5% 左右。往往表面活性剂的 CMC 越低，其效率越高；而在 CMC 浓度的表面张力 γ_{CMC} 值越小，

其表面活性越高。因此 CMC 与 γ_{CMC} 是衡量表面活性剂性能的重要参数。

CMC 的确定 在临界浓度附近,由于胶束形成前后溶液中表面活性物质分子排列情况以及粒子数目都发生了激烈变化,反映在宏观上表现出溶液的物理化学性质的突变。如表面张力,溶解度,渗透压,电导率,去污能力等,如图 7-14。因此可以利用溶液中这些物理化学性质的突变测定临界胶束浓度。但随测定方法不同,CMC 会在一个狭窄的浓度范围内波动。

关于表面活性剂的溶解度随温度的变化,有其自身的特点。

离子型表面活性剂在较低温度范围内,随温度升高溶解度有所增加,但当温度升到一定值后,溶解度急剧增加,存在明显的突变点。这点的温度称为表面活性剂的 Krafft 点,以符号 T_K 表示。这一点的溶解度实际上是该表面活性剂达到 CMC 的表现。或者说,离子型表面活性剂在 T_K 以上才能形成胶束。

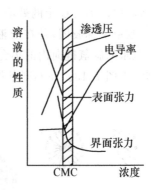

图 7-14 胶束形成前后溶液性质的突变

非离子型表面活性剂在水中的溶解度则不同,往往随温度升高而降低,温度升高到一定值时溶液变浑浊,经放置一定时间或离心可得到两个液相。出现浑浊时的温度,称为该表面活性剂的浊点(cloud point)。这是因为非离子型表面活性剂如聚氧乙烯型溶解于水,主要靠其乙氧基(OCH_2CH_2)的氧能与水生成氢键。温度升高,氢键变弱,溶解度下降。温度再升到一定程度,氢键全部受到破坏,表面活性剂不能维持溶解状态,于是从水中分离出来,出现浊点。

(2) 表面活性剂的增溶作用

在浓度超过 CMC 的表面活性剂溶液中,具有溶解某些难溶于水的有机物的能力,这种现象称为增溶作用,又称加溶作用。例如 1 dm^3 10% 的油酸钠水溶液可"溶解"苯达 0.01 dm^3 而不呈现混浊。由 X-射线分析看出,加入的苯挤进了油酸碳氢链所构成的憎水区。

实验证明,发生这种增溶作用后,系统化学势大为降低,说明是热力学稳定系统。实验还证明,无论用什么方法去增溶,达到平衡后,增溶结果都是一致的,说明增溶是一种可逆的平衡过程。但这种增溶与真正的溶解又不相同。真正的溶解使溶质分散成分子或离子,但增溶后,溶质并未拆分成分子,而是以远比分子大的分子集团整体溶入。

增溶作用的应用很广,如在洗涤去污过程中,不溶于水的油污是在洗涤剂的增溶作用下(另外还和它的润温作用和乳化作用有关),加上机械的搅拌,最后用水将油污冲洗掉。工业上合成丁苯橡胶时,利用增溶作用将原料溶于肥皂溶液中再进行聚合反应。还有一些生理现象也与增溶作用有关,例如不能直接被小肠吸收的脂肪,靠胆汁中的卵磷脂的增溶作用才被吸收。

磷脂类是人体中重要的表面活性剂。它有两个饱和脂肪酸链非极性端,另一端是极性的磷酸根,并结合有胺阳离子或 Na^+,Ca^{2+} 等。在人体中的呼吸系统、消化系统等起着重要作用。如在胃中,胃液的酸性那么强,胃壁为什么能经受得起这么强酸性环境而不受到腐蚀呢? 正是因为磷脂类的保护作用:极性端吸附在胃的表面上,非极性端的碳氢链向着胃液,在胃壁的表面形成紧密的单分子疏水层,使 H^+ 不易透过这单分子层而直接与胃壁相接触。正像金属防腐涂料或缓蚀剂保护金属一样。

表面活性剂在生物化学或生物工程中的应用也很重要,如在分离蛋白质或酶时,常要用一些表面活性剂,其中主要是阴离子表面活性剂,如十二烷基硫酸钠等。因为表面活性剂分子能与蛋白质或酶分子相互作用,形成络合物,使得蛋白质或酶的性质发生改变,如:蛋白质的稳定性增加,有时将蛋白质加热到沸腾,蛋白质也不发生分解或生成沉淀；蛋白质的浊度发生变化，随表面活性剂分子对蛋白质分子覆盖程度增加，浊度增大，因而改变蛋白质在电场中的运动速度；改变蛋白质被固体吸附的能力；降低蛋白质的表面张力等。这些性质的改变更有利于控制不同的条件来分离蛋白质。选用不同的表面活性剂，有不同的分离效果，一般阴离子型表面活性剂对上述性质变化明显。另外表面活性剂的用量不能太多，否则会使蛋白质变性失活。

表面活性剂在非水溶液中在一定浓度下也会形成聚集体。此种聚集体的结构与水溶液中的胶束相反，是以疏水基向外，亲水基（常有少量水）聚集在一起形成内核，称之为反胶束。反胶束也有增溶能力，不过被增溶的是水、水溶液或一些极性有机物。如干洗技术是基于反胶束形成的原理，除去的是极性污物。

也有把前述胶束称为水包油型，用 O/W 表示，而把反胶束称为油包水型，用 W/O 表示。

7.4.4 乳状液和微乳状液

(1) 乳状液

一种或一种以上的液体以液珠的状态分散在另一种与其不相混溶的液体中构成的系统称为乳状液。被分散的液珠称为分散相，或内相，直径通常大于 0.1 μm。分散相周围的介质称为连续相或外相。显然乳状液是一种多相系统，一般很不稳定，加入乳化剂可显著地增加其稳定性。一般乳状液由两类液体组成，一类是水，另一类是油。"油"包括不溶于水的各种有机液体。

乳状液一般有两种类型。一是水包油型，以 O/W 表示，是以水为连续相，油分散在其中，如牛奶；另一类是油包水型，以 W/O 表示，是以油为连续相，水分散在其中，如含水原油。在一定条件下，它们是可以转型的。此外还有较为复杂的系统，称多重乳状液，如 W/O/W 或 O/W/O 等。

乳化剂是能使乳状液稳定的物质。如表面活性剂，天然大分子物质(蛋白质等),电解质,固体粉末等。例如加入适当表面活性剂作为乳化剂,表面活性剂分子定向吸附在液-液界面上,极性基团向着水,非极性基团向着油,降低了油水界面能,同时形成较为坚固的保护膜,具有一定的机械强度,如图 7-15 所示。这是能使乳状液稳定的主要原因。此外还有吸附带电,形成双电层,也能阻止液珠的合并。

但有时又需要破乳,如天然橡胶汁加酸后破乳分离出橡胶。又如含水原油需要破乳将水分离出来。

乳状液应用很广,在医药、食品、农药、化妆品、污水处理,石油化工等都涉及乳状液的制备和破坏的问题。

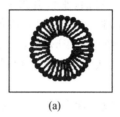 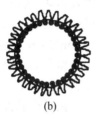

图 7-15 表面活性剂的乳化作用
(a)——价金属皂对 O/W 型乳状液的稳定作用
(b)—二价金属皂对 W/O 型乳状液的稳定作用

(2) 微乳状液

当表面活性剂胶束溶液与不溶于水的油相接触时,会发生一系列的过程。开始是油自动进入胶束内核,发生增溶作用。随着油的不断进入内核,胶束胀大,最后在胶束内形成微滴。此种由水、油、表面活性剂(有时还需加入中长链醇作助表面活性剂)自发形成的外观透明或半透明的流动性好的热力学稳定的分散系统称为微乳状液,简称微乳液。在微乳液中,分散相约为 10～100nm 的小液滴。

微乳液也有水包油型(O/W)和油包水型(W/O)。O/W 型的分散介质是水;在分散介质为油的反胶束中增溶水后,所得到的是 W/O 型。此外与乳状液不同的是,微乳液还有双连续相,又称微乳中相,是油与水无序镶嵌的分隔结构。

制备微乳液时,一般表面活性剂的含量较高,约为 5% ~ 30%。对离子型表面活性剂,往往需加适量的中性无机盐和助表面活性剂(高级脂肪醇)。此外还须控制适当的温度,尤其是对非离子型表面活性剂。

微乳液与普通乳状液的根本区别是,微乳液是自发形成的,是热力学稳定系统,长期存放而不分层。微乳液的另一特性是拥有极大的界面面积,且流动性好。因而微乳液具有极好的吸附功能以及传热、传质功能。对油、水皆有很大的互相增溶性,使它具有既亲油又亲水的双重性。此外,微乳液的界面张力很低,一般在 $10^{-2} mN \cdot m^{-1}$ 以下,使它易变形和具有高渗透能力。

微乳液、胶束与乳状液也有许多相同之处,三者的状态与性质比较列于表 7-3。

由于微乳液具有较多优良的性质,使得它在生物、医学、药学、环境、日用品、石油化工、材料科学等领域均有重要应用。

例如现代化妆品常采取增溶、微乳化和加入功能成分等,使得外观精美,性能稳定,使用方便。尤其微乳液粒子小,可透皮吸收,使功能成分充分发挥其作用。

表 7-3　乳状液、微乳状液和胶束的状态与性质比较

状态与性质	乳状液	微乳状液	胶束
颗粒大小	$> 0.1 \mu m$	10 ~ 数百 nm	1 ~ 数十 nm
颗粒形状	一般为球形	球形	各种形状
类型	O/W,W/O,多重型	O/W,双连续,W/O	O/W,W/O
透光性	不透明	透明,或半透明	透明
稳定性(用超离心机)	分层	不分层	不分层
表面活性剂用量	少,不加辅助剂	多,有的需加辅助剂	超过 CMC 即可

又如燃油掺水,如用聚乙二醇十二烷基醚将柴油制成含水 20%～30%的微乳状液,其外观透明,流动性好。用于发动机既节省燃料,还可降低 NO_x 的生成。

还可采用微乳液的方法制备纳米材料。如利用 W/O 型微乳液作为反应介质,反应在亲水核中进行,生成的固体粒子大小被微乳粒子尺寸限制在纳米范围。

此外微乳液在石油开采中的三次采油,酶反应,药物制备,超滤膜的成膜等均有重要应用。以微乳状液为基础的高新技术正在迅速发展。

7.4.5 囊泡与脂质体

囊泡是由两亲性分子尾对尾结合形成的封闭系统。在其内部包藏着水或水溶液。它的形状大多近于球形,或椭圆形,或扁球形,其大小一般在 30～100 nm,也有大到 $10\mu m$ 的大囊泡。囊泡分单室与多室两种类型。见图 7-16。

由磷脂形成的囊泡称为脂质体。

囊泡是热力学不稳定系统,放置一定时间后会破坏。其最大的特点是包容性,亲水性物质包容在中心部位,或极性层间,疏水性物质则包容在碳氢链的夹层中,两亲性物质加到定

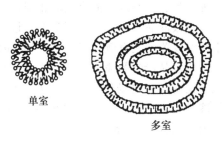

图 7-16 囊泡

向双层中形成混合双层。这种包容性使囊泡同时具有运载水溶性和水不溶药物的能力,提高药效。尤其是脂质体是无毒的,可以生物降解,将药物包容于其中,在生物循环体内存在的时间长,脂质体慢慢降解释放药物,延长药效。这也称为缓释作用。药物被包藏在脂质体中可防止酶和免疫体对它的破坏。若在脂质体上引入

特殊基团,可以将药物导向特定器官,大大减少药的用量,这称为药物的靶向性。这都是当今药学和制药业的研究前沿。

此外囊泡也可用于研究和模拟生物膜。也可为化学反应及生物化学反应提供微环境。

7.4.6 液晶

高度有序的固态晶体与无序的液体存在明显的差别,但有些物质或系统在一定条件下会处于一种中间状态,它既有液体的流动性质,又有晶体的各向异性,称为介晶态,这种物质或系统称为液晶。

液晶中又分熔致液晶与溶致液晶两种。

熔致液晶,是加热液晶物质而出现的液晶态。这类物质的分子形状一般为棒状。在低温时为晶态固体,加热熔化时先变成浑浊的液体,其分子被约束成彼此平行,只能沿长轴转动,此时具有各向异性,再继续加热,变成澄清的通常液体,此时分子排列无序,各向同性。如 4-4′二甲基氧化偶氮苯,在 118～136℃ 温度范围呈现液晶态。热致液晶有近晶相型,向列相型和胆甾相型。

热致液晶在工业上和医学上有很多应用。如胆甾相液晶在很小的温度范围就有颜色变化,这些液晶用做灵敏的温度计,在医学上可用液晶诊断肿瘤或感染。因为感染或肿瘤部位代谢速率快,温度也高。在电场作用下的向列液晶具有动力光散射现象,透明的液晶变成不透明。利用这种特性已做成液晶显示器件,如数字显示手表、显示屏等。

溶致液晶是在表面活性剂晶体中加入一定量溶剂,系统的结构从高度有序转变为较为无序的状态而形成的均匀系统。溶致液晶的形成取决于溶质分子与溶剂分子间的特殊相互作用。随表面活性物质的结构、浓度或温度的变化,溶致液晶有很多不同的类型,常见的有层状相、六方相(见图 7-17)和立方相。溶致液晶有很高的体相黏度,光学性质、传质性质和导电性质皆具有各向异性。通过偏光显微镜、小角 x 射线衍射或核磁共振等方法可检测液晶的存在及其类型和晶格参数等。

20世纪70年代发现,在生物体中存在着大量的液晶态结构。如生物的许多器官与组织(如人的皮肤和肌肉)、植物的叶绿体、甲壳虫的甲壳质都具有液晶态的有序结构。许多生理现象及某些病态都与晶体的形成与变化有关。如皮肤的老化与真皮组织层状液晶的含水量及两亲分子层对水的渗透能力有关。胆结石的形成与胆汁中溶致液晶相的组成或变化有关。所以溶致液晶的研究对于了解生理过程、药物作用机制具有重要意义。

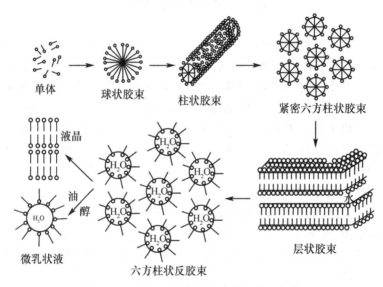

图7-17 表面活性剂溶液中的有序组合体

由前所述,表面活性剂由于它的两亲性结构特征,表现出许多特性。表现在使溶液的表面张力下降,在表面产生吸附的表面特性;在其浓溶液中自动形成胶束,使其溶液的许多物理化学性质在CMC时发生突变;其溶解度随温度变化的特性。正因为表面活性剂的结构特征和物理化学特性,使得它具有增溶(溶油)作用,润湿作用,乳化作用,起泡作用,去污作用,杀菌作用等。尤其是它的自组织能力,自发形成许多有序集(或组)合体(见图 7-17),如在表面上定向排列,在浓溶液中形成胶束、微乳液、囊泡、液晶相等,不溶性两亲物质可形成单分子膜、双分子膜等。通过调控这些有序组合体的组成、大小和形态,可赋予其特殊功能,为生命科学提供了最适宜的模拟系统,也为材料、能源、环境、医药等领域的发展提供了新的思路与方法。

7.5 不溶性表面膜

不溶于水的长链脂肪酸,可以在水面上扩展形成表面膜。由所加的脂肪酸的量和扩展的面积,可以计算出表面膜约为一个分子的厚度,故称为单分子膜。能在水面上形成稳定的单分子膜的有:含极性的羟基 —OH,羧基 —COOH 或者 —COO$^-$,—NH$_3^+$,—C$_6$H$_4$OH,—CN,—NH$_2$ 等的含碳原子在 14 至 22 之间的长链脂肪族化合物;含 —SO$_3^-$ 和 —N(CH$_3$)$_3^+$ 等强极性基团的含碳原子在 22 以上的长链分子以及甾醇或其他许多碳氢链部分含较大多环的化合物。

总之,能在水面上形成稳定单分子膜的分子一定含有一个极性基团,使分子具有一定的亲水性,增强它与水分子之间的结合力,而另一端是适当长的或大的疏水非极性部分,以保持它的不溶于水的特性。

7.5.1 单分子膜

(1) 膜天平与表面压

研究表面膜的重要仪器是膜天平,如图 7-18 所示。一块浮动的云母隔板 A(浮标)将洁净水面 W 与含单分子膜的水面 M 隔开,通过滑尺 B 改变单分子膜面积。作用在浮标 A 上的力可以由连接在它上面的扭力丝来测定。将此力除以浮标 A 的长度,得表面压

π。表面压是作用于浮标 A 上的单位长度的力。与三维空间里气体分子撞器壁产生压力一样,表面压 π 是二维空间运动质点即表面膜分子对浮片碰撞的结果。

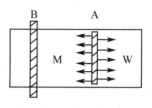

图 7-18 膜天平示意图

表面压也可看成是表面张力作用的结果。图 7-18 中,浮标 A 的右边是干净的水,设表面张力为 γ_0,A 的左边是含有不溶性两亲分子物的水,其表面张力为 γ。显然,$\gamma_0 > \gamma$。于是浮标 A 受到不平衡力作用,因此产生表面压力 π。

若浮标 A 的长度为 l,则不溶性两亲物在液面上的运动,对 A 施加的力为 πl,设使 A 移动了 dx 距离,膜对 A 做功为 $\pi l dx$。A 移动了 dx 距离后,干净水面积减少了 $l dx$,同时不溶性表面膜面积增加了 $l dx$。于是系统的吉布斯函数减少了 $(\gamma_0 - \gamma) l dx$,用于扩大不溶性单分子膜的面积而做功,故

$$\pi l dx = (\gamma_0 - \gamma) l dx$$

于是
$$\pi = \gamma_0 - \gamma \tag{7-45}$$

显然,π 的单位是 $N \cdot m^{-1}$。

(2) 单分子膜的各种状态

由实验可知当膜被压缩时,π 渐渐增大。以 π 为纵坐标,膜面上每个分子所占面积 a 为横坐标作图,如图 7-19 所示。

由于不溶性两亲分子的运动被限制在水面上的二维空间内,除有与三维空间类似的状态:气态、液态和固态外,还有一些三维空间中不存在的状态。

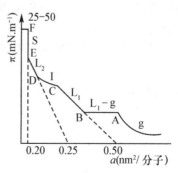

图 7-19 单分子膜的各种状态

按膜被压缩的顺序变化其状态有以下几种。

① 气态膜 g。 此时 π 很小（< 0.1 mN·m^{-1}），a 很大（> 40 nm^2）。$\pi\text{-}a$ 曲线类似于理想气体的 $p\text{-}V$ 关系，于是描述此段曲线的状态方程为：

$$\pi a = kT \text{ 或 } \pi A = nRT$$

式中 k 为 Boltzmann 常数，a 为单个分子所占面积，A 是表面活性剂的量为 n(mol) 时在表面上所占的面积，T 为绝对温度，R 为气体常数。

②AB 段。类似于气体体积压缩后液化的情况，AB 段表示膜的气液平衡共存状态，相应的 π 可看做膜的饱和蒸气压。

③BC 段。为液态扩张膜 L_1。

④CD 段。为转变膜 I。

这两种状态是三维空间所没有的。它们本质是液态的，但压缩系数比正常液体 L_2 大得多。

⑤DE 段。为液态凝聚膜 L_2。

⑥EF 段。为固态凝聚膜 S。

L_2 与 S 的 $\pi\text{-}a$ 关系为线形，膜的压缩系数很小。若将 $\pi\text{-}a$ 曲线外推到 $\pi = 0$ 时，可得到构成凝聚膜的分子面积，例如直链脂肪酸同系物（$C_2 \sim C_{26}$）的 S 膜的极限面积是 0.205 nm^2/分子，直链脂肪醇是 0.216 nm^2。

单分子膜的状态取决于不溶物分子间横向的作用力。不是任何不溶两亲性物都可以形成以上所述各种状态。如直链脂肪酸、醇类物，在适当的链长和温度下可得到上述各种状态的单分子膜；若碳链很长，或温度较低，易得到 L_2 和 S 膜；若碳链短，或温度较高，则易得到 I 和 L_1 膜。增加一个 CH_2，相当于降低 5 ℃ 的温度。

(3) 单分子膜的应用

① 测分子量和分子截面积

将待测物在液面上展开成单分子膜，当 π 很低时，$\pi A = nkT =$

$\frac{m}{M}RT$,则

$$M = \frac{mRT}{\pi A}$$

其中 m 和 M 分别为成膜物的质量和摩尔质量。

例如在 20 ℃ 时 0.10 mg 的某多肽抗生素成膜后,在 π 很低时 $\pi A = 2.0 \times 10^{-4} \text{N} \cdot \text{m}$,由此求得:

$$M = \frac{(1.0 \times 10^{-7} \text{kg}) \times (8.314 \text{N} \cdot \text{m} \cdot \text{K}^{-1} \text{mol}^{-1}) \times 293 \text{ K}}{2.0 \times 10^{-4} \text{N} \cdot \text{m}}$$

$$= 1.22 \text{ kg} \cdot \text{mol}^{-1}$$

与用渗透压法得到的结果 1.15 kg·mol^{-1} 相符。该法测分子量的优点是样品用量少,速度快。

而不溶性物分子的截面积则可从 π-a 图上直接获得。如 FE 的延长线在横坐标上的交点。

② 抑制水的蒸发

在干旱地区,若用 $C_{16} \sim C_{22}$ 的直链脂肪酸或醇铺在水库或水稻田的水面上,例如用 30 g 十六醇就可覆盖 10^5m^2 的水表面。实验证明可以减少 40% 水的蒸发量。与此同时也减少了因蒸发而损失的热量。可使水温升高,提前早稻的插秧时间,促进秧苗生长,有利于增加产量。

单分子表面膜还可用于研究表面化学反应,生物膜模拟,电极修饰等。

7.5.2 LB 膜

Langmuir 和 Blodgett 分别在 1920 和 1935 年先后将单分子膜转移到固体表面(又称基底)上,并可以多层重叠,建立了一种单分子膜堆积技术,称之为 LB 膜技术。这种基底上的单分子层或多分子层膜称为 LB 膜。

LB 膜的制备是将不溶性两亲分子在液体基底(又称亚相)上

铺展成单分子膜,将固体基片插入膜中,或从膜中提出,于是单分子膜被转移到固体基底上。形成的膜据固体基底的性质不同或操作技术上的控制,分别形成 X、Y、Z 三种类型,如图 7-20。

LB 膜技术根据要求能构筑功能性分子聚集体。近年来在微电子材料、非线形光学材料及仿生元件制作等科学技术领域受到高度的重视。

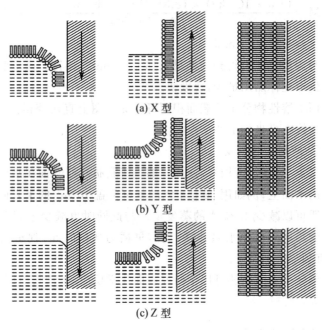

图 7-20　LB 膜的形成及类型

7.5.3　生物膜、双层脂类脂膜

生物膜　无论是动物细胞还是植物细胞,都被膜所包围,使得细胞对物质的透过具有选择性,是细胞与环境之间物质交换的

通道。这些膜有许多共同特征,都是生物膜。

生物膜是由磷脂和蛋白质组成。磷脂是两亲性的,两个较长的碳氢链是疏水的,而含磷酸脂的部分是亲水的。现在对细胞膜结构较一致的看法是流体镶嵌模型,或称为类脂-蛋白质镶嵌模型。如图 7-21 所示。膜是双分子层的磷脂组成,亲脂端聚集在一起,亲水端向着膜内外两面。蛋白质分子分布在其中,有的在膜表面上,有的在膜内,有的横跨整个膜。可以把膜看成是有定向蛋白质与类脂组成的二维溶液。

膜对物质的选择性通透就是这些蛋白质的作用。2003 年度的诺贝尔化学奖得主 Mackinnon 和 Agre 在细胞膜的离子通道和水分子通道方面作了开创性工作。研究表明,这些通道都是由特定蛋白质的特定构型形成的。

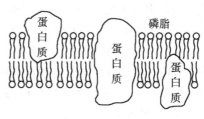

图 7-21　生物膜示意图

双层类脂膜　利用天然生物膜的成膜物质,如卵磷脂等,控制 pH 值和盐的浓度,可人工制备出不同性质的双层类脂膜。简写成 BLM。BLM 是双分子层,厚度小于 10 nm,对可见光表现为黑色,又常称为黑膜。

BLM 具有渗透性、电性质和可激发性,可以引入所需功能性物质,是研究光合作用、药物的药理作用的最好模型。

7.6　固体表面吸附

固体表面与液体表面一样,处于表面层的分子受到不平衡力的作用,因而固体表面具有过剩表面能。但它不能像液体那样通过改变表面形状缩小表面积降低表面能,但可利用表面分子的剩余力场来捕获气相或液相中的分子,以达到相对稳定。物质在固体表面上浓集的现象称为吸附,被吸附的物质称为吸附质,具有吸附能力的固体叫吸附剂。

7.6.1 物理吸附与化学吸附

固体表面上的吸附,按其作用力的性质可分为物理吸附和化学吸附。

在物理吸附中,固体表面分子与吸附分子间的作用力是范德华力,相当于气体分子凝聚成液体的力。所以物理吸附类似于气体在固体表面上发生凝聚。在化学吸附中,固体表面分子与吸附分子间作用力远大于范德华力,而与化学键力相似,在化学吸附过程中可有电子的转移,原子的重排,化学键的破坏与形成等,所以化学吸附类似于气体分子与固体表面分子发生化学反应。正因为这两类吸附作用的力性质的不同,引起物理吸附与化学吸附的一系列差别,见表 7-4。

表 7-4　　　　物理吸附与化学吸附的比较

	物理吸附	化学吸附
吸附力	范德华力	化学键力
吸附热	较小,近于气体凝结热	较大,近于化学反应热
选择性	无选择性,易液化者易被吸附	有选择性
稳定性	不稳定,易解吸	比较稳定,不易解吸
吸附分子层	单分子层或多分子层	单分子层
吸附速率	较快,不受温度影响,易达平衡	较慢,需活化能,升温速度加快,不易达平衡

物理吸附与化学吸附,在某些条件下,可以同时发生在同一固体表面上,也可以一先一后发生。一般说来,因为物理吸附不需

要活性能,化学吸附需要活性能,因此低温有利于物理吸附,高温有利于化学吸附。图 7-22 表示温度对两种吸附的影响以及温度升高时物理吸附向化学吸附的过渡。由图可知,无论是化学吸附还是物理吸附,达到吸附平衡时,都随温度升高吸附量降低。这是因为吸附过程是吉布斯函数降低混乱度减小的过程。据热力学公式 $\Delta G = \Delta H - T\Delta S$,其中 ΔG 项必为负,而 ΔS 也为负,ΔH 一定为负值。即吸附过程是放热的。

7.6.2 吸附平衡与吸附量

气相中的气体分子可以被吸附到固体表面上来,已被吸附的分子也可以脱吸附(或叫解吸)而回到气相。在温度和吸附质的分压恒定的条件下,当吸附速率与脱吸附速率相等,即单位时间内被吸附到固体表面上的量与脱附回到气相的量相等时,达到吸附平衡。此时固体表面上的吸附量不再随时间而变。在达到吸附平衡条件下,单位质量的吸附剂所吸附气体的物质的量 x 或气体在标准状态下所占的体积 V,称为吸附量,以 a 表示

$$a = \frac{x}{m} \text{ 或 } a = \frac{V}{m} \qquad (7-46)$$

式中 m 为吸附剂的质量。

影响吸附量的因素有吸附剂和吸附质的本质、温度及吸附质达到吸附平衡时的分压等。

当吸附质吸附平衡分压一定,吸附量与温度之间关系的曲线叫吸附等压线,如图 7-22 所示。其重要用途是辨别吸附类型。如果出现吸附量随温度升高而增大,后又随温度升高而减小的现象,则可判断有化学吸附发生。因为无论是物理吸附还是化学吸附,达吸附平衡时吸附量都是随温度升高而降

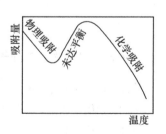

图 7-22 吸附量与温度的关系

低的。出现吸附量随温度升高而增大,这是由物理吸附向化学吸附转变而未达吸附平衡时的状态,因为化学吸附需要活化能。

若将吸附量固定不变,吸附质平衡分压与温度关系的曲线,叫吸附等量线。其应用之一是利用克劳修斯－克拉贝龙方程求吸附热。

$$\left(\frac{\partial \ln p}{\partial T}\right)_a = \frac{-\Delta H_{m,\text{吸附}}}{RT^2} \qquad (7\text{-}47)$$

因为吸附热相当于气体变为液体的凝聚热,与蒸发热刚好相差一个正、负号,所以式(7-47)中出现负号。

在温度恒定条件下,吸附质平衡分压 p 与吸附量 a 之间关系的曲线称为吸附等温线,常见的有五种类型,如图 7-23 所示。

图 7-23 中第 Ⅰ 类型是单分子层吸附,其余均有多分子层吸附情况或先单分子层后多分子层等复杂情况。

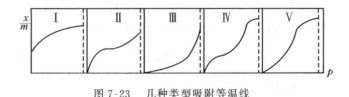

图 7-23 几种类型吸附等温线

7.6.3 朗格缪尔单分子层吸附等温式

朗格缪尔(Langmuir)在 1916 年第一个发表了关于气体在固体表面上吸附的理论,并推导出单分子层吸附等温式。

朗格缪尔基本假设:

(1) 气体在固体表面上的吸附是单分子层的。因此只有当气体分子碰到固体的空白表面时才能被吸附,如果碰到已被吸附的表面则不再发生吸附。

(2) 被吸附的分子间无作用力。

(3) 表面各处的吸附能力相同。

(4) 吸附平衡是动态平衡。

设 θ 表示某瞬间固体表面已被吸附质分子覆盖的分数。则 $(1-\theta)$ 代表未被覆盖的表面所占的分数。由假定(1)，吸附速率应与 $(1-\theta)$ 以及单位时间内气体分子碰撞固体整个表面的次数成正比，而后者又与气体分压 p 成正比，所以

$$r_{吸附} = k_1(1-\theta)p$$

由假定(2)有

$$r_{脱附} = k_2\theta$$

上两式中 k_1, k_2 分别为吸附和脱附速率系数，达吸附平衡时 $r_{吸附} = r_{脱附}$，则

$$k_1(1-\theta)p = k_2\theta$$

即
$$\theta = \frac{k_1 p}{k_2 + k_1 p} = \frac{bp}{1+bp} \tag{7-48}$$

其中 $b = \dfrac{k_1}{k_2}$。该式为朗格缪尔吸附等温方程式。

若以 a 表示分压 p 时某一千克吸附剂所吸附的摩尔数即吸附量，a_∞ 为同量吸附剂被覆盖满时吸附物的摩尔数即饱和吸附量。则

$$\theta = \frac{a}{a_\infty} \text{ 或者由式(7-46)有 } \theta = \frac{V}{V_m}$$

那么式(7-48)改写成：

$$a = \frac{a_\infty bp}{1+bp} \text{ 或 } V = \frac{V_m bp}{1+bp} \tag{7-49}$$

由此式可知：

(1) 当气体分压力很小时，$bp \ll 1$，则 $a = a_\infty bp$，即 a 与 p 成正比，为图 7-23 中第 I 类吸附等温线的低压部分。

(2) 当气体分压很大时，$bp \gg 1$，$a = a_\infty$，与图 7-23 中第 I 类吸附等温线的高压部分符合，因此该理论符合部分实验事实。将式(7-49)重排得：

$$\frac{p}{V} = \frac{1}{V_m b} + \frac{p}{V_m} \qquad (7\text{-}50)$$

若以 $p/V \sim p$ 作图应得直线,由斜率可求 V_m。由 V_m 可以算出固体吸附剂的比表面积 $S_\text{比}$:

$$S_\text{比} = \frac{V_m N_A}{0.022\ 4} \times \frac{A_m}{W} \qquad (7\text{-}51)$$

式中 A_m 为被吸附分子的截面积,W 是固体吸附剂的质量,N_A 是阿伏加德罗常数。比表面积即单位质量的吸附剂所具有的表面积,它是衡量吸附剂优劣的重要参数。

朗格缪尔吸附等温方程符合单分子层吸附情况,可较满意地解释第 Ⅰ 类吸附等温线。对于多分子层吸附的 Ⅱ 至 Ⅴ 类吸附不能给以解释。但朗格缪尔吸附等温方程仍是一个重要的方程。它的推导,对吸附机理作了形象描述,为以后的某些吸附等温式的建立奠定了基础。

气体在固体表面上的吸附还有许多经验等温吸附方程,如弗伦德利希(Freundlich)吸附等温式:

$$a = k p^{\frac{1}{n}} \qquad (7\text{-}52)$$

式中 a 为吸附量,p 为吸附质平衡分压,k 和 n 是与吸附剂、吸附质性质及温度有关的常数,一般 n 是大于 1 的值。

这一经验公式概括了部分实验事实。它简单方便,应用很广。

7.6.4 固体自溶液中的吸附

吸附等温式 固体自溶液中的吸附较为复杂,因为吸附剂除了吸附溶质还可以吸附溶剂。所以至今还无完满的理论。但是固体自溶液中的吸附具有重要的实际意义,在长期的实践中,得到一些规律。

将一定量的吸附剂(m)与一定量已知其浓度(c_0)的溶液混合,在等温下振摇,使其达到吸附平衡。澄清后,测定溶液的浓度

c,从浓度的改变(c_0-c)可以求出每千克固体吸附剂吸附溶质的量 a：

$$a = \frac{x}{m} = \frac{V(c_0-c)}{m} \tag{7-53}$$

式中 c_0、c 分别表示起始和终了的体积摩尔浓度，V 为溶液的总体积，m 为吸附剂的质量。这样求得的 a 通常称为表观吸附量。其数值低于实际吸附量。对于稀溶液则此种偏差不大。由于溶液中溶剂和溶质同时被吸附，要测定吸附量的绝对值是困难的。

不同的系统得到的吸附等温线形式不同。有些系统可以用气-固吸附等温式来描述。而弗伦德利希吸附等温式应用较广：

$$\frac{x}{m} = kc^{\frac{1}{n}} \tag{7-54}$$

c 是吸附平衡时溶液的浓度。取对数得

$$\lg \frac{x}{m} = \lg k + \frac{1}{n} \lg c$$

式中 $\frac{1}{n}$ 一般在 0.1～0.5 之间。可由实验测出不同浓度下的 $\frac{x}{m}$ 值，以 $\lg \frac{x}{m}$ 对 $\lg c$ 作图得一直线，由直线斜率与截矩求 $\frac{1}{n}$ 和 k。

影响溶液中吸附的一些因素 原则上吉布斯吸附公式也可以适应于固体从溶液中的吸附。但由于液固之间界面张力无法直接测定，所以吉布斯吸附公式的应用受到了限制。目前的一些规律来自经验总结。讨论某种因素的影响是在固定其他条件下的结果。

（1）温度的影响：溶液中的吸附和气体吸附一样是放热过程。因此通常吸附量随温度增加而减小。

（2）极性吸附剂易于吸附极性物质；非极性吸附剂易于吸附非极性物质。活性炭是非极性吸附剂，吸水能力很弱，但吸附苯或四氯化碳等有机物却很强。因此在水溶液中活性炭是吸附非极性有机物的良好吸附剂。而硅胶是极性吸附剂，它在有机溶剂中吸附极性物质能力强。同理，同一吸附剂在某一溶剂中对不同溶质

的吸附能力也不同。如以活性炭在水溶液中吸附脂肪酸,吸附量随碳氢链的增加而增加,当用硅胶在非极性溶剂的溶液中吸附脂肪酸时,吸附量随碳氢链的增加而减小,如图 7-24(a)、(b) 所示。

(3) 溶解度小的愈易于被吸附。例如用硅胶分别从四氯化碳和苯的溶液中吸附苯甲酸,在相同平衡浓度时,前者的吸附量大。这是因为苯甲酸在四氯化碳中的溶解度比在苯中的小。

(4) 吸附剂的性能因制备方法不同而大不相同。

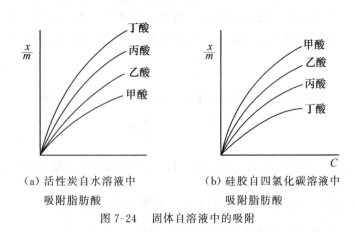

(a) 活性炭自水溶液中吸附脂肪酸

(b) 硅胶自四氯化碳溶液中吸附脂肪酸

图 7-24　固体自溶液中的吸附

7.7　色　谱　法

吸附作用的高度选择性被用来分离性质很相似的物质的混合物,这是化学和生物学上分离分析物质的重要方法。

1903 年俄国植物学家茨维特根据固体对溶液中不同溶质的吸附能力不同,提出了色谱法。他把植物叶子色素的石油醚提取液加到装有固体吸附剂(如碳酸钙)的长的竖直的玻璃管中,由于 $CaCO_3$ 对不同色素的吸附能力不同,在长管中出现不同的色带,色谱法名称由此而得(有的称色层分析)。用适当的溶剂如苯淋洗后,这些色带沿管向下移动而彼此分开。然后把吸附柱整个地推出,分别得到各色带的物质。第一次证明了叶绿素的主要成分是:叶绿素A、叶绿素B、叶黄素和胡萝卜素。吸附柱中色带的次序是各溶质被吸附强弱的反应。一般说来,单独存在时被吸附倾向大的物质在混合溶液中被吸附的倾向也大。多组分溶液加到吸附柱中,吸附倾向大的组分首先吸附,吸附倾向小的流到柱的下部再吸收,所以在色谱柱上自上而下吸附能力逐渐下降。

色谱法不限于有色物质,如果被分离的物质是无色的,可以用光学方法或显色剂来分辨。如对氨基酸混合物,可用茚三酮显色。

色谱法对于分离少量、性质又很接近的一些溶质很成功,如稀有金属的分离,有机物的同系物的分离等,特别是这种分离方法操作比较简单,分离过程中不须作化学处理或热处理。因此在生物学得到重要的应用,因生物组织液易于性变和分解,不能用通常的溶解、分馏、结晶等方法来分离和提纯,而色谱法能在物质保持原有自然状态下将各物质进行分离。

自茨维特以后,色谱法的发展很快,应用很广。在分离物质的原理上,除上述吸附色谱外,还有分配色谱,离子交换色谱,凝胶过滤色谱和亲和色谱。

吸附色谱:主要根据吸附剂对物质吸附能力的不同而将物质分离。

分配色谱:根据分配定律使物质分离。用多孔性的固体如硅胶、纤维素等作担体装入柱中,其中浸入一种液体(如水)作为固定相,柱的上端放入混合样品,然后用另一种与柱中液体(水)不相混溶的液体(一般为有机溶剂),作为流动相慢慢流过此柱。混合物中各组分按它们在两种液体中的分配系数关系进入流动相。随着液体向下流动,分配作用在连续进行,结果分配系数大的流动相中溶解得多,先被带下。也可以用滤纸代替填充柱,而称为纸上色谱。纸上以水为固定相,样品滴在纸的一端,将此端浸入有机溶剂,但样品不要浸入,则该有机溶剂为流动相,溶剂借毛细管作用而扩展,将样品中各组分带到不同的位置。若再用另一种溶剂从垂直方向通过滤纸,则称为双向纸上色谱,这样第一种溶剂不能完全分开的物质常常可以被第二种溶剂分开。

另外还有薄层层析法也广泛用于物质的分离和分析。主要是靠吸附作用来分离物质。例如用硅胶作吸附剂,制成薄板,加样后用溶剂作流动相。与纸上色谱一样也有双向薄层层析。图 7-25 是某人心包液的双向薄层层析的结果。表明它的主要成分为:A.溶血磷酸酰胆碱;B.鞘磷脂;C.磷脂酰胆碱;D.磷脂酰肌醇;E.磷脂酰丝氨酸;F.磷脂酰乙醇胺。

离子交换色谱:根据离子交换能力的不同将物质进行分离。固体吸附剂是离子交换剂,在溶液中它吸附被分离物的离子,同时本身又放出等摩尔量的同号离子到溶液中,即与溶液的离子进行同号离子交换。由于不同离子与离子交换剂上的电荷部位的亲和力不同,因而所表现出的交换能力不同而将物质进行分离。离子交换剂的一部分是多价的网

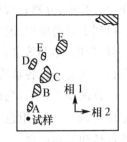

图 7-25　双向薄层层析

状结构的大分子骨架,为惰性基,另一部分是可以移动的带相反电荷的离子,称为活性基。活性基能与溶液中的离子进行交换。活性基为阳离子,叫阳离子交换剂,若为阴离子则为阴离子交换剂。在生物分离中常用离子交换纤维素,大分子能自由进入交换剂中并能扩散。通常分离碱性蛋白质用阳离子交换剂羧甲基纤维素,分离酸性蛋白质用阴离子交换剂二乙基氨纤维素。

凝胶过滤色谱:根据多孔性凝胶网眼孔径的不同将物质进行分离。该法将葡萄糖凝胶、聚丙烯酰胺凝胶用水溶胀后装在柱中

为固定相。凝胶孔径的大小在制备时给以控制,其作用如同分子筛。将多组分溶液加入凝胶柱中,其中各组分的分子大小不同。以某溶剂作为流动相流过此柱,大于凝胶孔径组分的分子不能进入凝胶孔内,随着流动相先流出。稍小一点的分子可以进入孔中,后流出。更小的分子可以进入凝胶内更小的孔中,则在凝胶孔内停留时间更长,最后流出。用这种方法可以用来分离大小不同的水溶性的大分子如蛋白质、酶、核酸等,同时还可以测分子量。实验证明流出体积与分子量的对数呈线性关系。所谓流出体积是该种分子在流出液内刚出现时,流出液的体积。习题7-14给出了一个应用实例。

亲和色谱:利用生物的特异性进行分离。将某些特异性辅酶连接到多孔性固体上,如琼脂糖,装入柱中,让含有不同蛋白质分子的溶液通过柱子,仅仅与辅酶能进行特异结合的才能粘附在柱上,于是只需一步操作就能从非常复杂的混合物中分离出某种高纯度的蛋白质。

在实际中,除以上分类方法外,还有按流动相、固定相的状态来分类的方法。如流动相为气态,称为气相色谱,流动相为液态称为液相色谱。这些都是有机化学、生物化学、无机化学、研究催化作用等的有用工具,也是石油化工,制药、环境污染监控等不可缺少的检测手段。

习　　题

7-1　思考与判断
(1) 表面吉布斯函数与表面张力物理意义和单位都相同?
(2) 液体表面张力的方向指向液体内部?
(3) 物质在临界状态时,表面张力为零?
(4) 所有物质的表面张力都随温度升高而下降?

(5) 胶束、微乳状液、乳状液、囊泡都是热力学稳定系统?

(6) 吸附过程包括溶液的表面吸附、气体在固体表面上的吸附及固体自溶液中的吸附等都是吉布斯函数降低的过程?

(7) 吉布斯吸附公式中的吸附量是绝对值?

(8) 吉布斯吸附公式只适用于溶液中的表面吸附?

7-2 将 $1\times 10^{-3} dm^3$ 油分散到水中,成为直径为 1×10^{-8} 米的油滴,设油水界面张力为 0.057 牛·米$^{-1}$,求所需的功。

7-3 已知水在玻璃板间形成凹液面,而在两石蜡板间形成凸液面,试解释为什么两玻璃板间放一点水后很难拉开,而两石蜡板间放一点水后很容易拉开。

7-4 计算半径为 2 nm 的水滴在 25 ℃ 的蒸气压。已知 25 ℃ 正常(平面)水的蒸气压为 3 167 Pa。

7-5 在 20℃ 时,丙酮密度为 0.79 kg·dm^{-3},在半径为 2.35×10^{-4} m 的毛细管中上升高度为 2.56×10^{-2} m,求丙酮在此温度下的表面张力。

7-6 在 20℃ 时浓度为 0.05 及 0.127 mol·kg^{-1} 的酚的水溶液,其表面张力分别为 67.88 及 60.1 mN·m^{-1}。求在 $0\sim 0.05$ mol·kg^{-1} 及 $0.05\sim 0.127$ mol·kg^{-1} 范围内酚溶液的表面吸附量 Γ。20℃ 时水的表面张力为 72.7 mN·m^{-1}。

7-7 25℃ 时,乙醇水溶液的表面张力与浓度(摩/升)的关系为:$\gamma=0.072-5\times 10^{-4}c+2\times 10^{-4}c^2$ N·m^{-1}。试计算浓度为 0.5 mol·dm^3 时乙醇的表面过剩量。

7-8 0.001 kg 血红蛋白在 25℃ 的稀盐酸水溶液上形成展开膜,测得下述表面压数据

$A(m^2)$	4.0	5.0	6.0	7.5	10.0
$\pi(N\cdot m^{-1})$	0.28	0.16	0.105	0.06	0.035

试计算气态膜中蛋白质摩尔质量。

7-9 判断水能否在汞的表面上铺展开。已知水的表面张力为 72.7 mN·m^{-1},汞的表面张力为 483 mN·m^{-1},汞-水界面张力为 375 mN·m^{-1}。

7-10 下表为在 0℃ 及不同压力下,每 kg 活性炭吸附的氮气 V(dm^3)(已换算为 0℃、正常压力下的值)。

P/Pa	524	1 731	3 058	4 534	7 497
V/dm^3·kg^{-1}	0.987	3.04	5.08	7.04	10.31

将上列数据按照朗格缪尔吸附等温式作图,确定其常数项。

7-11 在 P-33 石墨化炭黑上吸附 1.0 dm^3·kg^{-1}(25℃,101 325 Pa 的值)的氮气时,所需氮气压力在 77.5 K 时为 24 Pa,90.1 K 时为 290 Pa,应用克劳修斯-克拉贝龙方程式计算在此表面覆盖下的吸附热。

7-12 18℃ 时每克活性炭从水溶液中吸附醋酸的毫摩尔数 a 与醋酸的毫摩尔浓度 c 有如下关系。试用图解法求弗伦德利希公式中的常数 k 和 n。

c/毫摩尔·dm^{-3}	2.3	14.65	41.03	88.62	177.69	26.77
a/摩尔·千克$^{-1}$	0.208	0.618	1.075	1.50	2.08	2.88

7-13 为了证实吉布斯吸附公式,有人做了下列实验,在 25℃ 时配制了一浓度为 4.0×10^{-3} kg/kg 水的苯基丙酸溶液,然后用特制的刮片机在 3.10 dm^2 的溶液表面上刮下 2.3×10^{-3} kg 溶液,经分析知表面层与本体溶液浓度差为 1.3×10^{-5} kg/kg 水。试据此计算表面吸附量 Γ_2。已知各浓度下该溶液的 γ 为

浓度(千克/千克水)	0.003 5	0.004 0	0.004 5
表面张力(毫牛顿·米$^{-1}$)	56.0	54.0	52.0

试用吉布斯公式计算表面吸附量。比较二者结果。

7-14 某实验将各种蛋白质的混合样品溶液从葡聚糖凝胶

G-100 凝胶柱上流出,测定流出体积如下:

蛋白质	流出体积(ml)	摩尔质量(kg·mol^{-1})
葡萄蛋白	256	3.500
细胞色素 C	193	12.400
核糖核酸酶	192	13.700
胰蛋白酶	168	?
卵白蛋白	137	45.000
血清蛋白	116	67.000

作流出体积对摩尔质量对数的图。求胰蛋白酶的摩尔分子量。

第8章 胶体分散系统

8.1 分散系统的分类与溶胶

分散系统是一种或几种物质分散在其他物质中所构成的系统,被分散的物质称为分散相,被分散物周围的介质称为分散介质。如糖水,糖分子是分散相,水是分散介质;含水的原油,水是分散相,油是分散介质。又如云雾,水滴是分散相,空气是介质。

按分散相和分散介质的聚集状态,非均相的分散系统可分为八类,见表8-1。

表8-1 　　　　多相分散系统的8种类型

分散相	分散介质	名　　称	实　　例
气		泡沫	肥皂水泡沫
			牛奶
液	液	乳状液	$Fe(OH)_3$溶胶
固		溶胶、悬浮液	油墨、泥浆
气		固体泡沫	馒头、泡沫塑料
液	固	凝胶	珍珠
固		固溶胶	有色玻璃
液	气	气溶胶	云、雾
固		气溶胶	烟、尘

按分散相粒子大小分类,可分为粗分散系统、胶体分散系统和

分子、离子分散系统,见表8-2。

由表8-2可知,胶体分散系统指分散相粒子大小在0.1 μm到1 nm之间的分散系统,其中主要包括两大类:

表8-2　按分散相粒子大小分类及各类性质的比较

分散系统	低分子溶液	胶体分散系统		粗分散系统
		大分子溶液	溶胶	
系统举例	NaCl水溶液 蔗糖水溶液	蛋白质 水溶液	$Fe(OH)_3$ 溶胶	泥浆
粒子大小	$< 10^{-9}$ m	1 nm ~ 0.1 μm (10^{-9} ~ 10^{-7} m)		$> 10^{-7}$ m
透过性	能透过半透膜	能透过滤纸, 不能透过半透膜		不能透过滤纸
扩散	扩散快	扩散慢		不能扩散
可见性	超显微镜下不可见	超显微镜下可见性		显微镜下可见
		差	好	
热力学稳定性	均相的热力学稳定系统, 符合相律	多相、热力学不稳定系统, 不符合相律		
丁铎尔效应	弱	弱	强	弱

(1) 溶胶:由难溶物分散在介质中形成,分散相的粒子是许多原子或小分子的聚集体,称为憎液溶胶,简称为溶胶,如$Fe(OH)_3$在水中的溶胶,金溶胶。它们是超微多相系统,具有极大的相表面和表面能,粒子间有自动聚结减小相表面,降低表面能的趋势。因此是热力学不稳定系统,易破坏而聚沉。且一旦被聚沉后,不能再自动分散到介质中去。溶胶的存在需要第三组分作稳定剂。

(2) 大分子溶液:分散相粒子是大分子,如蛋白质、橡胶、尼龙。其分子大小达到胶体范围,因此某些性质与憎液溶胶相同。习惯上称为亲液溶胶。但本质上大分子溶液与低分子溶液一样是均相的热力学稳定系统,但由于它大的特点,又有它自己所特有的性质,所以现在一般是将大分子溶液单独讨论。而在胶体分散系统中实际上主要是讨论溶胶。

胶体在自然界中是普遍存在的。人所居住的地球就是胶体系统,地球胶体学是现代地质学的重要分支。人类赖以生存的衣食住行中各行业都与胶体有关。胶体科学已渗透到材料科学、环境科学、医药、生物、石油化工、食品、涂料、日用品等众多领域。如纺织业的上浆、印染等工艺过程都需要有胶体的基本原理作指导;在有的工业生产过程中产生的废水大多是胶体系统,其中废水净化、贵金属的提取,无不涉及胶体的形成与破坏。尤其是近年来发展的纳米级超微粒子研究十分活跃,这些系统表现出不平常的化学物理性质,正在被人们开发和利用。

8.2 溶胶的制备与净化

要制备粒子大小在溶胶范围内的系统,通常有两个途径:一是分散法,将大块物体分裂成小颗粒,再分散到介质中。另一个是由小的分子、离子或原子凝聚成胶体颗粒,叫凝聚法。

(1) 分散法

工业上常用机械分散法,使用特殊的"胶体磨",将粗分散程度的悬浮液进行研磨而制备溶胶。胶体磨的磨盘是用坚硬耐磨的合金钢或碳化硅制成的,两片磨盘有细槽纹,靠得很近,研磨时,两片磨盘高速(5 000～10 000 转/分)反向转动,这样可以将颗粒磨细到 1 μm 左右。在研磨过程中加入少量表面活性物质如明胶作为分散剂,使磨细的颗粒不易聚结。

实验室中常采用"胶溶法":将新生成的固体沉淀物在适当条件下重新分散到胶体分散程度。如在新生成的某种沉淀中加入与沉淀物具有相同离子的电解质溶液进行搅拌,则可制得溶胶。例如,在新生成的 $Fe(OH)_3$ 沉淀中加入少量稀 $FeCl_3$ 溶液可制成较稳定的 $Fe(OH)_3$ 溶胶。此外还有超声波法和乳化法等。

(2) 凝聚法

一般是利用产物溶解度很小的化学反应,控制反应条件,使析出的不溶性分子凝聚,粒子大小恰好在胶体分散系统范围。

例如用过氧化氢与氯金酸溶液的反应得到金溶胶:

$$2HAuCl_4 + 3H_2O_2 \rightarrow 2Au(溶胶) + 8HCl + 3O_2$$

将少许三氯化铁溶于沸水中水解而得的是氢氧化铁溶胶:

$$FeCl_3 + 3H_2O \xrightarrow{煮沸} Fe(OH)_3 + 3HCl$$

反应生成的胶粒能吸附溶液中的离子而得以稳定。但用上述方法制得的溶胶往往含有过多的电解质或其他杂质,这样又反而使它不稳定。因此需要将过多的电解质或杂质除去,称为溶胶的净化。最常用的是渗析法。溶胶粒子不能透过半透膜,而小分子或离子能透过半透膜。将制备好的溶胶装入半透膜袋内,然后将膜袋整个地浸入水中。膜内离子或小分子能透过半透膜迁移到膜外,不断更换膜外的水,则可达净化的目的,常用的半透膜有羊皮纸、动物膀胱膜、醋酸纤维等。为了提高渗析速率,可稍稍加热,或用电渗析法,利用外加电场增加离子迁移速率。

近年来制备大小均匀的溶胶受到重视。因为均匀溶胶在特种陶瓷、催化剂、颜料、油墨、磁性材料、感光材料等的研制中有广泛的应用前景。

8.3 溶胶的光学性质

溶胶的光学性质是它的高分散性和不均一性的反映,通过对溶胶光学性质的研究,可以使我们理解一系列溶胶的光学现象,观察溶胶粒子的运动和测定它的大小、形状等。

8.3.1 丁铎尔效应与光的散射

在暗室里,让一束光线通过溶胶,在入射光的垂直方向可看到一个发光的光柱。这个现象称为丁铎尔(Tyndall)现象。若对真溶液则这种现象远不如溶胶显著,因此丁铎尔现象常作为判别溶胶与真溶液的最简便方法。

丁铎尔现象是胶粒对光散射的结果。光波是电磁波,光线射到粒子上,若粒子直径大于入射光波长则发生反射,若是透明粒子会发生折射,粗分散系统属于这种情况。但若粒子直径稍小于入射光的波长,则发生光的散射,此时入射光引起粒子中的电子作强迫振动,总合起来产生电偶极子,其振动频率与入射光波的频率相同。于是粒子成为二次波源,向各个方向发射电磁波,这就是散射光,

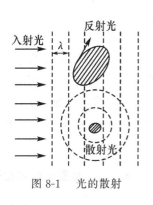

图 8-1 光的散射

如图 8-1 所示。而溶胶粒子大小为 1 ~ 100 nm,比可见光的半波长 200 ~ 400 nm 小,所以当可见光射到溶胶中,产生强的散射光,散射光又称为乳光。

8.3.2 瑞利公式

据瑞利(Rayleigh)公式,散射光的强度 I 可用下式表示:

$$I = \frac{24\pi^3 \nu V^2}{\lambda^4} \left(\frac{n_2^2 - n_1^2}{n_2^2 + 2n_1^2} \right)^2 I_0 \tag{8-1}$$

式中 I_0 为入射光强度,λ 是入射光波长,n_1 和 n_2 分别是分散介质和分散相的折射率,ν 是单位体积内的粒子数,V 为单个粒子的体积。应用该式的条件是小于光波波长的、非导电的球形粒子,粒子间距离大,没有相互作用。

由式(8-1)可见:

(1) 散射光强度与入射光波长的四次方成反比。因此入射光的波长愈短,散射愈强。若入射光为白光,则其中的蓝色与紫色的

散射作用最强。这可以解释为什么用白光照射溶胶时,从侧面观察到的散射光呈蓝紫色,而透过光呈橙红色。

(2) 分散介质与分散相之间折射率相差愈大,则散射作用也愈强。由此可知大分子溶液,如蛋白质水溶液由于是均匀的单相系统,散射作用很弱。而溶胶是不均匀的多相系统,溶胶粒子与介质间折射率相差大,所以散射作用强。

(3) 散射光强度与单位体积内粒子数 ν 成正比。因此若其他条件相同,分别测出不同粒子浓度的散射光强,则可以由已知浓度求出未知浓度。浊度计就是利用这个性质。其原理与比色计相似,所不同者在于浊度计中光源是从侧面照射溶胶,因此观察到的是散射光强。

8.3.3 超显微镜和粒子大小的测定

1903年齐格蒙弟(Zsigmondg)和西登托夫(Siedentopf)根据溶胶的丁铎尔现象,设计成超显微镜。超显微镜是让一束强的光线从侧面照射溶胶,用普通的高倍光学显微镜从垂直方向观察溶胶。暗视野中观察到运动着的发光亮点,正如夜晚观星星,粒子可数。超显微镜大大扩大了人的视力范围,普通显微镜至多只能看到半径为 2×10^{-7} 米的粒子。而超显微镜则可观察到半径为 $5 \times 10^{-9} \sim 150 \times 10^{-9}$ 米的粒子。但超显微镜下观察到的是粒子对光的散射后所成的发光点,而不是粒子本身,因此用超显微镜不能直接得到粒子的大小和形状。但可以间接计算溶胶粒子的大小。

设某溶胶质量体积浓度(千克·升$^{-1}$)为 c,用超显微镜测出该溶胶 V 体积中含有 ν 个粒子,则每个粒子重为 $\dfrac{cV}{\nu}$。设粒子是半径为 r 的球形体,密度为 ρ,则

$$\frac{cV}{\nu} = \frac{4}{3}\pi r^3 \rho \quad \text{故} \quad r = \sqrt[3]{\frac{3cV}{4\pi\rho\nu}}$$

超显微镜的发明,在胶体发展史上是一个很重要的事情,应用

超显微镜可以检测出胶粒的形状与大小,证明胶体也是一种分散系统。此外应用超显微镜使布朗运动(见 8.4 节)的研究进入了定量水平,进一步巩固了分子运动论学说。

8.3.4 电子显微镜

电子显微镜与光学显微镜在主要原理方面有类似之处,如图 8-2 所示。

其中由电子源发出的电子波(运动着的电子)犹如光学显微镜中的可见光一样。要使电子波很强,就要使它聚敛,如同光学显微镜的聚敛光一样。光学显微镜是用玻璃凸透镜聚光,而电子显微镜是用电磁线圈聚光。此外,光学显微镜的物象是用肉眼直接观察,而电子显微镜的物象是在荧光屏上显现出来,或者在感光片上照出图像米。

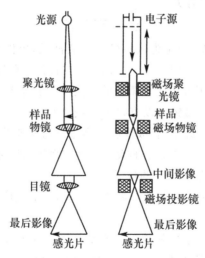

图 8-2 电子显微镜与光学显微镜比较

电子显微镜的最主要技术指标之一是分辨率。所谓分辨率是指从显微镜的物象中找出两个最近的,但尚可分辨的微点,则此两个微点的中心的距离为其分辨率。分辨率 d 与光的波长 λ 和物镜浸没液的折射率 n 以及物镜光锥角 α 有关:

$$d = \frac{\lambda}{2n\sin\alpha}$$

由上式可知,波长愈短,则愈能分辨很小的距离。人眼可分辨的最小距离一般为 2×10^{-4} 米。若显微镜的分辨率为 2×20^{-7} 米,则放大率 $=\dfrac{2\times10^{-4}}{2\times10^{-7}}=1\,000$。

光学显微镜受到光源的波长的限制,分辨率不能很高,即使用紫外线作光源,并用感光片摄影代替人眼观察,放大率也只能是 $3\,500$。

电子显微镜的分辨率也受电子波的波长的限制,电子波波长 λ 与加速电位差有关。

$$\lambda = \sqrt{1.50/V}$$

V 为加速电位差,单位为伏特(V);λ 为波长,单位为 nm。如 $V=50\,000$ V,则波长为 5.48×10^{-3} nm,此波长约为可见光平均波长的 10 万分之一。因此电子显微镜的放大率一般为 25 万~30 万倍。

利用电子显微镜可以直接观察胶体粒子的外表形状和大小,也可以观察人造纤维、合成橡胶等高分子物的细微结构,还可以用它来确定某些蛋白质分子的大小。例如血清白朊分子已由电子显微镜确定直径为 20 nm 的粒子。

电子显微镜的局限性是需要高真空,不能原位观察,制样过程使样品失真。

近年来,发展了许多新的测试粒子大小和形貌的技术和仪器。如扫描隧道显微镜(STM),原子力显微镜(AFM)等。STM 所测样品必须是导电的,AFM 不要求样品必须是导电的,也不需要高真空,可分辨 0.1~0.2 nm 的粒子。

8.4 溶胶的动力学性质

动力学性质主要指溶胶粒子的不规则运动以及由此而产生的扩散,重力场下浓度随高度的平衡分布等。

8.4.1 布朗运动

1827年植物学家布朗(Brown)用显微镜观察到悬浮在液面上的花粉粉末不断地作不规则运动,后来又发现许多其他物质如煤、金属等的粉末也有类似现象,一直到1903年超显微镜的发明与使用,在超显微镜下观察溶胶粒子在介质中不停地无规则运动。对于一个粒子,每隔一段时间记录它的位置,则可得到图8-3所示的不规则运动轨迹。这种运动称为胶粒的布朗运动。

图8-3 布朗运动示意图

产生布朗运动的原因是液体分子对固体粒子撞击的结果。固体粒子是处在液体分子包围之中,而液体分子一直处于不停的、无序的热运动状态,撞击着固体粒子。如果固体粒子较小,那么在某一瞬间粒子各个方向所受力不能相互抵消,就会向某一方向运动,在另一瞬间又向另一方向运动,因此会观察到粒子的布朗运动。当粒子直径约大于5 μm 时,就没有布朗运动。因为粒子大,受到液体分子撞击次数多,则互相抵消的可能性也大。而溶胶粒子大小在5 μm 以下,可观察到显著的布朗运动。图8-3是每隔相同的时间间隔得到的粒子位置的变化在平面上的投影图。粒子真实运动状况比该图复杂得多。

尽管布朗运动复杂而无规则,但在一定条件下,一定时间内粒子的平均位移却具有确定数值。

$$\overline{X} = \sqrt{\frac{RT}{N_A} \frac{t}{3\pi \eta r}} \qquad (8-2)$$

式中 $\overline{X}$ 是在时间 t 内粒子沿 X 轴方向的平均位移，r 为粒子的半径，η 为介质的黏度，N_A 为阿伏伽德罗常数。这个公式称为爱因斯坦公式。

8.4.2 扩散

扩散是粒子从高浓度区向低浓度区迁移现象，它是布朗运动（热运动）的直接结果。虽然溶胶的扩散速率比起低分子真溶液中的低分子物慢得多，但仍服从菲克定律：

$$\frac{dm}{dt} = -DA\frac{dc}{dx} \tag{8-3}$$

即单位时间内通过截面为 A 的扩散量 $\dfrac{dm}{dt}$ 与截面积 A 及浓度梯度 $\dfrac{dc}{dx}$ 成正比。D 为比例系数，称为扩散系数，且由爱因斯坦导出如下关系式：

$$D = \frac{RT}{N_A}\frac{1}{6\pi\eta r} \tag{8-4}$$

式(8-3)中的负号为的是使扩散量 dm/dt 为正，而在扩散方向上的浓度梯度为负值。

将式(8-4)与式(8-2)结合则有

$$D = \frac{\overline{X}^2}{2t} \tag{8-5}$$

因此可以由 $\overline{X}$ 求 D，由 D 可进一步求胶粒的半径 r，还可以求胶粒"平均分子量"M。设 ρ 为胶粒密度，则：

$$M = \frac{4}{3}\pi r^3 \rho N_A \tag{8-6}$$

8.4.3 沉降和沉降平衡

一般胶粒的密度都比介质的大，在重力作用下，溶胶粒子会下沉而与介质分离，称之为沉降。沉降的结果使浓度梯度增加。但溶胶粒子具有一定的扩散能力,扩散作用与沉降相反,是使浓度趋于均一的。浓度梯度越大,扩散作用越强。当沉降与扩散两种作用相等时,系统形成稳定的浓度梯度,这一状态称为沉降平衡。在沉降平衡状态下不同高度处的浓度有确定值,不随时间而变(如图 8-4)。对于粒子体积大小均一的溶胶其浓度随高度分布公式如下:

$$\ln \frac{n_2}{n_1} = \frac{N_A}{RT} \cdot \frac{4}{3}\pi r^3 (\rho - \rho_0)(h_1 - h_2)g$$
(8-7)

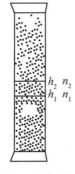

图 8-4 沉降平衡

式中:n_1 和 n_2 分别是高度为 h_1 和 h_2 处粒子的浓度,ρ 和 ρ_0 分别是分散相和分散介质的密度,$(4/3)\pi r^3$ 为单个球形粒子的体积,g 为重力加速度。这种分布与大气层中气压的分布完全相似。

由式(8-7)看出,粒子的质量愈大,其浓度随高度而引起的变化就愈大,所以粒子的大小是分散系统的动力学稳定性的决定因素。通常的分散系统是多分散的,即含有各种大小不同的粒子。如大气为多种气体组成,如废气 CO_2,SO_2 等的质量较大,则它们在接近地球表面处较多。而质量小的 H_2、He 等分布的高度要大得多。

注意这种沉降平衡不是热力学平衡态,是一种稳定态。

如分散相粒子很大,或者外加力场大,以致布朗运动不足以克服重力的影响,粒子就会以一定的速度沉降到容器底部。如在重力场中的粗分散系统,或在足够强的超离心场中某些胶体分散系统,包括大分子溶液等。通过沉降速度的测定,可以求得粒子大小。

设半径为 r 的球形粒子在重力场中沉降。

在重力作用下,粒子受到向下的作用力 f_1:

$$f_1 = (\rho - \rho_0)\frac{4}{3}\pi r^3 g$$

在 f_1 力的作用下,粒子作加速运动下沉。根据 Stokes 定律,球形粒子在液体中运动受到阻力 f_2 为:
$$f_2 = 6\pi\eta r u$$
u 为粒子的运动速度,沉降力 f_1 是恒定的,而阻力 f_2 是随粒子下沉加快而不断增加的,最后 $f_1 = f_2$ 时,粒子匀速下沉的速度为:
$$u = \frac{2r^2}{9\eta}(\rho - \rho_0)g \tag{8-8}$$

对粗分散系统如悬浮体,达到沉降平衡时间不太长,可以利用式(8-8),由粒子下沉速度求得其半径,再求"平均分子量"(或称粒子量)M。

一般来说,溶胶粒子太小,在重力场中沉降速度太慢,无法测定沉降速度,而需要用转速高的超离心机,这将在下章大分子溶液中涉及到。

在此我们主要讨论了溶胶的动力性质,有许多对大分子溶液也是适应的,这在习题中会涉及到。

8.5 溶胶的电学性质

8.5.1 电动现象

溶胶粒子在外加电场的作用下会向某一电极定向运动,有的向阳极运动,有的向阴极运动。这说明溶胶粒子是带电的,有的带负电,有的带正电。在电场力作用下,带电质点在介质中的定向移动称为电泳。若在电场中,把溶胶粒子固定在多孔性载体上,作为固定相,且固定不动,而流动相定向移动的现象称为"电渗"。

与电渗相反的现象是加压力使液体流过毛细管或多孔性物质时,则在毛细管或多孔性物的两端产生电位差,这种电位差称为流动电势。

与电泳相反的现象是固体质点在介质中下沉时,在液体上下两端之间也会产生电势差,称为沉降电势。

以上四种现象都是固相与液相之间的相对运动的有关电现象，总称为电动现象。这些现象说明了分散相与分散介质带有相反的电荷，而且正负电荷相等，以保持溶液的电中性。

8.5.2 溶胶粒子带电的原因

胶体粒子带电的原因主要是：

(1) 吸附离子而带电。溶胶是高分散多相不均匀系统，比表面积很大，有高的表面能，所以具有强的吸附能力。如果溶液中有一定量电解质，则胶粒会吸附某种离子而带电。吸附正离子带正电，吸附负离子带负电。溶胶粒子究竟吸附哪种离子，这与胶粒的表面结构及被吸离子的本性有关。法扬斯(Fajans)经验规则指出：与胶体粒子有相同化学元素的离子优先被吸附。例如用$AgNO_3$和KBr制备$AgBr$溶胶时，$AgBr$粒子表面易吸附Ag^+或Br^-，而对K^+或NO_3^-吸附就很弱，这是因为$AgBr$晶粒表面上容易吸附继续形成结晶格子的离子。另外与离子水化能力有关。水化能力强的离子往往留在溶液中，水化能力弱的离子则易被吸附于固体表面。所以固体表面带负电荷的可能性比带正电荷的可能性大，因为阳离子的水化能力一般比阴离子强。

(2) 电离作用。当分散相与介质接触时，粒子表面分子发生电离，有一种离子进入液相，粒子因此而带电。例如硅胶是SiO_2分子聚集体，粒子表面与水接触生成H_2SiO_3，电离生成SiO_3^{2-}，因而硅胶粒子带负电。再如大分子电解质，本身是可以离解的。如蛋白质，它的羟基或胺基在水中离解成$—COO^-$，或$—NH_3^+$，从而使整个大分子带电。

(3) 摩擦带电。非极性物质粒子与介质的摩擦而带电，一般介电常数大的相带正电，另一相带负电。如：玻璃小球(ε_r为5～6)，在水中(ε_r为81)带负电，而在苯(ε_r为2)中带正电。

8.5.3 胶粒的扩散双电层与ζ电势

由上述某种原因胶粒表面带电，液体中则存在着与胶体粒子表面电荷相反的离子,称为反离子。由于静电引力的作用,反离子会分布于胶粒表面附近,于是在固-液界面上形成双电层,但由于溶液中反离子的热运动,使得它们不能整齐地排列于胶粒表面附近,而是扩散式地分布称之为扩散双电层结构。取溶胶中胶粒表面中的一部分将其放大,其电荷分布情况如图8-5所示。靠近胶粒表面,反离子有较大浓度,随着与界面距离的增加,过剩的反离子浓度减小,一直到距界面为d反离子浓度为零的地方。其中靠近胶粒表面部分的反离子与吸附离子一起称为紧密层,电泳时是胶粒与吸附离子和这部分反离子一起移动。而另一部分反离子为扩散层中反离子,虽受胶体粒子的静电力的影响,但可脱离胶体粒子而随介质移动。这就是说,胶体粒子与介质作相对运动时,滑动面是发生在紧密层与扩散层之间。

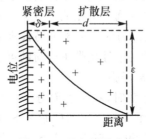
图 8-5 双电层示意图

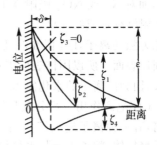
图 8-6 ζ 电势随电解质浓度而变

将分散相固体表面与本体溶液电势差称为热力学电势,记为ε;紧密层与扩散层交界面与本体溶液间的电势差记为ζ,由于ζ电势与电动现象密切有关,只有胶粒与介质作相对运动时才表现出来,故称为电动电势。ε为电化学中的金属与溶液间的能斯特电势,其大小由电势离子决定,与其他电解质的存在无关。而ζ电势是ε中的一部分,其大小除与溶液中电势离子有关外,还与其他电解质的浓度有关。这是因为扩散层的厚度与溶液中电解质的浓度有关,当电解质浓度增加时,进入紧密层的反离子也增加,扩散层被压缩,ζ电势显著下降。当电解质浓度增加到一定程度时,扩散层厚度可变为零,ζ电势也为零,有时甚至会发现由于某种电解质的加入而使电泳方向反向,ζ电势改变符号。如图8-6所示。这种现象的发生是由于胶粒表面对某种反离子具有强的吸附能力,从而吸附较多的该种离子,除中和掉固体表面的电荷之外,还有剩余。但ζ电势改变符号时,对热力学电势ε并没有影响。

  ζ电势的大小直接影响电泳、电渗的速率。或者说由电泳或电渗的速率可求ζ电势。

  下面简单地推导电泳速率与ζ电势的定量关系。

  设胶粒是半径为 r 的球形体,所带电荷量为 q,在电场强度(或电势梯度)为 $E(=\mathrm{d}V/\mathrm{d}X)$ 的电场中作速度为 u 的匀速运动。若为均匀电场,则 $E=V/l$,其中 V 和 l 分别为电泳时两电极间的电势差和电极距离。于是作用在胶粒上的静电力为: $F_{静电}=qE$。

  胶粒在介质运动受到的阻力,服从Stokes定律:

$$F_{阻力}=6\pi\eta r u$$

因为是匀速运动,则 $F_{静电}=F_{阻}$,得到

$$qE=6\pi\eta r u$$

q 实际上是胶粒滑移面上所带电荷量;一般常用电势ζ来表征。界面上电荷分布一般是均匀的,则 $q=6\pi\varepsilon\zeta r$,即

$$6\pi\varepsilon\zeta r E=6\pi\eta r u$$

整理后得: $$\zeta=\frac{\eta u}{\varepsilon E} \tag{8-9a}$$

或更一般的公式: $\zeta=\dfrac{K\eta u}{\varepsilon E}$ (8-9b)

式中 ε 是介质的介电常数,单位为 $\mathrm{F\cdot m^{-1}}$; η 是介质的黏度,单位为 $\mathrm{Pa\cdot s}$; E 是电势梯度,单位为 $\mathrm{V\cdot m^{-1}}$, u 是电泳速率,单位为 $\mathrm{m\cdot s^{-1}}$。K 是与粒子大小有关的常数,量纲为一。

电泳有许多应用,如电泳除尘、电泳回收重金属等。

【例1】 20℃下,在氢氧化铁溶胶的电泳实验中,两电极间距离为 3.0 dm,直流电压为 150 V,通电 20 min,溶胶界面的阴极处上升 0.24 dm。已知分散介质水相对真空介电常数 $\varepsilon_r = 81.1$,真空介电常数 $\varepsilon_0 = 8.854 \times 10^{-12}$ F·m^{-1},水的黏度系数 $\eta = 1.00 \times 10^{-3}$ Pa·s,试求该溶胶的 ζ 电势。

解 $\zeta = \dfrac{\eta u}{\varepsilon E} = \dfrac{\eta u}{\varepsilon_0 \varepsilon_r E}$

$\therefore \zeta = \dfrac{(1.00 \times 10^{-3} \text{Pa·s}) \left(\dfrac{2.4 \times 10^{-2} \text{m}}{20 \times 60 \text{ s}}\right)}{(8.854 \times 10^{-12} \text{ F·m}^{-1} \times 81.1)\left(\dfrac{150 \text{ V}}{0.3 \text{ m}}\right)}$

$= 5.57 \times 10^{-2}$ V

注:εE 为电通量密度,单位为 C·m^{-2}。

8.5.4 胶团结构

通过以上的讨论,我们对溶胶粒子的结构已有所了解。如制备 AgI 溶胶,当以 AgNO$_3$ 和 KI 的稀溶液反应,如果其中有一种物质适当地过量,就能制得稳定的 AgI 溶胶。胶核由 m 个 AgI 分子聚集而成。当 AgNO$_3$ 过量时,胶核表面吸附 Ag$^+$ 而带正电。反号离子 NO$_3^-$,一部分进入紧密层,与吸附离子及胶核一起构成胶粒。还有一部分反离子在扩散层中,胶粒与扩散层一起构成胶团。整个胶团是电中性的。可以用下式表示:

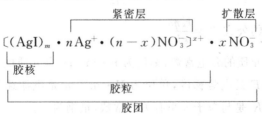

8.6 溶胶的聚沉作用和稳定性

8.6.1 溶胶的聚沉作用

溶胶的稳定性是有条件的,而它的不稳定性是绝对的。虽然由于胶粒带电,可以暂时存在几天、几个月、几年,甚至几十年,但它终归要聚结成大颗粒。当颗粒大到一定程度,使溶胶失去表观上的均匀性,发生沉降,称为聚沉作用。引起聚沉的原因有许多,如加热、辐射,加入电解质等,其中对电解质的聚沉作用研究得最多。

(1) 电解质的聚沉作用

电解质对溶胶的稳定性的影响有两重性。当电解质浓度很小时,作为溶胶的稳定剂,有助于胶粒带电形成双电层,使胶粒因带同种电的斥力而不易聚结。但当电解质浓度大到一定程度,使双电层的扩散层被压缩,溶胶粒子所带电荷量减小,ζ 电势降低,胶粒间斥力减小,会引起溶胶聚沉。电解质的聚沉能力用聚沉值表示。聚沉值是在一定条件下,使溶胶发生明显聚沉所需电解质的最低浓度,以毫摩尔·升$^{-1}$为单位。聚沉值越大,聚沉能力越小。实验表明,当电解质浓度达到聚沉值时,并没有使胶粒的电荷量减少到零,ζ 电势不为零。一般 ζ 值仍有 20~30 毫伏,但胶粒的布朗运动已足够克服胶粒间所剩的较小电斥力,故发生聚沉,当 ζ 值为零时,聚沉速率最大。

对各种电解质的聚沉作用的研究发现,起主要作用的是与胶粒带相反电荷的离子,即反离子。反离子的价数越高,其聚沉能力越强,聚沉值越小。这一规律称为舒尔茨-哈代规则。一般地,反离子为一、二、三价的电解质,其聚沉值的比值大约为 100∶1.6∶0.14。

但当离子在胶粒表面上有强烈吸附或发生表面化学反应时,则舒尔茨-哈代规则不能用。

同价离子聚沉能力虽相近,但依离子的大小不同其聚沉能力略有不同。对于负溶胶,一价金属离子聚沉能力可有下列顺序：

$$H^+ > Cs^+ > Rb^+ > K^+ > Na^+ > Li^+$$

对于正溶胶,一价负离子聚沉能力的顺序为：

$$Cl^- > Br^- > NO_3^- > I^-$$

这个顺序称为感胶离子序。此顺序与离子的水化半径次序正相反。水化离子半径越小,越易靠近胶体粒子,故聚沉能力强一些。

(2) 溶胶的相互聚沉

把两种带相反电荷的溶胶混合,能发生相互聚沉作用。当两种溶胶的电荷量恰好相等时,发生完全聚沉,否则发生部分聚沉,甚至不聚沉。日常生活中用明矾净水就是溶胶相互聚沉的实际应用。天然水中含负电性泥沙污物溶液,加入明矾 $KAl(SO_4)_2$,明矾水解生成带正电的 $Al(OH)_3$ 溶胶,两者相互聚沉,使水得到净化。

(3) 大分子化合物的保护作用与敏化作用

明胶、蛋白质、淀粉等大分子化合物具有亲水性,在溶胶中加入一定量大分子溶液,可以显著提高溶胶的稳定性,加入少量电解质时不会聚沉。这种作用称为大分子化合物的保护作用。

并不是所有的大分子化合物都有保护作用,只有当所用大分子物易于被胶粒吸附并将胶粒表面全部覆盖时才具有保护作用。此时大分子物增加了胶粒表面对水的亲和性,同时也防止了溶胶粒子之间以及粒子和电解质之间的直接接触。其中常用的大分子物有明胶、阿位伯胶等。这种保护作用在生理上起着很重要的作用。血浆中的一部分磷酸钙可能是由于血浆中蛋白质的保护作用而处于胶态的悬浮状态。各种结石的产生,如胆结石、肾结石之类,是由于保护它们的大分子物的量不足,以致发生聚沉。

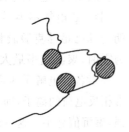

图 8-7 大分子物的敏化作用

溶胶的聚沉往往是不可逆的,沉淀后不能再重新悬浮成为胶体溶液。但是大分子物所保护的胶体粒子由于表面具有亲水性,则聚沉具有可逆性,将其吸附电解质渗析后,又可得到溶胶。

但如果所用大分子化合物的量过少不足以覆盖胶粒表面时,反而会使胶粒聚集到大分子周围,大分子就会起到聚集胶粒的作用使溶胶更容易聚沉,这种作用称为大分子化合物的敏化作用,见图 8-7。为了和电解质聚沉相区别,通常将大分子物引起的聚沉称为"絮凝作用"。对于大分子的絮凝作用研究 20 世纪 60 年代以来发展很快,广泛应用于各种工业部门的污水处理和有用矿泥的回收等。与无机聚沉剂(如明矾)相比,它有不少优点,如效率高,一般只需几个 ppm 即可有明显的絮凝作用;絮块大,沉降快,短时间可沉降完全;在合适的条件下可以有选择性絮凝,这对于有用矿泥的回收特别有用。常用的人工合成大分子絮凝剂有聚丙烯酰胺和聚氧乙烯等。

8.6.2 溶胶的稳定性

在工农业生产和科学实验中常常遇到胶体问题。有时需要形成稳定的胶体,如照相用的底片需涂一层含有很细的 AgBr 胶粒的明胶;染色过程中的有机染料,大多数以胶体状态分散于水中。但有时却需要防止或破坏胶体的形成。如在定量分析中,用 $AgNO_3$ 溶液滴定 Cl^- 时,为防止 AgCl 溶胶形成,需加它种电解质。又如用明矾破坏泥沙胶体而净化水等。

由前所述溶胶的性质,溶胶的稳定因素主要有:

(1) 动力稳定性。溶胶在重力作用下不易沉降的原因,主要是由于溶胶粒子小,即分散程度大,布朗运动激烈,有扩散能力。即具有动力稳定性。

此外,介质的黏度越大,胶粒越难聚沉,越稳定。

(2) 胶粒带电的稳定作用。由前所述,胶粒带电,且均带同种电荷,胶粒间存在静电斥力而不易聚结。因此胶粒具有足够大的

ζ电势,是溶胶稳定的主要因素。

(3) 溶剂化作用的稳定性。胶团中的离子都是溶剂化的(一般是水化离子),结果在胶粒周围形成水化层。当胶粒相互靠近时,水化层被挤压变形,而水化层具有弹性,造成胶粒接近时的机械阻力,从而使溶胶不聚沉。

以上各种因素,其中胶粒带电是溶胶稳定的主要原因。胶粒带电越多,即 ζ 电势越大,扩散层越厚,越稳定。

近几十年来发展了关于溶胶稳定性的 DLVO 理论,该理论认为溶胶在一定条件下是稳定存在还是聚沉,决定于粒子间的作用力。其主要作用力是范德华力和由于双电层而引起的粒子间静电斥力。粒子间距离与相互作用能关系见图 8-8。当二粒子间距离较大时,双电层未重叠,引力起主导作用,总势能为负。当粒子靠近到一定距离使双电层重叠时,则排斥力起主导作用,势能显著增加。与此同时引力也在增加,当距离缩短到一定程度后,引力又占优势,总的势能急剧下降,这意味着二粒子合并。从图中可以看出粒子要互相聚集合并,必须克服一定的能峰 E_b,这是稳定的胶粒不相互聚结的原因。

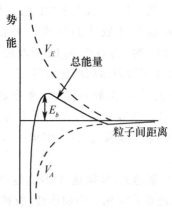

图 8-8　二粒子间距离与相互作用能的关系

爱因斯坦运用分子运动论述溶胶系统,认为粒子的布朗运动的平均动能为$(3/2)kT$。溶胶的稳定性决定此动能是否能越过能峰E_b,在$E_b > (3/2)kT$时,溶胶稳定存在。其中k为波兹曼常数。

电解质浓度和价态强烈地影响斥力势能曲线。电解质浓度小,扩散层厚,ζ电势大,粒子间斥力大,势能曲线较高,使总的相互作用能曲线的能峰高,则常温下$(1/2)kT < E_b$,溶胶稳定。但电解质浓度大,或价态高,使扩散层压缩,ζ电势变小,粒子间斥力小,使总的相互作用能曲线和能峰降低或不存在,这样在常温下粒子的布朗运动的动能$(3/2)kT$足以越过能峰导致溶胶聚结以致聚沉。

加热也会促使溶胶聚沉,这是因为加热后,使动能$(3/2)kT$增大,以致使它能越过能峰而聚沉。

由 DLVO 理论可以得出正负离子价数相同的电解质,对溶胶产生聚沉作用的聚沉值 C 的计算公式为:

$$C = \frac{9.75 B^2 \varepsilon^3 k^5 T^5 \gamma^4}{e^2 N_A A^2 Z^6} \tag{8-10}$$

式中,A为范德华力常数,Z为反离子价数,ε为介质的介电常数,k为波兹曼常数,γ是与电势有关的函数,N_A为阿伏加德罗常数,B为电解质阴阳离子有关的常数,T为绝对温度。在其他条件相同的情况下:

$$C = K \frac{1}{Z^6}$$

这与前面所述舒尔茨－哈代规则基本上是一致的。

8.7 气 溶 胶

分散介质是气体(如空气)的分散系统称为气溶胶。其分散相可以是液体,也可以是固体。雾是液体水分散在空气中的气溶胶。烟是燃烧过程中产生的固体粒子分散在空气中的气溶胶。

气溶胶的研究在大气污染的防治、气象、航空、人工降雨等方面有重要作用。另外,还可使乳状液雾化,来制备各种气溶胶,用于灭菌、治病。如咽喉炎、失声时用的喷雾治疗方法。

气溶胶又分两种:分散型气溶胶,是在粉碎固体或雾化液体时形成,如尘;凝聚型气溶胶,如雾和烟。凝聚型气溶胶是在过饱和蒸气凝结或气体反应能生成不挥发性产物时形成。工业生产区大气中常同时含有烟、尘、雾,这是混合型气溶胶。常见气溶胶粒子大小在 $10^{-4} \sim 10^{-7}$ m 范围。

(1) 气溶胶的电学性质

气溶胶的电性质具有实际意义。气溶胶粒子的运动和沉降是造成雷电现象的原因,也是使无线电操作受到强烈干扰的原因。气溶胶与溶胶不同,气溶胶带电主要是气溶胶粒子从大气中俘获气体离子,因此胶粒上的电荷是随时变化的。同样组成和大小的粒子,可带不同数量的电,或不同电荷的电,并随时变化。因此,只能用统计的方法来描述气溶胶粒子的带电状态。云是分散相为液滴的气溶胶。若液滴带电,在大气中下落时,在上空形成云层,并产生很大的电场,高达每米万伏以上,加上风引起的对流等复杂情况,会产生更大的电场,以至击穿空气,产生雷雨及闪电。

利用气溶胶可带电的性质,可以清除粉尘。静电除尘器就是利用了这个原理。当含尘气体流经高压静电场时,由阴极射出的高能电子来使气体电离,粉尘带负电荷,在库仑力的作用下,带负电荷的粉尘射向阳极表面而放电沉积。这种方法常用于化工、冶金工业以净化烟尘,收集锡、铅、锌等金属氧化物,净化高炉煤气和收集焦油等。

(2) 气溶胶的沉降

固体气溶胶在空气中是沉降或是悬浮与分散相粒子大小有关。粒子大于 10^{-5} m 时,能迅降落到地面,这种粒子称为尘埃。粒子介于 $10^{-5} \sim 10^{-7}$ m 时,可在空气中呈匀速沉降,可用式(8-8)描述,这种粒子称为尘雾。粒子小于 10^{-7} m 时,在静止的空气中不能自动沉降,处于无规布朗运动状态,称为尘云。尘云只有凝聚或降雨才能将其部分清除。

(3) 固体气溶胶的润湿性

新生成的固体微粒易吸附空气中物质在其表面上形成一层气膜,粒子越小,吸附能力越强,气膜越牢固,水对其润湿性越差,甚至可以使亲水性的大块固体变成憎水性粉尘。

(4) 气溶胶化学反应速率

高度分散的反应系统,能量高,反应速率快。

如将固体催化剂分散成颗粒状,悬浮于反应系统气流之中,可以加大固-气传质速率,提高催化效果。如将液体燃料喷成雾状,或固体燃料以微尘的形式燃烧,可以完全燃烧,提高发热量,减少污染。

可燃性气溶胶要注意防止粉尘爆炸。粉尘爆炸,实质上是激烈的化学反应,只有在一定范围内才可发生。发生爆炸时粉尘的最高浓度,称为爆炸上限,最低浓度称为爆炸下限。在面粉厂、煤矿中要特别重视粉尘爆炸发生。

(5) 气溶胶的光学性质

气溶胶对光散射服从瑞利公式式(8-1),即散射光强度与入射光波长的 4 次方成反比。通过气溶胶的透射光呈橙红色,而散射光呈蓝色。如炊烟呈淡蓝色就是太阳光被烟尘散射的结果。车辆雾天行驶,规定车灯为黄色就是应用了这个原理。

液体气溶胶又分雾和悬滴两类。雾是悬浮在空气中的细小液滴,大小在 $10^{-9} \sim 10^{-5}$ m 之间,由蒸气或气体冷凝而成,如各种酸雾等。也可由固体粒子吸收空气中的水蒸气凝结而成。所以大气污染严重的城市雾天较多。大于 10^{-5} m 的液滴为悬滴,很容易变成水滴落到地面,形成酸雨。

习　　题

8-1　于 17℃ 在超显微镜下测得藤黄水溶胶中的微粒每 10

秒钟 X 轴上的平均位移为 6 微米。水的黏度为 0.001 1 Pa·s,求胶粒半径。

8-2 20℃时肌红朊的比容 $\overline{V}=0.749 \text{ dm}^3 \cdot \text{kg}^{-1}$,在水中的扩散系数 $D=1.24\times10^{-112} \text{ m}^2 \cdot \text{s}^{-1}$,水的黏度 $\eta=0.001\ 005$ Pa·s,计算肌红朊的平均摩尔质量。

8-3 设有 20℃ 的汞溶胶在重力场下达沉降平衡。测得某一高度一定体积内有 386 个粒子,比它高 0.1 mm 的相同体积内则只有 193 个。假设粒子为球形,求其平均直径。汞的密度为 $13.6 \text{ kg} \cdot \text{dm}^{-3}$,溶胶的密度假设为 $1 \text{ kg} \cdot \text{dm}^{-3}$。

8-4 某溶胶,浓度为 0.2×10^{-6} 千克·升$^{-1}$,分散相密度 2.2 千克·升$^{-1}$,在超显微镜下,视野中能看到直径 0.04 毫米,深度 0.03 毫米的小体积,数出此小体积中平均含有 8.5 个胶粒,求粒子半径。

8-5 在两个充有 $0.001 \text{ mol} \cdot \text{dm}^{-3}$ KCl 溶液的容器之间是一个 AgCl 多孔塞,塞中细孔道充满了 KCl 溶液,在多孔塞两侧两个电极接以直流电源,问溶液将向什么方向流动? 当以 $0.1 \text{ mol} \cdot \text{dm}^{-3}$ KCl 来代替 $0.001 \text{ mol} \cdot \text{dm}^{-3}$ KCl 时,溶液在同电压下流动速度变快还是变慢?如果用 $AgNO_3$ 溶液代替 KCl 溶液,液体流动方向怎样?

8-6 由电泳实验测得 Sb_2S_3 溶胶在电压为 210 伏、两极间距离为 3.85 dm 时,通电 36 分 12 秒,引起溶胶界面向正极移动 0.32 dm,已知溶胶的介电常数 $\varepsilon_r=81.1$,黏度 $\eta=0.001\ 03$ Pa·s,计算其电动电势。$\varepsilon_0=8.854\times10^{-12} \text{ F} \cdot \text{m}^{-1}$。

8-7 在 3 个试管中分别盛 $0.2 \text{ dm}^3 \text{Fe(OH)}_3$ 溶胶,分别加入 NaCl,Na_2SO_4,Na_3PO_4 溶液使其聚沉,最少需加电解质的量为

(1) $1 \text{ mol} \cdot \text{dm}^{-3}$ (NaCl) 0.021 dm^3;

(2) $0.01 \text{ mol} \cdot \text{dm}^{-3} \left(\frac{1}{2}Na_2SO_4\right) 0.125 \text{ dm}^3$;

(3) $0.01 \text{ mol} \cdot \text{dm}^{-3} \left(\frac{1}{3}Na_3PO_4\right) 0.007\ 4 \text{ dm}^3$。试计算各电解

质的聚沉值,聚沉能力之比,并指出溶胶带电的符号。

8-8 下列电解质对某溶胶的聚沉值(毫摩尔·升$^{-1}$)分别为：

$C_{NaNO_3} = 300 \qquad C_{\frac{1}{2}Na_2SO_4} = 295$

$C_{\frac{1}{2}MgCl_2} = 25 \qquad C_{\frac{1}{3}AlCl_3} = 0.5$

问此溶胶带何种电荷？

8-9 已知水和玻璃界面的 ζ 电势为 0.050 伏,试问 25℃ 时,在直径为 1 mm,长为 1 m 的毛细管两端加 40 伏电压,则水通过该毛细管的电渗流量为若干？已知水的黏度 $\eta = 0.001$ Pa·s,介电常数 $\varepsilon_r = 80$。

8-10 将 0.01 dm^3 浓度为 0.02 mol·dm^{-3} 的 AgNO$_3$ 溶液和 0.100 dm^3 0.005 mol·dm^{-3} KCl 溶液混合以制备 AgCl 溶液,写出该溶胶的胶团结构。

379

第 9 章　大分子化合物溶液

　　相对分子量约为 10^4 以上的化合物称为大分子化合物,又称高分子化合物,也称高聚物。根据来源可分为天然大分子化合物和合成大分子化合物。如存在于自然界动植物体中的纤维素、淀粉、蛋白质和木质素等属于天然大分子物;聚乙烯、聚氯乙烯、尼纶、树脂等类属于合成大分子物。近年来,合成大分子化合物迅速发展,尤其是许多功能性大分子物的合成,已成为现代物质文化生活不可缺少的材料。而许多天然的大分子化合物与生物及人的生命现象密切有关,如蛋白质、核酸等。所以对于大分子化合物的研究越来越深入。在大分子性能的研究中,有关溶液的工作占有很大部分。这是因为一个物质溶液的性质,常常反映该物质的某些特征。如根据溶液的依数性可以测定被溶物的分子量,这在小分子化合物和大分子化合物研究中都已被采用;通过溶解和沉淀析出可对一个物质进行分离、精制;溶液是一种物质加工应用的方便形式,特别是高聚物,通过溶液形式制得涂料、粘合剂等。在生物体内的许多生理过程中,大分子溶液起着重要作用。像人体的血液、肌肉、内脏等都是天然大分子物的多元系统,所以大分子溶液是研究生理现象的基础。在医药上大分子溶液应用非常广泛,如大分子化合物的药物制剂——血浆代用液、疫苗等,都是大分子溶液直接作为药物。

　　大分子溶液过去称为亲液胶体,属于胶体化学研究对象(见表 8-2)。现在知道很多大分子溶液是由大分子化合物自动地在液体介质中分散而成的,在溶液内部没有界面存在,成为热力学稳定系统,它是真溶液,所以它与溶胶有本质的不同。但因其分子大小属于胶体分散系统范围,故凡与质点形状和大小有关的性质又与溶胶有相似之处。

许多大分子化合物是由许多相同小单位以共价键连接而成，例如天然橡胶分子是由几千个 —C_5H_8— 连接而成，分子式可写成$(C_5H_8)_n$，这种小单位叫做链节，n 叫做聚合度。上述这种由同一种链节连接而成的大分子化合物称为均聚物。而由多种链节连接而成的大分子化合物称为共聚物，如蛋白质分子便是由许多不同的氨基酸以肽键（即酰胺键）连接而成的。大分子化合物的性质不仅与组成链节的种类有关，还与链节数量 n、连接的顺序等因素有关，因此大分子化合物比小分子物复杂得多。尤其是在大分子物溶液中，溶剂与大分子物的作用复杂，给研究工作带来许多困难。相对而言，对稀溶液的宏观性质研究较深入。

本章主要介绍大分子物稀溶液的性质，并与分子量的测定方法结合起来，最后简述凝胶及作用。

9.1　大分子化合物在溶液中的形态

大分子物溶液的热力学性质（如渗透压、溶解度等），动力学性质（如黏度、扩散等）和光学性质（如双折射、光散射等），均与大分子化合物的组成、结构和溶液中的形态密切相关。

有许多大分子是线形的，如上述天然橡胶。而有的大分子化合物在主链上带有一些支链。这些大分子物除了分子中各个原子的振动和转动运动外，还有它所特有的运动形式：链中两个毗邻的 C—C 单键可以围绕着固定的键角（109°28′）作内旋转运动。如图 9-1 所示，α 为旋转角。这种运动速度非常快，使得大分子有许许多多不同的形态，并且时刻在改变着。

9.1.1　大分子物的柔顺性

有的大分子物柔顺性很好，可以任意弯曲，成无规线团状，有的刚性大，像一根刚性棒，一般可能介于二者之间。温度及大分子物的结构影响其柔顺性。

一般温度高,热运动性能好,旋转角 α 大且速度快,大分子物的柔顺性好。

只含有碳氢链的大分子比较柔顺。支链多,极性取代基多的则刚性大。蛋白质分子除了带有极性基外,由于链段间易生成氢键,分子的刚性也大。

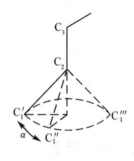

图 9-1　分子内旋转运动　图 9-2　溶液里大分子的形态示意图
(1) 良好溶剂低浓度;
(2) 不良溶剂低浓度;
(3) 良好溶剂高浓度;
(4) 不良溶剂高浓度。

决定大分子在溶液中的形态的另一个重要因素是大分子和溶剂间的作用力,如果溶剂和大分子间的引力较大,超过链段间的内聚力就能使大分子线团松懈扩张,这种溶剂称为良好溶剂。如果溶剂和大分子之间引力不大,链段间内聚力较强,使大分子线团紧缩,这种溶剂称为不良溶剂。如图 9-2 所示。

9.1.2　疏水相互作用

影响大分子物在溶液中的形态、构象的另一重要因素是疏水相互作用,尤其是生物体内的蛋白质分子。

疏水相互作用是指非极性基团有脱离水环境的趋势,使得非极性基团相互结合在一起,正如水中的油滴趋于聚集一样。蛋白质分子中缬氨酸、亮氨酸、脯氨酸、苯丙氨酸、色氨酸等侧基都属于疏水基团,与水接触时,由于疏水相互作用,聚集于蛋白质内部,而将水分排除在外。该过程表示为:

$$R_1(H_2O)_n + R_2(H_2O)_n \rightarrow R_1R_2 + 2nH_2O$$

其中 R_1 与 R_2 为非极性分子或基团。该过程使得水从原来定向结合状态 $R_1(H_2O)_n$、$R_2(H_2O)_n$ 变为自由状态,系统的熵增加了,$T\Delta S > 0$。水合过程是放热的,而上述脱水过程是吸热的,即 $\Delta H > 0$。该过程是自发进行的,因而 $\Delta G = \Delta H - T\Delta S < 0$。显然,$-T\Delta S < 0$,起了决定性作用,这是一个熵趋动的过程。

人们逐渐了解到蛋白质的氨基酸序列,并进一步认识到相隔较远的侧基间的疏水相互作用,对维持和稳定蛋白质的特定构象,如 α 螺旋、β 折叠等,具有重要作用。见图 9-3 与图 9-4。

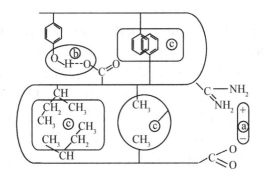

图 9-3　蛋白质分子中各种非共价键相互作用
a.静电力　b.氢键　c.疏水相互作用

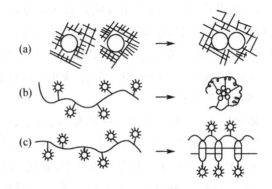

图 9-4 疏水相互作用对蛋白质构象影响示意图
(a) 疏水相互作用
(b) 疏水相互作用所形成的折叠球蛋白
(c) 疏水相互作用对蛋白质螺旋结构的稳定作用

9.2 大分子化合物的溶解特征

大分子物质在溶剂中有的溶解,如蛋白质在水中,硝化纤维在丙酮中;有的不溶解,如蛋白质在醚中,橡皮在水中。大分子化合物溶解过程区别于小分子物质的溶解过程的特点是,需要时间较长且要经溶胀阶段。大分子溶质同小分子溶剂接触后,首先自动吸取几倍甚至几十倍重量大于本身的小分子溶剂,体积同时显著胀大,这种现象叫做溶胀。溶胀所形成的系统叫凝胶。凝胶无限制地溶胀下去,结果就是溶解。大分子物质的溶解过程和两种小分子液体互溶过程本质相同。只是大分子物质放入小分子溶剂中,溶剂分子小,运动速度快,它很快地扩散钻进大分子物质中,而大分子因为大的特点,运动很慢,所以当大量的溶剂小分子进入大分子物质后,大分子间还能长时间地保持联系,维持原来的外形。

要经过很长时间,才逐渐扩散到溶剂中去。溶胀可以看成是溶解的第一阶段。溶解是溶胀的继续,达到完全溶解也就是无限溶胀。溶解一定经过溶胀,但是溶胀并不一定必然溶解。即大分子吸收一定量的溶剂后,仅停留在溶胀阶段并不转成溶液,这种情况称为有限溶胀,如明胶在冷水中,橡皮在苯中。

大分子链有线型、支化型和交联型。大分子链段柔顺性愈大,聚合度愈小,相对地愈易溶胀。一般交联型大分子物很少溶解,在大量溶剂浸润下,只能有限溶胀。交联大分子的有限溶胀程度和分子间的交联程度有关,于是可以从测定交联大分子物的溶胀程度来研究其交联程度。如天然橡胶在汽油中可以完全溶解;但经过硫化后的硫化橡胶,随着硫化,交联程度增大,只能在汽油中有限溶胀,而不能溶解,含硫30%以上的硬橡胶,甚至不能溶胀。

大分子物质在溶剂中的溶解,也遵从"相似相溶"的规则,大分子与溶剂在化学组成和结构上相似有利于溶解。极性大分子物质溶于极性溶剂中,如聚乙烯醇能溶于水,而不溶于汽油。非极性大分子物溶于非极性溶剂中,如天然橡胶溶于汽油而不溶于甲醇、乙醇中。

大分子物在溶剂中的溶解度除受温度影响外,还受加入的其他电解质盐类的影响。如在制备与精制胰岛素时,就是在浓缩液中于 $15 \sim 20℃$ 温度下,加入原液体积的 25% 的 $NaCl$,使胰岛素析出。这种在中性电解质作用下,大分子物质溶解度降低而析出的过程,称为盐析。盐析一升大分子溶液所需中性盐的最小量称为盐析浓度(摩尔/升)。一般需盐的量很大。电解质的盐析能力与所加电解质离子的价数的大小关系不大,而与离子的种类有关,其阴离子的盐析能力有如下次序:

$$\frac{1}{2}SO_4^{2-} > Ac^- > Cl^- > NO_3^- > ClO_3^- > Br^- > I^- > CNS^-$$

这个离子序常称为感胶离子序,实际上与它们的水化能力的顺序是一致的,这是由于加入的盐的离子溶剂化时需水,将引起离子与原来的大分子物争水，离子水化能力愈强，盐析作用越强。

加入非溶剂也可以使大分子物质从溶液中沉淀出来，非溶剂是一种与溶剂可以混溶而大分子物在其中不溶的液体。如动物胶水溶液对电解质很稳定，但加入乙醇或丙酮却可以使它沉淀出来。甲醇、乙醇、丙醇和丙酮等是常用的蛋白质和多糖类的沉淀剂。

大分子物溶解度的另一特点是随分子量的增大而减小。这是因为分子量愈大，大分子自身的内聚力愈大，溶解性愈差。根据这个道理可使大小不同的大分子物分离，这叫做分级。在分子大小不同的大分子溶液中，加入沉淀剂，分量大的首先沉淀出来，随着沉淀剂用量的增加，分子量由大到小陆续沉淀出来。如往血清中加入不同量的$(NH_4)_2SO_4$可使血清蛋白与球蛋白分离，因为后者约在 $2.0\ mol \cdot dm^{-3}$ 的硫酸铵浓度下沉淀，而前者在 $3 \sim 3.5\ mol \cdot dm^{-3}$ 下沉淀。利用这个性质可将大分子物按分子量大小分级。电解质和非溶剂可作沉淀剂。

9.3　大分子化合物的相对分子质量

每种小分子化合物都按它的分子式有确定的分子量。大分子化合物则不然，大分子物是聚合度 n 不同的一类同系物的混合物，这一现象称为大分子物分子质量的多分散性。天然大分子化合物除几种蛋白质的分子较均一外，也都是多分散的。一般我们所提到的大分子化合物的分子量是指分子量的统计平均值。由于测量的方法不同，得到不同的平均分子量。常用的有数均分子量 $\overline{M}_n$ 与质均分子量 $\overline{M}_w$，还有 Z 均分子量 $\overline{M}_Z$。

数均分子量 $\overline{M}_n$，是由每种分子的数目乘以它的分子量，然后加和起来，除以分子的总数而得到的，即

$$\overline{M}_n = \frac{\sum\limits_i n_i M_i}{\sum\limits_i n_i} = \sum\limits_i x_i M_i \qquad 其中\ x_i = \frac{n_i}{\sum\limits_i n_i} \qquad (9\text{-}1)$$

质均分子量 $\overline{M}_w$ 由每种分子的质量乘以它的分子量,然后加和起来,除以总质量:

$$\overline{M}_w = \frac{\sum_i m_i M_i}{\sum_i m_i} = \frac{\sum n_i M_i^2}{\sum n_i M_i} = \sum_i \overline{m_i} \cdot M_i \quad (9-2)$$

式中 m_i 为 i 组分的质量,且 $m_i = n_i M_i$, $\overline{m_i} = \dfrac{m_i}{\sum_i m_i}$

$\overline{M}_Z$ 的定义式为:
$$\overline{M}_Z = \frac{\sum n_i M_i^3}{\sum n_i M_i^2} \quad (9-3)$$

数均分子量对大分子化合物中的低分子量部分比较敏感,而 $\overline{M}_w$ 和 $\overline{M}_Z$ 则对高分子量部分比较敏感。例如有 0.1 kg 的摩尔质量为 100 kg·mol^{-1} 的试样,加入 0.001 kg 摩尔质量为 1 kg·mol^{-1} 的组分,求出 $\overline{M}_n, \overline{M}_w$ 和 $\overline{M}_Z$ 如下:

$$\overline{M}_n = \frac{n_1 M_1 + n_2 M_2}{n_1 + n_2} = \frac{100 + 1}{\frac{100}{10^5} + \frac{1}{10^3}} = 50.500 (\text{kg} \cdot \text{mol}^{-1})$$

$$\overline{M}_w = \frac{n_1 M_1^2 + n_2 M_2^2}{n_1 M_1 + n_2 M_2} = \frac{100 \times 10^5 + 1 \times 10^3}{100 + 1} = 99.020 (\text{kg} \cdot \text{mol}^{-1})$$

$$\overline{M}_Z = \frac{n_1 M_1^3 + n_2 M_2^3}{n_1 M_1^2 + n_2 M_2^2} = 99.990 (\text{kg} \cdot \text{mol}^{-1})$$

可以看出,少量低分子量组分混入该大分子物时,使 $\overline{M}_n$ 大大下降,对 $\overline{M}_w$ 和 $\overline{M}_Z$ 却无明显影响。同样在 0.100 kg 相对分子质量为 10^2 kg·mol^{-1} 的试样中,若加入 10^{-3} kg 分子量为 10^4 kg·mol^{-1} 的组分,则得到

$$\overline{M}_n = 100.990 \text{ kg} \cdot \text{mol}^{-1}, \overline{M}_w = 198.020 (\text{kg} \cdot \text{mol}^{-1})$$

可见少量高分子量的组分混入该大分子物中,使 $\overline{M}_w$ 大大增加,而对 $\overline{M}_n$ 并没有多大影响。这是因为数均分子量是对各组分的分子数进行平均,而质均分子量是对各组分质量进行平均,大的分子在平均

中起作用大,故 $\overline{M_w} > \overline{M_n}$。只有分子大小是一致的单分散系统,才有 $\overline{M_w} = \overline{M_n} = \overline{M_Z}$。习惯上用 $\overline{M_w}/\overline{M_n}$ 的值的大小作为大分子物的多分散性的度量。单分散时比值为1,比值愈大分子量愈分散。

要深入了解大分子化合物的分子量,最好知道分子量的分布,就是各种分子量的化合物在试样中各占多少。先将大分子物按分子量的大小分成不同的级分,画出各级分相对分子量的积分分布曲线和微分分布曲线,即可了解分子量分布的情况。

用渗透压法测得的是 $\overline{M_n}$,用光散射法测得的是 $\overline{M_w}$,用沉降平衡法,根据数据处理方法的不同,可以分别得到 $\overline{M_n},\overline{M_w}$ 或 $\overline{M_Z}$。而沉降速度法得到的是混合平均相对分子质量。用黏度法测得的称为黏均分子量 $\overline{M_\eta}$,一般介于 $\overline{M_n}$ 与 $\overline{M_w}$ 之间。

9.4 大分子化合物溶液的渗透压

9.4.1 大分子化合物溶液的非理想性

大分子化合物溶液的非理想性在于大分子物在溶液中形态的复杂性,以及由于溶质与溶剂分子大小相差悬殊。

形成大分子化合物溶液时混合熵一般可按下式计算:
$$\Delta_{\mathrm{mix}}S = -R(n_1\ln V_1 + n_2\ln V_2)$$
其中 V_1 与 V_2 是溶剂与溶质的体积分数。由此计算的熵变比理想混合熵要大几十或几百倍,因此在计算 $\Delta G = \Delta H - T\Delta S$ 时,$T\Delta S$ 项起决定作用。即溶解时,不论是吸热还是放热,大分子溶液对理想混合物(溶液)总是表现为负偏差,即溶剂的活度低于其理想值。

若要使大分子物溶液接近理想行为,要求溶液浓度很稀,但在稀的溶液中进行物理化学性质的测量很困难。往往是在较适当稀的浓度下测量有关性质,再外推到无限稀释下求值。因此,浓度外推法是研究大分子物溶液的重要方法。

9.4.2 非电解质大分子化合物溶液的渗透压

对于理想的稀薄非电解质溶液的渗透压：

$$\pi = CRT = \frac{n_2}{V}RT = \frac{m}{M}\frac{RT}{V} = \frac{bRT}{M} \qquad (9\text{-}4)$$

b 为单位体积的溶质质量。

对大分子物溶液，大分子物的分子间、大分子与溶剂分子间的相互作用力不可忽略，这时渗透压公式可用浓度的幂级数展开式即维利展开式表示：

$$\pi = RT(A_1 b + A_2 b^2 + A_3 b^3 + \cdots) \qquad (9\text{-}5)$$

式中 A_1、A_2 与 A_3 等称做维利系数。将式(9-5)与式(9-4)比较，可得第一维利系数 $A_1 = \frac{1}{M}$。第二维利系数 A_2，第三维利系数 A_3 代表非理想的程度。一般取前二项，于是得：

$$\frac{\pi}{b} = RT\left(\frac{1}{M} + A_2 b\right) \qquad (9\text{-}6)$$

【例1】 25℃下，牛血清蛋白的渗透压数据为：

$b/\text{kg} \cdot \text{m}^{-3}$	18	30	50	56
π/kPa	0.75	1.36	2.54	2.96

求牛血清蛋白的摩尔分子量。

解 实验数据处理结果为：

$b/\text{kg} \cdot \text{m}^{-3}$	18	30	50	56
$\left(\dfrac{\pi}{bRT}\right) \times 10^{-2} /\text{mol} \cdot \text{kg}^{-1}$	1.68	1.83	2.07	2.13

作 $\dfrac{\pi}{bRT}$-b 图，外推至 $b \to 0$，在纵坐标上的截距为 1.47×10^{-2}。

$$M = \frac{1}{1.47 \times 10^{-2}} \text{ kg} \cdot \text{mol}^{-1} = 68 \text{ kg} \cdot \text{mol}^{-1}$$

9.4.3 Donnan 膜平衡

(1) Donnan 膜平衡

一种大分子电解质,例如 RNa 溶液,用半透膜与另一种低分子电解质,例如 NaCl 溶液隔开,如果除大分子电解质的大离子 R^- 以外,其他小分子离子都能自由透过这个膜,结果会有一定量小分子电解质透过膜进入大分子电解质溶液中。当达到平衡状态时,小分子离子在膜两侧溶液中的浓度会不均等,但有一定关系,而且保持膜两边溶液呈电中性。这时所发生的平衡现象叫膜平衡或称为唐南平衡(Donnan's equilibrium)。这种平衡作用对研究生物中电解质在细胞内外的分配有很大意义。

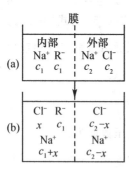

图 9-5 膜平衡示意图

现在讨论一种简单的唐南平衡。如图 9-5 所示,(a) 表示最初状态,R^- 表示 RNa 在溶液中解离出来的大离子,它不能透过半透膜。为了数学处理简便,假设最初内部和外部溶液的体积相等,而且平衡时两种溶液的体积没有变化。c_1 和 c_2 分别表示 RNa 和 NaCl 的最初浓度(摩尔/升)。如果内部没有 RNa 存在,则平衡时 NaCl 应平均分布在膜的两方,浓度都是 $c_2/2$。现在有 RNa 存在,并且 R^- 不能透过,情况就不同了。因为内部没有 Cl^- 离子,所以 Cl^- 离子从外向内扩散。Cl^- 离子透过膜时,为要保持膜两边溶液呈电中性,就必须有相等数目的 Na^+ 离子跟着一道扩散过去,唐南认为离子透过半透膜的速率和两种离子浓度乘积〔Na^+〕〔Cl^-〕成正比,当膜两边的离子透过速率相等时,就达到了平衡。即由膜外到膜内透过半透膜速率 $r_1 = k$〔Na^+〕$_外$〔Cl^-〕$_外$;由膜内到膜外的透过速度 $r_2 = k$〔Na^+〕$_内$〔Cl^-〕$_内$。平衡时:$r_1 = r_2$,可得到:

$$〔Na^+〕_内〔Cl^-〕_内 = 〔Na^+〕_外〔Cl^-〕_外 \tag{9-7}$$

此式表明:平衡时小分子电解质的正离子和负离子在膜内的浓度乘积等于膜外的浓度乘积,这是达到唐南平衡的条件。

若考虑其非理想性,应由活度代浓度:

$$a_{Na^+,内} \cdot a_{Cl^-,内} = a_{Na^+,外} \cdot a_{Cl^-,外} \quad (9-8)$$

(2) Donnan 膜平衡时电解质离子在膜两边的分布

设有 x 摩尔/升的 Cl^- 离子由外部进入内部,结果系统由图 9-5(a) 状态达到图 9-5(b) 平衡状态,在平衡状态下各离子的浓度如图 9-5(b) 所示。

内部:$[R^-] = c_1$,$[Na^+]_内 = c_1 + x$,$[Cl^-]_内 = x$

外部:$[Na^+]_外 = [Cl^-]_外 = c_2 - x$

代入(9-7)式中,得

$$(c_1 + x)x = (c_2 - x)^2 \quad (9-9)$$

由此求得

$$x = \frac{c_2^2}{c_1 + 2c_2} \quad (9-10)$$

由式(9-10)可以看出,平衡时外部 NaCl 进入内部的量 x 值的大小可因膜内外最初浓度 c_1 和 c_2 的不同而改变。如果 c_2 远大于 c_1,$c_1 + 2c_2 \approx 2c_2$,则 $x \approx \frac{c_2^2}{2c_2} = \frac{1}{2}c_2$,这说明 NaCl 能够进去一半,即平均分布。

相同离子在膜内、外的分布情况也可以从式 9-7 看出来。式(9-7)可改写为:

$$\frac{[Na^+]_内}{[Na^+]_外} = \frac{[Cl^-]_外}{[Cl^-]_内} = \frac{c_2 - x}{x} \quad (9-11)$$

把 x 值代入整理后得到:

$$\frac{c_2 - x}{x} = \frac{c_1 + c_2}{c_2} = 1 + \frac{c_1}{c_2} > 1$$

比值大于1,也就是$[Cl^-]_外 > [Cl^-]_内$,$[Na^+]_内 > [Na^+]_外$,若膜内是 R^+Cl^- 型大分子电解质,则上面关系便倒过来了。可见,不能穿过半透膜的大离子,通过膜来吸引和它符号相反的离子,排斥和它符号相同的离子。这种非透过性大离子的存在,使可透过性的离子的移动受到约束,结果引起膜两边浓度分布不均衡。

(3) 膜水解

根据唐南平衡,如果半透膜的一边是大分子电解质 R^- Na^+ 溶液,另一边是纯水,如图 9-6(a) 所示,则大分子电解质的一部分阳离子 Na^+ 要透过半透膜,向外部纯水中扩散,为了保持溶液电中性,外部纯水中的 H^+ 就要移向膜内。结果膜外 pH 值升高,变为碱性。假若膜内大离子是带正电的,如 R^+ Cl^-,则关系颠倒过来,膜内 pH 值升高,膜外 pH 值降低,变为酸性。这种由于膜的存在而引起水解现象,叫做膜水解,如图 9-6(b) 所示。据膜平衡条件:

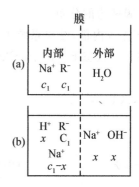

图 9-6 膜水解示意图

$$[Na^+]_内[OH^-]_内 = [Na^+]_外[OH^-]_外 \quad (9-12)$$

平衡时设 Na^+ 离子从内向外扩散 x 摩尔/升,则:

$$[Na^+]_内 = c_1 - x, [OH^-]_内 = \frac{K_W}{[H^+]_内} = \frac{10^{-14}}{x}$$

$[Na^+]_外 = x, [OH^-]_外 = x$

代入式(9-12)中,得

$$(c_1 - x) \cdot \frac{10^{-14}}{x} = x^2 \quad (9-13)$$

解 x 得

$$x = \sqrt[3]{(c_1 - x)10^{-14}}$$

若 $c_1 \gg x$ 时,$c_1 - x \approx c_1$,则有

$$x = \sqrt[3]{c_1 \cdot 10^{-14}}$$

【例2】 内 膜 外
R^- Na^+ ∶ H_2O,求平衡时内外酸碱度。
$c_1 c_1$ ∶

已知 $c_1 = 0.1$ mol·dm^{-3}。

解 $x = \sqrt[3]{c_1 K_W} = \sqrt[3]{0.1 \times 10^{-14}} = 10^{-5}$

所以平衡时

膜内			:	膜外	
R$^-$	Na$^+$	H$^+$	:	Na$^+$	OH$^-$
0.1	0.099 99	0.000 01	:	0.000 01	0.000 01

即膜内 pH = 5，膜外 pOH = 5，或 pH = 9。

(4) 膜平衡时的渗透压

测定大分子电解质溶液（如蛋白质溶液）的渗透压时，一方面由于发生膜水解很难得出准确结果，另一方面蛋白质溶液中常含有低分子离子杂质，由于达到平衡时，它们在膜两边分布不均衡，也要影响渗透压值。为了减小这种唐南效应，可以采取如下措施：一是把蛋白质溶液的 pH 值调节到等电点，使蛋白质处于等电状态，这时蛋白质的解离程度最低，不致产生唐南效应，也就不会影响渗透压。但是缺点在于等电状态的蛋白质不稳定，易于沉淀。一般将溶液的 pH 值调到与等电点相差一个单位，这样既保持了溶液的稳定性，同时唐南效应也不很大。

另一种方法是在半透膜外部用较大浓度的 NaCl 溶液。如果蛋白质 R$^-$ Na$^+$ 溶液的浓度为 c_1，若没有唐南效应，膜外是纯水，其渗透压是 R$^-$ 和 Na$^+$ 两者引起的渗透压之和，其理论值应为：

$$\pi_{理} = 2c_1 RT$$

现在膜外是浓度为 c_2 的 NaCl 溶液，当唐南平衡建立后，膜内部可引起渗透压的质点总浓度是 $2(c_1+x)$，外部是 $2(c_2-x)$，膜两边溶质浓度之差是 $2(c_1+x) - 2(c_2-x)$，把 x 值代入整理后得：

$$2(c_1+x) - 2(c_2-x) = 2c_1 \left(\frac{c_1+c_2}{c_1+2c_2} \right)$$

实验测得的渗透压 $\pi_{测}$ 应与膜两边的质点浓度差成比例，于是：

$$\pi_{测} = (c_{内} - c_{外})RT = 2[(c_1+x) - (c_2-x)]RT$$

$$= 2c_1 \left(\frac{c_1+c_2}{c_1+2c_2}\right)RT \tag{9-14}$$

所以 $\pi_{测}$ 是膜内溶液对膜外溶液的渗透压,不是原 RNa 溶液对纯溶剂水的渗透压,也不是蛋白质 R^- 对纯溶剂的渗透压。如果 $c_2 \gg c_1$,则 $c_1+2c_2 \approx 2c_2, c_1+c_2 \approx c_2$,得

$$\pi_{测} = 2c_1\frac{c_2}{2c_2}RT = c_1RT \tag{9-15}$$

此时测得的渗透压等于蛋白质大离子 R^- 的渗透压。由此可见,用渗透压测蛋白质的分子量时,可在半透膜外部用较大浓度的 NaCl 溶液,来消除电解质的不均衡分布所引起的影响。对于 $2 \sim 3\text{g}/\text{L}$ 的蛋白质溶液,用浓度为 $0.1\ \text{mol} \cdot \text{dm}^{-3}$ 的 NaCl 溶液就能使测得的 π 值在实验误差范围之内。

膜平衡是生理上常见的一种现象,如细胞膜相当于半透膜,细胞里的蛋白质和细胞外的液体中存在的各种小离子(如 $Na^+,K^+,Cl^-,\cdots$),建立膜平衡。当然活性生理膜平衡要复杂得多,但理解一些简单的膜平衡系统有助于理解复杂的生命系统中的膜平衡情况。

(5) 膜电势

唐南平衡引起的另一种效应是膜电势。例如 RNa∶NaCl 达到膜平衡时,内外溶液中 Cl^- 离子的浓度不同,$[Cl^-]_{外} > [Cl^-]_{内}$。如果用两个对 Cl^- 可逆的电极如 Ag-AgCl 电极,一个插入膜内溶液中,另一个插入膜外溶液中,然后来测定两极间的电势。实验结果是这两个电极电势差等于零。这是为什么呢?

Ag-AgCl 电极的电势大小是随溶液中 Cl^- 离子浓度而改变的:

$$\varphi = \varphi^{\ominus} + \frac{RT}{F}\ln\frac{1}{[Cl^-]}$$

对于膜内: $\varphi_{内} = \varphi^{\ominus} + \frac{RT}{F}\ln\frac{1}{[Cl^-]_{内}}$

对于膜外: $\varphi_{外} = \varphi^{\ominus} + \frac{RT}{F}\ln\frac{1}{[Cl^-]_{外}}$

$$E = \varphi_{内} - \varphi_{外} = \frac{RT}{F} \ln \frac{[Cl^-]_{外}}{[Cl^-]_{内}} \qquad (9\text{-}16)$$

因为唐南效应的结果，$\frac{[Cl^-]_{外}}{[Cl^-]_{内}} \neq 1$，所以 $\ln \frac{[Cl^-]_{外}}{[Cl^-]_{内}} \neq 0$，$E$ 应该不等于零。但是实验测定这两个 Ag-AgCl 电极间并没有电势差产生，显然说明系统必有另外一个恰好与两极间电势差值相等而符号相反的电势与之抵消。这个电势就叫唐南膜电势，简称膜电势。如果用盐桥代替膜把两溶液隔开，就能测出这两个可逆电极间的电势差。

通常，只要有一种带电物质不能进入系统中所有的相，就会存在相间电势。在膜平衡系统中，膜将系统分为两相：膜内为一相，膜外为另一相。膜内大分子电解质的大离子带电，且不能通过膜到膜外，因此膜内与膜外之间存在电势。正因为膜电势的存在，阻止了小分子离子的进一步扩散，使小分子电解质离子在膜两边不均等分布。而这种膜电势与小分子电解质离子不均等分布的浓差电势恰好抵消时，也就达到了膜平衡。

生物膜如细胞膜，在它的两侧溶液间同样也存在膜电势，各种生物细胞都能产生电流，膜电势的存在是这种电流发生的原因之一。

生物系统是敞开系统，且是非平衡态系统，在生物系统中发生的实际过程都是不可逆过程。在应用经典热力学处理其某些问题时，得到某些结果，仍有一定价值，但要特别谨慎。

9.5　大分子化合物溶液的光散射

由 8.3 节已知气体分子或液体介质中溶胶粒子的光散射强度与粒子的折射率的平方和介质的折射率的平方差值成正比，还与粒子的大小及浓度有关。纯液体和真溶液也有光散射现象。根据爱因斯坦的涨落理论，这种散射是由于系统内分子热运动引起的密度或浓度在瞬间和局部的不均匀，这样就会产生折光率的不均一，从而产生光散射现象。这种瞬间系统内局部的不均匀性称为涨落现象。当分子的大小比光波在介质中的波长小得多,且分子间相距比较大,没相互作用时,各个分子所产生的散射光波是不相干的,此时介质的散射光强是各个分子散射光强的加和。对于大分子溶液,当浓度极低,溶液里大分子的大小比 $\frac{\lambda}{20}$ 还小时(λ 为光在溶液里的波长),1944 年德拜(Debye)推导出大分子溶液的光散射公式

$$\frac{I_\theta}{I_0} = \frac{2\pi^2 n_0^2 \left(\frac{dn}{dc}\right)^2 (1+\cos^2\theta)c}{N_A \lambda^4 \left(\frac{1}{M} + 2A_2 c + 3A_3 c^2 + \cdots\right) r^2} \qquad (9\text{-}17)$$

式中 θ 为观察处与出射光线的夹角如图 9-7 所示。I_0 为入射光强,I_θ 为 θ 方向的散射光强,N_A 为阿伏加德罗常数,λ 为入射光波在溶液里的波长。n_0 为溶剂的折射率,n 为溶液的折射率,$\frac{\partial n}{\partial c}$ 为溶液的折射率随浓度的变化率,可用示差折光计测量。r 为光电池到溶液中心的距离,c 为溶液的浓度(kg/dm³),A_2、A_3 为维利系数。

令 $R_\theta = \frac{r^2 I_\theta}{I_0(1+\cos^2\theta)}$,$R_\theta$ 称为瑞利比值。当 $\theta = 90°$ 时,$R_{90°} = \frac{r^2 I_\theta}{I_0}$。又令 $K = \frac{2\pi^2 n_0^2 \left(\frac{\partial n}{\partial c}\right)^2}{N_A \lambda^4}$,对于特定的溶剂、溶质及一定的入射光波,$K$ 为一常数。当 c 很小时,略去高次项,于是式(9-17)整理后可得:

$$\frac{Kc}{R_{90°}} = \frac{1}{M} + 2A_2 c \qquad (9\text{-}18)$$

这样只需测定几个不同浓度下的瑞利比值和折射率,又已知入射光的波长和溶剂的折射率,于是就可计算 $\frac{Kc}{R_{90°}}$,然后以 $\frac{Kc}{R_{90°}}$-c 作图,按式(9-18)应得一直线。由直线在纵坐标上的截距可得摩

尔质量 M。可以证明,以光散射法所测大分子化合物的分子质量属于质均相对分子量。测定范围在 $5\,100 \sim 1 \times 10^7$。

如果溶质分子不对称,则从不同角度测得的散射光强度不同,由此可以研究大分子在溶液中的形态。

光散射法是研究大分子溶液的重要工具。此法准确性高,测定费时少。但测试设备较复杂,对被测溶液要求较高,需无色透明,不含尘埃等。

特别注意式(9-18)是维利展开式,与渗透压的数据处理方法相同。

图 9-7　光散射测定示意图

近年来又发展了动态光散射,可为分散系中分散相粒子的大小、扩散系数等提供信息。

9.6　大分子化合物溶液的黏度

大分子溶液的黏度很大,这是它的一个特点。例如 1% 的橡胶‑苯溶液,它的黏度为纯苯的十几倍。黏度的大小与溶质分子的大小、形状及溶质与溶剂间的作用等因素有关。而黏度的测量比较简单方便,故黏度法广泛用于大分子的研究。

9.6.1　流体的黏度

流体(气体与液体)与固体的主要区别是流体具有流动性,而这流动性在外力推动下才能表现出来。不同的流体，流动的难易程度不同，如水较易流动，而油则不易流动。这种流动能力上的差别反映了流体内部对流动起阻碍作用的内摩擦力的大小。这种内摩擦阻力称为流体的黏度。

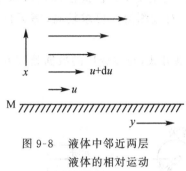

图 9-8　液体中邻近两层液体的相对运动

如图 9-8，设 M 面上有液体流动，与 M 面接触的流层因附着力而静止不动，其余各层的流速随着与 M 面的距离增大而增大。使液层流动的力与流动方向一致，称为切线力，简称切力，以 F 表示。它对抗阻力使各液层以一定的速度流动。假如两液层相距 dx，两液层的速度差是 du，其接触面是 A，则 F 与 A 和 du 成正比，与 dx 成反比，$\dfrac{du}{dx}$ 称为切速率。其表达式为：

$$F = \eta A \frac{du}{dx}$$

$$\text{或 } \tau = \frac{F}{A} = \eta \frac{du}{dx} \tag{9-19}$$

式(9-19)称为牛顿黏度公式。式中 η 为比例常数，称为黏度系数，简称黏度。它的物理意义是单位面积的流层，以单位速度流过相隔单位距离的固定液面时所需的切线力。它是分子运动时内摩擦力的度量。对于纯液体，它的大小决定于物质的本性、温度。对于溶液来说，它还与溶液的浓度、pH 值或其他电解质的存在有关。它的 SI 制单位是 $kg \cdot m^{-1} \cdot s^{-1}$，称为帕斯卡·秒，以符号 Pa·s 表示。

凡是符合式(9-19)的液体称为牛顿流体，如水、汽油、乙醇及小分子物的稀溶液,都属牛顿流体。对于浓的大分子化合物溶液的黏度,常不符合牛顿黏度公式,称为非牛顿型流体,可用流变曲线进行研究。

9.6.2 流变曲线与流型

流变曲线是切速率$\left(\dfrac{\mathrm{d}u}{\mathrm{d}x}\right)$与切力($\tau$)之间的关系曲线。不同流变性的流体具有不同的流变曲线,流体的流型有以下几种。

(1) 牛顿型

牛顿型流体的流变曲线是一条通过坐标原点的直线,见图9-9中曲线1,其斜率的倒数是黏度。牛顿型流体的黏度是个常数,不随切力(τ)而变。

(2) 塑流型

塑流型流体的流变曲线为一条不通过原点的曲线,见图9-9曲线2。其特点是当施加的切力τ较小时,系统只发生弹性形变而不流动;当$\tau > \tau_y$时,才开始流动。使系统开始流动的切力称为临界切力,或称为屈服值。当切力超过屈服值后,切速率$\dfrac{\mathrm{d}y}{\mathrm{d}x}$与切力$\tau$又是线性关系,符合牛顿型流变曲线。

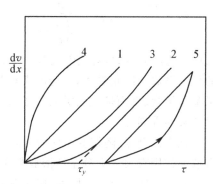

1. 牛顿型 2. 塑流型 3. 假塑流型
4. 胀流型 5. 触变流型
图9-9 流变曲线

塑流型流体可以用下式表示:

$$\tau - \tau_y = \eta_p \dfrac{\mathrm{d}u}{\mathrm{d}x} \tag{9-20}$$

其中 η_p 为塑性黏度,它等于流变曲线的直线部分的斜率的倒数。

油墨、油漆、牙膏、泥浆及某些药膏等都属于此类。产生塑性流动的原因是系统中的粒子受到范德华引力或氢键的作用,在静止状态易形成立体网状结构。要使其流动,先要破坏这些网状结构。所以当 $\tau < \tau_y$ 时,系统只有弹性形变而不流动。当 $\tau \geqslant \tau_y$ 时,网状结构受到破坏,系统开始流动,并表现出牛顿型流体的特点。屈服值 τ_y 是衡量流体结构稳定性的参数。

(3) 假塑流型

假塑流型流体的流变曲线是一条通过原点的凹形曲线,见图 9-9 曲线 3。这类流型的特点是随着切速率增加,系统的表观黏度 η_a 下降,可用下式表示其流变性能:

$$\tau = K\left(\frac{du}{dx}\right)^n \tag{9-21}$$

或

$$\eta_a = \frac{d\tau}{d\left(\frac{du}{dx}\right)} = Kn\left(\frac{du}{dx}\right)^{n-1} \tag{9-22}$$

式中 n 为经验常数,对假塑流型 $n<1$,对牛顿型 $n=1$。K 为系统的稠度系数。K 值越大,系统的表观黏度越大。属于此类流体有甲基纤维素、聚丙烯酰胺类大分子溶液、西黄蓍胶、海藻酸钠溶液以及某些乳剂等。

该类流型 η_a 随切变速率增加而下降,与流动时分散相粒子具有取向作用有关。大分子或溶胶粒子本身结构不对称,静止时可能有各种取向。当施加切力,切速率增加时,不对称粒子将长轴方向转向流动方向排列,减少了流动时的阻力,表观黏度随之下降。切速率越大,粒子取向作用越完全,系统的表观黏度越小。当切速率增至足以使粒子全部顺流定向后,切速率与切力又成正比关系。

(4) 胀流型

胀流型流体流变曲线如图 9-9 曲线 4 所示,它是一条通过原点的凸形曲线。该类流型的特点与假塑流型流体相反,其表观黏

度 η_a 随着切力增加而增大。一些含有大量固体粒子的悬浮体,如涂料、颜料、糊剂以及 40%～50% 淀粉溶液等具有胀流型特点。

胀流型系统中粒子浓度很高,而且存在的浓度范围窄。静止时系统中粒子排列得很紧密,但并不聚结,粒子间的液层具有润滑作用,因而流动阻力小,表观黏度低。随着切力增加,系统中的粒子被搅在一起,液层受到破坏,其润滑作用减小,系统的流动阻力大,表观黏度增大。钻井用的钻井泥浆若为很强的胀流型,则很可能会发生卡钻事故,造成很大的经济损失,要特别引起重视。

(5) 触变流型

触变流型的流变曲线如图 9-9 曲线 5 所示。当切力逐渐增加时曲线上行,切力逐渐减小时得下行线,这两条线不重合,成弓形状,称为滞后圈。该类流型特点是,静止时呈半固体状态,摇动后成流体,见图 9-17。塑流型流体往往具有触变现象。产生触变现象的原因,一般认为是分散相粒子是针状或片状,在静止时,其棱角等相互吸引搭桥成立体网状结构,呈半固体状。受到震动时,网状结构被破坏,系统又具有流动性。出现滞后现象,是因为被拆散的网状结构要重新建立需要一个过程,时间较长。所以上行线与下行线不重合。

许多药剂、软膏、糖浆等属此类流型。修建铁路、公路、地铁时,要特别注意土壤的流变性。有的土壤具有触变性,一般静止条件下是固体,但在运输时,或机器工作时,土壤受到震动,变成易流动状态,可能造成交通事故。钻井用泥浆具有很好的触变性。触变性也是油漆、油墨的性能指标之一。

9.6.3 黏度法测大分子化合物的分子量

测定液体的黏度的方法有很多,最简单的一种是用奥斯特华德(Ostwaid)毛细管黏度计,如图 9-10 所示。

该黏度计的设计是基于 Poiseuine 公式:

$$V = \frac{\pi p r^4 t}{8 \eta l} \tag{9-23}$$

该式表明牛顿型液体在长为 l、半径为 r 的圆形管中流动时,在流体两端压力差为 p 的推动下,时间 t 内流出的液体的体积 V 与液体的黏度 η 成反比。此公式只适用于层流,即压差 p 不能太大,液体稳定流动,各层之间无物质交流,同一层上流速相同。

将式(9-23)改写为:

$$\eta = \frac{\pi r^4}{8lV} \cdot tp = Ktp \qquad (9-24)$$

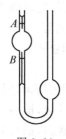

图 9-10 奥氏黏度计

其中 $K = \pi r^4/8lV$,对于一支特定的黏度计,K 为定值。由前所述 p 是使液体流动的压力,在毛细管黏度计中,是靠液体自身的重力流动的(也可以外加压力),因此 $p = \rho g h$,其中 ρ 为液体的密度,g 是重力加速度,h 为液柱差。设 η_0、t_0 和 ρ_0 分别为溶剂的黏度、流出时间和密度,η、t 和 ρ 分别为溶液的黏度、流出时间和密度,则有:

$$\frac{\eta}{\eta_0} = \frac{th\rho g}{t_0 h \rho_0 g} = \rho t / \rho_0 t_0 \qquad (9-25)$$

注意 h 是随测定过程而变化的,但溶剂与溶液用的是同一支黏度计,流出体积相同,毛细管长度相同,液柱差的变化也相同,所以可约去。由上面可以看出,只要测出各自的密度和流动时间,η_0 可查阅手册而得,于是就可以求出溶液的黏度 η。

由上述方法得到的是绝对黏度。而在大分子溶液的研究中更多地用到以下几种黏度:

① 相对黏度(η_r) $\quad \eta_r = \dfrac{\eta}{\eta_0}$ $\qquad (9-26)$

η 是溶液的黏度,η_0 是溶剂的黏度,η_r 表示溶液黏度相对于溶剂黏度的多少倍。

② 增比黏度 η_{sp} $\quad \eta_{sp} = \dfrac{\eta - \eta_0}{\eta_0} = \eta_r - 1$ $\qquad (9-27)$

η_{sp} 表示在溶剂黏度的基数上,溶液黏度增大的倍数。

③ 比浓黏度 $\dfrac{\eta_{sp}}{c}$ $\dfrac{\eta_{sp}}{c}$ 表示大分子溶液在浓度 c 的情况下对

溶液的增比黏度的贡献,其数值随浓度而变,浓度 c 的单位常用 g/dm^3。

④ 比浓对数黏度 η_{inh} $\quad \eta_{inh} = \dfrac{\ln\eta_r}{c}$ \hfill (9-28)

η_{inh} 表示大分子在浓度 c 的情况下溶液对数相对黏度的贡献。

⑤ 特性黏度〔η〕 $\quad \left[\eta\right] = \left(\dfrac{\eta_{sp}}{c}\right)_{c\to 0} = \left(\dfrac{\ln\eta_r}{c}\right)_{c\to 0}$ \hfill (9-29)

〔η〕定义为在溶液浓度无限稀释($c \to 0$)时的比浓黏度或比浓对数黏度。这是因为:

$$\frac{\ln\eta_r}{c} = \frac{\ln(1+\eta_{sp})}{c} = \frac{\eta_{sp}}{c}\left(1 - \frac{1}{2}\eta_{sp} + \frac{1}{3}\eta_{sp}^2 - \cdots\right)$$

当 $c \to 0$ 时,η_{sp} 高次项也趋于零。故有

$$\left(\frac{\eta_{sp}}{c}\right)_{c\to 0} = \left(\frac{\ln\eta_r}{c}\right)_{c\to 0} = [\eta]$$

在特定的溶剂中,〔η〕值决定于单个大分子的结构及摩尔质量,故可用作大分子化合物的特征值。

η_r 与 η_{sp} 量纲为一,$\dfrac{\eta_{sp}}{c}$ 和〔η〕的量纲是〔浓度〕$^{-1}$,常用 $(g/dm^3)^{-1}$ 表示。

上述〔η〕的求得来自于两个经验公式:

$$\frac{\eta_{sp}}{c} = [\eta] + K_H[\eta]^2 c \quad \text{哈金斯(Huggins)公式} \quad (9\text{-}30)$$

$$\frac{\ln\eta_r}{c} = [\eta] - K_F[\eta]^2 c \quad \text{弗司(Fuoss)公式} \quad (9\text{-}31)$$

测出几个不同浓度下的 η_r,以 $\dfrac{\eta_{sp}}{c} c$ 作图,或以 $\dfrac{\ln\eta_r}{c} c$ 作图,从得到的直线外推到浓度为零处,可求得〔η〕。如图 9-11 所示。

由前所述,〔η〕与大分子在溶液中的形态及摩尔质量都有关。所以〔η〕与摩尔质量的关系不是简单的比例关系,于是引进另二个常数 α、K,得到现在最常用的特性黏度〔η〕与分子量的经验关系式:

$$[\eta] = KM^a \tag{9-32}$$

K、a 与温度有关,K 与系统的性质关系不大,a 则与大分子化合物及溶剂的性质有关,它主要依赖于大分子的形态。对无规线团状的大分子在不良溶剂中,这时分子十分卷曲,黏度比较小,a 为 $0.5\sim0.8$;对于无规线团大分子在良溶剂中,这时分子因溶剂化而较为舒展,黏度较大,a 为 $0.8\sim1.0$。

对于某一大分子化合物-溶剂系统,K、a 的具体测定是,先将大分子分成若干级分,每个级分的摩尔质量比较均一,再用渗透压法,或光散射法等其他方法测定各级分的 M 值,并同时测定各级分的 $[\eta]$,据式 (9-32) 得

$$\lg[\eta] = \lg K + a\lg M$$

将各级分的 $\lg[\eta]_i$ 对 $\lg M_i$ 作图得一直线,其斜率为 a,截距为 $\lg K$。

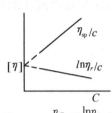

图 9-11 $\dfrac{\eta_{sp}}{c}$ 及 $\dfrac{\ln\eta_r}{c}$ 与 c 的关系

由于测定 K 和 a 时,需要先用别的方法测定各个级分的平均相对分子质量,所以黏度法不是测定分子量的绝对方法。但只要某一大分子化合物-溶剂系统的 K 和 a 值已被测定,就能方便地通过黏度来计算分子量。通常的大分子化合物的 K 和 a 值可查看有关的大分子化合物手册。表 9-1 列出几个系统的值。

表 9-1 一些大分子-溶剂系统的 K 和 a 值(25℃)

大分子物质	溶剂	分子量 $\mathrm{kg\cdot mol^{-1}}$	$K\times 10^5$ $\mathrm{m^3\cdot kg^{-1}}$	a
聚苯乙烯	甲苯	$3\sim 1700$	1.7	0.69
聚苯乙烯	苯	$1\sim 11$	4.17	0.60
天然橡胶	苯	$0.4\sim 1500$	5.02	0.67
乙苯纤维素	丙酮	$12\sim 115$	0.90	0.90
葡聚糖	水	<100	9.78	0.50

对于一定的系统,在一定温度下,K、α 值确定之后,利用式(9-32),只需求得 $[\eta]$ 就可直接算出该大分子物的摩尔质量。

大分子电解质溶液的黏度与浓度的关系,表现出与非离子大分子不同的特点。非离子大分子的 $\dfrac{\eta_{sp}}{c}$ 随浓度的增加逐渐增加,如图 9-11 所示。而大分子电解质的 $\dfrac{\eta_{sp}}{c}$ 随着 c 的减小很快地增大,如图 9-12 曲线 1。因此不能由 $\dfrac{\eta_{sp}}{c}c$ 曲线外推求 $[\eta]$。在该种溶液中加入中性盐可抑制这种现象,如图 9-12 曲线 2。这种由于质点上电荷的存在使黏度增加的效应称为电粘效应。有的称为电滞效应。对于大分子电解质溶液,主要是因为分子链上基团的电离,使链段间带有相同的电荷,链段间彼此排斥,使分子伸展,溶液的黏度增大。当溶液的浓度减小时,电离程度增大,这种效应也大。加入足量的中性盐,对大分子电解质的电荷起屏蔽作用,压缩双电层,减小链段间的斥力作用,分子卷曲,黏度降低。

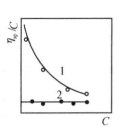

1. 大分子电解质溶液的 $\dfrac{\eta_{sp}}{c}c$ 的曲线
2. 加入中性盐后

图 9-12

9.7 大分子溶液的超速离心沉降

我们日常见到的悬浊液中的粒子在重力作用下下沉,这一现象称为沉降。颗粒重的沉降快,颗粒轻的沉降慢。对同一种悬浮体粒子密度是一样的,颗粒的大小和质量成比例。因此可以利用沉降的快慢来测定颗粒的大小及分布。这种方法称为沉降分析。

同理,大分子质点的质量和悬浊液中粒子的质量相比要小得多,在普通重力场作用下不能发生沉降。要使它发生沉降要有很大的作用力。瑞典物理化学家斯威德堡制造了超速离心机,如图 9-13 所示。离心力比地球重力作用大一万到一百万倍。在这离心力作用下,大分子物可以沉降,由此可以将大分子物分级,同时可以测定摩尔质量。

有两种不同的方法:沉降速度法和沉降平衡法。

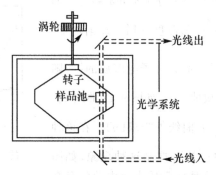

图 9-13　超速离心机示意图

9.7.1　沉降速度法

与重力场相似,当离心力约为重力的 4×10^5 倍时,大分子化合物或溶胶的沉降是主要的,反向的扩散作用可以忽略不计,但须考虑粒子在液体中运动所受的阻力,若沉降力与阻力相等,分散相粒子以稳定的速度(dx/dt)沉降,于是有:

$$Mw^2x - M\bar{V}p_0 w^2 x = f\frac{dx}{dt} \tag{9-33}$$

式中 M 是大分子物的摩尔质量,$\bar{V}$ 为大分子物的偏微比容,即单位质量的体积,ρ_0 为溶剂的密度,w 和 x 是离心机的角速度及样品与转轴的距离。式(9-33) 左边是大分子所受的离心力,其中第二项为大分子在介质中所受的浮力;右边是大分子所受到的阻力,f 是阻力系数。假定大分子在溶液里沉降受到溶剂分子的阻力和大分子在溶液里扩散时所受到的阻力相同,据爱因斯坦公式:

$$f = \frac{RT}{N_A D} \tag{9-34}$$

D 是扩散系数。式(9-33)可以改写成

$$M = \frac{RTS}{D(1-\bar{V}\rho_0)} \quad (9\text{-}35)$$

其中
$$S = \frac{1}{\omega^2 x} \cdot \frac{dx}{dt} \quad (9\text{-}36)$$

$\frac{dx}{dt}$ 为沉降速度,$\omega^2 x$ 为离心加速度,S 称为沉降常数,其物理意义是在单位离心力场里实验所测得的沉降速度。在时间间隔小的情况下:

$$S = \frac{\ln x_2/x_1}{\omega^2(t_2-t_1)} \quad (9\text{-}37)$$

沉降系数是根据实验中观察离心管中大分子物界面的移动速度来计算的。沉降系数常取 10^{-13} 秒为实用单位,称之为1个斯威德堡单位,以 S 表示之。

蛋白质的沉降系数在 10^{-13} 和 200×10^{-13} 秒之间,即为 $1 \sim 200 \text{S}$。

用超离心沉降速度法测大分子物的分子量,必须要测定它的扩散系数 D,是测分子量的相对方法。这个方法的优点不仅在于所需时间短,并且可以测定分子量的分布。

9.7.2 沉降平衡法

使用转速比较低的超速离心机,其转速为每秒 300 转左右,离心力约为重力的一万倍。在这种离心力的作用下,大分子溶液浓度由均匀的状态会达到有一定浓度梯度的稳定状态。在沉降开始前,沉降池内溶液的浓度是 c_0,离心力作用后,大分子逐渐向远离转轴的一端聚集,因此离转轴近的地方浓度变低,离转轴远的地方浓度变高。这种浓度梯度产生后,就有扩散作用。它和离心力的作用相反,使分子从高浓度向低浓度扩散,以求达到浓度均匀。这两种力在达平衡时,离转轴不同距离处的浓度分布有一定值,不随

时间而变。根据这种分布可以推算大分子化合物的摩尔质量。

设在沉降池中,大分子化合物通过截面 A 的浓度为 c,A 处的浓度梯度为 dc/dx,若大分子物以 dx/dt 速度沉降,沉降平衡时,单位时间内的沉降量与反向的扩散量相等,于是:

$$cA\frac{dx}{dt}=DA\frac{dc}{dx} \quad (9\text{-}38)$$

由式(9-35)与式(9-36)有:

$$\frac{dx}{dt}=\frac{MD(1-\bar{V}\rho_0)\omega^2 x}{RT}$$

代入式(9-38),并整理得:

$$\frac{dc}{c}=\frac{M(1-\bar{V}\rho_0)\omega^2 x\,dx}{RT}$$

积分并整理后有:

$$M=\frac{2RT\ln(c_2/c_1)}{(1-\bar{V}\rho_0)\omega^2(x_2^2-x_1^2)} \quad (9\text{-}39)$$

c_1、c_2 是平衡时分别在距转轴为 x_1、x_2 处的浓度。

用沉降平衡法测大分子化合物分子量,不需其他数据,是测分子量的绝对方法。但要注意达沉降平衡需时长,一般要几天或几个星期。

9.8 大分子电解质溶液的电泳

大分子电解质溶液中大分子离子是带电的,因此在外加电场作用下,会向异极泳动,像溶胶一样有电泳现象。但大分子带电主要由于大分子在溶液中解离而带电,其导电性能与小分子弱电解质溶液相似。影响它的电泳淌度(即单位电场强度下的电泳速度)的因素很复杂,目前还没有准确的关系式。但有两点是肯定的:其一是电泳淌度正比于离子的电荷 Z,其二是淌度反比于摩擦系数 f,对球形粒子 $f=6\pi\eta r$。一般的蛋白质,乃是混合物,分子的大小及所带电荷的多少均不一致。据以上两点,在同一电场中,分子量小的,带电荷多的,运动速度快,反之则慢。于是可以用电泳方法将混合蛋白质分离。研究蛋白质等大分子电解质在溶液中的性质,常常在大量小分子电解质存在下进行,这是为了使溶液处处保持电中性。又因为蛋白质是弱电解质,它所带电荷的多少强烈地受溶液的 pH 值影响,所以电泳必须在缓冲溶液中进行。

9.8.1 界面移动电泳

测定电泳的方法有多种,常用的有界面移动法。在 U 形电泳管中被研究的蛋白质溶液与含相同的溶剂和缓冲液的溶液形成界面,用光学方法测定界面移动情况。其缓冲液的 pH 值的选择使得各种蛋白质离子具有同一种电荷。例如,具有等电点为 4.5,6.0,7.5 和 8.0 的混合蛋白质,选择 pH < 4.5 的缓冲液,使所有大离子都带正电荷,或者选择 pH > 8.0 的缓冲液,使所有大离子带负电荷,这时每种组分在浓度梯度图像上呈现自己的峰,每个峰以自己所特有速度运动,如图 9-14 为血清组分的分离与测定。

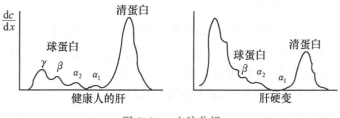

图 9-14 电泳分析

图中每一峰表示一个界面,代表一种蛋白质;峰的面积表示蛋白质的多少。

9.8.2 显微电泳

显微电泳是用显微镜直接观测单个粒子在电场中的电泳速率。其优点是在实验中粒子所处介质环境未发生变化,避免界面带来的麻烦,此外实验所需试样的量少。

显微电泳仪装置如图 9-15 所示。它是由显微镜、毛细电泳管、直流电源等组成。测定时将大分子物或溶胶试样置于水平毛细电泳管内,管的两端装有电极,接直流电后在显微镜下观测粒子的运动速度,据介质黏度、介电常数、所加直流电压值等数据可求得 ζ 电势。

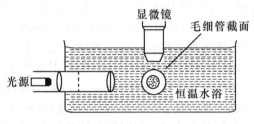

图 9-15　显微电泳仪装置示意图

9.8.3　区域电泳

区域电泳是用某些惰性固体物质或凝胶作支持物,泳动物质在支持物间隙中移动,从而避免了对流的干扰。据支持物不同,有纸上电泳、琼脂电泳、聚丙烯酰胺凝胶电泳等。

区域电泳设备简单,操作方便,分离效果好。

区域电泳主要用于蛋白质等物质的分离,适用于生物化学研究和医学上的临床诊断。如用聚丙烯酰胺凝胶电泳分离血清时可得到 25 种成分,而界面移动法只能得到 5 种。

工业上以水溶性涂料为电解液的电泳涂漆已得到广泛的应用。

9.9　凝　　胶

许多大分子溶液,在适当的条件下,黏度逐渐变大,最后失去流动性，整个系统变为弹性半固体状态，这种系统叫做凝胶。大分子溶液形成凝胶的过程叫做胶凝作用。例如动物胶在热水中溶解，溶液冷却后，形成凝胶。又如豆浆加卤水后就变成了豆腐。应用超显微镜，X射线分析和电子显微镜的研究结果，表明凝胶的内部结构具有网状的骨架。在胶凝过程中，溶液中的大分子彼此靠近，由于大分子链很长，一个大分子链可以与另一个大分子链同时在几个地方形成结合点，交联而构成网状骨架，溶剂包藏在骨架之中，不能自由流动。而大分子仍具有一定的柔顺性。

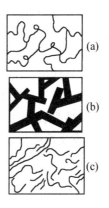

图 9-16
凝胶的网状结构模型

形成网状骨架的分子链之间的结合力按强弱分有三种，如图9-16。其中(a)为共价键交联，(b)为范德华力交联，结合力较弱，结构不稳定，如纤维凝胶，(c)为静电引力（氢键等）交联，结构稳定程度介于(a)(b)之间，如蛋白质凝胶。影响胶凝作用的因素有：分子的形状，溶液的浓度、温度，以及电解质等。

与盐析一样，电解质的阴离子对胶凝起主要作用，按胶凝能力大小排列：

$$SO_4^{2-} > Ac^- > Cl^- > NO_3^- > I^- > CHS^-$$
　　　　加速　　　　　减慢　　　　　阻止

除以上影响因素外，另外还有其他因素的影响。如大分子化合物的性变，也促使胶凝。例如蛋清主要成分是球形卵蛋白，但煮沸后，卵蛋白球形分子变性，变成纤维状，形成网状结构，并包住大量液体，原来是液体的蛋清发生了胶凝变成凝胶。又如血液的凝固，是由典型不对称的纤维蛋白朊分子变成很长的纤维状血纤维蛋白，贯穿整个系统阻止血液流动。

前面曾提及盐析现象，它与胶凝的关系可认为胶凝是盐析的前一阶段,胶凝有可能继续转变成盐析。不同之处在于胶凝作用所加电解质一般比盐析作用的量小,而且浓度要适当。

凝胶分弹性凝胶与脆性凝胶两种。脆性凝胶内部是多孔性的,有很多毛细管,比表面积大,多用来作吸附剂、催化剂、过滤器。弹性凝胶,如琼脂、明胶,干燥后,体积缩小很多,仍然保持弹性。生物体内组织的许多部分如肌肉、脑髓、软骨、指甲、头发、细胞壁等都属于弹性凝胶。

弹性凝胶经过干燥后,若再加溶剂,能够自动吸取溶剂而增大体积,发生溶胀现象。脆性凝胶无此现象。

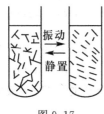

图 9-17
触变现象示意图

溶胀作用对溶剂有选择性,如蛋白质在水中而不能在乙醚中溶胀,橡胶在苯中而不能在水中溶胀。溶胀过程伴随有热的放出,溶胀时,体积会增大。如果要防止溶胀,则需要在凝胶上面加以相应大小的压力,这个压力叫溶胀压。溶胀压之大是难以想象的。如干燥的海苔,1千克可吸86.1升水,当体积溶胀至100升时显出溶胀压约为 $40p^{\ominus}$。又如木材或豆类种子均具有很大的溶胀压。在岩石上钻一个孔塞进一些豆种,再加水使之溶胀,借它们的溶胀压可以把岩石裂开。在生理过程中,溶胀起相当重要的作用。种子发芽,必须要先溶胀,这也是种子的力量所在。有机体越年轻,溶胀能力越强,老年人皮肤的皱纹,是有机体溶胀能力减弱的结果。溶胀也与电解质有关,还受溶液中pH值的影响。在酸性和碱性介质中,一切中性盐都能降低溶胀。当人体出汗过多,缺乏盐类时,有些器官就发生溶胀,脑器官尤其如此,结果引起头疼,所以要补充盐水。

有些凝胶,它们的网状结构不稳定,可因机械力,如摇动、振动等,变成较大流动性溶液状态,外力取消后,静置又恢复成凝胶状态。具有触变性能,如图9-17所示。

凝胶中包藏着大量的溶剂，它处于溶液和固体之间的中间状态，兼有液体和固体的某些性质，小分子或离子在凝胶中的扩散速度和它在纯液体中的扩散速度大致相同。在电动势的测定中，用含有 KCl 的琼脂凝胶作盐桥，对测定电路电导性无影响，其原因在于此。

凝胶具有特殊的性质，因而有广泛的应用。任何天然的或人造的半透膜都是凝胶薄膜。它的作用是有选择性透过能力。使一些物质能通过，另一些物质不能通过。这与网状骨架的网眼大小有关，与网眼内所含液体有关，还与膜孔壁上的电荷有关。应用凝胶的网状结构，根据网眼大小的不同，可用来分离分子量大小不同的物质称为凝胶色谱法，这已用于大分子物的分级及分子量测定。凝胶在生理学上应用更广。正因为凝胶处于液体和固体之间的状态，兼有两者的性质，生物体中，肌肉组织、软骨等，还有动、植物体中各种膜，都是凝胶或凝胶膜。它们一方面具有一定强度，可以保持一定的形状，另一方面又可让许多物质在这里进行交换。因此可以说凝胶不存在，生命就不存在。否则生物就会像液体一样无一定形状，或者像石头一样硬，不能同时兼备既保持一定形状，又能进行物质交换作用两种性质，所以它是重要的生理学问题。

习 题

9-1 大分子溶液和溶胶有何不同？

9-2 大分子溶液和小分子溶液有哪些相同点和不同点？

9-3 简述大分子电解质溶液的性质。

9-4 什么是 Donnan 膜平衡？Donnan 膜平衡会产生哪些后果？膜内某大分子电解质 NaP 水溶液，膜外为 KCl 水溶液，写出膜平衡条件表达式。

9-5 简述流体黏度的类型及其特点。

9－6 某聚合物样品含有 50% 重量的摩尔质量为 100.0 kg·mol^{-1} 的级分,30% 重量的摩尔质量为 40.0 kg·mol^{-1} 的级分和 20% 重量的摩尔质量为 10.0 kg·mol^{-1} 的级分,试计算样品的 $\overline{M}_n$、$\overline{M}_w$ 和 $\overline{M}_Z$。

9－7 在 293K 时有某聚合物溶解在 CCl_4 中得到下列渗透压数据:

c(千克·升$^{-1}$)	0.002 00	0.004 00	0.006 00	0.008 00
$\dfrac{\Delta h}{10^{-2}\text{m}(CCl_4\text{ 的高度})}$	0.40	1.00	1.80	2.80

293K 时 CCl_4 的密度为 1.594 千克·升$^{-1}$。求聚合物的相对分子质量。

9－8 在 27℃ 时,膜内某大分子电解质 RCl 的浓度为 0.1 mol·dm^{-3},膜外 NaCl 浓度为 0.5 mol·dm^{-3},R^+ 为不能透过膜的大分子正离子,试求平衡后溶液的渗透压为多少?

9－9 浓度为 0.1 mol·dm^{-3} 的刚果红溶液 0.1 dm^3,按下式全部电离:NaR → Na$^+$ + R$^-$,若将它放在一半透膜袋内与 0.1 dm^3 水呈平衡,试计算膜两边的 pH 值和膜电势。

9－10 20℃ 水中,烟草花叶病毒和牛胰岛素的扩散系数分别为 $5.3×10^{-12}$ m^2·s^{-1} 和 $7.53×10^{-11}$ m^2·s^{-1}。计算这些分子扩散 10 μm 的平均时间。若水的黏度为 0.001 Pa·s,胰岛素分子为球形,计算分子的平均直径。

9－11 20℃ 时,一种蛋白质在水中的扩散系数和沉降系数分别为 $3.84×10^{-11}$ 米^2·秒$^{-1}$ 和 $14.7×10^{-13}$ 秒。蛋白质的密度为 1.350 千克·升$^{-1}$。水的密度为 0.998 千克·升$^{-1}$。计算此蛋白质的相对分子质量。

9－12 对 γ 球蛋白的电泳实验得到的数据是:下降界面在 135.6 分钟里移动 0.14 dm;蛋白质溶液的比电导为 $2.32×10^{-1}$ 欧$^{-1}$·米$^{-1}$,池子的截面积为 $0.75×10^{-2}$ dm^2,电流是 20 毫安,(a) 计算电泳淌度,用米^2·伏$^{-1}$·秒$^{-1}$ 表示。(b) 若溶液的比电导为

2.15×10^{-1} 欧$^{-1}$·米$^{-1}$。上升界面在 135.6 分钟内将移动多少?

9－13 在 298K 时测出某聚合物溶液在下列浓度下的相对黏度为:

c(千克/0.1 升)	0.152	0.271	0.541
η_r	1.226	1.425	1.983

求此聚合物的特性黏度$[\eta]$。

9－14 在 303K 时聚异丁烯在环己烷中的$[\eta] = 2.60 \times 10^{-4} M^{0.70}$ m^3·kg^{-1},求在 303K 时此聚合物在环己烷中的特性黏度为 2.00 m^3·kg^{-1} 时的摩尔质量。

9－15 在 298K 时,溶解在有机溶剂中的大分子化合物的特性黏度与大分子的摩尔质量关系为:

M/kg·mol^{-1}	34.00	61.000	130.000
$[\eta]$/m^3·kg^{-1}	1.02	1.60	2.75

求该系统的 α 和 K 值。

第 10 章 化学动力学

化学反应应用于实际生产主要有两个方面的问题需要解决：一是在给定条件下的可能性及最大产率，即反应进行的方向和最大限度，这是化学热力学的问题；二是反应进行的速率和反应的历程（机理），这是化学动力学的问题。

在第一种情况下，化学热力学只能指出在给定条件下，反应能否发生及进行到什么程度，至于如何把可能性变为现实性及进行的速率，热力学就无能为力了。

例如，298 K 时，反应 $H_2 + \frac{1}{2}O_2 \rightarrow H_2O$，$\Delta_r G_m^\ominus = -237.19$ kJ·mol^{-1}，以热力学的观点，这一反应具有很大的平衡常数，反应进行的趋势非常大，但需要多长时间，热力学却无法回答。实际上，把氢和氧放在一起几乎不发生反应。如果升高温度至 1 073 K，该反应却以爆炸方式瞬间完成。若选用适当的催化剂（如 Pd），即使在常温常压下也可以较快的速率完成（如氢氧电池）。化学反应的速率在实际生产中的运用是非常重要的。在有些情况下，人们希望反应的速率减慢（如金属的腐蚀、塑料的老化等）。化学动力学的基本任务是研究化学的速率和各种因素（如温度、浓度、催化剂、介质、光等）对反应速率的影响及化学反应进行的机理。所谓反应机理就是反应物究竟是按什么途径，经过哪些步骤才能转化为最终产物。同时知道了反应机理，就可以找出决定反应速率的关键所在，使主反应按照我们所希望的方向进行。

化学动力学的发展，经历了两个阶段，一是宏观反应动力学阶段,二是微观反应动力学阶段(20世纪前叶)。

第一阶段最主要的成就是质量作用定律的确立及阿伦尼乌斯公式的确立。

第二阶段,随着物理测试技术的提高,提出了碰撞理论和过渡态理论。在此时期,一个重要的发现就是链反应。如燃烧反应、有机物的分解、烯烃的聚合等,在反应过程中有自由基存在,而且总反应是由许多基元反应组成的,即从宏观反应动力学向微观反应动力学过渡。由于分子束和激光技术的发展和应用,从而开创了分子反应动态学(微观反应动力学),深入到微观世界研究反应的细节。李远哲教授(美籍华人),1986年诺贝尔化学奖得主,他的研究内容就有动力学方面的内容,主要是交叉分子束研究。

10.1 反应速率及测定

反应速率通常是以单位时间内反应物或产物的浓度变化来表示的。随着反应的进行,反应物逐渐消耗,反应速率随之减小,因而反应速率本身随着反应时间而变化,所以用瞬时速率表示反应速率。

如图(10-1)所示。曲线上某一点切线的斜率就是该时刻 t 的瞬时速率。

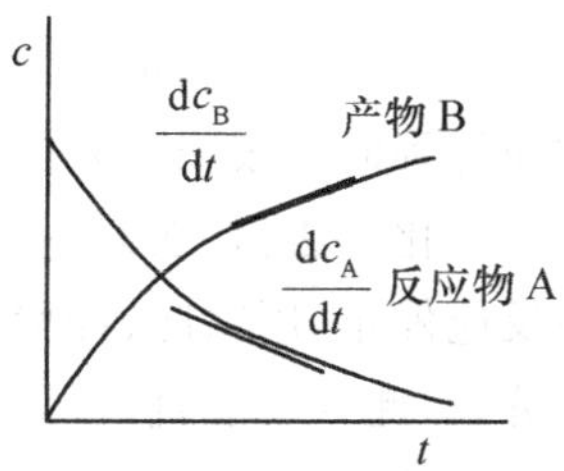

$$A \rightarrow B$$

此反应的速率可表示为:

图 10-1 浓度随反应时间发生的变化

$$r = -\frac{dc_A}{dt} = \frac{dc_B}{dt}$$

c_A、c_B 分别为反应物 A 和产物 B 在 t 时刻的瞬时浓度,单位为 $mol \cdot dm^{-3}$,而时间通常用秒表示,因而速率 r 的单位是 $mol \cdot dm^{-3} \cdot s^{-1}$。式中的负号是因为反应速率必须为正值。对反应物来说，dC_A/dt 本身为负值，加负号即为正值。注意：在反应式中，参与反应物质的系数不同时，用不同物质浓度随时间的变化率来表示反应速率时其值将不同。

对于一任意化学反应：
$$0 = -aA - bB + yY + zZ$$

在上列反应式中，每消耗 a 摩尔的 A 时，必消耗 b 摩尔的 B，必生成 y 摩尔的 Y 和 z 摩尔的 Z。于是反应物浓度的减少和产物浓度的增加的速率应满足下式：
$$r = -\frac{1}{a}\frac{dc_A}{dt} = -\frac{1}{b}\frac{dc_B}{dt} = \frac{1}{y}\frac{dc_Y}{dt} = \frac{1}{z}\frac{dc_Z}{dt}$$

或用反应进度表示：
$$r = \frac{1}{\nu_B}\frac{dc_B}{dt} = \frac{1}{V}\frac{d\xi}{dt} \tag{10-1}$$

因此，已知某一种物质所表示的反应速率，就可求出另一物质所表示的反应速率。原则上，反应速率用参与反应的任一种物质浓度的改变表示都可以，而实际上，常采用其中较易测定的一种物质浓度。

反应速率的测定，是通过测定反应物或产物浓度随时间的变化而得到的。按浓度分析的方法可分为化学法和物理法。

①化学法：是在某一时刻取出反应系统中的部分样品，并设法使反应停止（用骤冷、冲稀、加阻化剂或除去催化剂），然后进行化学分析，此方法能直接得到不同时刻某物质的浓度值，但实验操作往往繁琐。

②物理法：由已学知识可知，每种物质都有自己的物理性质，它们与物质的浓度又有一定的关系，如压力、体积、颜色、吸收光谱、旋光度、电导、介电常数、黏度、折光率等，从这些物理性质随时间的变化关系来衡量反应速率。对于不同的反应选用不同的物理性质以及不同的方法和仪器，如：色谱、光谱、折光率等。该法的特点是：迅速方便，可以不停止反应体系进行连续测定，便于自动记

录。由于不是直接测定浓度,因此首先要确定所测物理性质与反应物或产物的浓度之间的关系。还应注意,如果反应体系中有副反应或少量杂质对所测量的物理性质有影响时,将造成较大的误差。

影响反应速率的主要因素有:反应本性、反应物的浓度、温度、催化剂、光、溶剂等。

对于大多数实验室研究的反应,其反应时间从数秒至数天,近几十年各种快速反应动力学技术发展很快,可以测量毫秒、微秒及皮秒级内发生的反应。

10.2 反应速率与浓度的关系

10.2.1 基元反应、简单反应和复合反应

化学动力学的研究证明,我们通常描写的化学反应并不是按化学反应计量方程式表示的那样一步直接反应的,而是经历一系列单一的步骤。也就是说我们所描写的绝大多数反应方程式并不代表反应的真正历程,而仅代表反应总的结果。

如在气相中,氢与卤素 X_2(Cl_2、Br_2、I_2)的反应:

总反应为: $H_2 + I_2 = 2HI$ ①

$H_2 + Cl_2 = 2HCl$ ②

$H_2 + Br_2 = 2HBr$ ③

根据大量实验结果,H_2 和 X_2 反应都不是仅经一步反应直接完成,而是经历一系列单一的反应步骤:

反应①为: $I_2 + M = 2I\cdot + M$

$H_2 + 2I\cdot = 2HI$ 三分子反应

反应②为: $Cl_2 + M \rightarrow 2Cl\cdot + M$

$Cl\cdot + H_2 \rightarrow HCl + H\cdot$

$H\cdot + Cl_2 \rightarrow HCl + Cl\cdot$

$$2Cl\cdot + M \rightarrow Cl_2 + M$$

反应③分为五步：
$$Br_2 + M \rightarrow 2Br\cdot + M$$
$$Br\cdot + H_2 \rightarrow HBr + H\cdot$$
$$H\cdot + Br_2 \rightarrow HBr + Br\cdot$$
$$H\cdot + HBr \rightarrow H_2 + Br\cdot$$
$$Br\cdot + Br\cdot + M \rightarrow Br_2 + M$$

反应式中 $H\cdot$ 和 $X\cdot$，称为氢自由基和卤自由基。自由基是含有不成对价电子的分子碎片，它可以是原子、分子，也可以是原子集团如 $CH_3\cdot$ 等。M 是起能量传递的第三体，是惰性物质。

一个反应式的动力学含义就是代表反应进行的真实过程——反应机理。

上述反应历程中的诸反应式（具体步骤）及顺序就是反应机理。

我们把这种能代表反应机理的由反应物微粒（指分子、原子、离子或自由基）在碰撞中相互作用一步直接转化为产物分子的反应步骤，称为基元反应。如果一个化学反应机理简单，仅由一个基元步骤所构成，则称为简单反应，如环丁烯开环反应。

如果一个化学反应的机理比较复杂，由两个或两个以上的基元步骤所构成则称为复合反应。上述①②③反应皆为复合反应。

一般说来，基元反应的反应物微粒数之和称为其反应分子数，如单分子反应、双分子反应和三分子反应。至于三分子以上的反应还未曾发现。

在上述①②③反应中，是各基元反应的宏观总效果，又称为总包反应。而组成总包反应的那些基元反应以及反应发生的顺序称为该反应的反应机理或反应历程。

10.2.2 反应速率方程

表示反应速率和浓度等参数的关系式称为化学反应的速率方程式，也叫动力学方程式。实验证明基元反应的速率方程比较简

单,如环丁烯开环反应,其速率方程为:$r=kc_{环丁烯}$
又如乙酸乙酯的生成反应,其速率方程为:$r=kc_{乙酸}c_{乙醇}$

对于任意的基元反应
$$0=-aA-bB+yY+zZ$$
则
$$r=kc_A^a c_B^b \tag{10-2A}$$

即基元反应的速率与反应物浓度的乘积成正比,其中各浓度的方次就是反应式中相应各物质的系数。基元反应的这个规律称为质量作用定律。式中的比例系数 k 称为反应速率系数,也称为比速率。它相当于以反应物浓度为单位浓度时的反应速率。不同的反应有不同的 k,对同一反应,k 随温度、溶剂和催化剂等而变化,单位随反应级数而异。

反应的速率方程是由实验来确定的,对基元反应其速率方程比较简单,但复杂反应其反应机理本身就很复杂,故其速率方程也较复杂。如上述①②③反应。

① $H_2+I_2 \rightarrow 2HI$ $\quad r=\dfrac{d[HI]}{dt}=k[H_2][I_2]$

② $H_2+Br_2 \rightarrow 2HBr$ $\quad r=\dfrac{d[HBr]}{dt}=\dfrac{k[H_2][Br_2]^{\frac{1}{2}}}{1+k'[HBr]/[Br_2]}$

③ $H_2+Cl_2 \rightarrow 2HCl$ $\quad r=\dfrac{d[HCl]}{dt}=k[H_2][Cl_2]^{\frac{1}{2}}$

一般情况下,对于一个给定的反应,仅仅知道其化学方程式是不能预言速率方程的。以上三个反应虽然从总反应式来看是相同的,但有不同的反应机理,所以它们的速率方程也就不同。

10.2.3 反应级数

当一反应速率与反应物浓度的关系具有浓度幂乘积的形式时,如:
$$r=\dfrac{dc_B}{\nu_B dt}=kc_A^\alpha c_B^\beta \tag{10-2B}$$

定义浓度指数之和为该反应的级数 n，于是有
$$n=\alpha+\beta+\gamma+\cdots\cdots$$
式中 α 为 A 物质的级数，β 为 B 物质的级数，依此类推。如上 $H_2+Cl_2\rightarrow 2HCl$，就是一个 1.5 级的反应，对 H_2 和 Cl_2 来说分别是 1 级和 0.5 级的反应。无论对反应级数 α、β 或 n，均由实验确定，其值可以是整数（如 0，1，2，3 等），也可以是分数或负数。对于 $H_2+Br_2\rightarrow 2HBr$ 这类复杂反应，其速率公式不能纳入式(10-2B)的形式，所以级数的概念不能用。

反应级数与反应分子数是两个不同的概念。只有知道了反应机理才能确知反应的分子数，它是一个微观上的概念，是对微观的基元化学反应而言。而反应级数是实验测定值，是宏观概念。它们的区别在于它们的数值常常是不同的，例如有零级反应，分数级反应，但不可能有零分子反应或半个分子的反应，反应分子数只能是正整数 1、2、3 等。但对于基元反应或简单反应，反应物系数之和为反应分子数，一般也等于反应级数。但二者意义不同，对基元反应，其反应分子数固定不变，而反应级数依反应条件而有所不同。

10.3 具有简单级数速率方程积分式

为了得到反应物浓度或产物浓度 c 与反应时间 t 之间的定量关系，这就需要将微分形式的速率方程进行积分。下面对有简单级数的反应按不同反应级数分别积分并讨论它们的特点。

10.3.1 一级反应

不管化学反应的机理如何，凡是由实验测得反应速率只与反应物浓度的一次方成正比的反应称为一级反应。其速率方程可表示为

$$-\frac{dc}{dt}=k_1 c \tag{10-3}$$

式中 c 为 t 时刻的反应物浓度。将上式积分并重排

$$\ln c = -k_1 t + B \qquad (10\text{-}4)$$

B 为积分常数。由式(10-4)可见,对一级反应,$\ln c \sim t$ 有直线关系,当 $t=0$ 时,则 $c=c_0$,则 $B=\ln c_0$,故上式可表示为

$$\ln \frac{c_0}{c} = k_1 t \qquad (10\text{-}5)$$

或

$$k_1 = \frac{1}{t} \ln \frac{c_0}{c}$$

还可写为

$$c = c_0 e^{-k_1 t}$$

如果用 a 表示 $t=0$ 时的反应物的浓度(或称为起始浓度),x 表示 t 时刻已反应掉的反应物浓度,则尚未反应的反应物浓度为 $(a-x)$,式(10-3)可写成

$$-\frac{d(a-x)}{dt} = \frac{dx}{dt} = k_1(a-x)$$

将上式积分并重排可得

$$k_1 = \frac{1}{t} \ln \frac{a}{a-x} \qquad (10\text{-}6)$$

当反应物反应掉一半时,$x = \frac{1}{2}a$,代入式(10-6)则有

$$t_{\frac{1}{2}} = \frac{0.693}{k_1} \qquad (10\text{-}7)$$

通常把反应物反应掉一半所需要的时间称为半衰期,常用 $t_{\frac{1}{2}}$ 来表示。由式(10-7)可以看出一级反应的半衰期是一个与初始浓度无关的常数,它可以用来衡量反应速率,显然半衰期越大,反应速率越慢。

k_1 单位为(时间)$^{-1}$,如 h^{-1},s^{-1}。

属于一级反应的实例有很多,如放射性元素的蜕变过程(如 $R_a \rightarrow R_n + \alpha$),大多数的热分解反应(如 $2N_2O_5 \rightarrow 2N_2O_4 + O_2$),分子重排反应,异构化反应等。一些药物分解反应,糖的水解反应也

服从一级反应,如:

$$C_{12}H_{22}O_{11} + H_2O \rightarrow C_6H_{12}O_6 + C_6H_{12}O_6$$
　　蔗糖　　　　　　　葡萄糖　　果糖

其转化速率是

$$-\frac{dc}{dt} = kc_{水} c_{蔗糖}$$

该式表明它是二级反应,但由于该反应是在水溶液中进行的,因为反应中水的消耗相对于水的浓度(1 000/18 = 55.56 摩尔·升$^{-1}$)来说是微不足道的,所以反应前后水浓度的变化可以忽略不计,上式可改写为:

$$-\frac{dc}{dt} = k' c_{蔗糖}$$

故此反应可转变为一级反应,而速率系数 k' 中包含了水的浓度。这种由于一种反应物浓度大大过量于另一种反应物浓度(一般大 20 倍以上),而使某反应降为一级的反应称为准一级反应。

利用一级反应的速率积分式,可以求算速率系数 k,只要知道速率系数 k 与起始浓度 a 的值,便可求算任意时刻 t 的反应物浓度,或反过来计算产物达到一定浓度时所需的时间。

【例 1】 金属钚(Pu)的同位素进行 α 放射,经 14 天后,同位素的活性降低 6.85%。试求此同位素的蜕变速率系数和半衰期;分解 90%需多长时间?

解 因同位素蜕变为一级反应,设反应开始时物质的量为 100%,14 天后剩余未分解为 (100−6.85)%,则由一级的反应速率方程可得:

速率系数　$k_1 = \frac{1}{t}\ln\frac{c_0}{c} = \frac{1}{14}\ln\frac{100}{(100-6.85)}$

　　　　　$= 0.005\ 07(天^{-1})$

半衰期　$t_{\frac{1}{2}} = \frac{0.693}{k_1} = \frac{0.693}{0.005\ 07(天^{-1})} = 136.7(天)$

分解 90% 需时 $t=\dfrac{1}{k_1}\ln\dfrac{c_0}{c}=\dfrac{1}{0.005\ 07}\ln\dfrac{100}{100-90}=454.2$(天)

10.3.2 二级反应

反应速率与反应物浓度的二次方成正比的反应称为二级反应。比较常见的二级反应有：乙烯、丙烯的二聚；乙酸乙酯皂化；HI、甲醛热分解，许多在溶液中进行的有机化学反应等。如：A+B→P。其速率方程为：

$$-\dfrac{\mathrm{d}c_B}{\mathrm{d}t}=-\dfrac{\mathrm{d}c_A}{\mathrm{d}t}=k_2 c_A c_B$$

或

$$\dfrac{\mathrm{d}x}{\mathrm{d}t}=k_2(a-x)(b-x) \qquad (10\text{-}8)$$

式中 a、b 分别为反应物 A、B 的初始浓度，x 为反应进行到 t 时刻时反应物已反应掉的浓度。c_A 或 $(a-x)$ 与 c_B 或 $(b-x)$ 分别为反应物 A 和 B 在时刻 t 的浓度。

① 若 A 与 B 的初始浓度相同，则式(10-8)为：

$$\dfrac{\mathrm{d}x}{\mathrm{d}t}=k_2(a-x)^2$$

其对应的定积分式为：

$$\dfrac{1}{a-x}-\dfrac{1}{a}=k_2 t \qquad (10\text{-}9)$$

不定积分式为：

$$\dfrac{1}{a-x}=k_2 t+\text{常数} \qquad (10\text{-}10)$$

半衰期公式为： $\qquad t_{\frac{1}{2}}=\dfrac{1}{k_2 a} \qquad (10\text{-}11)$

显然 k_2 的单位为浓度$^{-1}\cdot$时间$^{-1}$。

② 若 A、B 起始浓度不同，积分后结果为：

$$k_2=\dfrac{1}{t(a-b)}\ln\dfrac{b(a-x)}{a(b-x)} \qquad (10\text{-}12)$$

【例2】 NADH+酶→酶-NADH，其反应速率系数 $k=1.2\times$

10^7 mol^{-1} · dm^{+3} · s^{-1}。已知 NADH 和酶的初始浓度均为 100 μmol · dm^{-3},求 NADH 和酶反应的半衰期。

解 由速率系数 k 的单位可知该反应为二级反应,于是有:

$$t_{\frac{1}{2}} = \frac{1}{k_2 a} = \frac{1}{1.2 \times 10^7 \times 10^{-4}} = 8.3 \times 10^{-4} \text{(s)}$$

【例3】 乙酸乙酯的皂化为二级反应:

$$CH_3COOC_2H_5 + OH^- = CH_3COO^- + C_2H_5OH$$

可用酸碱滴定或测定混合溶液的电导来求反应物的浓度随时间的变化,从而计算 k_2 值。NaOH 起始浓度为 9.8 mol · dm^3,$CH_3COOC_2H_5$ 为 4.86 mol · dm^3,实验数据:

t/s	$a-x$	$b-x$	$\lg[b(a-x)/a(b-x)]$	$k_2 \times 10^4$
0	9.8	4.86		
178	8.92	3.98	0.045 89	1.201
272	8.64	3.70	0.063 70	1.088
310	7.92	2.97	0.121 3	1.065
866	7.24	1.51	0.193 4	1.041
1 510	6.45	1.09	0.438 1	1.001
1 918	6.03	0.80	0.551 0	1.070

解 ①计算法 k_2 平均值为 1.076×10^{-4}(mol^{-1} · dm^3 · s^{-1})

②绘图法 以 $\lg[b(a-x)/a(b-x)]$ 对 t 作图

直线斜率为 2.3×10^{-4}(s^{-1})

$k_2 = 2.303 \times 2.30 \times 10^{-4}/(a-b)$

$= 1.07 \times 10^{-4}$(mol^{-1} · dm^3 · s^{-1})

10.3.3 零级反应

凡是反应速率与反应物浓度无关的反应为零级反应。其速率为:

$$-\frac{dc}{dt} = k_0 \quad \text{或} \quad \frac{dx}{dt} = k_0 \qquad (10\text{-}13)$$

其积分式为 $\quad x = k_0 t$

其半衰期为 $\quad t_{\frac{1}{2}} = \dfrac{a}{2k_0}$

属于零级反应的有：表面催化、酶催化、表面电解反应等。
三级反应在实际中很少，在此从略。

几种简单级数反应的反应速率和特征列于表 10-1 中。

表 10-1　几种简单级数反应的反应速率和特征 $\left(-\dfrac{\mathrm{d}c}{\mathrm{d}t} = k_A c_A^\alpha\right)$

级数	微分式	积分式	$t_{1/2}$	直线关系	k 的单位
0	$\dfrac{\mathrm{d}x}{\mathrm{d}t} = k_0$	$k_0 t = x$	$\dfrac{a}{2k_0}$	$(a-x) \sim t$	浓度·时间$^{-1}$
1	$\dfrac{\mathrm{d}x}{\mathrm{d}t} = k_1(a-x)$	$k_1 t = \ln\dfrac{a}{a-x}$	$\dfrac{\ln 2}{k_1}$	$\ln(a-x) \sim t$	时间$^{-1}$
2	$\dfrac{\mathrm{d}x}{\mathrm{d}t} = k_2(a-x)^2$	$k_2 t = \dfrac{1}{a-x} - \dfrac{1}{a}$	$\dfrac{1}{k_2 a}$	$\dfrac{1}{a-x} \sim t$	浓度$^{-1}$·时间$^{-1}$
n	$\dfrac{\mathrm{d}x}{\mathrm{d}t} = k_n(a-x)^n$	/	$\dfrac{1}{k_n a^{n-1}}$	$\dfrac{1}{(a-x)^{n-1}}$	浓度$^{1-n}$·时间$^{-1}$

10.4　反应级数的测定

对于给定的化学反应，其速率方程可写为如下形式：$r = k c_A^\alpha c_B^\beta \cdots$，即使一些复杂的化学反应也可写成这种形式。确定动力学方程的关键是确定反应的级数 n，由反应级数即可知道反应物浓度对反应速率的影响，也可对反应机理有一定的启发。

常用测定反应级数的方法有以下几种。

10.4.1　尝试法

将不同时刻测出的反应物浓度数据，分别代入一级、二级……

等反应的积分式中,求算速率常数 k 的值。如果各组数据代入一级反应方程,得到的 k 为一常数,则该反应就是一级反应;若代入二级,k 为一常数,则该反应就是二级反应。依此类推。

【例4】 在 25℃ 时用电导法测定乙酸乙酯的皂化反应, NaOH 与乙酸乙酯的起始浓度都是 0.01 摩尔·升$^{-1}$。数据如下:

时间/分	5	7	9	11	13
x/摩尔·升$^{-1}$	0.002 45	0.003 13	0.003 67	0.004 14	0.004 59

试求该反应的级数及速率系数 k。

解 将题给数据代入不同级数的积分公式中,分别求出速率系数:

零级	一级	二级
$k_0 = \dfrac{x}{t}$	$k_1 = \dfrac{1}{t}\ln\dfrac{a}{a-x}$	$k_2 = \dfrac{1}{t}\dfrac{x}{a(a-x)}$
4.90×10^{-4}	0.056 2	6.49
4.70×10^{-4}	0.053 6	6.51
4.08×10^{-4}	0.050 8	6.44
3.76×10^{-4}	0.048 6	6.42
3.53×10^{-4}	0.047 3	6.53

从以上计算数值可以看出代入二级反应的速率积分式中 k 值几乎相等,故为二级反应

$$\bar{k}_2 = \frac{6.49+6.51+6.44+6.42+6.53}{5} = 6.48 \text{ 摩尔}^{-1}\cdot\text{升}\cdot\text{分}^{-1}$$

这种方法的主要优点是:只要有一组数据就能进行尝试,但有时不够灵敏。若实验浓度范围不大,很难区分究竟是几级,若代入一级、二级等 k 都不是常数,则该反应没有简单级数。

10.4.2 图解法

利用各级反应所特有的线性关系来确定反应级数,若反应中反应物只有一种或反应物起始浓度相同,如果以 $\ln(a-x)$ 对 t 作

图得一直线,则为一级反应,若以 $\dfrac{1}{a-x}$ 对 t 作图得一直线,则为二级反应,余类推。

10.4.3 半衰期法

利用各级反应的半衰期与起始浓度的不同关系来确定反应级数。若某个反应只有一种反应物,或有不同种反应物但起始浓度都相同,则由反应半衰期公式:

$$t_{\frac{1}{2}} = \dfrac{k'}{a^{n-1}}$$

式中 n 为反应级数,k' 为某一常数。对同一反应测定出两个不同的起始浓度下对应的半衰期。a' 下对应的半衰期有 $t'_{\frac{1}{2}}$,a'' 下对应的半衰期有 $t''_{\frac{1}{2}}$,代入上式得:

$$\dfrac{t'_{\frac{1}{2}}}{t''_{\frac{1}{2}}} = \left(\dfrac{a''}{a'}\right)^{n-1}$$

或

$$n = 1 + \dfrac{\lg(t'_{\frac{1}{2}}/t''_{\frac{1}{2}})}{\lg(a''/a')} \tag{10-14}$$

只要有两组数据就可求出反应级数 n。

这种方法并不仅限于反应进行到一半的时间,也可以取反应进行到四分之一、八分之一的时间等。

10.4.4 微分法

若某反应的反应物只有一种,或反应物不止一种,但有相同的起始浓度,则反应速率方程可表示为:

$$r = -\dfrac{\mathrm{d}c}{\mathrm{d}t} = kc^n$$

取对数得

$$\lg r = -\lg\left(\dfrac{\mathrm{d}c}{\mathrm{d}t}\right) = n\lg c + \lg k \tag{10-15}$$

因此,由不同浓度 c,测定它的 $\left(-\dfrac{dc}{dt}\right)$,再由 $\lg\left(-\dfrac{dc}{dt}\right)$ 对 $\lg c$ 作图,就能由直线的斜率求 n。为了排除产物或副反应的干扰,常用起始浓度法。测定反应物的几个不同起始浓度 c_0 对应的初始速率 $\left(-\dfrac{dc}{dt}\right)_0$,或写成 r_0。同理有 $\lg r_0 = n\lg c_0 + \lg k$,可求 n 与 k。

若反应物不止一种物质,则速率方程可写为:

$$r = -\frac{dc}{dt} = kc_A^\alpha c_B^\beta c_C^\gamma$$

则取对数后则有: $\lg r = \alpha\lg c_A + \beta\lg c_B + \gamma\lg c_C + \lg k$

为了测得某种反应物的级数,选择如下实验方案进行:在一组实验中,B、C 都取过量或在各次实验中用相同的浓度 c_B、c_C,只改变 A 的起始浓度,测得不同的反应速率 r_0,这样反应速率方程可改写为:

$$r = -\frac{dc}{dt} = kc_A^\alpha c_B^\beta c_C^\gamma = k'c_A^\alpha$$

用反应物 A 的不同起始浓度测定 r_0,由 $\lg r_0 - \lg c_{A0}$ 作图,直线斜率为 α,同理可得 β,γ。

【例 5】 在 350℃ 下合成光气:$CO + Cl_2 \rightarrow COCl_2$,用下列数据求该反应的速率方程和速率系数 k。

实验次数	1	2	3	4
$[CO]_0$/摩尔·升$^{-1}$	0.10	0.10	0.050	0.050
$[Cl_2]_0$/摩尔·升$^{-1}$	0.10	0.050	0.10	0.050
$r_0/10^{-3}$摩尔·升$^{-1}$·秒$^{-1}$	12	4.26	6.0	2.13

解 设反应速率方程为:

$$r = k[CO]^\alpha[Cl_2]^\beta$$

由第 1 次、第 3 次实验数据有:

$$12 \times 10^{-3} = k(0.10)^\alpha(0.10)^\beta$$
$$6 \times 10^{-3} = k(0.050)^\alpha(0.10)^\beta$$

二式联立得：$2 = \left(\dfrac{0.10}{0.050}\right)^\alpha = 2^\alpha$

所以 $\alpha = 1$

同理，由第 1 次、第 2 次实验的数据可求 β：

$$\dfrac{12 \times 10^{-3}}{4.26 \times 10^{-3}} = \left(\dfrac{0.10}{0.050}\right)^\beta \quad 得 \quad \beta = \dfrac{3}{2}$$

所以该反应的速率方程为

$$r = \dfrac{d[COCl_2]}{dt} = k[CO][Cl_2]^{\frac{3}{2}}$$

任选一组数据可求速率系数：

$$2.13 \times 10^{-3} = k(0.050)(0.050)^{\frac{3}{2}}$$

$k = 3.8 \text{ 升}^{\frac{3}{2}} \cdot \text{摩尔}^{-\frac{3}{2}} \cdot \text{秒}^{-1}$

或由各次实验数据求取的 k 值，再取平均值。

以上介绍了几种确定反应级数的方法。有时常用多种方法验证。

10.5 典型的复合反应

实际上，大多数反应不是简单反应，而是由两种或更多种基元反应组合而成的复合反应。组合方式有多种，但最基本的有对峙反应、平行反应和连串反应三种。更复杂的反应常是这些典型的复合反应组合而成。

10.5.1 对峙反应（又称可逆反应）

正向和逆向反应同时进行的反应称为对峙反应或可逆反应。原则上一切反应都是可逆的。

设有下列正、逆向反应都是简单反应，且是可逆反应

$$a\text{A} + b\text{B} \underset{k_{-1}}{\overset{k_1}{\rightleftharpoons}} y\text{Y} + z\text{Z}$$

正向反应速率： $r_1 = k_1 c_A^a c_B^b$

逆向反应速率： $r_{-1}=k_{-1}c_Y^y c_Z^z$

随着反应的进行，c_A、c_B 下降，r_1 减慢；同时 c_Y、c_Z 上升，r_{-1} 增快。当 $r_1=r_{-1}$ 时，达到了平衡状态

则 $$k_1 c_A^a c_B^b = k_{-1} c_Y^y c_Z^z$$

$$\frac{k_1}{k_{-1}}=\frac{c_Y^y c_Z^z}{c_A^a c_B^b}=K_c$$

由热力学可知，这就是化学平衡系数。上式表明从动力学观点看平衡常数 K_c，它是正、逆向反应的速率系数 k_1 与 k_{-1} 的比值。

在动力学上只能把那些化学反应的平衡常数很大，即逆反应的 k_{-1} 远远小于正反应的 k_1，或反应处于起始阶段，产物浓度很低时，可忽略逆反应，仅考虑正反应。而若有些化学反应的平衡常数不大，即 k_{-1} 与 k_1 相差不大，逆反应就不能忽略了，这就是要讨论的可逆反应。注意，此"可逆"与热力学的可逆过程概念是不相同的。

下面我们来讨论最简单的情况，正、逆反应都是一级反应的可逆反应：

$$A \underset{k_{-1}}{\overset{k_1}{\rightleftharpoons}} B$$

设反应物 A 的起始浓度为 a，产物 B 的起始浓度为零。在 t 时刻反应物 A 反应掉的浓度为 x，则 $c_A=(a-x)$，$c_B=x$，总反应速率为正、逆反应速率之差，有：

$$\frac{dx}{dt}=k_1(a-x)-k_{-1}x \qquad (10\text{-}16)$$

设反应达平衡时，反应物 A 反应掉 x_e，平衡时产物 B 的浓度则为 x_e，有：

$$\frac{k_1}{k_{-1}}=\frac{x_e}{a-x_e} \qquad (10\text{-}17)$$

于是 $k_{-1}=\dfrac{k_1(a-x_e)}{x_e}$，代入式(10-17)中，整理后得

$$\frac{dx}{dt}=\frac{k_1 a(x_e-x)}{x_e}$$

分离变量并积分得:

$$k_1 = \frac{x_e}{ta} \ln \frac{x_e}{x_e - x} \qquad (10\text{-}18)$$

$$k_{-1} = \frac{a - x_e}{ta} \ln \frac{x_e}{x_e - x} \qquad (10\text{-}19)$$

可逆反应的特点:经过足够长的时间,反应物和产物都分别趋近于它们的平衡浓度(如图 10-1)。属于上述最简单可逆反应的典型例子有分子重排和异构化反应等。

10.5.2 平行反应

由相同的反应物同时进行不同的反应,而得到不同的产物。这类反应称为平行反应,如甲苯的氯化。

设有某一平行反应,皆为一级反应,其中 k_1 和 k_2 分别为产物 B 和 C 的速率系数,设不同时刻 A、B、C 的浓度如下:

	c_A	c_B	c_C
$t=0$	a	0	0
$t=t$	$a-x$	y	z

显然 $x = y + z$

对反应物 A 有:

$$-\frac{d(a-x)}{dt} = \frac{dx}{dt} = \frac{dy}{dt} + \frac{dz}{dt} = k_1(a-x) + k_2(a-x)$$
$$= (k_1 + k_2)(a-x)$$

积分上式得

$$\ln \frac{a}{a-x} = (k_1 + k_2)t \qquad (10\text{-}20)$$

要求出两个速率系数还需要另一个方程。由产物 B 和产物 C 的生成速率:

$$\frac{dy}{dt} = k_1(a-x); \quad \frac{dz}{dt} = k_2(a-x)$$

可得
$$\frac{y}{z}=\frac{k_1}{k_2} \tag{10-21}$$

又因
$$y+z=x$$

联立求解即可求得 k_1 和 k_2，进而可以得到各物质浓度随时间变化的关系：

$$y=\frac{k_1 a}{k_1+k_2}[1-\mathrm{e}^{-(k_1+k_2)t}] \tag{10-22}$$

$$z=\frac{k_2 a}{k_1+k_2}[1-\mathrm{e}^{-(k_1+k_2)t}] \tag{10-23}$$

平行反应的显著特征：在反应过程中，各产物浓度之比保持恒定，即等于速率系数之比。如果希望得到某一种产物，就要改变 k_1/k_2 的比值，一种方法是加入适当的催化剂，另一方法是改变温度，皆可用来改变 k_1/k_2 的比值。

10.5.3 连串反应

如果一反应要经过若干个基元步骤，前一基元步骤的产物为后一基元步骤的反应物，则这一类反应称为连串反应或连续反应。这类反应在自然界（包括生物体系）中广泛存在，长链脂肪酸如硬脂酸在人体组织中氧化时，发生一系列连续反应，反应每经一步碳链就缩短一截。在正常情况下，人体每天有成百克脂肪酸被氧化，但只有极少量的中间产物被发现，而当有糖尿病时，连串反应的某些环节发生障碍，反应速率大大降低，有些中间就积聚起来，可以在血液、组织或尿中被检验出来，如 β-羟丁酸等。

现在分析连串反应中最简单的情况，设两个连续的一级反应：

$$\mathrm{A} \xrightarrow{k_1} \mathrm{B} \xrightarrow{k_2} \mathrm{C}$$

$t=0 \quad\ a \qquad\quad\ 0 \qquad\quad\ 0$

$t=t \quad a-x \qquad x-y \qquad\ y$

对第一步反应，其反应速率为：

$$\frac{\mathrm{d}x}{\mathrm{d}t}=k_1(a-x) \tag{10-24}$$

积分得：
$$\ln\frac{a}{a-x}=k_1 t$$

$$c_A = a - x = a\mathrm{e}^{-k_1 t} \tag{10-25}$$

对第二步反应，其反应速率为：

$$\frac{\mathrm{d}y}{\mathrm{d}t}=k_2(x-y) \tag{10-26}$$

对于中间物 B 来说，其速率为：

$$\frac{\mathrm{d}c_B}{\mathrm{d}t}=k_1 c_A - k_2 c_B$$

将式(10-25)代入得：

$$\frac{\mathrm{d}c_B}{\mathrm{d}t}=k_1 a\mathrm{e}^{-k_1 t} - k_2 c_B$$

即

$$\frac{\mathrm{d}c_B}{\mathrm{d}t}+k_2 c_B - k_1 a\mathrm{e}^{-k_1 t}=0$$

对此一阶线性微分方程求解后得到：

$$c_B = (x - y) = \frac{ak_1}{k_2 - k_1}(\mathrm{e}^{-k_1 t} - \mathrm{e}^{-k_2 t}) \tag{10-27}$$

$$c_C = y = a\left(1 - \frac{k_2}{k_2 - k_1}\mathrm{e}^{-k_1 t} + \frac{k_1}{k_2 - k_1}\mathrm{e}^{-k_2 t}\right) \tag{10-28}$$

对于 A→B→C 连串反应，其各物质浓度随时间变化曲线如图 10-2 所示。由该图可知，B 物质浓度随时间变化曲线中有极大值。此极大值可由式(10-28)求导并等于零而得到。

$$\frac{\mathrm{d}c_B}{\mathrm{d}t}=\frac{ak_1}{k_2 - k_1}(-k_1 \mathrm{e}^{-k_1 t} + k_2 \mathrm{e}^{-k_2 t})$$
$$= 0$$

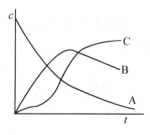

图 10-2　连串反应的 c-t 图

得

$$t_m = \frac{\ln k_1/k_2}{k_1 - k_2} \tag{10-29}$$

式中 t_m 是 B 物质浓度达到最大值时所需时间。将式(10-29)代入式(10-27),并化简得 B 的最大值。

$$c_{B,m} = a\left(\frac{k_1}{k_2}\right)^{\frac{k_2}{k_2-k_1}} \quad (10\text{-}30)$$

由图 10-2 可知,若 $k_1 \gg k_2$,则 A 很快变成 B,但 B 变为 C 很慢,于是 B 将积累而出现较高的峰。若目的是得到中间物 B,则要控制适当的反应时间,即找出 t_m。

10.6 复合反应的近似处理方法

由于复合反应的速率方程用数学处理比较繁琐,在化学动力学中通常采用近似处理方法。

10.6.1 选取控制步骤法

在连串反应各步中,速率系数最小的步骤称为控制步骤,它决定了总反应的动力学特征。反应的总速率只与速控步骤以前的所有各步的速率有关,而与速控步骤以后的各个反应步骤的速率系数无关,对于上面讨论的连串反应:

$$A \xrightarrow{k_1} B \xrightarrow{k_2} C$$

其产物 C 的浓度 c_C 的公式如式(10-28),若 $k_1 \ll k_2$,可简化为:

$$c_C = a(1 - e^{-k_1 t}) \quad (10\text{-}31)$$

现用速控步骤法处理,因为 $k_1 \ll k_2$,说明第一步是慢步骤,所以总速率等于第一步速率,即

$$\frac{dc_C}{dt} = -\frac{dc_A}{dt} = k_1 c_A \quad (10\text{-}32)$$

其中反应物 $\qquad c_A = a e^{-k_1 t} \qquad (10\text{-}25)$

中间物 B 一旦生成立即转化为产物 C,c_B 很小,所以有:

$$c_{A0} = c_A + c_B + c_C = c_A + c_C$$

c_{A0} 为 A 的初始浓度。

所以 $c_C = c_{A0} - c_A = a - ae^{-k_1 t} = a(1 - e^{-k_1 t})$

得到与上面式(10-30)一致,但此法的数学处理大大简化了。

10.6.2 稳定态近似法

有许多连串反应,其中有许多中间产物是很活泼的,如自由基或处于激发态的分子,这些中间物进行下一步反应消耗的速率比生成它们的速率要快得多,即 $k_2 \gg k_1$,如前面提到的最简单的连串反应:

$$A \xrightarrow{k_1} B \xrightarrow{k_2} C$$

由于 $k_2 \gg k_1$,活泼的 B 在短时间内就达到一个稳定值,它的生成速率等于它的消耗速率,对于这个活泼中间体 B,则有:

$$\frac{dc_B}{dt} = k_1 c_A - k_2 c_B = 0$$

所以
$$c_B = \frac{k_1}{k_2} c_A \tag{10-33}$$

从而有
$$\frac{dc_C}{dt} = k_2 c_B = k_1 c_A \tag{10-34}$$

得到了与速控步骤一样的结果。必须说明的是,只有在连串反应中才有可能应用稳定态近似法。

10.6.3 平衡态近似法

在一包含有对峙反应的连串反应中,速控步骤在对峙反应之后,则可认为对峙反应处于平衡,结合速控步骤法可以使反应的动力学分析大大简化。

【例 6】 对于前面提到的 $H_2 + I_2 \rightarrow 2HI$ 的反应机理如下。试用稳定态和平衡态近似法导出该反应的速率方程。

$$I_2 \underset{k_{-1}}{\overset{k_1}{\rightleftharpoons}} 2I^* \quad (快)$$

$$I^* + H_2 + I^* \xrightarrow{k_2} 2HI \quad (慢)$$

解 由稳定态近似法有：

$$\frac{d[I^*]}{dt} = 2k_1[I_2] - 2k_{-1}[I^*]^2 - 2k_2[I^*]^2[H_2] = 0$$

整理上式得：

$$[I^*]^2 = \frac{k_1[I_2]}{k_{-1} + k_2[H_2]}$$

$$\frac{d[HI]}{dt} = 2k_2[H_2][I^*]^2 = \frac{2k_1k_2[H_2][I_2]}{k_{-1} + k_2[H_2]}$$

由机理的假定条件，$k_2 \ll k_{-1}$，有：

$$\frac{d[HI]}{dt} = \frac{2k_1k_2[H_2][I_2]}{k_{-1}}$$

或

$$\frac{d[HI]}{dt} = k[H_2][I_2]$$

此方程与实验测定的速率方程是一致的。

对上述反应也可用平衡态近似法处理，由题意 $k_2 \ll k_{-1}$，则可近似地维持前面的对峙反应平衡，于是：

$$\frac{k_1}{k_{-1}} = \frac{[I^*]^2}{[I_2]} \quad 或 \quad [I^*]^2 = \frac{k_1}{k_{-1}}[I_2]$$

再代入总包反应的速率方程中，有：

$$\frac{d[HI]}{dt} = 2k_2[I^*]^2[H_2] = \frac{2k_1k_2}{k_{-1}}[H_2][I_2]$$

值得提出的是，在总反应速率表达式中，只应有总包反应中各物质的浓度，不应有中间物的浓度。

此例还可说明，若某反应的反应级数为反应物系数的加和，其反应并不一定是简单反应。

10.7 反应速率与温度的关系

温度对反应速率的影响主要表现在对反应速率系数的影响。

一般说来,反应速率随温度升高而很快增大,这就是范霍夫近似规则,具体描述为:在一定温度范围内,反应温度升高10度,反应速率大约增加2至4倍。这可以帮助我们粗略估计温度对反应速率的影响。1889年阿仑尼乌斯(Arrhenius)在总结大量实验数据的基础上,提出了温度对反应速率系数影响的经验公式:

$$\frac{\mathrm{d}\ln k}{\mathrm{d}T}=\frac{E_\mathrm{a}}{RT^2} \tag{10-35}$$

不定积分式:
$$\ln k=-\frac{E_\mathrm{a}}{RT}+B \tag{10-36A}$$

定积分式:
$$\ln\frac{k_2}{k_1}=\frac{E_\mathrm{a}}{R}\left(\frac{1}{T_1}-\frac{1}{T_2}\right) \tag{10-36B}$$

或指数式:
$$k=A\mathrm{e}^{-\frac{E_\mathrm{a}}{RT}} \tag{10-37}$$

以上各式为阿仑尼乌斯公式的不同形式。式中 R 为气体常数,T 为开氏温度,A、E_a、B 都是常数,对不同的反应其数值不同。A 称为概率因子或指前因子,E_a 为活化能。据式(10-36)可知,若以 $\ln k$ 对 $\frac{1}{T}$ 作图,应得一条直线,其斜率为 $-\frac{E_\mathrm{a}}{R}$。可通过测定不同温度下的速率系数 k 值,再以 $\ln k$ 对 $\frac{1}{T}$ 作图,进而求取反应的活化能 E_a。

阿仑尼乌斯公式不仅适合于基元反应,也适用于相当一部分复杂反应,这些反应可以是气相反应、液相反应和复相反应。

【例7】 一般化学反应的活化能在 $40\sim400\ \mathrm{kJ\cdot mol^{-1}}$ 范围内,多数在 $50\sim250\ \mathrm{kJ\cdot mol^{-1}}$ 之间。(1)现有某反应,其活化能为 $100\ \mathrm{kJ\cdot mol^{-1}}$,试估算:(a)温度由300 K上升10 K,(b)由400 K上升10 K,速率系数 k 各增大多少倍?为什么增大倍数不同?(2)若活化能为 $150\ \mathrm{kJ\cdot mol^{-1}}$,再做同样计算,比较二者增大的倍数,说明原因。活化能的不同会产生什么效果?估算时可假设频率因子 A 相同。

解 (1) $E_\mathrm{a}=100\ \mathrm{kJ\cdot mol^{-1}}$

(a) $\dfrac{k(310)}{k(300)}=\dfrac{A\mathrm{e}^{-\frac{E_\mathrm{a}}{310R}}}{A\mathrm{e}^{-\frac{E_\mathrm{a}}{300R}}}=\mathrm{e}^{-\frac{E_\mathrm{a}(300-310)}{R(310\times 300)}}=\mathrm{e}^{-\frac{100\,000}{8.314}\times\frac{-10}{310\times 300}}=3.6$

(b) $\dfrac{k(410)}{k(400)} = e^{-\frac{E_a(400-410)}{R(410\times 400)}} = e^{-\frac{100\,000}{8.314}\times \frac{-10}{410\times 400}} = 2.1$

可见同是上升 10 K，原始温度高的 k 上升得少，这是因为 $\ln k$ 与 T 的负值成反比。

(2) $E_a = 150 \text{ kJ} \cdot \text{mol}^{-1}$

(a) $\dfrac{k(310)}{k(300)} = e^{-\frac{150\,000}{8.314}\times \frac{-10}{310\times 300}} = 7$

(b) $\dfrac{k(410)}{k(400)} = e^{-\frac{150\,000}{8.314}\times \frac{-10}{410\times 400}} = 3$

同样，原始温度高的 k 上升得少，原因同上。但与(1)比较，(2)的活化能高，k 上升的倍数也多一些，即活化能高的反应，对温度更敏感，也就是活化能高的反应，升高温度会使反应速率增加得快些。

利用这个特点，在平行反应中，若知道了活化能的高低，也就可以选择适宜的温度抑制副反应，加速主反应，得到所要的主产物。

以上讨论的是温度对反应速率影响的一般情况，但有时会遇到更为复杂的情况如图 10-3 所示。

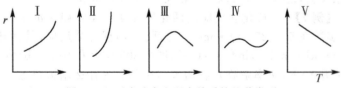

图 10-3　反应速率和温度关系的几种类型

Ⅰ为阿仑尼乌斯型。反应速率随温度升高而逐渐加快，为指数关系。Ⅱ是爆炸反应，其特点是温度升到一定程度后反应速率迅速增大。Ⅲ为酶催化反应类型。Ⅳ是煤的燃烧反应类型。Ⅴ为随温度升高总反应速率下降的反应类型，例如 $2NO + O_2 \rightarrow 2NO_2$。

由以上讨论可知,活化能的大小对反应速率的影响很大。活化能越小,反应速率越大。活化能的概念是阿仑尼乌斯对他的经验公式进行解释时提出来的。他认为反应物分子首先要相互碰撞才能发生反应,而且必须是活化分子的碰撞才能发生反应。所谓活化分子,是指那些比一般分子高出一定能量并足以在碰撞时发生反应的分子。活化分子的平均能量比一般反应物分子

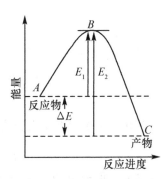

图 10-4　活化能与活化状态

的平均能量所高出的值称为活化能。如图 10-4 所示。

反应物 A 转变成产物 C 的过程中,必须经过一个活化状态 B,活化分子 B 的能量比反应物 A 的能量高出 E_1 值,为正向反应活化能,这就是说由反应物变成产物,必须要越过一个能峰。这是因为反应过程是旧键的断裂和新键的形成过程,在反应分子相互接近并起反应的过程中,要有足够的能量克服旧键断裂前的引力以及新键形成前的斥力。旧键的断裂,内部键的重排直至新键的形成都需要能量。同理,对于逆向反应来说,C 必须吸收 E_2 的能量达到活化状态 B,才能进行反应生成 A。E_2 为逆向反应活化能。

可逆反应的活化能与反应热之间有以下关系。

如上述基元反应： $A \underset{k_2}{\overset{k_1}{\rightleftharpoons}} C$

正向反应速率常数为 k_1,活化能为 E_1,逆向反应速率常数为 k_2,活化能为 E_2,据阿仑尼乌斯公式(10-35),在一定温度下：

正反应： $$\frac{\mathrm{d}\ln k_1}{\mathrm{d}T}=\frac{E_1}{RT^2}$$

逆反应： $$\frac{\mathrm{d}\ln k_2}{\mathrm{d}T}=\frac{E_2}{RT^2}$$

上二式相减整理后得：

$$\frac{\mathrm{d}\ln k_1/k_2}{\mathrm{d}T}=\frac{E_1-E_2}{RT^2}$$

又因 $k_1/k_2=K_C^{\ominus}$，所以

$$\frac{\mathrm{d}\ln K_C^{\ominus}}{\mathrm{d}T}=\frac{E_1-E_2}{RT^2}$$

与化学平衡中范霍夫公式 $\dfrac{\mathrm{d}\ln K_C^{\ominus}}{\mathrm{d}T}=\dfrac{Q_V}{RT^2}$ 比较，则

$$E_1-E_2=Q_V=\Delta_r U_m^{\ominus}$$

这就是可逆反应的活化能与反应热之间的关系。若 $E_1>E_2$，Q_V 为正，为吸热反应；若 $E_1<E_2$，Q_V 为负，为放热反应。无论吸热、放热，反应物分子都必须先活化，达到活化状态，才能转变为产物。

阿仑尼乌斯公式对基元反应或简单反应来说，式中各项物理意义明确。但对复杂反应，公式中的 E_a 称为"表观活化能"，物理意义就不那么明确了。它常常是复杂反应中各基元步骤的活化能的某种组合。但对速率公式不具有 $r=kc_A^{\alpha}c_B^{\beta}\cdots$ 形式，即无确定级数的复杂反应来说，不能应用阿仑尼乌斯公式。此外有时 $\ln k$ 对 $\dfrac{1}{T}$ 作图并不是很好的直线关系，在高温范围呈现弯曲，这是因为活化能实际上还与温度有关。

10.8 反应速率理论简介

从分子运动理论即物质的微观概念出发，寻找化学反应速率的内在联系，从理论上计算反应速率常数，则是反应速率理论的内容。反应速率理论仍处于不断发展之中，我们只对碰撞理论和过渡态理论作简单介绍。前者是在气体分子运动理论基础上形成的，后者是在统计力学和量子力学的发展中建立起来的。各种反

应速率理论都是针对基元反应的。

10.8.1 碰撞理论

碰撞理论是在1916～1923年由路易斯(Lewis)等人接受阿仑尼乌斯关于"活化状态"和"活化能"的概念,并在比较完善的分子运动理论基础上建立起来的。碰撞理论认为化学变化的首要条件是发生反应的反应物分子必须相互接近,直至相互作用。分子运动理论中碰撞是分子相互接近的方式。在反应体系中,分子间不断地进行碰撞,进行能量传递。但并不是反应物分子中的每次碰撞都发生反应,只有其中能量较大的活化分子的碰撞才能发生反应,这种碰撞称为有效碰撞。因此单位时间单位体积内的有效碰撞次数应能代表反应速率。如果用符号 Z 表示单位时间单位体积内碰撞总数,用 q 表示有效碰撞在总碰撞数中所占的分数,则反应速率为:

$$r = -\frac{dn}{dt} = Z \cdot q \tag{10-38}$$

式中 n 为单位体积中的分子数(分子数·米$^{-3}$)。碰撞理论就是通过求 Z 和 q 来求反应速率或速率常数的。

有效碰撞分数等于活化分子在整个反应物的分子中占的分数。根据波兹曼能量分配定律有:

$$q = e^{-\frac{E_c}{RT}} \tag{10-39}$$

式中 E_c 为摩尔临界能,是 1 mol 反应物分子发生反应所具有的最低能量,与温度无关。T 为绝对温度,R 为气体常数。根据气体分子运动理论,对于两种不同物质(如 A 和 B)分子之间的碰撞,反应为 A+B→产物,则单位体积内每秒钟的碰撞数为:

$$Z_{AB} = n_A n_B \left[8\pi RT \frac{M_A + M_B}{M_A \cdot M_B} \right]^{\frac{1}{2}} \left(\frac{\sigma_A + \sigma_B}{2} \right)^2$$

$$= \pi d_{AB}^2 \left[\frac{8RT}{\pi} \cdot \frac{M_A + M_B}{M_A \cdot M_B} \right]^{\frac{1}{2}} \cdot n_A \cdot n_B \tag{10-40}$$

式中 M_A 和 M_B,σ_A 和 σ_B 分别为 A 和 B 分子的摩尔质量和直径,R 为气体常数,n_A 和 n_B 分别为单位体积中 A 和 B 的分子数。πd_{AB}^2 称为碰撞截面。其中 $d=(\sigma_A+\sigma_B)/2$。

对于基元反应 A+B→P,其速率方程为:

$$r = -\frac{dn_A}{dt} = Z_{AB} \cdot q$$

$$= \pi d_{AB}^2 \left[\frac{8RT}{\pi} \cdot \frac{M_A+M_B}{M_A \cdot M_B}\right]^{\frac{1}{2}} \cdot e^{-\frac{E_c}{RT}} \cdot n_A \cdot n_B \quad (10\text{-}41)$$

其中 n_A 或 n_B 的单位为分子数·米$^{-3}$,而 c_A 或 c_B 的单位为 mol·dm^{-3},则式(10-41)可变为:

$$r = -\frac{dc_A}{dt} = 10^6 N_A \pi d_{AB}^2 \left[\frac{8RT}{\pi} \cdot \frac{M_A+M_B}{M_A \cdot M_B}\right]^{\frac{1}{2}} \cdot e^{-\frac{E_c}{RT}} \cdot c_A \cdot c_B$$
$$(10\text{-}42)$$

与质量作用定律方程 $r=kc_Ac_B$ 比较得:

$$k = 10^6 N_A \pi d_{AB}^2 \left[\frac{8RT}{\pi} \cdot \frac{M_A+M_B}{M_A \cdot M_B}\right]^{\frac{1}{2}} \cdot e^{-\frac{E_c}{RT}} \quad (10\text{-}43)$$

将碰撞理论与阿仑尼乌斯理论公式比较,可以解释活化能 E_a 和指前因子 A。

将式(10-43)代入式(10-35)(阿仑尼乌斯公式),得:

$$E_a = RT^2 \frac{d\ln k}{dT} = RT^2 \left(\frac{1}{2T} + \frac{E_c}{RT^2}\right) = E_c + \frac{1}{2}RT \quad (10\text{-}44)$$

这就是阿仑尼乌斯公式中的活化能与碰撞理论公式中的摩尔临界能的关系。该式也说明了阿仑尼乌斯活化能 E_a 与温度有关,只是在温度不太高时,$E_c + \frac{1}{2}RT \cong E_c = E_a$,但在温度很高时,$\frac{1}{2}RT$ 项不可忽略,但以 $\ln \frac{k}{\sqrt{T}}$ 对 $\frac{1}{T}$ 作图应得一条直线,从斜率可求 E_c。这就是从实验求 E_c 的方法。

再将阿仑尼乌斯公式(10-37)与碰撞理论公式(10-43)比较可

得阿仑尼乌斯公式中的指前因子 A 的表达式：

$$A = 10^6 N_A \pi d_{AB}^2 \left[\frac{8RT}{\pi} \cdot \frac{M_A + M_B}{M_A \cdot M_B} \right]^{\frac{1}{2}} \quad (10\text{-}45)$$

由此可求 A 的理论值。

碰撞理论对比较简单分子的反应符合得较好，对复杂分子的反应，则碰撞理论的计算值往往比实验值高，有的甚至大 10^9 倍。有人提出在碰撞理论公式中加一个校正因子 P，于是：

$$k = PA e^{-\frac{E_a}{RT}}$$

P 有时也称为几率因子或方位因子，P 的数值由实验求出，它的大小可从 1 到 10^{-9}。P 因子包含了使分子有效碰撞降低的各种因素。另外，碰撞理论计算 k 值时，活化能 E 还必须从实验中求得，因此这一理论仍是半经验性的。尽管如此，碰撞理论给出了一个明确的反应图像，它的许多概念十分有用。尤其是近些年来交叉分子束技术的应用，更推进了碰撞理论的发展。

10.8.2　过渡态理论

过渡态理论又称为活化络合物理论，或绝对反应速率理论。这个理论是 1932～1935 年由艾林（Eyring）等人应用统计力学和量子力学理论建立起来的，该理论认为化学反应中，反应物分子不是简单地碰撞就能转变成产物，而要经过一个中间过渡状态，这个过渡状态就是活化络合物。如一个简单反应：

$$A + BC \rightleftharpoons [A \cdots B \cdots C]^{\neq} \rightarrow AB + C$$

式中 A 代表原子，BC 代表一个双原子分子。当 A 原子接近 BC 分子时，BC 间键逐渐减弱，同时 AB 键逐渐生成。在这个过程未完成之前，体系形成一个过渡状态 $[A \cdots B \cdots C]^{\neq}$，即为活化络合物，此时前一个旧键尚未完全断开，后来的新键又未完全形成，B 原子同样程度地既属于原先的 BC 分子，又属于新生成的 AB 分子。这种活化络合物很不稳定，它一方面与原来的反应物很快地建立热力学平衡,另一方面它又可以进一步分解为产物,且后者为慢步骤。

根据上述化学反应的基本过程的物理图像分析,再应用量子力学理论,可绘制出反应分子体系的位能面曲线,从而计算反应的活化能,得出的反应进程的位能如图10-5。

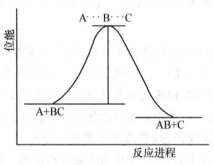

图 10-5　反应进程的位能图

反应：　　　　　　　A+BC→AB+C

所需越过的能峰 ε 为活化络合物 A⋯B⋯C 与反应物的能量差,因此过渡态理论中反应的活化能 E 为：

$$E = N_A \varepsilon$$

过渡态理论关于反应速率的计算有以下基本假定：

(1) 在任一瞬时,活化络合物与反应物之间能够建立平衡。这就意味着由反应物变为活化络合物及由活化络合物变为反应物的速率都很快,而由活化络合物变为产物的速率比较慢,即可表示为：

$$A + B \underset{k_2}{\overset{k_1}{\rightleftharpoons}} [A \cdots B]^{\neq} \xrightarrow{k_3} 产物$$

式中　　　　　　$\dfrac{k_1}{k_2} = K_{\neq} = \dfrac{c_{[A \cdots B]^{\neq}}}{c_A \cdot c_B}$

所以
$$c_{[A\cdots B]^{\neq}} = K_{\neq} \cdot c_A \cdot c_B \qquad (10\text{-}46)$$

$K_{\neq}$ 为反应物生成活化络合物的化学平衡常数。

(2) 反应速率取决于活化络合物分解为产物的速率

$$r = -\frac{dc_{[A\cdots B]^{\neq}}}{dt} = k_3 c_{[A\cdots B]^{\neq}}$$

将式(10-46)代入上式得：

$$r = k_3 K_{\neq} c_A c_B \qquad (10\text{-}47)$$

过渡态理论认为在活化络合物中要断裂而生成产物的那个键很松弛，只要振动一次即可断裂成产物，因此 k_3 可认为等于松弛键的振动频率。所以反应速率为：

$$r = \nu K_{\neq} c_A c_B \qquad (10\text{-}48)$$

而据量子理论，一振动自由度的能量为 $h\nu$，其中 h 为普朗克(Plank)常数；又据能量均分原理，一振动自由度的能量为 $(R/N_A)T$，因此

$$h\nu = T\frac{R}{N_A}, \quad \nu = \frac{RT}{hN_A}$$

其中 T 为开氏温度，R 为气体常数，将此式代入式(10-48)得：

$$r = \frac{RT}{hN_A} K_{\neq} c_A c_B \qquad (10\text{-}49)$$

而双分子反应的速率公式为 $r = kc_A c_B$ 与式(10-49)比较得速率系数公式：

$$k = \frac{RT}{hN_A} K_{\neq} \qquad (10\text{-}50)$$

这就是过渡态理论计算反应速率系数 k 的基本公式。它表示反应速率系数 k 与温度和络合平衡常数 $K_{\neq}$ 有关，只要从理论上求出络合平衡常数 $K_{\neq}$ 就可求得反应速率系数 k。

为了与碰撞理论比较，可以用热力学方法作进一步的处理。设 $\Delta G_{\neq}^{\ominus}$、$\Delta H_{\neq}^{\ominus}$、$\Delta S_{\neq}^{\ominus}$ 分别为反应物变成活化络合物的标准自由能

变化、标准焓变化和标准熵变化,通常称为活化自由能、活化焓和活化熵。由热力学公式可得:

$$\Delta G_{\neq}^{\ominus}=-RT\ln K_{\neq} \text{ 或 } K_{\neq}=e^{-\frac{\Delta G_{\neq}^{\ominus}}{RT}}$$

又因为 $\Delta G_{\neq}^{\ominus}=\Delta H_{\neq}^{\ominus}-T\Delta S_{\neq}^{\ominus}$,所以可得 $K_{\neq}=e^{\frac{\Delta S_{\neq}^{\ominus}}{R}} \cdot e^{-\frac{\Delta H_{\neq}^{\ominus}}{RT}}$,并代入式(10-50)得:

$$k=\frac{RT}{hN_A}e^{\frac{\Delta S_{\neq}^{\ominus}}{R}} \cdot e^{-\frac{\Delta H_{\neq}^{\ominus}}{RT}} \tag{10-51}$$

一般可认为,$\Delta H_{\neq}^{\ominus}=E$,故上式可改写为:

$$k=\frac{RT}{hN_A}e^{\frac{\Delta S_{\neq}^{\ominus}}{R}} \cdot e^{-\frac{E}{RT}}$$

此式与碰撞理论公式 $k=PAe^{-\frac{E}{RT}}$ 比较,可知:

$$PA=\frac{RT}{hN_A}e^{\frac{\Delta S_{\neq}^{\ominus}}{R}} \tag{10-52}$$

上式中,由于 $(RT/N_A h)$ 与频率因子 A 在数量级上相近,因此可近似认为 P 和 $e^{\frac{\Delta S_{\neq}^{\ominus}}{R}}$ 相当,这样使得碰撞理论中的几率因子 P 可用过渡态的活化熵来解释。对于结构简单的分子,形成活化络合物时,有序性略有增加,$\Delta S_{\neq}^{\ominus}$ 为负值,但负值不大,所以 P 接近 1。对结构复杂的反应物分子,$\Delta S_{\neq}^{\ominus}$ 为负值,且负值较大,P 远小于 1。碰撞理论不能预示 P 大小,但可由过渡态理论中的 $e^{\frac{\Delta S_{\neq}^{\ominus}}{R}}$ 计算出来。若已知活化络合物的结构,可以从光谱数据,用统计力学的方法求出 $\Delta S_{\neq}^{\ominus}$。

过渡态理论从原则上可以根据反应物和活化络合物的微观结构,从理论上计算出反应速率常数 k,因而有一定的预见性。它不仅可以用于气相反应,也可以用于液相反应和复相反应。不过由于实验技术限制,目前测定活化络合物的结构仍存在困难,大多靠推断和假设。另外计算活化能 E 以及 $\Delta H_{\neq}^{\ominus}$、$\Delta S_{\neq}^{\ominus}$ 等,也很麻烦。

尽管如此,过渡态理论把反应速率与反应物分子及活化络合物分子结构与内部运动状态联系起来,不失为一个正确方向。尤其是近些年来,由于计算机不断改进,计算效率大大提高,用量子化学方法计算反应过渡态的几何构型、活化能及反应途径取得了一定的进展。

10.9 溶液中的反应

实际上,许多反应是在溶液中进行的,生物反应尤其如此。溶液中的反应动力学更复杂一些(相对于气相反应),这是因为反应系统中除反应物分子外,还有大量溶剂分子,一方面,溶剂分子仅作为介质只影响反应分子的碰撞方式,也可能由于溶剂分子的极性而影响反应物分子的性质,另一方面,溶剂分子也可能参与反应。最简单的情况是溶剂仅作为介质。

10.9.1 扩散控制反应与活化控制反应

在溶液中起反应的分子要通过扩散穿过周围的溶剂分子后,才能彼此接近。这里的扩散就是对周围溶剂分子的反复挤挤碰碰,从微观角度看可以把周围溶剂分子看成一个笼子(cage),而反应物分子则处于笼中。当一个反应物分子的位移大到足以使它脱离原来的"笼",而被一群新的邻近溶剂分子所包围之前,要与它最邻近的分子发生多次碰撞。

要使分子 A 与分子 B 发生反应,一般说来,它们必须处于同一"笼"中。当它们处于同一"笼"时,称之为"遭遇对"。

设分子 A 与分子 B 之间的反应有下面简单的机理:

$$A+B \underset{k_{-1}}{\overset{k_1}{\rightleftharpoons}} \{AB\} \overset{k_2}{\longrightarrow} P$$

式中$\{AB\}$为"遭遇对",应用稳态法近似处理,可以得到:

$$-\frac{dc_A}{dt} = \frac{k_1 k_2}{k_{-1}+k_2} c_A c_B$$

如果 $k_2 \ll k_{-1}$，反应速率为：
$$-\frac{dc_A}{dt} = k_2 K_{AB} c_A c_B$$

这里 $K_{AB} = \dfrac{k_1}{k_{-1}}$，是生成"遭遇对"的平衡常数。这是一个活化控制的反应，反应速率主要取决于 k_2 的活化能。若 $k_2 \gg k_{-1}$，反应速率由反应物扩散到一起生成"遭遇对"的速率 $k_1 c_A c_B$ 所决定，所以称这样的反应为扩散控制反应。

对于在水溶液中无相互作用的一对分子来说，在"笼"中停留时间的数量级约为 $10^{-12} \sim 10^{-11}$ s，此段时间内，它们可以经历 $10 \sim 10^3$ 次的相互碰撞，这称之为一次"遭遇"。与气相反应比较，在溶液中的反应由于溶剂分子的存在，限制了反应物分子作长距离的移动，减少了与远距离分子的碰撞机会，但笼内分子近距离的重复碰撞却增加了。其总结果与气相反应在单位时间、单位体积内的碰撞次数大致相同。若溶剂与反应物分子之间无相互作用，仅为介质，则一个反应在相同条件下（压力、温度等），在气相或液相中进行的反应速率是不相上下的，所以说，碰撞理论对溶液中的反应也适用。

一般反应物分子穿过溶剂的屏障所需活化能不超过 21 kJ·mol^{-1}，而分子碰撞进行反应的活化能通常需 $40 \sim 400$ kJ·mol^{-1}，由于扩散的活化能远小于反应的活化能，通常扩散不会影响反应的速率，即属于活化控制反应。但有的反应所需活化能很小，如水溶液中的离子反应，自由基复合反应等。在溶液中，反应物分子很可能在遭遇后的第一次碰撞就发生反应，因此遭遇后的所有多次碰撞都是无用的。这时反应速率与在"笼"中时间成正比，即属于扩散控制反应。对于这类反应，由于反应活化能很小，扩散活化能也不大，所以反应速率随温度变化不大。以上讨论的是溶剂与反应物无相互作用。

10.9.2 溶剂对反应速率的影响

事实上,在大多数情况下溶剂与反应物都有相互作用,因而对反应速率产生显著的影响。比较突出的例子是苯甲酸在溶液中的溴化反应,在 CCl_4 中进行比在 $CHCl_3$ 或 CS_2 中进行要快 1 000 倍。而且对于平行反应,有时一定的溶剂只加速其中的一种反应,如溴与甲苯作用:

$$C_6H_5CH_3+Br_2 \rightarrow C_6H_5CH_2Br+HBr \qquad ①$$
$$C_6H_5CH_3+Br_2 \rightarrow o\text{-}BrC_6H_5CH_3+p\text{-}BrC_6H_5CH_3+HBr \qquad ②$$

若溶剂为 CS_2,主要产物为溴苄如反应①(82.5%),若溶剂为硝基苯,则邻位和对位溴化甲苯为主产物,如反应②(98%)。因此选择适当的溶剂,有时既能加速反应,又能抑制副反应。又如甲苯的乙酰化反应:

$$C_6H_5CH_3+CH_3COCl \xrightarrow{AlCl_3} p\text{-}CH_3COC_6H_5CH_3+HCl \qquad ③$$
$$C_6H_5CH_3+CH_3COCl \xrightarrow{AlCl_3} o\text{-}CH_3COC_6H_5CH_3+HCl \qquad ④$$

以硝基苯为溶剂时,p-产物为主产物,如反应③;而以 CS_2 为溶剂时,o-产物为主产物,如反应④。

溶剂对反应速率的影响是极为复杂的问题,一般来说:

(1) 溶剂介电常数的影响:对于溶液中的离子反应,溶剂的介电常数大,则会减弱异号离子间的引力,因此介电常数大的溶剂常不利于异号离子间的化合反应,而有利于解离为正负离子的反应。

(2) 溶剂极性的影响:如果活化络合物或产物的极性比反应物大,则极性溶剂能促进反应的进行,反应速率比较大。反之,反应速率将受到抑制而变小。如:

$$C_2H_5I+(C_2H_5)_3N \longrightarrow (C_2H_5)_4N^+ \cdot I^-$$

因产物的极性远比反应物大,而且溶剂(CS_2、醇类等)的极性也很大,故反应速率很大。

(3) 溶剂化的影响:若在溶剂中,活化络合物的溶剂化比反应物大,则该溶剂能降低反应的活化能而加速反应的进行,反之,则不利于反应的进行。

10.9.3 离子强度的影响

溶液中的离子强度对离子反应会产生一定的影响,加入电解质将改变离子强度,因而改变离子反应速率,称之为原盐效应。即第三种电解质的存在,会影响溶液中离子反应速率。对于稀溶液可以导出速率常数与离子强度的定量关系。

假如两个离子 A^{Z_A}、B^{Z_B} 间将发生化学反应,其中 Z_A 和 Z_B 分别为离子 A 和离子 B 的电荷数,$[(AB)^{Z_A+Z_B}]^{\neq}$ 为其活化络合物,并与反应物离子间建立平衡,且反应速率与活化络合物的浓度 $c_{\neq}$ 成正比:

$$A^{Z_A}+B^{Z_B} \underset{k_{-1}}{\overset{k_1}{\rightleftharpoons}}[(AB)^{Z_A+Z_B}]^{\neq} \xrightarrow{k_3} P$$

据过渡态理论可得:

$$-\frac{dc_A}{dt}=k_3 c_{\neq}=\frac{RT}{N_A h}c_{\neq} \tag{10-53}$$

又由 $K_{\neq}=\dfrac{k_1}{k_{-1}}=\dfrac{a_{\neq}}{a_A a_B}=\dfrac{\gamma_{\neq}}{\gamma_A \gamma_B} \cdot \dfrac{c_{\neq}/c^{\ominus}}{c_A/c^{\ominus} \cdot c_B/c^{\ominus}}$ 求出 $c_{\neq}$,代入式(10-53)可得:

$$-\frac{dc_A}{dt}=\frac{RT}{N_A h} \cdot K_{\neq} \cdot \frac{\gamma_A \gamma_B}{\gamma_{\neq}} \cdot c_A \cdot c_B \tag{10-54}$$

所以反应速率常数 $k=\dfrac{RT}{N_A h} \cdot K_{\neq} \cdot \dfrac{\gamma_A \gamma_B}{\gamma_{\neq}}=k_0 \dfrac{\gamma_A \gamma_B}{\gamma_{\neq}}$,再将德拜-休克尔强电解质的极限公式 $\lg \gamma_i=-AZ_i^2 \sqrt{I}$ 代入,可求得:

$$\lg \frac{k}{k_0}=2Z_A Z_B \sqrt{I}$$

在 25℃ 稀的水溶液中

$$\lg \frac{k}{k_0} = 1.018 Z_A Z_B \sqrt{I} \quad (10\text{-}55)$$

以 $\lg \frac{k}{k_0}$ 对 $\sqrt{I}$ 作图得一条直线，其斜率为 $1.018 Z_A Z_B$。如图 10-6 所示。并从式（10-55）可知，如果反应物之一是非电解质，则 $Z_A Z_B = 0$，原盐效应就为零。注意式（10-55）只适用于稀溶液。

总之，离子的加入，改变了离子强度，对活度就有影响，从而影响反应速率系数。

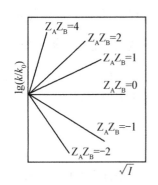

图 10-6 原盐效应

10.9.4 溶液中快速反应——弛豫法

如果反应发生很快，以至在反应物一旦混合就发生了。这样的反应可应用流动法，以尽量加快反应物的混合。例如在血红素的反应研究中，血红素溶液被压入 Y 形混合器的一个支管，将含氧的缓冲溶液压入另一个支管，这样就可在 10^{-3} 秒内将两种液体混合起来。

但有些反应所需时间比 10^{-3} 秒少得多，有的甚至在 10^{-9} 秒的时间内就已达到平衡，因而不能用流动混合法来研究，应用弛豫法可以解决这一问题。"弛豫"在化学动力学中的含义就是：一个因受外界因素影响（如温度、体积的改变）而偏离了原来平衡位置的体系在新的条件下趋向新的平衡。

反应处于平衡的溶液，改变温度（如果 $\Delta H \neq 0$）或改变压力（如果 $\Delta V \neq 0$），会使平衡移动，用脉冲激光或让一个大电容器通过特制的装有试样的导电池放电，就可以在微秒（10^{-6} 秒）级时间内加热溶液。对于这个被扰乱了的平衡体系，采用快速响应的物理方法，例如光吸收或电导率等来跟踪体系趋向新平衡时的速率，即测量"弛豫时间"。所谓弛豫时间是指反应体系在趋向新平衡的过程中,使体系浓度与新平衡浓度之偏离值减少到条件突变瞬间所造成的起始偏离平衡值的 $\frac{1}{e}$ 所需要的时间。

下面以 1-2 级可逆反应为例,简要介绍弛豫法的基本原理。对于下列反应:

$$A \underset{k_{-1}}{\overset{k_1}{\rightleftharpoons}} B+C$$

$$t=0 \quad a \quad 0 \quad 0$$

条件突变后 $t=t \quad a-x \quad x \quad x$

新平衡时 $\quad a-x_e \quad x_e \quad x_e$

令未达到平衡时偏离平衡程度 $\Delta x = x - x_e$,则

$$\frac{d\Delta x}{dt} = \frac{dx}{dt} = k_1(a-x) - k_{-1}x^2 = k_1 a - k_1 x - k_{-1}x^2$$

用 $x = \Delta x - x_e$ 代入上式,整理,并忽略 $(\Delta x)^2$ 项可得:

$$\frac{d\Delta x}{dt} = -(k_1 + 2k_{-1}x_e)\Delta x$$

或

$$\int_{\Delta x_0}^{\Delta x} \frac{d\Delta x}{dt} = \int_0^t -(k_1 + 2k_{-1}x_e)dt$$

积分

$$\ln \frac{\Delta x_0}{\Delta x} = (k_1 + 2k_{-1}x_e)t$$

Δx_0 为 $t=0$ 时,即条件突变的瞬间的起始偏离平衡程度。当 $\frac{\Delta x_0}{\Delta x} = e$ 时所需时间:

$$\tau = \frac{1}{k_1 + 2k_{-1}x_e} \tag{10-56}$$

τ 即是弛豫时间。如果测定了 τ,再据平衡常数 $K = \frac{k_1}{k_{-1}}$,就能求出 k_1 和 k_{-1}。

【例8】 水的电离反应为:

$$H_2O \underset{k_{-1}}{\overset{k_1}{\rightleftharpoons}} H^+ + OH^-$$

当温度由 15℃ 跃升到 25℃ 后,测得 $\tau = 37$ 微秒,已知 25℃ 时水的离子积 $K_w = 1.0 \times 10^{-14} (mol \cdot dm^{-3})^2$,水的浓度为 55.5 $mol \cdot dm^{-3}$,求此反应的 k_1 和 k_{-1}。

解 已知 25℃ 时,$K_w = 1.0 \times 10^{-14} = c_{H^+} \cdot c_{OH^-} = x_e^2$

故 $x_e = 1.0 \times 10^{-7} (mol \cdot dm^{-3})$

平衡常数

$$K = \frac{k_1}{k_{-1}} = \frac{c_{H^+} \cdot c_{OH^-}}{c_{H_2O}} = \frac{K_w}{c_{H_2O}}$$

$$= \frac{1.0 \times 10^{-14}}{55.5} = 1.8 \times 10^{-16} (mol \cdot dm^{-3})$$

所以 $k_1 = 1.8 \times 10^{-16} k_{-1}$

由于 $\tau = \dfrac{1}{k_1 + 2k_{-1}x_e} = \dfrac{1}{1.8 \times 10^{-16} k_{-1} + 2 \times 10^{-7} k_{-1}}$

$= 37$(微秒)

所以 $k_{-1} = 1.4 \times 10^{11} (mol^{-1} \cdot dm^3 \cdot s^{-1})$

$k_1 = 2.4 \times 10^{-5} s^{-1}$

由此可以看出,逆向反应的速率系数 k_{-1} 是很大的,这就是酸碱中和反应的速率系数。

10.10 催 化 作 用

10.10.1 催化剂与催化作用

许多反应都需要催化剂,特别是石油化工,如石油裂解、重整、脱氢、加氢催化剂,而通常所用的都是一些贵金属催化剂。所谓催化剂,据国际纯粹应用化学(IUPAC)的定义就是:存在较少量就能显著加速反应而其自身最后并无损耗的物质称为该反应的催化剂。催化剂的这种作用称为催化作用。

能使反应速度减慢的物质曾称为负催化剂,现称其为阻化剂,因为它在反应中大多是消耗的。

10.10.2 催化作用特征

(1) 催化剂的作用是化学作用

催化剂加速反应的原因是催化剂参与了反应,改变了反应途径,降低了反应活化能。催化剂之所以不损耗是由于生成产物的同时,催化剂得到再生。因为短时间内催化剂可多次反复再生,所以少量催化剂就能起到显著作用。

(2) 催化剂不影响化学平衡

从热力学观点看,催化剂不能改变反应体系中的 ΔG,只能加速达到平衡,而不能移动平衡的位置。对于已达平衡的反应,不能依靠加入催化剂以增加或减少产物的百分比。催化剂对正逆向反应都产生同样的影响,所以对正向反应是好的催化剂,对逆向反应也是好的催化剂。

(3) 催化剂有特殊的选择性

某些反应只能用某一种催化剂来进行催化,即催化剂具有特殊的选择性。

10.10.3 酶催化

自从 1926 年萨姆纳(Sumner)研究脲酶(是一种能催化脲分解为氨和二氧化碳的酶)以来,现在普遍认识到所有的酶都是蛋白质分子。酶催化反应的普遍特点是:反应速率增加很大(达到 $10^4 \sim 10^9$ 数量级)以及高度的选择性或称为专一性。所谓专一性是指酶分子能够有选择地催化某些反应物或称为底物。一个酶分子通常含有一个或多个活性中心,底物就在活性中心发生反应。一个活性中心可能只含有少数几个氨基酸残基,蛋白质分子的其余部分是为维持整个分子的三维网状结构的完整性。

根据酶催化反应的速率测定,可以确定一个比活度,它表示每毫克蛋白质的酶活度单位。任何酶的一个单位(U)定义为每分钟能催化 1 微摩尔底物发生反应的量。

实验证明,酶催化作用的速率与酶、底物、温度、pH 值以及其他干扰物质有关。在一定温度下,对于某一特定的酶催化作用来说,典型曲线如图 10-7 所示。图中纵坐标为反应速率,横坐标为底物 S 的浓度。

米恰利斯(Michaelis)等人研究了酶催化反应动力学,先后提出了酶催化反应的机理,酶(E)与底物(S)首先生成中间络合物(ES),然后继续反应生成产物而使酶再生。

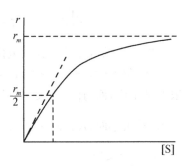

图 10-7 酶催化作用

$$E+S \underset{k_{-1}}{\overset{k_1}{\rightleftharpoons}} ES \xrightarrow{k_2} E+P$$

其中 ES 分解为产物 P 的速率很慢,为决速步骤。应用稳态法处理:

$$\frac{d[ES]}{dt}=k_1[S][E]-k_{-1}[ES]-k_2[ES]=0$$

$$[ES]=\frac{k_1[E][S]}{k_{-1}+k_2}=\frac{[E][S]}{K_M} \tag{10-57}$$

式中 $K_M=\dfrac{k_{-1}+k_2}{k_1}$ 称为米氏常数。所以反应速率:

$$r=\frac{d[P]}{dt}=k_2[ES]=\frac{k_2[E][S]}{K_M} \tag{10-58}$$

式中[E]为游离态酶的浓度,通常不好确定,但有$[E_0]=[E]+[ES]$,其中$[E_0]$为酶的原始浓度,所以有:

$$[E]=[E_0]-[ES]$$

代入式(10-57)整理得：

$$[ES] = \frac{[E_0][S]}{K_M + [S]}$$

再代入式(10-58)得：

$$r = \frac{d[P]}{dt} = k_2[ES] = \frac{k_2[E_0][S]}{K_M + [S]} \quad (10\text{-}59)$$

若以 r 为纵坐标，$[S]$ 为横坐标，按上式作图，得到图10-7。

当$[S]$很大时，$[S] \gg K_M$，$r = k_2[E_0]$，即反应速率 r 与酶的总浓度呈正比，而与$[S]$无关，对于 S 来说是零级反应。

当$[S]$很小时，$K_M + [S] \approx K_M$，$r = \frac{k_2}{K_M}[E_0][S]$，反应对底物 S 来说是一级反应。

以上结果与实验基本吻合。

当$[S] \to \infty$时，速率趋于极大，$r_m = k_2[E_0]$，代入式(10-59)得

$$\frac{r}{r_m} = \frac{[S]}{K_M + [S]} \quad (10\text{-}60)$$

当 $r = \frac{1}{2} r_m$ 时，$K_M = [S]$，也就是说当反应速率达到最大速率的一半时，底物的浓度就等于米氏常数。

式(10-60)重排：

$$\frac{1}{r} = \frac{K_M}{r_m} \cdot \frac{1}{[S]} + \frac{1}{r_m} \quad (10\text{-}61)$$

以 $\frac{1}{r}$ 对 $\frac{1}{[S]}$ 作图得一直线，由斜率可求 $\frac{K_M}{r_m}$，由截距可求 $\frac{1}{r_m}$，二者联立可解出 K_M 和 r_m。见图10-8，也称之为兰维弗-伯克图。

r_m 和 K_M 的意义是什么？r_m 在理论上和实验上都有明确的定义。它表示能达到的最大反应速率；即全部酶浓度等于酶-底物络合物浓度时的反应速率。在方程式 $r_m = k_2[E_0]$ 中的动力

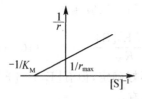

图10-8　兰维弗-伯克图

学常数 k_2 叫做酶变率。一个酶的酶变率表示酶分子全部与底物络合时,在单位时间内有多少个底物分子转变为产物。例如碳酸酐的酶变率是极大的,约为 $6×10^5$ 秒$^{-1}$。因此,一个 10^{-6} mol·dm^{-3} 酶溶液能够在每秒钟内使 CO_2 和 H_2O 形成 0.6 mol·dm^{-3} H_2CO_3,即 $r_m = 6×10^5$ 秒$^{-1}$ × 10^{-6} mol·dm^{-3} = 0.6 mol·dm^{-3} 秒$^{-1}$。通常大多数酶的酶变率介于每秒 0.5~10^4 之间。但对 K_M 缺乏简单解释。如果 $K_M = \dfrac{k_{-1}+k_2}{k_1}$ 中 $k_{-1} \gg k_2$,则 $K_M = \dfrac{k_{-1}}{k_1}$ 即等于离解常数 K_S:

$$K_S = K_M = \frac{k_{-1}}{k_1} = \frac{[E][S]}{[ES]}$$

此时 K_M 成为络合物浓度的量度;K_M 值大表示络合物浓度小,其结合力弱,K_M 值小,则络合物浓度大,其结合力强。一般地 K_M 必须用三个速率常数表示。对于酶催化反应,k_2、K_M 与 r_m 三个同时报告,其原因是 K_M 与 pH 值、温度、底物等因素有关,所以它的数值可以作为鉴定在特定条件下的特殊酶-底物系统。对于大多数酶,K_M 值介于 10^{-1} 至 10^{-6} M 之间。

【例9】 某一酶催化反应,从最大反应速率的 10% 增加到 90%。试用式(10-60),计算[S]的变化,如果要求增加到最大速率的 95%,需要有怎样进一步变化?

解 令 $r_1 = 0.1 r_m$,据式(10-60)

则
$$\frac{[S]}{K_M + [S]_1} = 0.1$$

即
$$[S]_1 = \frac{K_M}{9}$$

令
$$r_2 = 0.9 r_m$$

则求得
$$[S]_2 = 9 K_M$$

∴ $\dfrac{[S]_1}{[S]_2} = \dfrac{1}{81}$ 或 $[S]_2 = 81[S]_1$

即要求[S]有 81 倍的变化。

令 $r_2 = 0.95 r_m$ 求得 $[S] = 19 K_M$,与 r_2 比较,$[S]_3 = 2.11 [S]_2$。即进一步要求 $[S]$ 有 2.11 倍的变化。

10.11 光化学反应

在光的作用下可以发生各种化学变化,如染料的退色,照像底片的感光,光合作用,从汽车废气生成光化学烟雾,地球高空大气中由 O_2 生成 O_3。太阳光下生成维生素 D 和皮肤癌等。这种由于吸收光量子而引起的化学反应称为光化学反应。例如 $NO_2 \xrightarrow{h\nu} NO_2^* \rightarrow NO + \frac{1}{2} O_2$,其中 $h\nu$ 代表所吸收的光量子。一般化学反应相对于光化学反应来说,就是热反应或叫暗反应,这类反应的活化能来源于分子碰撞,在光化学反应中,分子的活化靠吸收光量子的能量 $\varepsilon = h\nu$,其中 h 为普朗克常数,ν 为光的频率。且有光的波长 $\lambda = \frac{c}{\nu}$,其中 c 为光速。

10.11.1 光化反应特点

反应物分子吸收光量子后可被激发到高能态,然后再导致各种化学和物理过程的发生。常把第一步吸收光量子的过程称做初级过程,相继发生的其他过程称做次级过程。

在等温等压下,一般热反应进行的总是系统自由能降低的反应,但有许多光化学反应能使系统自由能增加的反应也得以实现。如光作用下氧转变为臭氧,氨的分解,植物中 CO_2 与 H_2O 合成碳水化合物并放出氧气,都是自由能增加的光化学反应。这是因为光能与电能一样是有序的能量。有些自发过程可以设计成原电池,将自由能转为电能,反之可以供给电能,使不自发的反应进行电解,电能转变为化学能。同理,有些自发反应可以发光,将化学能转变为光能,或者供给光能使不自发反应进行,将光能转变为化学能。

常温下,化学能转化为光能,称为化学发光。例如萤火虫发的光是荧光素氧化时发出的。这种常温下的发光又称冷光。

此外热反应受温度影响大,但光化学反应受温度影响很小,一般每升高 10℃,速率仅增加 0.1~1 倍。光活化本身丝毫不依赖于温度,速率随温度的增加是由于光活化后又继续进行的次级过程是属于热反应,而热反应是对温度较敏感的。光化学反应速率主要取决于光的强度。

10.11.2 光化学反应基本定律

光化学反应的基本定律有二,第一定律由格罗休斯及杜雷波提出,他们认为光只有被吸收后才能发生光化学反应。不被吸收的光如透过光或反射光与光化学反应无关;但吸收的光引起的亦可能是光的物理过程,如出现荧光、磷光等。

光化学第二定律由 Start 和 Einstein 提出,"在初级过程中,一个光量子活化一个分子"。(对光源强度大的,发现有的分子可以吸收二个或更多光子)一个光量子的能量为 $h\nu$,一摩尔光量子的能量为:

$$E = N_A h\nu = N_A h \frac{c}{\lambda}$$

$$= \frac{(6.02 \times 10^{23} \text{ mol}^{-1})(6.62 \times 10^{-34} \text{ J} \cdot \text{s})(3.0 \times 10^8 \text{ m} \cdot \text{s}^{-1})}{\lambda}$$

即
$$E = \frac{0.119\ 6}{\lambda} \quad (10\text{-}62)$$

其中 λ 的单位用米,E 称为一个"爱因斯坦",单位为焦·摩尔$^{-1}$。光化学反应的量子效率的定义是

$$\varphi = \frac{\text{发生反应的分子数}}{\text{吸收的光量子数}}$$

或者

$$\varphi = \frac{\text{发生反应的摩尔数}}{\text{吸收光量子的爱因斯坦数}} \quad (10\text{-}63)$$

实验证实多数光化学反应的 φ 不等于 1,有的小于 1,有的大于 1 甚至可以等于 10^6。原因在于初级过程之后,接着进行次级过程。如反应 $2HI=H_2+I_2$ 初级过程是

$$HI+h\nu \rightarrow H+I$$

接着在次级过程中有

$$H+HI \rightarrow H_2+I$$
$$I+I \rightarrow I_2$$

总效果是每个光量子分解了两个 HI,所以 $\varphi=2$。$\varphi<1$ 的反应是在分子吸收光量子进行初级过程后,次级反应中包括了消活作用如被光子活化了的分子还未来得及反应就进行了分子间能量传递过程,使反应物分子失去活性。

【例 10】 在 30.6℃,用波长为 435.8 nm 的黄色光照射下,肉桂酸(即苯基丙烯酸 $C_6H_5CH=CH-COOH$)与溴发生加成反应,光强 I 为 1.4×10^{-3} J·s^{-1},溶液能吸收 80.1% 的入射光。照射 1 105 秒后,Br_2 减少 0.075 毫摩尔。求此反应的量子效率。

解 由式(10-62)

$$E=\frac{N_A hc}{\lambda}=\frac{0.119\ 6}{\lambda}=\frac{0.119\ 6}{435.8\times 10^{-9}}=274\ kJ\cdot mol^{-1}$$

吸收的爱因斯坦数 $=\dfrac{(1.4\times 10^{-6}\ kJ\cdot s^{-1})(0.801)(1\ 105s)}{274\ kJ\cdot mol^{-1}}$

$$=4.52\times 10^{-6}\ mol$$

起反应的 $Br_2=7.5\times 10^{-5}$ mol,所以

$$\varphi=\frac{7.5\times 10^{-5}}{4.52\times 10^{-6}}=16.6$$

10.11.3 感光反应

有些物质不能直接吸收某种波长的光而进行光化学反应,但在系统中加另一种物质,它能吸收这样的辐射,然后把光能传递给反应物使反应物发生反应,而本身在反应前后并不发生变化,则这

样的外加物叫做感光剂,这样的反应就叫感光反应。

例如汞蒸气光的波长是 253.7 nm,一个爱因斯坦的能量是

$$E = \frac{0.1196}{2537 \times 10^{-10}} = 471 \text{ kJ} \cdot \text{mol}^{-1}$$

一摩尔的氢气离解成原子时,需吸热约 436 千焦。因此如以汞蒸气的光去照射氢气照理应该发生反应,但实际上并不发生。如果在氢气里事先加一点汞蒸气,然后用 253.7 nm 的波长照射,氢分子立即进行分解,则加入的汞蒸气就是感光剂。其反应为:

$$Hg + h\nu \longrightarrow Hg^*$$
$$Hg^* + H_2 \longrightarrow Hg + 2H$$

另一个常见的例子是太阳光对植物的光合作用。CO_2 和 H_2O 都不能直接吸收太阳光的波长 400～700 nm,但植物中的叶绿素却能够吸收这样波长的光,并使 CO_2 和 H_2O 合成碳水化合物。

【例 11】 已知在 $CO_2 + H_2O \xrightarrow{\text{8 个光子}}_{\text{叶绿素}} (CH_2O) + O_2$ 反应中,自由能变化值为 477 kJ·mol^{-1},在地面上 400～700 nm 的能量吸收相当于 575 nm 的能量,求白光下光合作用最大能量效率的理论值。

解 $E = N_A h\nu = N_A hc/\lambda$

$$= \frac{(6.02 \times 10^{23} \text{mol}^{-1})(6.62 \times 10^{-34} \text{J} \cdot \text{s})(3 \times 10^8 \text{m} \cdot \text{s}^{-1})}{(575 \times 10^{-9} \text{m})10^3 \text{J} \cdot \text{kJ}^{-1}}$$

$$= 208 \text{ kJ} \cdot \text{mol}^{-1}$$

效率 $= \dfrac{477 \text{ kJ} \cdot \text{mol}^{-1}}{8 \times 208 \text{ kJ} \cdot \text{mol}^{-1}} = 0.29$

习 题

10-1 思考题

1. $N_2 + 3H_2 \rightleftharpoons 2NH_3$,以 H_2、N_2 和 NH_3 的浓度随时间变

化来表示反应速率,这三种表示法之间有什么联系?

2. $H_2 + Cl_2 = 2HCl$,此反应的分子数是否是 2? 为什么? 单分子反应都是一级反应,双分子反应都是二级反应,正确吗? 反应级数为整数的都是简单反应,反应级数为分数的都是复合反应,正确吗?

3. 连串反应的速率由其中最慢的一步决定,因此反应的决速步骤的级数,就是总反应的级数,是否正确?

4. 基元反应中反应级数与反应分子数不一定总是一致,是否正确?

10-2 某一简单反应 A→B 的半衰期为 10 分钟,求 1 小时后剩余 A 的百分数。

10-3 推导零级反应的半衰期公式。

10-4 放射性 ^{14}C 的一级衰变的半衰期约为 5 720 年。1974 年考查一具古尸上裹的亚麻布碎片,其 $^{14}C/^{12}C$ 比值等于正常值的 67.0%,问此尸体约于何时埋葬?

10-5 对于气相中甲基马来酸异构化为甲基富马酸的动力学研究得到下列数据,试求此反应的速率常数和反应级数。

甲基马来酸/mol·dm^{-3}	2.0	1.5	1.0	0.5
半衰期 $t_{\frac{1}{2}}$/小时	1.070	1.069	1.071	1.069

10-6 二甲基磷酸酯水解反应对二甲基磷酸酯是一级反应,速率常数是 4.2×10^{-6} 秒$^{-1}$。

(a) 当酯的浓度是 0.01,0.05 和 0.1 摩尔时,计算水解的初速率;

(b) 在各初速率下,酯被水解掉 25%、50% 需要的时间。

10-7 设将 100 个细菌放入一个 1 升的烧瓶中,瓶中有适宜生长的介质,温度 40℃,得如下结果:

时间/分	0	30	60	90	120
细菌数目	100	200	400	800	1 600

试求:(a) 预计 150 分钟后,细菌的数目;

(b) 此动力学过程的级数;

(c) 经过多少时间可得到 10^6 个细菌;

(d) 反应的速率常数。

10-8 已知在508℃时 HI 分解成 H_2+I_2,当 HI 的起始压力为 $0.1p^\ominus$ 时,半衰期为135分;当起始压力为 $1p^\ominus$ 时,半衰期为13.5分。(a)证明是二级反应,(b)求以升·摩尔$^{-1}$秒$^{-1}$表示的速率常数,(c)求以$(p^\ominus)^{-1}$秒$^{-1}$表示的速率常数。

10-9 丙酮的溴代反应是由酸催化的:

$$CH_3COCH_3+Br_2 \xrightarrow{H^+} CH_3COCH_2Br+H^++Br^-$$

利用溴在4 500Å的吸光度进行监测。用下列数据求反应的速率方程和速率常数 k。

数据如下(其中浓度单位为摩·升$^{-1}$,$r=-d[Br_2]/dt$):

实验次数	1	2	3	4	5
$[CH_3COCH_3]$	0.30	0.30	0.30	0.40	0.40
$[Br_2]$	0.50	0.10	0.05	0.05	0.05
$[H^+]$	0.05	0.05	0.10	0.20	0.05
$r/10^{-5}$摩·升$^{-1}$·秒$^{-1}$	5.7	5.7	11.4	30.4	7.6

10-10 下列平行反应

以上反应的速率常数 $k_1=0.15$ 分$^{-1}$,$k_2=0.06$ 分$^{-1}$,试求 A 的半衰期。如果 A 的起始浓度为 0.1 mol·dm^{-3},在什么时间 B 的浓度可达到 0.05 mol·dm^{-3}。

10-11 青霉素的分解为一级反应。从下列实验结果求此反应的活化能及25℃的速率常数 k。

温度(℃)	37	43	54
半衰期(小时)	32.1	17.1	5.8

10-12　某一级反应在 340 K 时完成 20% 需 3.2 分钟, 在 300 K 时同样完成 20% 则需 12.6 分钟, 试计算其活化能。

10-13　已知 N_2O_5 分解的总反应级数为 1, 速率常数 $k = (4.3 \times 10^{13} s^{-1}) e^{-10300/RT}$, 计算在 $-10°C$ 时的半衰期和 $50°C$ 时反应掉 90% 所需的时间。

10-14　反应 $CO_2 + H_2O \underset{k_{-1}}{\overset{k_1}{\rightleftharpoons}} H_2CO_3$

$\Delta_r H_m^\ominus = 4\ 730\ J \cdot mol^{-1}$, $\Delta_r S_m^\ominus = -33.5\ J \cdot K^{-1} \cdot mol^{-1}$。在 $25°C$ 时, $k_1 = 0.0375\ s^{-1}$, $0°C$ 时 $k_1 = 0.002\ 1\ s^{-1}$, 计算 (a) 正反应的活化能; (b) 逆反应的活化能; (c) 在 $0°C$ 时的 k_{-1}; (d) 在 $25°C$ 时的 k_{-1}。假定 $\Delta_r H_m^\ominus$ 在此温度范围内不变。且 H_2O 不包括在平衡常数表示式或速率方程式中。

10-15　紫外光的波长为 400 nm, (a) 每一个光量子的能量是多少? (b) 1 个爱因斯坦相当于多少千焦/摩尔。

10-16　某一有机分子吸收 549.6 nm 的光, 若用 1.43 爱因斯坦的光可激活 0.031 摩尔的分子, 试计算此过程的量子效率和吸收的总能量。

10-17　乙酰胆碱的水解是由乙酰胆碱酯酶催化的, 它的酶变率为 25 000 秒$^{-1}$。计算这个酶分解一个乙酰胆碱分子需要多少时间。

10-18　乙酸在 $25°C$ 时 $CH_3COOH \underset{k_2}{\overset{k_1}{\rightleftharpoons}} CH_3COO^- + H^+$

$k_1 = 7.8 \times 10^5\ s^{-1}$, $k_2 = 4.5 \times 10^{10}$ 摩尔$^{-1}$ · 升 · 秒$^{-1}$, 求在 0.1 mol · 升$^{-1}$ 溶液中, 弛豫时间。

10-19　反应 $2HI \rightarrow H_2 + I_2$, 在无催化剂存在时, 反应的活化能 E(非催化) = 184.1 千焦 · 摩尔$^{-1}$, 在以 Au 作催化剂时, 反应的活化能 E(催化) = 104.6 千焦 · 摩尔$^{-1}$。若反应在 503 K 进行, 如催化反应的 $A_{催化}$ 值比非催化反应的 $A_{非催化}$ 值小 10^8 倍, 试估计以 Au 为催化剂反应的速率常数, 将比非催化反应的速率常数大多少倍？

10－20 尿素在 0.1 mol·dm^{-3} HCl 中的分解按下式进行：
$$NH_2CONH_2 + 2H_2O \rightarrow 2NH_4^+ + CO_3^{2-}$$
测得其速率常数为：

T℃	61.05	71.25
k(分$^{-1}$)	0.713×10^{-5}	2.77×10^{-5}

(a) 求这一反应的活化能和指前因子 A；

(b) 计算 71.25℃时，该反应的活化熵，假设 $\Delta H_{\neq}^{\ominus} = E_a^0$。

第11章 量子化学基础

量子化学是物理化学的一个重要组成部分。它是用量子力学原理,通过求解"波动方程",得到分子的轨道能级、电荷密度和键级等电子结构数据,用以阐明各种光谱、波谱和电子能谱,总结基元反应的规律,预测分子的稳定性、反应活性和为分子设计提供有关重要的信息和方法。

量子化学可分为基础理论和应用两部分。基础理论包含多体理论和计算方法两类。多体理论中有化学键理论(价键理论、分子轨道理论和配位场理论等)、密度矩阵理论和传播子理论等。分子轨道计算方法包含从头计算和半经验算法。量子化学的应用已深入到无机化学、有机化学、分析化学、高分子化学、材料化学、电化学、界面化学、生物化学、药物学、环境化学和农药等领域。

1998年,W.Kohn和J.Pople荣获Nobel化学奖,他们的主要功绩是:Kohn提出密度泛函理论;Pople开辟了处理复杂多电子体系的新方法。在瑞典皇家科学院发布的公告中,量子化学被提到前所未有的重要地位——量子化学理论和计算的丰硕成果被认为正在引起整个化学的革命。当然,这些理论和方法也会影响到生物化学、药物化学和环境化学,会促进这些学科的迅速发展。

本章介绍量子力学基本原理,两个简单体系的解、价键理论、分子轨道理论、配位场理论、氢键和物质的宏观性质与其电子结构之间的关系。

11.1 量子力学的基本假设

在旧量子论的基础上，1924年德布罗意(De Broglie)提出了电子等实物粒子也具有波粒二象性的大胆假设，1925年海森堡(Heisenberg)提出矩阵力学，1926年薛定谔(Schrödinger)提出了波动力学，后来狄拉克(Dirac)把两者联系起来，并且算符化。于是，量子力学这一新理论与经典力学并存于世。量子力学是建立在几个基本假设之上的，它们的正确性不断地由实践所证实。

(1) 假设 I 状态函数和几率

微观体系的任何一个状态可以用一个相应的坐标波函数 $\psi(\boldsymbol{r},t)$ 来描述，且 $\psi^*(\boldsymbol{r},t)\psi(\boldsymbol{r},t)\mathrm{d}V$ 表示在时刻 t 空间微体积 $\mathrm{d}V$ 内一个微观粒子出现的几率 $\mathrm{d}w(\boldsymbol{r},t)$，即

$$\mathrm{d}w(\boldsymbol{r},t)=\psi^*(\boldsymbol{r},t)\psi(\boldsymbol{r},t)\mathrm{d}V=|\psi(\boldsymbol{r},t)|^2\mathrm{d}V \quad (11\text{-}1)$$

其中 $\psi^*(\boldsymbol{r},t)$ 是 $\psi(\boldsymbol{r},t)$ 的共轭波函数，在整个空间出现的总几率等于1，即

$$w(\boldsymbol{r},t)=\int\psi^*(\boldsymbol{r},t)\psi(\boldsymbol{r},t)\mathrm{d}V=1 \quad (11\text{-}2)$$

几率密度 $\rho(\boldsymbol{r},t)$ 为单位体积中粒子出现的几率，即

$$\rho(\boldsymbol{r},t)=\frac{\mathrm{d}w(\boldsymbol{r},t)}{\mathrm{d}V}=\psi^*(\boldsymbol{r},t)\psi(\boldsymbol{r},t) \quad (11\text{-}3)$$

若体系有 N 个微观粒子，波函数为 $\psi(\boldsymbol{r}_1,\boldsymbol{r}_2,\cdots,\boldsymbol{r}_N,t)=\psi(x_1,y_1,z_1,\cdots,x_N,y_N,z_N,t)$。

合格的波函数必须满足单值、有限、连续三个条件：

① ψ 在坐标变化的区域内是单值的，这是由于 $\psi^*\psi$ 是粒子出现的几率密度，而在同一位置出现的几率只能有一个。

② ψ 在坐标变化的区域内是有限的，这是由于几率必须是有限的，不可能等于无穷大，即

$$\int \psi^* \psi \, dV = c \qquad (11\text{-}4)$$

其中 c 是常数,可使之归一。这是 ψ 是平方可积的函数。

③ψ 在坐标变化的区域内必须是连续的,而且有连续的一级微商,这是本节讨论的薛定谔方程是二阶线性微分方程的要求。

(2) 假设 Ⅱ　力学量和线性厄米(Hermite)算符

对于体系的每一个可观测的力学量 Ω 有一个对应的线性厄米算符 $\hat{\Omega}$。

算符就是一种演算符号。若某算符满足下列运算:

$$\hat{\Omega}[c_1\varphi_1(r) + c_2\varphi_2(r)] = c_1\hat{\Omega}\varphi_1(r) + c_2\hat{\Omega}\varphi_2(r) \qquad (11\text{-}5)$$

其中 $\varphi_1(r)$、$\varphi_2(r)$ 是两个任意函数,c_1、c_2 是常数,则 $\hat{\Omega}$ 是线性算符。

若算符 $\hat{\Omega}$ 也满足这样的运算,

$$\int \varphi_1^*(r) \hat{\Omega}\varphi_2(r) \, dV = \int \varphi_2(r) [\hat{\Omega}\varphi_1(r)]^* \, dV \qquad (11\text{-}6)$$

式中 $\varphi_1(r)$、$\varphi_2(r)$ 是任意两个平方可积的函数,积分在自变量整个区域,则 $\hat{\Omega}$ 为厄米算符。

若一个算符同时满足式(11-5)和式(11-6),则这样的算符为线性厄米算符。

假设 Ⅱ 的算符化规则如下:

① 时空坐标这些力学量的算符就是自身。

② 动量分量的算符为: $\hat{p}_x = -i\hbar \dfrac{\partial}{\partial x}$, $\hat{p}_y = -i\hbar \dfrac{\partial}{\partial y}$, $\hat{p}_z = -i\hbar \dfrac{\partial}{\partial z}$。其中 $\hbar = h/2\pi$,h 是普朗克常数。

③ 若某力学量 Ω 是坐标和动量的函数,则 $\hat{\Omega}$ 也是对应算符的函数。例如体系的能量 E 等于动能 T 和位能 V 之和,经典力学可写成:

$$E = T + V = \frac{1}{2m}(p_x^2 + p_y^2 + p_z^2) + V(x,y,z)$$

将上式中动量换成相应的算符,能量 E 相应的算符用 $\hat{H}$ 表示,有

$$\hat{H} = -\frac{\hbar^2}{2m}\left(\frac{\partial^2}{\partial x^2} + \frac{\partial^2}{\partial y^2} + \frac{\partial^2}{\partial z^2}\right) + V(x,y,z)$$

$$= -\frac{\hbar^2}{2m}\nabla^2 + V(x,y,z) \tag{11-7}$$

这就是常用到的哈密顿(Hamilton)算符。其中 m 是粒子质量, ∇^2 为拉普拉斯(Laplace)算符。

(3) 假设 Ⅲ　力学量的本征函数和本征值

① 若某力学量算符 $\hat{\Omega}$ 作用到某个状态函数 $\psi(r,t)$,有

$$\hat{\Omega}\psi(r,t) = \Omega\psi(r,t) \tag{11-8}$$

Ω 是一个常数,此方程称为本征方程。Ω 是算符 $\hat{\Omega}$ 的本征值, ψ 是算符 $\hat{\Omega}$、本征值 Ω 的本征函数。式(11-8)表明,在状态 ψ 时,力学量具有确定值。

② 力学量 Ω 的测定值,只能是这些本征值 Ω_n,全部的本征值构成本征值谱。

③ 本征函数 $\{\psi_n\}$ 在数学上组成完全集合,任何满足同样边界条件的连续函数 Ψ,都可以表示成这些本征函数的线性组合,即

$$\Psi = c_1\psi_1 + c_2\psi_2 + \cdots + c_n\psi_n = \sum_i c_i\psi_i \tag{11-9}$$

c_i 是组合系数。

本征值和本征函数具有如下性质:

① 本征值是实数。

证　设 $\hat{\Omega}$ 是线性厄米算符,以 Ω 表示它的本征值, $\psi(x)$ 是对应的本征函数。为简便起见,只讨论一维的情形。根据本征方程

$$\hat{\Omega}\psi = \Omega\psi$$

471

由厄米算符的定义,有

$$\int \psi^* \hat{\Omega}\varphi \, \mathrm{d}x = \int \varphi(\hat{\Omega}\psi)^* \, \mathrm{d}x$$

令式中 ψ 和 φ 都等于 $\hat{\Omega}$ 的本征函数,则上式左边、右边分别等于:

$$\int \psi^* \hat{\Omega}\psi \, \mathrm{d}x = \Omega \int \psi^* \psi \, \mathrm{d}x$$

$$\int \psi(\hat{\Omega}\psi)^* \, \mathrm{d}x = \int \psi \Omega^* \psi^* \, \mathrm{d}x = \Omega^* \int \psi^* \psi \, \mathrm{d}x$$

比较两式,得 $\Omega = \Omega^*$,所以 Ω 是实数。

② 同一厄米算符的属于不同本征值的本征函数彼此正交。

③ 属于同一厄米算符、同一本征值的几个不同的本征函数彼此之间一般不正交,但可通过组合使之彼此正交,且组合前后函数的数目保持不变。

性质②、③这里就不证明了。总之,本征函数之间的正交归一化关系可表示为

$$\int \psi_m^*(x)\psi_n(x) \, \mathrm{d}x = \delta_{m,n}$$

式中 $\delta_{m,n}$ 为 Kronecker 符号。当 $m = n$ 时,$\delta_{m,n} = 1$;当 $m \neq n$ 时,$\delta_{m,n} = 0$。当然可推广到三维空间的波函数 $\psi(x,y,z)$,有

$$\int \psi_m^*(x,y,z)\psi_n(x,y,z) \, \mathrm{d}V = \delta_{m,n}$$

(4) 假设 Ⅳ　状态叠加原理

若某一个微观体系的可能状态用 ψ_1 和 ψ_2 表示,那么应有

$$\psi = c_1\psi_1 + c_2\psi_2 \tag{11-10}$$

ψ 也是体系的一个可能状态,其中 c_1, c_2 是常数。这就是量子力学中的状态叠加原理。

由式(11-10)看出,当粒子处于 ψ_1 态和 ψ_2 态的线性叠加的 ψ 态时,粒子应该既处于 ψ_1 态,又处于 ψ_2 态。状态叠加原理还有下面的含义:若在 ψ_1 态某力学量值是 Ω_1,在 ψ_2 态有值 Ω_2,那么在 ψ 这个状态观察到 Ω_1 的几率是 $c_1^* c_1 = |c_1|^2$,而观察到 Ω_2 的几率是

$|c_2|^2$,且

$$|c_1|^2+|c_2|^2=1$$

现在推广到一般情形,若状态 ψ 可以表示为许多状态 ψ_1,$\psi_2,\cdots,\psi_n,\cdots$ 的线性叠加,即

$$\psi=\sum_n c_n\psi_n \tag{11-11}$$

式中 $c_1,c_2,\cdots,c_n,\cdots$ 为常数,且有

$$\sum_n |c_n|^2=1 \tag{11-12}$$

(5) 假设 V　薛定谔方程

当微观粒子在某一时刻的状态函数 $\psi(\boldsymbol{r},t)$ 为已知时,以后时间粒子所处的状态可由状态随时间变化的薛定谔方程来决定。即

$$\hat{H}\psi(\boldsymbol{r},t)=i\hbar\frac{\partial}{\partial t}\psi(\boldsymbol{r},t) \tag{11-13}$$

若限于讨论具有一定能量的稳定状态(即"定态")的微观粒子的运动,总能量算符就是 $\hat{H}$ 算符,本征值就是总能量 E,有

$$\hat{H}\psi(\boldsymbol{r},t)=E\psi(\boldsymbol{r},t) \tag{11-14}$$

要使式(11-13) 和式(11-14) 同时成立,$\psi(\boldsymbol{r},t)$ 必须满足下式:

$$\psi(\boldsymbol{r},t)=\psi(\boldsymbol{r})\exp\left(-\frac{i}{\hbar}Et\right) \tag{11-15}$$

而 $\psi(\boldsymbol{r})$ 必须满足下列方程:

$$\hat{H}\psi(\boldsymbol{r})=E\psi(\boldsymbol{r}) \tag{11-16}$$

式(11-16) 就是定态的薛定谔方程,式(11-15) 就是定态的波函数。把式(11-15) 代入式(11-1)、(11-2) 和(11-3),得

$$\mathrm{d}w(\boldsymbol{r})=\psi^*(\boldsymbol{r})\psi(\boldsymbol{r})\mathrm{d}V \tag{11-17}$$

$$w(\boldsymbol{r})=\int \psi^*(\boldsymbol{r})\psi(\boldsymbol{r})\mathrm{d}V \tag{11-18}$$

$$\rho(\boldsymbol{r})=\psi^*(\boldsymbol{r})\psi(\boldsymbol{r}) \tag{11-19}$$

11.2 算符间关系和力学量的平均值

11.2.1 算符间的关系

(1) 算符相等

若两个算符 $\hat{L}$ 和 $\hat{F}$ 作用在任意函数 $\varphi(x)$ 上,满足

$$\hat{L}\varphi(x) = \hat{F}\varphi(x) \tag{11-20}$$

则算符 $\hat{L}$ 和 $\hat{F}$ 相等,即 $\hat{L} = \hat{F}$。

(2) 算符相加

若 $\varphi(x)$ 是任意函数,当 $\hat{L}$,$\hat{F}$ 和 $\hat{G}$ 算符作用后有

$$\hat{G}\varphi(x) = \hat{L}\varphi(x) + \hat{F}\varphi(x) \tag{11-21}$$

则算符 $\hat{G}$ 是 $\hat{L}$ 和 $\hat{G}$ 两算符之和,即 $\hat{G} = \hat{L} + \hat{F}$。

(3) 算符相乘

若 $\varphi(x)$ 是任意函数,算符 $\hat{L}$,$\hat{F}$ 和 $\hat{G}$ 作用后有

$$\hat{G}\varphi(x) = \hat{L}[\hat{F}\varphi(x)] \tag{11-22}$$

则算符 $\hat{G}$ 是 $\hat{L}$ 和 $\hat{F}$ 两算符之积,即 $\hat{G} = \hat{L}\hat{F}$。这里 $\hat{G}$ 可看成是双重运算的符号。它作用于 $\varphi(x)$ 上,就等于首先用 $\hat{F}$ 作用于 $\varphi(x)$ 得一个新函数 $\hat{F}\varphi(x)$,然后再用 $\hat{L}$ 作用到 $\hat{F}\varphi(x)$ 这个函数上,而得到 $\hat{L}[\hat{F}\varphi(x)]$。

值得指出的是,按此定义,两个算符的乘积与作用的次序有关,一般情形下,不能随便交换,即 $\hat{L}\hat{F} \neq \hat{F}\hat{L}$。例如,坐标 x 和动量在 x 方向分量算符 $\hat{p}_x$ 的乘积 $x\hat{p}_x$ 不等于 $\hat{p}_x x$。

如果在有的情况下,$\hat{L}\hat{F} = \hat{F}\hat{L}$,则说这两算符可对易。例如,动量在 x 和 y 方向的分量算符 $\hat{p}_x$ 和 $\hat{p}_y$,可写成 $\hat{p}_x\hat{p}_y = \hat{p}_y\hat{p}_x$,我们

说算符 $\hat{p}_x$ 和 $\hat{p}_y$ 是可对易的。

11.2.2 算符对易与共同本征函数系

如果两个算符 $\hat{\Omega}$ 和 $\hat{F}$ 有一组共同本征函数 $\{\varphi_n, n=1, 2, \cdots\}$，而且 $\{\varphi_n, n=1, 2, \cdots\}$ 组成完全系，则算符 $\hat{\Omega}$ 和 $\hat{F}$ 对易。反之，如果两个算符对易，则它们必定存在一共同本征函数系。

例如，前面谈到 $\hat{p}_x$ 和 $\hat{p}_y$ 对易，它们分别与 $\hat{p}_z$ 算符也对易，所以它们存在共同本征函数系 $\{\psi_p\}$，在状态 ψ_p 中，这 3 个算符同时具有确定值 p_x, p_y, p_z。

11.2.3 力学量的平均值

由于微观粒子的运动具有统计规律性（表现为几率波），虽然某一力学量的测量不能像经典力学中那样得到确定值，但总可以得到它的平均值。对于处在给定状态的粒子，如果它的某一力学量 Ω 有一定的取值几率分布：

力学量测值 $\Omega_1, \Omega_2, \cdots, \Omega_n, \cdots$

出现次数 $N_1, N_2, \cdots, N_n, \cdots, \sum_n N_n = N$

几率 $W(\Omega_1), W(\Omega_2), \cdots, W(\Omega_n), \cdots,$ 且 $\sum_n W(\Omega_n) = 1$

从而有一个平均值

$$\bar{\Omega} = \sum_n \Omega_n W(\Omega_n) \qquad (11\text{-}23)$$

设 ψ 表示微观体系的一个可能状态，它可以向一本征函数系 $\{\varphi_n\}$ 展开，即 $\psi = \sum_n c_n \varphi_n$，也可以展开成 $\psi = \sum_m c_m \varphi_m$，于是有

$$\int \psi^* \psi \mathrm{d}V = \int \sum_m c_m^* \varphi_m^* \sum_n c_n \varphi_n \mathrm{d}V = \sum c_m^* c_n \int \varphi_m^* \varphi_n \mathrm{d}V$$

$$= \sum_{m,n} c_m^* c_n \delta_{m,n} = \sum_n |c_n|^2 = 1$$

这里用了本征函数具有正交归一化的性质。说明$|c_n|^2$具有几率的意义。它表示在ψ态观测到Ω_n的几率，即$|c_n|^2 = W(\Omega_n)$。于是式(11-23)变为

$$\bar{\Omega} = \sum_n \Omega_n |c_n|^2 \tag{11-24}$$

对于积分

$$\int \psi^* \hat{\Omega} \psi \, dV = \sum_{m,n} c_m^* c_n \int \varphi_m^* \hat{\Omega} \varphi_n \, dV = \sum_{m,n} c_m^* c_n \Omega_n \int \varphi_m^* \varphi_n \, dV$$

$$= \sum_m |c_n|^2 \Omega_n \tag{11-25}$$

式(11-24)和式(11-25)的右端相等，所以得

$$\bar{\Omega} = \int \psi^* \hat{\Omega} \psi \, dV \tag{11-26}$$

这就是量子力学求平均值的公式。可以证明，当$\hat{\Omega}$为厄米算符时，其平均值$\bar{\Omega}$为实数。

11.2.4 差方平均值

为了定量地表示力学量$\hat{\Omega}$取值不确定程度，即在多次测量中Ω的个别取值所具有的统计偏差的大小，引入差方平均值$\overline{(\Delta\Omega)^2}$。在量子力学中可得到其表达式为

$$\overline{(\Delta\Omega)^2} = \int \psi^* (\Delta\hat{\Omega})^2 \psi \, dV = \int \psi^* (\hat{\Omega} - \bar{\Omega})^2 \psi \, dV$$

对于给定状态，若力学量取值是确定的，则有$\overline{(\Delta\Omega)^2} = 0$；若$\Omega$取值不确定，则$\overline{(\Delta\Omega)^2}$总大于零；若$\overline{(\Delta\Omega)^2}$越大，说明$\Omega$的取值越不确定。

11.2.5 测不准关系

我们可以用差方平均值$\overline{(\Delta x)^2}$和$\overline{(\Delta p_x)^2}$推得下列关系式

$$\overline{(\Delta x)^2}\,\overline{(\Delta p_x)^2} \geqslant \hbar^2/4$$

或
$$\Delta x \Delta p_x \geqslant \frac{h}{4\pi}$$

这就是 1927 年海森堡发现的测不准关系式。这是量子力学和经典力学最基本的差别之一。它表明微观粒子的坐标和动量是不能同时具有确定值的。

11.3 箱中粒子

箱中粒子可能是使用波动方程所能求解的最简单的体系。粒子(一个电子,一个核等)在所给箱子的空间范围内是自由运动(势能为零)的,而在箱壁和箱外是禁止(势能为无穷大)的。我们先讨论一维势箱的粒子运动方程和应用,然后给出三维势箱中的解。

11.3.1 一维势箱粒子的薛定谔方程及其解

设粒子的质量为 m,一维势箱是沿 x 轴方向,长度为 a,假定势能为:
$$V = 0, 0 < x < a$$
$$V = \infty, x \leqslant 0, x \geqslant a$$

这时薛定谔方程式为:
$$-\frac{\hbar^2}{2m}\frac{\mathrm{d}^2 \psi_{n_x}(x)}{\mathrm{d}x^2} = E_{n_x}\psi_{n_x}(x) \tag{11-27}$$

这里不推演此微分方程的求解过程,对波函数 ψ 作一讨论。要满足式 (11-27) 就要求波函数 ψ 在对 x 进行 2 次微分(即 $\mathrm{d}^2\psi(x)/\mathrm{d}x^2$)后能得到一个常数乘以这个波函数 $\psi(x)$。下面可以看到连续函数 $\sin bx$ 和 $\cos bx$ 是符合要求的函数。

$$\frac{\mathrm{d}^2}{\mathrm{d}x^2}\sin bx = -b^2 \sin bx$$

$$\frac{\mathrm{d}^2}{\mathrm{d}x^2}\cos bx = -b^2 \cos bx$$

这样体系的一般解可以写成:

$$\psi(x) = A\sin bx + B\cos bx \tag{11-28}$$

根据边界条件,当 $x=0$ 和 $x=a$ 时,波函数 ψ 必须为零,即 $\psi(0)=\psi(a)=0$。应用边界条件就可筛选出适合薛定谔方程的解。

当 $x=0$, $\sin bx=0$, 而 $\cos bx=1$。因此式(11-28)中的 $B=0$。于是

$$\psi(x) = A\sin bx \tag{11-29}$$

再由 $\psi(a)=0$, $A\sin ba=0$, 这里 A 不能等于零,否则 $\psi=0$,这样得到的只是零解,这是毫无意义的。因此,只能使 $\sin ba=0$, 这就要求

$$ba = n_x\pi, \quad n_x = 1,2,3,\cdots \tag{11-30}$$

于是

$$b = \frac{n_x\pi}{a}, \quad n_x = 1,2,3,\cdots \tag{11-31}$$

将式(11-31)代入式(11-29),波函数为:

$$\psi_{n_x}(x) = A\sin\frac{n_x\pi}{a}x, \quad n_x = 1,2,3,\cdots \tag{11-32}$$

这里 a 是一维势箱的长度,n_x 是量子数。用归一化条件

$$\int \psi_{n_x}^*(x)\psi_{n_x}(x)\mathrm{d}x = \int A^2\sin^2\frac{n_x\pi}{a}x\,\mathrm{d}x = 1$$

可求出 $A=\sqrt{\dfrac{2}{a}}$。现在可写出一维势箱归一化的波函数形式为

$$\psi_{n_x}(x) = \sqrt{\frac{2}{a}}\sin\frac{n_x\pi}{a}x \tag{11-33}$$

当 $n_x=1,2,3$ 时波函数 $\psi_n(x)$ 的图形见图 11-1(A),图 11-1(B)给出 $\psi_n^2(x)$(几率密度)的图形。

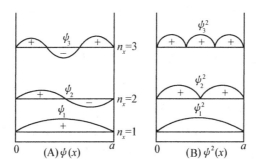

图 11-1　一维势箱粒子的波函数(A)ψ 和(B)ψ^2 的图形

现在考虑一维势箱的能量。将式(11-33)代入薛定谔方程式(11-27),有

$$-\frac{\hbar^2}{2m}\frac{d^2}{dx^2}\left(\sqrt{\frac{2}{a}}\sin\frac{n_x\pi x}{a}\right)=E_{n_x}\left(\sqrt{\frac{2}{a}}\sin\frac{n_x\pi x}{a}\right)$$

$$\frac{\hbar^2}{2m}\frac{n_x^2\pi^2}{a^2}\left(\sqrt{\frac{2}{a}}\sin\frac{n_x\pi x}{a}\right)=E_{n_x}\left(\sqrt{\frac{2}{a}}\sin\frac{n_x\pi x}{a}\right) \quad (11\text{-}34)$$

所以

$$E_{n_x}=\frac{n_x^2\pi^2\hbar^2}{2ma^2}=\frac{n_x^2h^2}{8ma^2},\ n_x=1,2,3,\cdots \quad (11\text{-}35)$$

至此,已求出波函数与相应的能级。例如,$n_x=1$,波函数 $\psi_1(x)=\sqrt{\frac{2}{a}}\sin\frac{\pi x}{a}$,相应能级为:$E_1=\frac{h^2}{8ma^2}$。由式(11-35)看到,当 n_x 取 1,2,3,… 时,能量是量子化的,这同经典力学结果是不同的。按经典力学概念,粒子的能量是可以连续变化的。我们考虑相邻两能级间的能量差

$$\Delta E_{n_x}=E_{n_x+1}-E_{n_x}=(2n_x+1)\frac{h^2}{8ma^2} \quad (11\text{-}36)$$

当粒子的质量 m 和运动范围 a 越小,则能量差越大,从而量子化越

显著。而对于比较大的 m 和 a，能级间的差距就很小，当 m 和 a 大到一定程度，ΔE_{n_x} 就很小很小，此时可将能量的变化看成是连续的了。

由上述能级公式看到，当 $n_x = 1$ 时，$E_1 = \dfrac{h^2}{8ma^2}$，即最低能量不为零，这称为零点能。微观粒子存在零点能，这与测不准原理是一致的。因为粒子是在一定的区间 $0 < x < a$ 而不是在无穷的区间内运动，即 $\Delta x \neq \infty$，所以测不准关系式 Δp_x 就不能等于零，也就是动量不能具有确定值。由于在一维势箱中运动的粒子，势能为零，故 E_{n_x} 等于动能 T。已知 $T = \dfrac{p_x^2}{2m}$，只有 p_x 恒等于零时动能 T 才等于零，但 $\Delta p_x \neq 0$，所以动能 T 也不能等于零。这就是说粒子不能处于动能为零的静止状态。

当 n_x 变化时，由式(11-33)描述粒子的波动性。$|\psi_{n_x}|^2$ 表示几率密度。从图 11-1(B) 可见，当 $n_x = 1$ 时，最大几率在 $x = \dfrac{a}{2}$ 处；$n_x = 2$ 时，最大几率在 $x = \dfrac{a}{4}$ 和 $\dfrac{3a}{4}$ 处。最小几率是零，在 $x = \dfrac{a}{2}$ 处。ψ_{n_x}（和 $\psi_{n_x}^2$）为零的点称为节点。通常节点数随能量（或 n_x）增大而增加。

11.3.2 应用

一维势箱中粒子模型常用来近似处理有机化学和无机化学中的一些体系。这里介绍在 β-胡萝卜素中的应用。它的分子中含有 11 个共轭的乙烯单位，其分子结构如下：

如果分子被氧化,它可以从中间(虚线)断裂,生成2个视网膜分子或者维生素 A_1,这与在视觉中蛋白质的视紫红色素紧密相关。事实上,存在许多 β-胡萝卜素的异构体和化学上改性的衍生物。它们在视觉中起重要作用,像在光合作用中作为敏化剂,防止有害生物氧化的防护剂。β-胡萝卜素在工业上已经能够大量合成,用做许多食品的染色剂。

β-胡萝卜素和其他类胡萝卜素有两种类型的键电子。一种是 σ 电子,贡献给单键和双键的一半。另一种是 π 电子,贡献给双键的另一半。像 β-胡萝卜素和菁染料分子体系,在经典分子结构里双键和单键相交替。π 电子不是限制在连接原子之间的范围,这种化学键是非定域键或称离域键,这种现象称为共轭现象,这类分子叫做共轭分子。它们最简单的运动模型就是假定 π 电子在整个分子长度上运动。近似地认为原子核及其他电子所产生的总位能是固定的常数值,考虑能级差时,常数部分相消。

β-胡萝卜素有11个共轭双键和22个电子。因为每个轨道只能占据两个自旋相反的电子,22个电子从最低能级 $n_x=1$ 填充起,可填满11个轨道,$n_x=11$。我们能够使用能量表达式计算一维势箱长度 a,且与该共轭体系键长加和值相比较。

当适当波长的光入射到分子时,分子吸收一部分能量引起电子激发到较高能级轨道。此过程只有当入射光能量与分子的两个状态(本征态)之间的差相当时才能发生。事实上,相应最长波长电子吸收带的最低能级跃迁是很容易鉴别和观测的。当能级($n_x=11$)的电子被激发到能级($n_x=12$)时最低能量吸收发生。我们将通过能级差来估算长度 a。将 $n_x=11$ 代入式(11-36)中,有

$$\Delta E = \frac{h^2}{8ma^2}(2 \times 11 + 1) = \frac{23h^2}{8ma^2} \qquad (11\text{-}37)$$

由于

$$\Delta E = \frac{hc}{\lambda} \qquad (11\text{-}38)$$

我们得到

$$\lambda = \frac{8mca^2}{23h} \qquad (11\text{-}39)$$

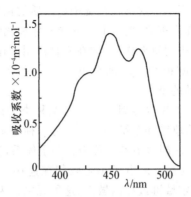

图 11-2　全反式 β-胡萝卜素吸收光谱

β-胡萝卜素长波吸收由图 11-2 所示。看出最大吸收波长在 480 nm。将此值代入式(11-39)可求得 a：

$$a^2 = \frac{23h\lambda}{8mc} = \frac{(6.626\times10^{-34}\text{ J}\cdot\text{s})(4.8\times10^{-7}\text{ m})\times23}{8\times(9.11\times10^{-31}\text{ kg})(2.9979\times10^{8}\text{ m}\cdot\text{s}^{-1})}$$

$a = 1.83$ nm

这是胡萝卜素一维自由电子模型的有效长度。

胡萝卜素"之"型链的实际长度能够从单、双键键长加和求出。对于这样的共轭体系。单键键长取 0.146 nm，双键键长取 0.135 nm。β-胡萝卜素有 11 个双键和 10 个单键，所以长度为 10×0.146+11×0.135=2.945 nm。实际长度和有效长度不同与我们模型过于近似有关。如果我们比较不同共轭长度的类胡萝卡素光谱，将与 $\lambda = \dfrac{8mca^2}{h(2N+1)}$ 有好的关系。

11.3.3　三维势箱粒子

粒子在三维势箱中运动是自由的，位能 V 为 0，在箱壁和箱外的 $V=\infty$。即

$$V=0, (0<x<a; 0<y<b; 0<z<c)$$
$$V=\infty, (x\leqslant 0, x\geqslant a; y\leqslant 0, y\geqslant b; z\leqslant 0, z\geqslant c)$$

这时薛定谔方程为：

$$-\frac{\hbar^2}{2m}\left[\frac{d^2\psi_n}{dx^2}+\frac{d^2\psi_n}{dy^2}+\frac{d^2\psi_n}{dz^2}\right]=E_n\psi_n \quad (11\text{-}40)$$

x 部分的求解前已述，仿此可求出 y,z 部分的解。这样，我们就可以得到在三维势箱中运动粒子的波函数和能级，即

$$\psi_{n_x,n_y,n_z}=\sqrt{\frac{8}{abc}}\sin\frac{n_x\pi x}{a}\sin\frac{n_y\pi y}{b}\sin\frac{n_z\pi z}{c} \quad (11\text{-}41)$$

$$E_{n_x,n_y,n_z}=E_{n_x}+E_{n_y}+E_{n_z}$$
$$=\frac{h^2}{8m}\left(\frac{n_x^2}{a^2}+\frac{n_y^2}{b^2}+\frac{n_z^2}{c^2}\right) \quad (11\text{-}42)$$

这里，量子数 $n_x, n_y, n_z = 1, 2, 3, \cdots$。

这一模型还可以用来描述金属晶体中价电子的运动。

11.4 氢原子和类氢离子

11.4.1 氢原子和类氢离子薛定谔方程及其解

氢原子和类氢离子是由带 $+Ze$ 电荷的核与带 $-e$ 电荷且质量为 m 的电子所构成。若 r 表示电子和核之间的距离，按照库仑定律，电子的位能为：

$$V(r)=-\frac{Ze^2}{r} \quad (11\text{-}43)$$

于是氢原子和类氢离子的薛定谔方程为：

$$-\frac{\hbar^2}{2m}\nabla^2\psi-\frac{Ze^2}{r}\psi=E\psi \quad (11\text{-}44)$$

为求解此方程，应将直角坐标换成球坐标（图 11-3）。关系有：$x=r\sin\theta\cos\varphi$, $y=r\sin\theta\sin\varphi$, $z=r\cos\theta$。在球坐标系中，∇^2

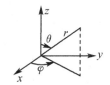

图 11-3 球坐标与直角坐标的关系

算符表示如下：

$$\nabla^2 = \frac{1}{r^2}\frac{\partial}{\partial r}\left(r^2\frac{\partial}{\partial r}\right) + \frac{1}{r^2\sin\theta}\frac{\partial}{\partial \theta}\left(\sin\theta\frac{\partial}{\partial \theta}\right) + \frac{1}{r^2\sin^2\theta}\frac{\partial^2}{\partial \varphi^2}$$
(11-45)

将式(11-45)代入式(11-44)，薛定谔方程为：

$$-\frac{\hbar^2}{2m}\left[\frac{1}{r^2}\frac{\partial}{\partial r}\left(r^2\frac{\partial}{\partial r}\right) + \frac{1}{r^2\sin\theta}\frac{\partial}{\partial \theta}\left(\sin\theta\frac{\partial}{\partial \theta}\right) + \frac{1}{r^2\sin^2\theta}\frac{\partial^2}{\partial \varphi^2}\right]\psi$$
$$-\frac{Ze^2}{r}\psi = E\psi \qquad (11\text{-}46)$$

可以用变量分离法求解式(11-46)，式中 r、θ 和 φ 是3个独立的变量。ψ 可写成3个函数之积：

$$\psi = \psi(r,\theta,\varphi) = R(r)\Theta(\theta)\Phi(\varphi) \qquad (11\text{-}47)$$

将式(11-47)代入式(11-46)，且在式(11-46)两端同乘以 $-(2mr^2/(\hbar^2 R(r)\Theta(\theta)\Phi(\varphi)))$，有

$$\frac{1}{R}\frac{\partial}{\partial r}\left(r^2\frac{\partial R}{\partial r}\right) + \frac{1}{\Theta\sin\theta}\frac{\partial}{\partial \theta}\left(\sin\theta\frac{\partial \Theta}{\partial \theta}\right) + \frac{1}{\Phi\sin^2\theta}\frac{\partial^2 \Phi}{\partial \varphi^2} + \frac{2mr^2 Ze^2}{r\hbar^2}$$
$$= -\frac{2mr^2}{\hbar^2}E$$

这里 $R = R(r)$，$\Theta = \Theta(\theta)$，$\Phi = \Phi(\varphi)$。将上式移项，将含 r 部分与 θ、φ 部分分开，且令它们分别等于 β。

$$\frac{1}{R}\frac{\partial}{\partial r}\left(r^2\frac{\partial R}{\partial r}\right) + \frac{2mr^2 Ze^2}{r\hbar^2} + \frac{2mr^2 E}{\hbar^2}$$
$$= -\frac{1}{\Theta\sin\theta}\frac{\partial}{\partial \theta}\left(\sin\theta\frac{\partial \Theta}{\partial \theta}\right) - \frac{1}{\Phi\sin^2\theta}\frac{\partial^2 \Phi}{\partial \varphi^2} = \beta \quad (11\text{-}48)$$

将式(11-48)后一等号两端同乘以 $\sin^2\theta$，有

$$\frac{\sin\theta}{\Theta}\frac{\partial}{\partial \theta}\left(\sin\theta\frac{\partial \Theta}{\partial \theta}\right) + \beta\sin^2\theta = -\frac{1}{\Phi}\frac{\partial^2 \Phi}{\partial \varphi^2} = |m|^2 \quad (11\text{-}49)$$

这里将 θ 与 φ 部分分开，且令它们分别等于 $|m|^2$。由式(11-49)可得

$$\frac{d^2\Phi}{d\varphi^2} + |m|^2\Phi = 0 \qquad (11\text{-}50)$$

解此微分方程,得

$$\Phi = \Phi_{|m|}(\varphi) = \frac{1}{\sqrt{2\pi}} e^{i|m|\varphi}, m = 0, \pm 1, \cdots \quad (11\text{-}51)$$

m 是磁量子数。将式(11-49)最左端两项之和等于 $|m|^2$,且同乘以 $\Theta/\sin^2\theta$,得

$$\frac{1}{\sin\theta} \frac{d}{d\theta}\left(\sin\theta \frac{d\Theta}{d\theta}\right) + \beta\Theta - \frac{|m|^2}{\sin^2\theta}\Theta = 0 \quad (11\text{-}52)$$

式(11-52)用级数法求解时,只有 $\beta = l(l+1), l = 0, 1, 2, \cdots$ 以及 $l \geqslant |m|$,才能得到收敛的解。此方程解的过程较长,这里只给出结果。

$$\Theta = \Theta_{l,|m|}(\theta) = \left[\frac{2l+1}{2} \cdot \frac{(l-|m|)!}{(l+|m|)!}\right]^{1/2} P_l^{|m|}(\cos\theta)$$

$$(11\text{-}53)$$

l 是角量子数,取值为 $0, 1, 2, \cdots$。$P_l^{|m|}(\cos\theta)$ 称为联属勒让德函数,具体表示如下:

$$P_l^{|m|}(\cos\theta) = \frac{1}{2^l l!}(1-\cos^2\theta)^{\frac{|m|}{2}} \frac{d^{l+|m|}}{d(\cos\theta)^{l+|m|}}(\cos^2\theta - 1)^l$$

$$(11\text{-}54)$$

关于 R 的解,将式(11-48)最左端等于 $\beta, \beta = l(l+1)$ 代入,且两边同乘以 $\frac{1}{r^2}$,移项整理后得

$$\frac{1}{r^2}\frac{d}{dr}\left(r^2\frac{dR}{dr}\right) + \left[\frac{2mE}{\hbar^2} + \frac{2mZe^2}{r\hbar^2} - \frac{l(l+1)}{r^2}\right]R = 0$$

$$(11\text{-}55)$$

其解为

$$R = R_{n,l}(r) = -\left\{\left(\frac{2Z}{na_0}\right)^3 \frac{(n-l-1)!}{2n[(n+l)!]^3}\right\}^{1/2} \rho^l e^{-\frac{\rho}{2}} L_{n+l}^{2l+1}$$

$$(11\text{-}56)$$

其中 L_{n+l}^{2l+1} 为联属拉盖尔函数,具体表示如下:

$$L_{n+l}^{2l+1} = \frac{d^{2l+1}}{d\rho^{2l+1}} e^{\rho} \frac{d^{n+l}}{d\rho^{n+l}} (e^{-\rho} \rho^{n+l}) \tag{11-57}$$

$$\rho = \frac{2Zr}{na_0} \tag{11-58}$$

式中 $a_0 = \hbar^2/me^2 = 0.0529$ nm。于是氢原子和类氢离子的波函数 ψ 为：

$$\psi = \psi_{n,l,|m|}(r,\theta,\varphi) = R_{n,l}(r) \Theta_{l,|m|}(\theta) \Phi_{|m|}(\varphi) \tag{11-59}$$

这里 $R_{n,l}(r)$，$\Theta_{l,|m|}(\theta)$ 和 $\Phi_{|m|}(\varphi)$ 分别归一化，因此 $\psi_{n,l,|m|}(r,\theta,\varphi)$ 也是归一化的函数。量子数 n 为主量子数，$n = 1,2,3,\cdots$；$l = 0,1,2,\cdots,(n-1)$；$m = 0, \pm 1, \pm 2, \cdots, \pm l$。

氢原子和类氢离子的能级 E_n 表示式为：

$$E_n = -\frac{Z^2}{n^2} \cdot \frac{me^4}{2\hbar^2}, n = 1,2,3,\cdots \tag{11-60}$$

氢原子基态能量 $E = -13.6$ eV $= -2.179 \times 10^{-18}$ J。

将式(11-59)的 ψ 代入式(11-46)即得氢原子和类氢离子的定态能量算符 $\hat{H}$ 的本征方程式，其中 E 是能量本征值，ψ 是其本征函数。

11.4.2　实波函数

式(11-59)给出的波函数是复波函数形式，然而讨论化学成键问题需用实波函数，所以应将复波函数经过线性组合成实波函数。现以 $\psi_{2,1,1}$ 和 $\psi_{2,1,-1}$ 为例加以讨论。

$$\frac{1}{2}[\psi_{2,1,1} + \psi_{2,1,-1}] = \frac{1}{2}[R_2' \sin\theta e^{i\varphi} + R_2' \sin\theta e^{-i\varphi}]$$

$$= R_2' \sin\theta \cos\varphi = \psi_{2p_x} \tag{11-61}$$

$$\frac{1}{2i}[\psi_{2,1,1} - \psi_{2,1,-1}] = \frac{1}{2i}[R_2' \sin\theta e^{i\varphi} - R_2' \sin\theta e^{-i\varphi}]$$

$$= R_2' \sin\theta \sin\varphi = \psi_{2p_y} \tag{11-62}$$

上述两式中 R_2' 表示把 Θ 和 Φ 的归一化系数放在 R_2 部分。由于

$R'_2\sin\theta\cos\varphi$ 与 $r\sin\theta\cos\varphi(=x)$,$R'_2\sin\theta\sin\varphi$ 与 $r\sin\theta\sin\varphi(=y)$ 的变换性质分别相同,所以分别用 ψ_{2p_x},ψ_{2p_y} 表示。下脚标 p 是因为角量子数 $l=0,1,2,3,\cdots$ 通常依次用符号 $s,p,d,f,\cdots$ 来表示之故。

表 11-1 中列出了氢原子和类氢离子的实波函数(状态)。

表 11-1　　　　氢原子和类氢离子的实波函数

n	l	$\lvert m \rvert$	光谱学符号	$\psi_{n,l,m}(r,\theta,\varphi)$
1	0	0	$1s$	$\left(\dfrac{Z^3}{\pi a_0^3}\right)^{1/2} e^{-\frac{Z}{a_0}r}$
2	0	0	$2s$	$\dfrac{1}{4}\left(\dfrac{Z^3}{2\pi a_0^3}\right)^{1/2}\left(2-\dfrac{Z}{a_0}r\right) e^{-\frac{Zr}{2a_0}}$
2	1	0	$2p_z$	$\dfrac{1}{4}\left(\dfrac{Z^3}{2\pi a_0^3}\right)^{1/2}\left(\dfrac{Zr}{a_0}\right) e^{-\frac{Zr}{2a_0}}\cos\theta$
2	1	1(cos 型)	$2p_x$	$\dfrac{1}{4}\left(\dfrac{Z^3}{2\pi a_0^3}\right)^{1/2}\left(\dfrac{Zr}{a_0}\right) e^{-\frac{Zr}{2a_0}}\sin\theta\cos\varphi$
2	1	1(sin 型)	$2p_y$	$\dfrac{1}{4}\left(\dfrac{Z^3}{2\pi a_0^3}\right)^{1/2}\left(\dfrac{Zr}{a_0}\right) e^{-\frac{Zr}{2a_0}}\sin\theta\sin\varphi$

表中 $1s,2s,2p_x$ 等符号就是波函数 $\psi_{1s},\psi_{2s},\psi_{2p_x}$ 等的简写。

若将 $\Theta_{l,|m|}(\theta)$ 与 $\Phi_{|m|}(\varphi)$ 相乘,就得到波函数的角度部分 $Y_{l,|m|}(\theta,\varphi)$。因此,氢原子和类氢离子的波函数可看成是径向部分与角度部分之乘积。图 11-4 画出表示电子几率分布的几种方法:(a)ψ 和 ψ^2 与 r 的关系图;(b) 等密度面图;(c) 电子云图;(d) 界面图。电子云的界面是一等密度面,发现电子在此界面以内的几率很大(例如 90%)。

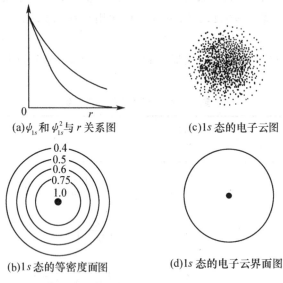

图 11-4 电子几率分布的几种图形

11.4.3 波函数和电子云的图形

这里简略介绍径向部分和角度部分的性质。

(1) 电子云的径向分布

为了便于讨论电子云分布随着 r 的变化情况,常定义径向分布函数 $D(r)$

$$D(r) = r^2 [R_{n,l}(r)]^2$$

以表示在半径为 r 的球面附近单位厚度球壳内电子出现的几率。

图 11-4 是 $D(r)$ 与 r 的关系图。曲线最高点的位置就是电子云分布的最密球壳的半径。如 1s 态在 $r=a_0$ 处出现极大值。电子云径向分布图中高峰的数目为 $n-l$,两相邻高峰之间有一个为零的节面,节面的数目为 $n-l-1$(不算原点)。当 l 相同,n 越大时

图中最高峰(主峰)离核也越远,这意味着主量子数小的波函数大部分处于靠近核的内层,反之在离核较远的外层。例如,2s 的主峰在 1s 峰的外侧,但 2s 的第一个峰却渗透到 1s 峰的内侧去了。这种互相渗透性显然是电子波动性的表现。当主量子数 n 相同而角量子数又不同时,l 越小的波函数的第一个峰离核越近。如 3s 波函数的第一峰比 3p 的第一峰离核近等。这种现象称为钻穿效应。

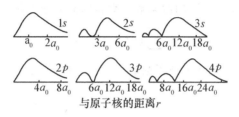

图 11-5　电子云的径向分布

(2) 角度部分

波函数的角度部分 $Y_{l,m}(\theta,\varphi)$ 对于讨论分子的静态结构及其在化学反应中的变化等有关化学键形成问题是很重要的。图 11-6 是 s、p_x、p_y 和 p_z 的示意图。斜线表示波函数(轨道)中"+"的部分,不带斜线的表示波函数(轨道)中"-"部分(或位相,下同)。

电子在空间的几率分布,即 $|\psi|^2$ 在空间的分布常形象地称为电子云。电子云的角度分布图与图 11-6 极为相似,只是比波函数的角度分布图要"瘦"一些。

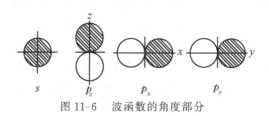

图 11-6　波函数的角度部分

11.4.4 简并度

由式(11-60)看出,氢原子和类氢原子波函数(又称原子轨道,见下节)只与主量子数 n 有关,所以主量子数相同的波函数具有相同的能量,如氢原子和类氢原子的 ψ_{2s}, ψ_{2p_x}, ψ_{2p_y}, ψ_{2p_z} 具有相同的能量。这种几个波函数对应于同一能量,称这些波函数是简并的。对应于同一能量的波函数的数目称为简并度。容易证明,主量子数 n 相同的波函数的数目即简并度为 n^2。有

$$\sum_{l=0}^{n-1}(2l+1)=n^2$$

如,当 $n=1$,只有1个波函数 $\psi_{100}(\psi_{1s})$,非简并的;$n=2$ 时,简并度为 4。

11.5 原子轨道

原子核外有多个电子的原子称为多电子原子。由于多个电子彼此之间存在相互作用,使位能项变得复杂。至今它们的薛定谔方程仍无法精确求解。通常采用各种近似模型来近似求解。

原子的波函数近似地等于单电子波函数的乘积。我们将原子的单电子波函数称为原子轨道(AO)。说 s 轨道、p 轨道就是指那些 $l=0,1$ 的单电子波函数。

对于多电子原子,原子轨道能量的高低不仅与主量子数 n 有关,而且也与角量子数 l 有关。还可以从屏蔽效应和钻穿效应两方面来分析。可归纳为:①l 相同时,n 越大能量越高。例如,$E_{1s}<E_{2s}<E_{3s}<E_{4s}$。②$n$ 相同时,l 越大者能量越高。例如,$E_{ns}<E_{np}<E_{nd}<E_{nf}$。③ 当 n 和 l 同时变化时,能量高低的问题已由徐光宪从光谱数据归纳得到这样的规律:对于原子的外层电子而言,$(n+0.7l)$ 值越大则能级越高。例如 $4s$ 的 $n+0.7l=4$,$3d$ 的 $n+0.7l=3+0.7\times 2=4.4$,故 $E_{4s}<E_{3d}$。

图 11-7 是多电子原子的电子能级的示意图。

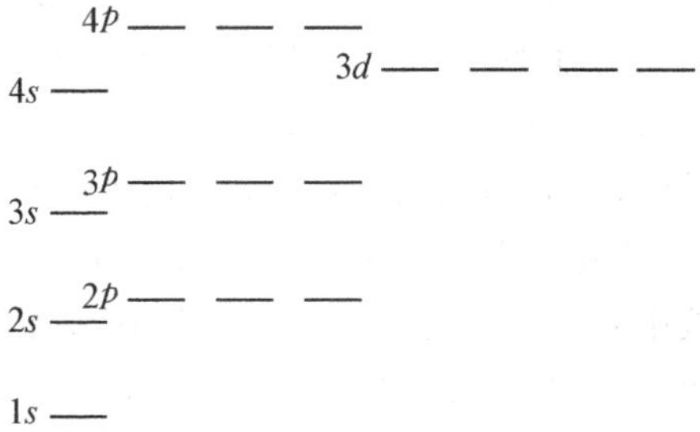

```
4p ── ── ──
4s ──           3d ── ── ── ──
    3p ── ── ──
3s ──
    2p ── ── ──
2s ──

1s ──
```

图 11-7　原子的电子能级示意图

11.6　隧 道 效 应

当动能 $T=0$ 时,氢原子基态的位能等于体系的能量,有

$$-\frac{e^2}{r}\psi = E_{1s}\psi = -\frac{e^2}{2a_0}\psi$$

于是得 $r=2a_0$。按照经典力学,氢原子中的电子只能在 $r=2a_0$ 以内的范围运动。否则 $T<0$,相应的动量为虚数,这是不允许的。经典粒子将被势垒转向或反射。然而,从图 11-5 中看到在 $r>2a_0$ 的地方,电子仍有一定的几率出现。实物粒子这种对势垒的穿透(不是翻越),超出经典力学限制运动范围的现象称为隧道效应。这是粒子具有波性的表现。

隧道效应是一个重要的量子效应。在物理学中应用较广,如 α-蜕变、热电子发射、金属半导体整流和隧道二极管等获得应用。

隧道效应可在化学中研究质子转移、电子转移等,如光化学中引人注目的问题是银盐成像过程中光敏剂的增感作用。AgX 对可见光的大部分辐射是不起作用的,而用了光敏剂才获得对可见光和紫外光敏感的各种乳剂层，可能是由于敏化剂分子中的激发电子的能级与 AgX 导带能级相匹配时，它就有一定的几率穿透敏化剂分子与 AgX 间的势垒至 AgX 的导带，而敏化剂分子本身变为自由基；同时，定域在 AgX 表面位置上的电子又通过隧道效应转移至敏化剂分子空的基态能级，使敏化剂分子再生。

在电化学中，Gurney 于 1931 年就开创了电化学动力学的量子力学理论，该理论涉及电子从金属中的束缚态穿过电极－溶液界面到达溶液中离子的隧道效应。1960 年后，人们又研究了电极过程的各种势垒形式的隧道效应的几率表示公式。对于气态离子和溶液中离子在界面电子转移的隧道效应以及贯穿自由空间吸附层和贯穿溶液中吸附层电子转移的隧道效应都进行了研究。

在生命科学领域，Løwdin 于 1963 年提出了在 DNA 中质子隧道现象的理论。基于 Watson-crick 模型，他提出在 DNA 中存在着质子运动必然的、固有的可能性，即在碱基对（base pair）之间的一个或多个氢键中质子改变其位置，最终将从一个占优位置跑到另一个占优位置，质子的自发转移，是微观粒子所固有的特点，从而使一种碱变为它的异构物。这种互变异构体有别于碱的正常配对物，将导致遗传密码出错，其差错的累积可能就是变异（mutation）、老化（aging）和产生肿瘤（spontaneous tumors）的根源。

光合作用是地球上最重要的一种能量转换过程。生物界就是依靠光合作用而生存的。1988 年 Michel、Deisenhofer 和 Huber，由于首次得到了可供 x-衍射结构分析用的紫色光合作用的细菌光合反应中心的膜蛋白结晶，并测定了这一膜蛋白－色素复合体的高分辨率的三维空间结构，解释了细菌光合作用机制，从而获得诺贝尔化学奖。为人工合成光合物质迈出了第一步。近年来，人工模拟光合作用仍是化学家和生物学家共同关心的课题。用人工膜来研究光能的转换和传递过程，对了解光合作用和探索太阳能的有效利用途径是十分重要的。Chance 认为细菌叶绿素与细胞色素之间的电荷转移是通过隧道效应进行的。

近年来,基于隧道效应研制的扫描隧道电子显微镜(STM),对材料和整个科学领域起到了积极的推动作用。它利用极细的金属探针靠近待测材料表面时,两者原子外层的电子云略有重叠,当两者间施加一小电压,便产生隧道效应,电子在探针尖和材料之间流动,且随表面"凹凸不平"而变化,通过计算机处理,便能在显示屏上直接观察到表面三维的原子结构图,使人们进入到直接操纵原子、分子的时代。

11.7 轨道角动量和电子自旋

11.7.1 轨道角动量算符和本征方程

在经典力学中,一个质点绕 O 点转动的角动量(或称动量矩)是一个矢量 M,它等于质点到 O 点的矢量 r 与其动量 p 的矢量积(或叉积),即:

$$M = r \times p$$

在量子力学中将角动量算符化。在笛卡儿坐标系中,角动量分量和角动量平方算符的形式为:

$$\hat{M}_x = -i\hbar\left(y\frac{\partial}{\partial z} - z\frac{\partial}{\partial y}\right)$$

$$\hat{M}_y = -i\hbar\left(z\frac{\partial}{\partial x} - x\frac{\partial}{\partial z}\right) \quad (11\text{-}63)$$

$$\hat{M}_z = -i\hbar\left(x\frac{\partial}{\partial y} - y\frac{\partial}{\partial x}\right)$$

$$\hat{M}^2 = -\hbar^2\left[\left(y\frac{\partial}{\partial z} - z\frac{\partial}{\partial y}\right)^2 + \left(z\frac{\partial}{\partial x} - x\frac{\partial}{\partial z}\right)^2 + \left(x\frac{\partial}{\partial y} - y\frac{\partial}{\partial x}\right)^2\right]$$

在球坐标下 $\hat{M}_z$ 和 $\hat{M}^2$ 的表达式为:

$$\hat{M}_z = -i\hbar\frac{\partial}{\partial \varphi} \quad (11\text{-}64)$$

$$\hat{M}^2 = -\hbar^2 \left[\frac{1}{\sin\theta} \frac{\partial}{\partial \theta} \left(\sin\theta \frac{\partial}{\partial \theta} \right) + \frac{1}{\sin^2\theta} \frac{\partial^2}{\partial \varphi^2} \right] \quad (11\text{-}65)$$

若将式(11-64)和式(11-65)分别用于氢原子的复波函数上,可得到:

$$\hat{M}_z \psi_{n,l,m}(r,\theta,\varphi) = m\hbar \psi_{n,l,m}(r,\theta,\varphi) \quad (11\text{-}66)$$

$$\hat{M}^2 \psi_{n,l,m}(r,\theta,\varphi) = l(l+1)\hbar^2 \psi_{n,l,m}(r,\theta,\varphi) \quad (11\text{-}67)$$

式(11-66)和式(11-67)分别是 $\hat{M}_z$ 和 $\hat{M}^2$ 的本征方程,其本征值分别是 $m\hbar$ 和 $l(l+1)\hbar^2$。

在 11.4.1 中我们指出:$\hat{H}\psi_{n,l,m}(r,\theta,\varphi) = E\psi_{n,l,m}(r,\theta,\varphi)$,是能量本征方程。结合式(11-66)和式(11-67)可看出 $\psi_{n,l,m}(r,\theta,\varphi)$ 复波函数使能量、角动量平方和角动量 Z 方向分量同时具有确定的值,且 $\{\psi_{n,l,m}(r,\theta,\varphi): n=1,2,\cdots; l=0,1,2,\cdots,(n-1); m=0,\pm 1,\pm 2,\cdots,\pm l\}$ 构成完全系,说明 $\{\psi_{n,l,m}(r,\theta,\varphi)\}$ 是 $\hat{H}$、$\hat{M}^2$、$\hat{M}_z$ 的共同本征函数系。因此 $\hat{H}$、$\hat{M}^2$ 和 $\hat{M}_z$ 这 3 个算符彼此两两对易。

11.7.2 角动量的加和规则

若第 1 个粒子的角量子数为 l_1,第 2 个粒子的角量子数为 l_2,则角动量的矢量加和规则为:

$$l = l_1 + l_2, l_1 + l_2 - 1, \cdots, |l_1 - l_2|$$

这里 l 是总角动量量子数。

11.7.3 电子自旋

在高分辨率的光谱仪中,观察氢原子由 $1s \to 2p$ 的跃迁,得到的不是一条谱线,而是两条很接近的谱线。钠原子的黄线(D 线)也分裂成两条($\lambda = 589$ nm,$\lambda = 589.6$ nm)谱线。谱线的波长(或频率)是由电子跃迁的始态和终态的能级决定的。对于 $l=0$ 的 s

态的电子，轨道角动量为零。故这种谱线分裂不可能是因"轨道"运动状态的不同所引起，一定还有电子的其他运动。

1925 年乌仑贝克(G.Uhlenbeck)和哥希密特(S.Goudsmit)提出电子具有不依赖于轨道运动的、固有的磁矩的假设。1928 年狄拉克(Dirac)提出相对论量子力学，理论推导得出电子具有自旋的结论。

由于自旋是电子本身固有的性质，不能用坐标和动量来描写，但可通过与轨道角动量类比的方法来描写自旋角动量。前述 $\hat{M}^2$ 和 $\hat{M}_z$ 的本征值分别是 $l(l+1)\hbar^2$ 和 $m\hbar$。这样电子自旋角动量平方算符 $\hat{S}^2$ 和自旋角动量在 Z 方向上的分量算符 $\hat{S}_z$ 的本征值分别为 $s(s+1)\hbar^2$ 和 $m_s\hbar$。这里 s 是自旋量子数，m_s 是自旋磁量子数。由于在磁场中电子自旋的取向只有两个可能，可见 m_s 也只有两个可能值，因此 $2s+1=2, s=\frac{1}{2}, m_s=\pm\frac{1}{2}$。

11.7.4 完全波函数

描写电子的运动状态，现考虑轨道运动又考虑自旋运动的波函数，称为电子的完全波函数，或称自旋-轨道。具体写成
$$\Psi(x,y,z,m_s,t)$$
它的归一化条件为
$$\int(\sum_{m_s}|\Psi(x,y,z,m_s,t)|^2)d\tau=1$$
Ψ 的物理意义是
$$\rho(x,y,z,m_s,t)=|\Psi(x,y,z,m_s,t)|^2$$
表示在某时刻 t，在 (x,y,z) 点附近发现电子自旋角动量取值 $\hbar/2$ 或 $-\hbar/2$ 的几率密度。

在球坐标下的形式为
$$\Psi_{n,l,m,m_s}=\Psi_{n,l,m,m_s}(r,\theta,\varphi,m_s,t)$$
这样描写一个核外电子的状态需要四个量子数，即主量子数 n，角

量子数 l,磁量子数 m,自旋量子数 m_s。

11.7.5 原子核外电子的排布

从门捷列夫周期律、原子光谱以及许多其他现象中总结出核外电子排布应满足下列三个规律。

① 保里(Pauli)原理:原子中不能有 2 个或更多个电子具有完全相同的 4 个量子数,也就是说,每一个状态只能容纳一个电子。

② 能量最低原理:在不违背保里原理的条件下,电子的排布尽可能地使体系能量最低。

③ 洪特(Hund)规则:在角量子数 l 相同的轨道上排布的电子,应尽可能分占不同的轨道,且自旋平行。

11.8 原子的电负性

原子的电负性与原子的电离能及电子亲和能有关。这里分别加以介绍。

(1) 原子的电离能

气态原子失去一个电子成为一价气态正离子所需的最低能量称为原子的第一电离能(I_1),即

$$A(g) \longrightarrow A^+(g) + e$$
$$I_1 = \Delta E = E(A^+) - E(A)$$

气态 A^+ 失去一个电子成二价气态正离子(A^{2+})所需的能量为第二电离能(I_2),依此类推。

原子的电离能用来衡量一个原子或离子丢失电子的难易程度。

(2) 电子亲和能

气态原子得到一个电子成为一价负离子时所放出的能量称为电子亲和能,常用 Y 表示,即

$$A(g) + e \longrightarrow A^-(g) + Y$$

由于负离子的有效核电荷较原子少,电子亲和能的绝对数值一般比电离能小一个数量级。

(3) 原子的电负性

鲍林(Pauling)认为电负性应是原子对成键电子吸引能力的大小。在共价键中两个原子的电负性相差越大,键的极性越强,因此可从键能来推算电负性。所谓键能也就是分子中两个原子间形成某化学键所放出的能量。鲍林认为 A—B 键的键能 $\varepsilon(A-B)$ 与 A—A 键的键能 $\varepsilon(A-A)$ 和 B—B 键的键能 $\varepsilon(B-B)$ 的几何平均值之差

$$\Delta\varepsilon = \varepsilon(A-B) - \sqrt{\varepsilon(A-A)\varepsilon(B-B)}$$

以及 A—B 键的极性有关,因而和 A、B 的电负性之差值 $\Delta\chi$ 有关。电负性差值与 $\Delta\varepsilon$ 有下列关系:

$$\Delta\chi = \chi_A - \chi_B = 0.102\sqrt{\Delta\varepsilon} \quad (11\text{-}68)$$

还规定氢的电负性为 2.1,这样就可求出各种原子的电负性数值。例如,H—Cl、H—H 和 Cl—Cl 的键能分别为 431、436 和 243 kJ·mol^{-1},于是求得 Cl 的电负性 χ_{Cl} 为

$$\chi_{Cl} = \chi_H + 0.102\sqrt{105.5} = 3.1$$

密立根(Mulliken)认为原子的电负性与该原子的第一电离能和电子亲和能有关,即 $\chi = a(I_1+Y)$,a 是一个常数。若 I_1 和 Y 以电子伏特为单位,为了使 Li 原子的电负性为 1,则常数 a 取 0.18。例如,氯原子的 $I_1 = 13.01$ eV,$Y_{Cl} = 3.74$ eV,则 $\chi_{Cl} = 0.18(13.01 + 3.74) = 3.0$。

11.9 价键理论

1927 年,海特勒(Heitler)和伦敦(London)用刚刚诞生的量子力学成功地处理了氢分子的成键问题。之后,斯莱特(Slater),鲍林(Pauling)又加以发展,形成了化学键的重要理论之——价

键理论。其主要思想是电子两两配对形成定域的化学键,因而价键理论又称为电子配对理论。

11.9.1 电子配对法的要点

(1) 假定原子 A 和原子 B 各有 1 个未成对电子,且自旋相反,则可以互相配对构成共价单键。如果 A 和 B 各有 2 个或 3 个未成对电子,则能两两配对构成共价双键或叁键。例如 Li—Li(锂蒸气) 分子。Li 原子含有 3 个电子,但未成对的只有 1 个,所以能够构成单键。再如 N≡N 分子,N 原子有 7 个电子。$1s,2s$ 轨道各有 2 个,在 p_x,p_y,p_z 轨道上各有 1 个未成对电子,所以可构成叁键。

(2) 如果 A 有 2 个未成对电子,B 只有 1 个,那么 A 就能和 2 个 B 化合成 AB_2 分子,如 H_2O。

(3) 1 个电子与另 1 个电子配对以后,就不能再与第 3 个电子配对。这个性质叫做共价键的饱和性。

(4) 共价键的形成使体系的能量降低。

(5) 电子云最大重叠原理。电子云重叠越多,所形成的共价键就越强。由此共价键就有方向性。

11.9.2 杂化轨道

原子在化合成分子的过程中,受其他原子的作用,使原子原来的轨道或电子云发生变形。这相当于将原有的原子轨道进行线性组合成新的原子轨道,这种在一个原子中不同原子轨道的线性组合就称为原子轨道的杂化,杂化后的原子轨道称为杂化轨道。在组合过程中,轨道的数目不变,轨道在空间的分布方向和分布情况发生改变,轨道的能级也改变。

杂化轨道主要用来讨论分子的几何构型问题,而几何构型又主要取决于分子的 σ 键所组成的骨架,所以主要是讨论 σ 键。

碳原子 s 轨道的权重随着由 sp^3,sp^2,sp 的顺序而增大,其形状如图 11-8 所示。

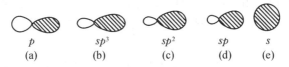

图 11-8 碳的 $2s, 2p$ 原子轨道和杂化轨道的形状

在 s 和 p 轨道组成的杂化轨道中,含有相同的 s 成分和相同的 p 成分,从而它们成键能力相等,平均成键能力最大,这种杂化轨道称为等性杂化轨道。例如,CH_4 分子中,C 原子基态的电子组态为 $(1s)^2(2s)^2(2p)^2$,其中只有两个 $2p$ 轨道上各包含一个未成对电子。这样 C 原子应表现为 2 价,这不能解释 C 原子与 4 个 H 原子生成 4 个等价的 C—H 键。杂化轨道理论认为,C 原子为了形成 4 个化学键,有可能接受外来的扰动而从 $2s$ 轨道激发一个电子到空的 $2p$ 轨道上去,这样就具有了 4 个各占据 1 个轨道的未成对电子,即有 $(1s)^2(2s)^1(2p_x)^1(2p_y)^1(2p_z)^1$ 组态。这个激发过程需要的能量较小,完全可以被成键后放出的能量所补偿。这样组合的 4 个等性的 sp^3 杂化轨道形状相同,成键能力最大。对于含有孤对电子的 N、O 原子,由于孤对电子所占据的杂化轨道含有较多的 s 轨道成分,即使形状更接近于 s 轨道,其他杂化轨道则含有比原先较多的 p 轨道成分,这样形成不完全等同的杂化轨道称为不等性杂化轨道。

除 s-p 杂化外,还有 d-s-p 杂化轨道。唐敖庆等还讨论了 f-d-s-p 杂化轨道。

11.10 分子轨道理论要点

原子化合成分子有两种不同的理论处理方法。一种是把所有的键都看成是两个原子之间键的价键(VB)理论,一种是认为电子属于整个分子所共有,电子的运动将遍及整个分子的分子轨道(MO)理论。由于后者计算简便并且得到了光电子能谱的实验支持,故近几十年来分子轨道理论用得越来越广泛。分子轨道理论要点如下:

① 分子中的单个电子是在原子核所形成的库仑场和其他电子所形成的平均势场中运动,它的运动状态可以用单电子坐标波函数 $\psi=\psi(x,y,z)$ 来描述,这种单电子波函数就叫做分子轨道。$\psi^*\psi \mathrm{d}V$ 表示在某瞬间在某点附近体积元 $\mathrm{d}V$ 中发现电子的几率。如果轨道是归一化的,则 $\int \psi^*\psi \mathrm{d}V=1$。

② 每一个分子轨道有一相应的能量,称为轨道能,它非常接近于把 ψ 中的电子电离时所需要的能量。分子的总能量是占据 MO 的能量之和,再加上电子间相互排斥的校正。

③ 按能量最低原理,分子中的电子应优先填入能量最低的轨道,电子逐个填入分子轨道即构成分子的电子构型。

④ 按包利(Pauli)不相容原理,每个分子轨道最多只能容纳两个电子,而且其自旋必须反向平行。

⑤ 分子轨道 ψ 可以用原子轨道 φ_i 的线性组合来表示,即

$$\psi=\sum_{i=1}^{N}c_i\varphi_i \qquad (11\text{-}69)$$

c_i 是组合系数。若有 N 个原子轨道,应组合出 N 个分子轨道。原子轨道的线性组合通常简写为 LCAO(即 Linear Combination of Atomic Orbitals 的缩写)。现以双原子分子为例来讨论原子轨道有效的组成分子轨道应满足下面三个条件:

(1) 能量相近条件

若 a、b 两个原子的原子轨道分别为 φ_a、φ_b,相应的能量为 ε_a、ε_b,且设 $\varepsilon_a<\varepsilon_b$。它们组合成分子轨道 ψ_1、ψ_2,相应的能量为 E_1、E_2(图 11-9)。当 ε_a、ε_b 相差很大,即 $\varepsilon_a\ll\varepsilon_b$ 时,图中 ε_a 下降接近 E_1,ε_b 上升接近 E_2,即分子轨道能量 E_1 接近单独 a 原子 φ_a 的能

量，E_2 接近单独 b 原子 φ_b 的能量，就是说 MO 分别具有单独 AO 性质，不能有效地组成分子轨道。相反，ε_a 与 ε_b 相差减小，对同核双原子分子有 $\varepsilon_a=\varepsilon_b$，这时它们分别与 E_1、E_2 相距最远，且 $\varepsilon_a-E_1=|\varepsilon_b-E_2|$，$\varphi_a$ 与 φ_b 对 MO 的贡献相等，说明它们能有效地组合成分子轨道。

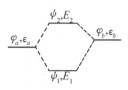

图 11-9　分子轨道能级图

(2) 对称性匹配条件

两个相同位相的波经干涉而加强，相反位相的波经干涉而减弱。电子是具有波粒二象性的粒子，描述它的运动状态所用波函数(轨道)有 +、- 位相，通常称为轨道的对称性。只有两个相同对称性的 AO 轨道才能有效地组合成分子轨道，这称为对称性条件。这一条件是很重要的，因为从原子轨道的对称性即可判断这些轨道的组合是否有效，只有那些有效的组合才可能形成分子轨道，因而也才可能形成化学键。

图 11-10 是 a、b 两原子沿 x 轴方向靠近，按照对称性条件，由 AO 组合成 MO 的示意图。

第 1 组图形表示 s-s 组合，由两个 $1s$ 轨道相加，使两原子核间轨道叠加(电子云增大)，对键轴呈圆柱形对称，这种 MO 为 σ_{1s} 轨道，是成键轨道。相减呈双蛋形，称 σ_{1s}^* 轨道，是反键轨道。第 2 组图形表示 p_x-p_x 组合，由两个 $2p_x$ 轨道组成的 MO 也有两个，一个是成键轨道 $\sigma 2p$，另一个是反键轨道 $\sigma^* 2p$。最后一组表示 p_z-p_z(或 p_y-p_y)组合，相加形成成键轨道 $\pi_z 2p$，形状像两个香蕉；相减形成反键轨道 $\pi_z^* 2p$，形状似四个鸟蛋。p_y-p_y 的组合形状和 p_z-p_z 相同，但方位不同。

(3) 最大重叠条件

两个原子的 AO 重叠程度越大，形成键的强度越大，分子就越稳定。这就是轨道最大重叠条件。要满足这一条件，除了与两个原子核的距离有关外,还与接近的方向有关。这就决定了共价键的方向性。

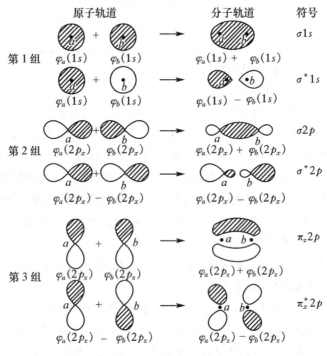

图 11-10 AO 组成 MO 的示意图

11.11 休克尔分子轨道法

休克尔(Hückel)在 LCAO-MO 近似基础上,经过简化用于处理共轭分子,形成了休克尔分子轨道法,简称为 HMO 法。现以丁二烯为例加以介绍。

丁二烯分子 $CH_2=CH-CH=CH_2$ 中碳原子以 sp^2 杂化轨道,分别形成 C—C(3个),C—H(6个)σ 键,共排布 18 个电子,形成分子的 σ 键骨架,所以这些电子都是定域的,在

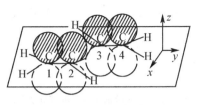

图 11-11　丁二烯分子

每一个别键中,它们的行为与其他键中的电子无关。休克尔近似认为这样的电子可以忽略(即 σ-π 分离近似)。丁二烯分子有 22 个价电子,忽略后还剩余 4 个 π 电子,可用 4 个 $2p_z$ 原子轨道组成的分子轨道来描述。碳原子编号由图 11-11 所示。

用 φ_i 表示 C 原子 $2p_z$ 轨道。由 LCAO 近似法,丁二烯的分子轨道 ψ 表示如下:

$$\psi = c_1\varphi_1 + c_2\varphi_2 + c_3\varphi_3 + c_4\varphi_4 = \sum_{i=1}^{4} c_i\varphi_i \quad (11-70)$$

c_i 是组合系数,也是变分参数。

在薛定谔方程 $\hat{H}\psi = E\psi$ 两端左乘 ψ^*,且对整个空间积分,有

$$\int \psi^* \hat{H}\psi \mathrm{d}V = E \int \psi^* \psi \mathrm{d}V \quad (11-71)$$

若以组合轨道 ψ 为试探函数,线性变分法有 $E = \dfrac{\int \psi^* \hat{H}\psi \mathrm{d}V}{\int \psi^* \psi \mathrm{d}V} \geqslant$

E_0,E_0 是基态能量。为求 E_0,必须使 $\dfrac{\partial E}{\partial c_1} = \dfrac{\partial E}{\partial c_2} = \cdots = 0$。现在用的 AO 是实函数,* 号可省略,式(11-70) 代入式(11-71):

$$\int (c_1\varphi_1 + c_2\varphi_2 + c_3\varphi_3 + c_4\varphi_4) \hat{H}(c_1\varphi_1 + c_2\varphi_2 + c_3\varphi_3 + c_4\varphi_4) \mathrm{d}V$$
$$= E \int (c_1\varphi_1 + c_2\varphi_2 + c_3\varphi_3 + c_4\varphi_4)(c_1\varphi_1 + c_2\varphi_2 + c_3\varphi_3 + c_4\varphi_4) \mathrm{d}V$$

$$(11-72)$$

为了简便处理,休克尔假定体系能量算符可以写成单粒子算符之和,即 $\hat{H} = \sum_i \hat{H}(i)$。还引入以下近似处理:

(1) 库仑积分

$$H_{ii} = \int \varphi_i \hat{H} \varphi_i \mathrm{d}V = \alpha_i \tag{11-73}$$

α_i 为常数。如果假定 σ 键骨架固定,而只考虑碳原子的 π 电子,则 4 个 α_i 均相同,即只有一种库仑积分值 α。

(2) 属于相邻原子的交换积分这里均等于常数 β,属于非相邻且不相同原子的交换积分等于零,即

$$H_{ij} = \int \varphi_i \hat{H} \varphi_j \mathrm{d}V = \begin{cases} \beta, \text{当 } i \text{ 与 } j \text{ 相邻} \\ 0, \text{当 } i \text{ 与 } j \text{ 不相邻,且不相等} \end{cases} \tag{11-74}$$

(3) 重叠积分

$$S_{ij} = \int \varphi_i \varphi_j \mathrm{d}V = \begin{cases} 1, \text{当 } i = j \\ 0, \text{当 } i \neq j \end{cases} \tag{11-75}$$

这就是休克尔近似法。α、β 看成是由实验确定的参数。将以上符号代入式(11-72),得到

$$(c_1^2 + c_2^2 + c_3^2 + c_4^2)\alpha + 2(c_1 c_2 + c_2 c_3 + c_3 c_4)\beta$$
$$= E(c_1^2 + c_2^2 + c_3^2 + c_4^2) \tag{11-76}$$

能量表示为:

$$E = \alpha + \frac{2(c_1 c_2 + c_2 c_3 + c_3 c_4)\beta}{c_1^2 + c_2^2 + c_3^2 + c_4^2} \tag{11-77}$$

将能量对每一个系数 c_i 微分,并利用极值条件,$\frac{\partial E}{\partial c_i} = 0 (i = 1, 2, 3, 4)$,得到下列方程组:

$$\begin{cases} c_1(\alpha - E) + c_2 \beta = 0 \\ c_1 \beta + c_2(\alpha - E) + c_3 \beta = 0 \\ c_2 \beta + c_3(\alpha - E) + c_4 \beta = 0 \\ c_3 \beta + c_4(\alpha - E) = 0 \end{cases} \tag{11-78}$$

上述方程组各式两端除以 β，且令 $x=(\alpha-E)/\beta$，则

$$\begin{cases} c_1 x + c_2 = 0 \\ c_1 + c_2 x + c_3 = 0 \\ c_2 + c_3 x + c_4 = 0 \\ c_3 + c_4 x = 0 \end{cases} \quad (11\text{-}79)$$

此方程组有非零解的充要条件是它的行列式等于零，即久期行列式为：

$$\begin{vmatrix} x & 1 & 0 & 0 \\ 1 & x & 1 & 0 \\ 0 & 1 & x & 1 \\ 0 & 0 & 1 & x \end{vmatrix} = x^4 - 3x^2 + 1 = 0 \quad (11\text{-}80)$$

解式(11-80)，得到 4 个根，且由 $E=\alpha-x\beta$ 关系得到的 4 个能级为：

$$\begin{array}{ll} x_1 = -1.618 & E_1 = \alpha + 1.618\beta \\ x_2 = -0.618 & E_2 = \alpha + 0.618\beta \\ x_3 = 0.618 & E_3 = \alpha - 0.618\beta \\ x_4 = 1.618 & E_4 = \alpha - 1.618\beta \end{array} \quad (11\text{-}81)$$

由于交换积分 β 是负值，最低能级的能量为 E_1，其次为 E_2，E_4 的能量最高。4 个电子排在 E_1、E_2 两个成键分子轨道上，4 个电子的总能量为 $E_\pi = 2(E_1 + E_2) = 4\alpha + 4.472\beta$。它比乙烯分子 π 电子能量 $(2\alpha+2\beta)$ 的 2 倍还要低 -0.472β。这是由于离域 π 键的形成附加了键能，所以称为非定域能或离域能。

下面求分子轨道。将 x_1、x_2、x_3、x_4 的数值分别代入式(11-79)，并结合归一化条件

$$\int \psi^2 dV = c_1^2 + c_2^2 + c_3^2 + c_4^2 = 1$$

则可求得 $c_i (i=1,2,3,4)$ 的四组解，将这四组系数分别代入式(11-70)，即得四个分子轨道如下：

$$\psi_1 = 0.3717\varphi_1 + 0.6015\varphi_2 + 0.6015\varphi_3 + 0.3717\varphi_4$$
$$\psi_2 = 0.6015\varphi_1 + 0.3717\varphi_2 - 0.3717\varphi_3 - 0.6015\varphi_4$$
$$\psi_3 = 0.6015\varphi_1 - 0.3717\varphi_2 - 0.3717\varphi_3 + 0.6015\varphi_4$$
$$\psi_4 = 0.3717\varphi_1 - 0.6015\varphi_2 + 0.6015\varphi_3 - 0.3717\varphi_4$$

(11-82)

由上式看出,ψ_1 中 4 个原子轨道都为 +,位相相同,没有节点,能量最低。ψ_2 中 φ_1、φ_2 为 +,φ_3、φ_4 为 -,中间有一节点,两端的 C—C 之间是成键作用,中间的 C—C 之间是反键的,就整体而言,相当于有一个净成键作用,能量仍然降低。同理,ψ_3 有两个节点,ψ_4 有三个节点,整体来看都是反键轨道。丁二烯分子 π 电子能级图由图 11-12 所示。

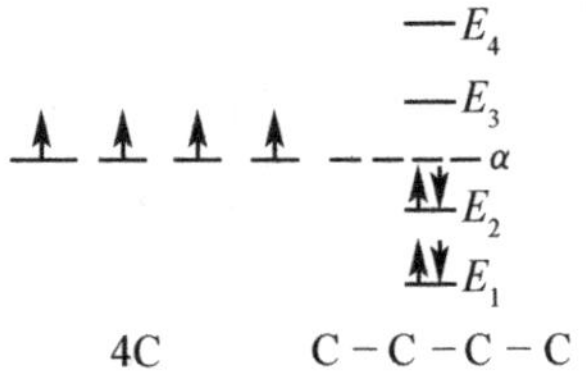

图 11-12　丁二烯分子 π 电子能级示意图

当分子中含有杂原子(N、O、S、F 等)时需对 α、β 值进行修正。由于 HMO 方法简便,常为人们所采用。当然随着共轭分子原子数目的增加,计算量剧增。唐敖庆、江元生等的分子轨道图形理论,充分考虑到 π 电子能级和分子结构的内在联系,采取由大划小的办法可以大大减少工作量。分子轨道图形理论是 HMO 新的形式体系,使 HMO 法能以较高的概括性论述分子的结构及性能问题。

11.12　分　子　图

11.12.1　电荷密度

前文所述,共轭分子的 π 电子运动的薛定谔方程可以用 HMO 方法处理。设第 j 个分子轨道为

$$\psi_j = c_{j1}\varphi_1 + c_{j2}\varphi_2 + \cdots + c_{jn}\varphi_n = \sum_i c_{ji}\varphi_i \qquad (11\text{-}83)$$

$\varphi_i(i=1,2,\cdots,n)$ 为原子轨道。c_{ji} 是第 i 个原子轨道对第 j 个分子轨道的贡献(组合系数)。在第 i 个原子附近形成的电荷密度 q_i 表示为：

$$q_i = \sum_j \nu_j c_{ji}^2 \qquad (11\text{-}84)$$

其中 ν_j 是第 j 个分子轨道上填充电子的数目。由于未填充电子的轨道 $\nu_j = 0$，因此只需考虑填充电子的轨道就可以了。以丁二烯为例，填满电子 ($\nu_1 = \nu_2 = 2$) 的轨道为 ψ_1、ψ_2，即

$$\psi_1 = 0.3717\varphi_1 + 0.6015\varphi_2 + 0.6015\varphi_3 + 0.3717\varphi_4$$
$$\psi_2 = 0.6015\varphi_1 + 0.3717\varphi_2 - 0.3717\varphi_3 - 0.6015\varphi_4$$

故 4 个碳原子附近的电荷密度分别为

$$q_1 = 2(0.3717)^2 + 2(0.6015)^2 = 1.000$$
$$q_2 = 2(0.6015)^2 + 2(0.3717)^2 = 1.000$$
$$q_3 = 2(0.6015)^2 + 2(-0.3717)^2 = 1.000$$
$$q_4 = 2(0.3717)^2 + 2(-0.6015)^2 = 1.000$$

11.12.2 键序

当某化学键包含几个填充电子的分子轨道时，则此化学键对相邻 r、s 原子间所提供的键序 p_{rs} 为

$$p_{rs} = \sum_j \nu_j c_{jr} c_{js} \qquad (11\text{-}85)$$

求和遍及所有填充电子的分子轨道。键序可以用来表示两相邻原子间成键的强度。例如丁二烯分子 π 键在各碳原子间的键序为

$$p_{12} = 2(0.3717 \times 0.6015 + 0.6015 \times 0.3717) = 0.894$$
$$p_{23} = 2[0.6015 \times 0.6015 + 0.3717(-0.3717)] = 0.447$$
$$p_{34} = 2[0.6015 \times 0.3717 + (-0.3717)(-0.6015)] = 0.894$$

习惯上把双电子 σ 键的键序看做 1，非相邻原子间的键序为

零,所以相邻的 r、s 碳原子间的总键序 P_{rs} 为

$$P_{rs} = 1 + p_{rs} \tag{11-86}$$

键序在各对碳原子间的大小是不相等的。键序越大,键强越大,而键长应越小。例如丁二烯两端键的键序相等,实测键长为 0.134 nm,中间的键序较小,实测键长为 0.148 nm。

11.12.3 自由价

分子的反应能力可以用电荷分布和自由价来说明。原子 r 的自由价 F_r 定义为

$$F_r = N_{\max} - N_r = N_{\max} - \sum_s P_{rs} \tag{11-87}$$

其中 $N_{\max}$ 是原子 r 的最大成键度,碳原子的 $N_{\max}$ 等于 4.732。N_r 是 r 原子的成键度,表示原子 r 与周围其他原子间的键级总和,即

$$N_r = \sum_s P_{rs}$$

对于丁二烯来说,第一个碳原子与 2 个 H 原子生成 2 个 σ 键,与另一个碳原子生成一个 σ 键和部分大 π 键,所以

$$F_1 = 4.732 - [2 \times 1.0 + (1 + 0.894)] = 0.838$$
$$F_2 = 4.732 - [1.0 + (1 + 0.894) + (1 + 0.447)] = 0.391$$

由分子的对称性看出第 3、4 个碳原子的 F_3、F_4 分别与 F_2、F_1 相等。

11.12.4 分子图

把上述的电荷密度、键序和自由价表示在分子结构式中就构成分子图。通常将电荷密度写在原子附近,原子的自由价以箭头表示,而键序就注在该键上。如丁二烯的分子图为

```
    0.838        0.391
     ↑            ↑
    CH₂ ———————— CH ——0.447—— CH ——0.894—— CH₂
                              1.000         1.000
```

图中只给出了一半数据,另一半数据因分子对称性相同部分的值相等,就省略了。

丁二烯中1个单键位于2个双键之间,形成离域π键。离域π键在生物体系中也存在,如一个氨基酸的氨基与另一个氨基酸的羧基缩合,失去一个水分子而生成酰胺键称为肽键。肽键是多肽分子中C—N键和相邻的C=O键中的π电子形成的离域π键。在肽键中C=O的π键的电子和N原子上的孤对电子一起形成离域π键π_3^4,使C—N间具有双键成分,键长缩短(通常为0.132 nm),CN和周围原子共平面,即形成平面构象而不能自由旋转。

11.13 自洽场分子轨道

1951年Roothaan在Hartree-Fock方程基础上,引入原子轨道线性组合分子轨道(linear combination of atomic orbitals-molecular orbitals,缩写LCAO-MO),经约化密度矩阵、变分处理复杂的数学推导,得到闭壳层的Roothaan-Hartree-Fock方程(RHF方程):

$$FT = STE \qquad (11-88)$$

其中,F是算符矩阵(包含单粒子和双粒子算符);T是组合系数矩阵;S是原子轨道重叠积分矩阵);E是对角化的能量本征值矩阵。

若取T矩阵的某一列矩阵c_j表示分子轨道,经过变换可得与标准本征方程相同的形式,即下列代数方程组

$$\sum_{\nu=1}^{n}(\widetilde{F}_{\mu L} - E_j\delta_{\mu\nu})c_{\nu j} = 0, \mu = 1, 2, \cdots, n \qquad (11-89)$$

该式有非零解的条件是久期行列式为0,即

$$|\widetilde{F}_{\mu\nu} - E_j\delta_{\mu\nu}| = 0 \qquad (11-90)$$

由此式可求出E_j,代入式(11-89)就可以解出相应的一组系数$\{c_{\nu j}\}$,于是能量本征值E_j的分子轨道就得到了。此法要先假设一套试探函数,用自洽场迭代方法求解。对开壳层体系有自旋非

限制的 Roothaan 方程。

Roothaan 方程是分子轨道理论的核心。在轨道近似、Born-Oppenheimer 近似和非相对论近似基础上，不加任何经验参数使用 Roothaan 方程进行计算的方法称为从头计算法。当然，相对论量子力学计算方法近年来也得到较快的发展。特别是重元素的计算尤为重要。

从头计算法是量子化学严格的计算方法，但是积分的数目大体上与基函数数目的 4 次方成正比，计算量大，耗时多。在 20 世纪 70～90 年代初在 Roothaan 方程基础上，不同程度地忽略掉一些多中心积分的计算，形成各级近似的计算方法。如 AM1(Austin Model 1)、PM3(Parmeterized Model revision 3)、忽略双原子微分重叠(Neglect of Diatomic Differential Overlap，缩写为 NDDO)法、改进的双原子微分重叠法(MNDO)、间略微分重叠(Intermediate Neglect of Differential Overlap，缩写 INDO)法、完全忽略微分重叠(Complete Neglect of Differential Overlap，缩写 CNDO)法和推广的休克尔分子轨道(Extended Hückel Molecular Orbital，缩写 EHMO)法等。

另外，1951 年 Slater 提出用统计平均近似来处理电子交换作用势，从而将 Hartree-Fock 方程简化为 x_a 方程，建立了完整的 x_a 方法。这种方法的优点是：① 计算所得能级和能谱数据比较接近；② 和从头计算法比，计算工作量约为其百分之一或更小；③ 对原子簇的计算结果较好。

近年来密度泛函理论(Density Functional Theory，缩写 DFT)发展很快，其主要思想是把粒子密度作为一个基本变量来描述具有外势 V 系统的状态。能量 E 可写成电子密度 ρ 的泛函 $(E(\rho))$，将 $E(\rho)$ 对 ρ 的微小改变量与化学势相联系，以此来研究物质的结构与性质。

随着计算机的迅速发展，以上各方法已程序化，使用较方便。目前使用广泛的是 Gaussian 98 程序包。

11.14 配位场理论

配位场理论是由晶体场理论(静电模型)和分子轨道理论相结合来阐明配合物的结构与性质的理论。在处理中心金属原子(或离子)在其周围配体所产生电场作用下,中心原子(或离子)的轨道能级发生变化时,以分子轨道理论方法为主,按照配位体场的对称性进行简化,并利用晶体场理论的成果,来研究配合物的问题。

11.14.1 d 轨道能级的分裂

如中心力场近似,中心原子 M 的 5 个 d 轨道能量是相同的。当受到配位体 L 所产生的电场作用时,d 轨道的能量将发生变化。如由 6 个相同配体形成的正八面体场(在群论中,属 O_h 点群)中,5 个简并的 d 轨道分裂成 2 组:一组是 d_{z^2} 和 $d_{x^2-y^2}$,用 e_g 表示;另一组是 d_{xy},d_{yz} 和 d_{zx},用 t_{2g} 表示。e_g,t_{2g} 是 O_h 群中 2 个不可约表示的小写字母。图 11-13 给出中心原子在正八面体场(属 O_h 点群),正四面体场(属 T_d 群)和正方形场(属 D_{4h} 群)中的 d 轨道的分裂情况。

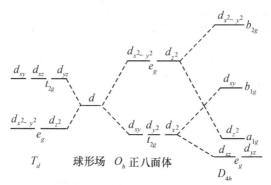

图 11-13 d 轨道在不同场中的分裂

11.14.2 分裂能 Δ

在正八面体场中 d 轨道分裂为 e_g 和 t_{2g} 两个能级,这两个能级的能量差称为分裂能,用 Δ 和 $10D_q$ 表示,即

$$E(e_g) - E(t_{2g}) = \Delta = 10D_q \tag{11-91}$$

式中 $E(e_g)$ 和 $E(t_{2g})$ 分别表示 e_g 和 t_{2g} 的能量。Δ 的大小与中心原子和配位体的性质有关。目前 D_q 之值是由光谱实验数据得出的。量子力学的一个原理指出,在外场作用下,d 轨道的平均能量是不变的。由此,分裂前后 5 个 d 轨道的总能量应该相等。设分裂前 d 轨道的能量为计算的零点,并用式(11-91)可计算出在正八面体场中

$$E(e_g) = \frac{3}{5}\Delta = 6D_q$$

$$E(t_{2g}) = -\frac{2}{5}\Delta = -4D_q$$

在不同对称性场中 d 轨道能量分裂的计算结果列于表 11-2 中,单位为 D_q。

表 11-2　几个不同对称性配位场中 d 轨道能量(D_q)

场对称性	$d_{x^2-y^2}$	d_{z^2}	d_{xy}	d_{yz}	d_{xz}
线形	－6.28	10.28	－6.28	1.14	1.14
正三角形	5.46	－3.21	5.46	－3.86	－3.86
正四面体	－2.67	－2.67	1.78	1.78	1.78
正方形	12.28	－4.28	2.28	－5.14	－5.14
正三角双锥	－0.82	7.07	－0.82	－2.27	－2.27
正八面体	6.00	6.00	－4.00	－4.00	－4.00

关于分裂能 Δ 的大小有下面经验规则：

① 对于相同的中心原子，不同配位体 D_q 值大小顺序为
$$I^- < Br^- < Cl^- < F^- < OH^- < H_2O < NH_3 < NO_2^- < CN^-$$
这称为光谱化学序列。D_q 值大的配位场对中心原子的作用大，称为强场，D_q 值小的配位场对中心原子的作用小，称为弱场。大致可从 NH_3 开始算作强场。例如，在正八面体场中，对 $Cr^{3+}(3d^3)$，配体为 F^- 时，其 $10D_q$ 值为 0.188 eV，是弱场；当配体为 CN^- 时，其 $10D_q$ 值为 0.331 eV，是强场。

② 若配体一定，Δ 值随 M 不同而异，其大小顺序为
$$Pt^{4+} > Ir^{3+} > Pd^{4+} > Ph^{3+} > Mo^{3+} > Ru^{3+} > Co^{3+} > Cr^{3+}$$
$$> Fe^{3+} > V^{2+} > Co^{2+} > Ni^{2+} > Mn^{2+}$$
其中 M 的价态对 Δ 影响很大，价态高，Δ 大。例如，Mn^{3+} 对 H_2O 的 Δ 值为 21 000 cm^{-1}，而 Mn^{2+} 的为 7 800 cm^{-1}。M 所处的周期数对 Δ 也有影响。

③ Δ 值可写成配体的贡献(f)和中心原子的贡献(g)的乘积，即 $\Delta = f \cdot g$。例如，Co^{3+} 的 g 为 18 200 cm^{-1}，NH_3 的 f 为 1.25，因此 Co^{3+} 对 NH_3 的 Δ 为 22 750 cm^{-1}。

11.14.3 配位场稳定化能(LFSE)

现以正八面体 d^5 组态为例讨论。根据包利原理、能量最低原理和洪特规则，d 轨道上 5 个电子有 3 个电子占据 t_{2g} 的 3 个轨道，另外 2 个电子可以有下列两种排法：

按 ① 方式，电子都占据较低能级，但发生电子配对，这要消耗能量。这种电子配对所需要的能量称为电子成对能 P。按 ② 方式虽然避免了电子配对，但却有 2 个电子排在较高能级。究竟按哪

种方式排布，需要考虑成对能 P 和分裂能 Δ 的相对大小。当 $P > \Delta$，电子倾向于多占轨道，是弱场，易形成高自旋(HS)配合物；当 $P < \Delta$，是强场，易形成低自旋(LS)配合物。由于弱场中不成对电子数不变，无成对能影响；而强场中只有 d^4, d^5, d^6, d^7 有成对能影响，此时 $\Delta > P$。例如，Fe^{3+} 是 d^5 组态，它与 6 个 H_2O 分子形成正八面体配合物，这时 $P = 0.372$ eV，$\Delta = 0.170$ eV，是弱场，按上述分析预示是高自旋配合物，与磁性测定结果一致。

11.14.4 姜-泰勒(Jahn-Teller)效应

当 t_{2g} 或 e_g 各轨道上电子数不同时，就会出现简并态，例如 $(d_{x^2-y^2})^2(d_{z^2})^1$ 和 $(d_{x^2-y^2})^1(d_{z^2})^2$。按姜-泰勒理论，在简并态时，配合物要发生变形，对称性降低，使一个轨道能量降低，消除简并。例如，$CuL_4L'_2$ 配合物中，不论 L 和 L' 是否相等，一般均偏离正八面体构型，出现拉长或压扁的四边构型，而以拉长的居多，出现 4 个 Cu—L 短键和 2 个 Cu—L' 长键。这时电子组态为 $(d_{x^2-y^2})^1(d_{z^2})^2$。

11.14.5 配合物中的共价键

实际上，中心原子轨道和配位体轨道都有一些重叠，许多情况下配位体电子参与共价成键。其成键方式有 σ 键和 π 键两种。

在正八面体配合物 ML_6 中，设 M 处在直角坐标系原点，6 个配体中 3 个 L 的 σ 轨道处在 x，y，z 坐标的正向，分别为 σ_1，σ_2，σ_3；另外 3 个 σ_4，σ_5，σ_6 处在 x，y，z 的负向。它们要和中心原子 M 外层的 s，p_x，p_y，p_z，$d_{x^2-y^2}$，d_{z^2} 6 个 σ 轨道成键，必须满足对称性匹配、能量相近和最大重叠 3 个条件。为此，将 6 个配体的 σ 轨道进行一定线性组合，得 6 个与 M 的 6 个轨道分别具有相同对称性轨道(函数)，这经过组合的轨道称为对称性匹配的群轨道(或对称性匹配函数)。它们和 M 外层轨道对称性相同列在表 11-3 中的同一行。

表 11-3　　　　　　　中心原子轨道和配位体群轨道

ψ_M	$C_L\psi_L$	表示
$4s$	$\pm\dfrac{1}{\sqrt{6}}(\sigma_1+\sigma_2+\sigma_3+\sigma_4+\sigma_5+\sigma_6)=\psi_{L1}$	a_{1g},a_{1g}^*
$3d_{x^2-y^2}$	$\pm\dfrac{1}{2}(\sigma_1-\sigma_2+\sigma_4-\sigma_5)=\psi_{L2}$	$\left.\begin{array}{l}\\ \\ \end{array}\right\}e_g,e_g^*$
$3d_{z^2}$	$\pm\dfrac{1}{2\sqrt{3}}(2\sigma_3-\sigma_1-\sigma_2+2\sigma_6-\sigma_4-\sigma_5)=\psi_{L3}$	
$4p_x$	$\pm\dfrac{1}{\sqrt{2}}(\sigma_1-\sigma_4)=\psi_{L4}$	$\left.\begin{array}{l}\\ \\ \\ \end{array}\right\}t_{1u},t_{1u}^*$
$4p_y$	$\pm\dfrac{1}{\sqrt{2}}(\sigma_2-\sigma_5)=\psi_{L5}$	
$4p_z$	$\pm\dfrac{1}{\sqrt{2}}(\sigma_3-\sigma_6)=\psi_{L6}$	
$3d_{xy}$		$\left.\begin{array}{l}\\ \\ \\ \end{array}\right\}t_{2g}$
$3d_{xz}$		
$3d_{yz}$		

将表 11-3 中 ψ_M 与 $C_L\psi_L$ 对称性相同的轨道(函数)相加得成键分子轨道,相减得反键分子轨道。例如,将表 11-3 中第 1 行 M 的 $4s$ 轨道与 L 的 ψ_{L1} 相加,得成键分子轨道,记为 a_{1g},两者相减得反键分子轨道,记为 a_{1g}^*,依次进行组合,可得正八面体配合物的分子轨道。对于中心原子的 d_{xy},d_{xz} 和 d_{yz} 轨道,配体没有相应对称性的 σ 型群轨道,它们就作为非键轨道。图 11-14 定性地给出 ML_6 正八面体的能级示意图,这里只考虑了 σ 轨道成键的情况。

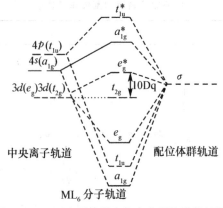

图 11-14　正八面体配合物中分子轨道能级图

11.14.6　血红蛋白的载氧功能

金属离子在一切生物过程中都有着十分重要的生理和生化功能。去氧血红蛋白中的铁呈 Fe^{2+} 高自旋态,半径较大,不能嵌入卟啉环的平面中,Fe^{2+} 高出环平面 70～80 pm,Fe—N 距离 220 pm,为五配位。当氧与血红蛋白中血红素结合时,增强了配位场强度,从而迫使高自旋的 Fe^{2+} 转变成低自旋的 Fe^{2+},离子半径随之减小,能嵌入卟啉环平面,呈六配位。

血红蛋白是哺乳动物氧的携带者,O_2 与血红蛋白(Fe^{2+})形成配合物是生物学中最重要的配合物之一。氧合血红蛋白和去氧血红蛋白中的铁都是二价的。血红蛋白和 O_2 都是顺磁性的,但两者结合成氧合血红蛋白却是抗磁性的。血红蛋白中铁与氧结合的性质非常敏锐地受其周围物质环境的影响。

11.15　氢　　键

分子中与电负性大的原子 X(作为质子的给予体)以共价键相

连的氢原子,还可以与另一个电负性大的原子 Y(作为质子的接受体)之间结合并形成一种弱的键 X—H⋯Y,这称为氢键。X、Y 是 F、O、N 等电负性大、半径小的原子,以及按双键和三重键成键的碳原子。例如：=C—H⋯O,≡C—H⋯N 等。关于氢键的本质,有各种解释,一般认为 X—H⋯Y 中,X—H 基本上是共价键,而 H⋯Y 则是一种较强的范德华力。但是,氢键与范德华力不同,氢键有明显的静电特性。

氢键可以为直线形(X—H⋯Y),也可呈弯曲形(X—H ⋯Y),但多为弯曲形。为了减少 X、Y 之间的斥力,键角尽可能接近 180°。氢键键长是指 X 到 Y 之间的距离,它比范德华半径之和要小,但比共价半径之和大很多。例如,两个甲酸分子生成分子间氢键 O—H⋯O,O 与 O 之间的距离为 267 pm,而范德华半径和约为 350 pm,共价半径之和为 162 pm。

在通常情况下,氢键中 H 原子是二配位,但在有些氢键中 H 原子是三配位或四配位。

三配位　　　　四配位

氢键的强弱与 X、Y 的电负性有关,与 Y 的半径大小也有关。氢键强弱的主要判据是 X⋯Y 键长和键能。键长可通过晶体结构准确测定,键能是指 X—H⋯Y ⟶ X—H + Y 解离反应的焓的改变量 ΔH。在强酸气相二聚体、酸式盐、HF 配合物中,存在强氢键,共价成分是主要的,氢键键长在 220～250 pm,键能大于 50 kJ·mol^{-1}。对于酸、醇、酚水合物和生物分子中的氢键,一般属于中强氢键,以静电性为主,其键长为 250～320 pm,键能为 15～50 kJ·mol^{-1}。对于弱碱、碱式盐和 N—H⋯π 体系中存在弱氢键,其键长为 320～400 pm,键能小于 15 kJ·mol^{-1}。目前观察到最强的氢键,是在 KHF_2 中,F—H—F 氢键键能达 212 kJ·mol^{-1},氢出现在两个 F 原子的中心点,H—F 间距为 113 pm。

氢键有分子间氢键和分子内氢键。在有机化合物中,若分子的几何构型适合于形成六元环的分子内氢键,则易先形成分子内氢键。然后,剩余的合适的质子给体和受体再相互作用,再形成分子间氢键。氢键对物质的各种物理化学性质如沸点、熔点、气化热、溶解度、蒸气压、黏度、密度、表面张力、介电常数、酸碱性、红外光谱振动频率等都有较大影响。分子间氢键存在时,会使沸点、熔点、气化热、熔化热、表面张力、黏度等都增大,蒸气压则减小。例如乙醇的沸点、熔点等都比二甲醚高。而生成分子内氢键,沸点、熔点等降低。

一个质子氢受到两个电负性大的原子吸引为电荷转移提供了有效通道,使质子能够从一个原子转移到另一个原子,即

$$O-H\cdots O \longrightarrow O\cdots H-O$$

在水中 H^+ 有非常高的淌度可使用这个机理来解释。这种类型的电荷传输体系已用于阐明在糜蛋白酶中的催化机理。

在生物系统中氢键决定着对所有生命过程具有根本意义的蛋白质的二级结构。通过氢键,DNA 分子的碱基才得以配对,并导致双螺旋形成稳定的结构。同时,氢键对于复制和转录过程也起着重要作用。在药物方面,麻醉剂是一个有趣的例子,麻醉剂的麻醉力常常决定于该化合物破坏生物体系中氢键的能力。

除常规氢键外,近来还发现了非常规氢键:X—H⋯π,X—H⋯M 氢键和 X—H⋯H—Y 二氢键。其中 X—H⋯π 型氢键

存在于多肽中。已知多肽链中 N—H⋯Ph 氢键方式有两种：

据计算 N—H—Ph 氢键的键能值为 12 kJ·mol^{-1}。这类非常规氢键在稳定多肽链的构象中起着重要的作用。

氢键的测定方法很多。可通过 X- 射线衍射、电子、中子衍射、测定晶体和分子结构、了解原子在空间的相对位置、直接给出氢键存在的证据。还可用量度偶极矩、溶解度、冰点下降、湿熔点法、色层分离法。目前用得较多和方便的方法是红外、拉曼光谱和核磁共振方法。

11.16　范德华力和分子自组装

分子与分子之间除氢键外还存在一种较弱的作用力 —— 分子间力，又称范德华(Van der Waals)力。这是气体能凝聚成液体和固体的主要作用力。分子间力是决定物质的沸点、熔点、溶解度和表面张力等物理化学性质的重要因素。

11.16.1　分子的极性和偶极矩

分子间作用力与分子的极性密切相关。分子中正、负电荷的电量相等，呈电中性。正、负电荷重心重合的分子称非极性分子，如 H_2、O_2、N_2 分子等。正、负电荷重心不重合的分子称极性分子，

如 H_2O 分子等。

分子的偶极矩 μ 等于正、负电荷重心间的距离 r 与电荷量 q 的乘积,即

$$\mu = qr$$

偶极矩是一个矢量,其方向从正到负。偶极矩的 SI 单位为库仑·米($C \cdot m$),$1D$(德拜)$= 3.335 \times 10^{-30} C \cdot m$。如 CO 分子是极性分子,其偶极矩为 $0.39 \times 10^{-30} C \cdot m$。对于多原子分子的偶极矩算符可表示为:

$$\hat{\mu} = \sum_i q_i x_i + \sum_i q_i y_i + \sum_i q_i z_i$$

其中 q_i 是第 i 个粒子的电荷,x_i、y_i、z_i 是第 i 个粒子的笛卡儿坐标。于是 $\hat{\mu}$ 可以写成 x、y、z 三个分量 μ_x、μ_y、μ_z 的和,即

$$\hat{\mu} = \mu_x \hat{i} + \mu_y \hat{j} + \mu_z \hat{k}$$

分子的极性大小可以用偶极矩的大小来衡量。

物质的许多性质受到物质是否具有极性的影响。例如,NaCl,HCl 等极性物质在水中的溶解度很大,而 C_2H_6、H_2 在水中的溶解度就很小。用微波炉能加热食物,就是由于食物中的水分子(极性)在超高频电磁场中反复交变极化,使电磁能转变成热能而加热的。

11.16.2 范德华力

范德华力包括静电力、诱导力和色散力三种。

(1) 静电力

极性分子的永久偶极矩(μ)之间的静电吸引作用,与偶极矩的大小和方向有关。其平均能量为

$$E_{静} = -\frac{2\mu_1^2 \mu_2^2}{3kTr^6} \cdot \frac{1}{(4\pi\varepsilon_0)^2}$$

这里 μ_1 和 μ_2 是两个相互作用分子的偶极矩,r 是分子质心间的距离,k 是 Boltzmann 常数,T 为热力学温度,ε_0 为真空电容率。当

$\mu_1=\mu_2$ 时，$E_{静}$ 与偶极矩的四次方成正比；当 T 升高,偶极矩取向被破坏,相互作用能降低,故和温度呈反比。

(2) 诱导力

极性分子的永久偶极矩影响邻近分子的电荷位移,产生诱导偶极矩。诱导偶极分子与极性分子之间的吸引力称为诱导力,其相互作用能为诱导能 $E_{诱}$,表示为

$$E_{诱} = -\frac{\mu_1^2 \alpha_2}{(4\pi\varepsilon_0)^2 r^6}$$

式中,μ_1 为第 1 个分子的偶极矩,α_2 为第 2 个分子的极化率。

(3) 色散力

当一个非极性分子的电子云和原子核相对位移产生瞬时偶极矩时,会诱导邻近分子的瞬时偶极处于异极相近的状态,这种相互作用力称色散力,其相互作用能称色散能。两个分子间的色散能 $E_{色}$ 为

$$E_{色} = -\frac{3}{2}\frac{I_1 I_2}{I_1+I_2}\left(\frac{\alpha_1 \alpha_2}{r^6}\right)\frac{1}{(4\pi\varepsilon_0)^2}$$

式中 I_1 和 I_2 是两分子的电离能,α_1 和 α_2 是它们的极化率。

极性分子存在有静电力和诱导力,极性分子和非极性分子均存在色散力。这些作用力不仅存在于不同分子间,也存在于同一分子内的不同原子或基团之间。大多数分子的分子间作用能在 10 kJ·mol^{-1} 以下,比通常的共价键键能小一二个数量级,分子间距离 0.3～0.5 nm。分子间力(除氢键外)一般没有饱和性和方向性。分子间作用能的分配各不相同。如 CO 分子,$E_{静}$ = 0.003 kJ·mol^{-1},$E_{诱}$ = 0.008 kJ·mol^{-1},$E_{色}$ = 8.75 kJ·mol^{-1},分子间总作用能为 8.75 kJ·mol^{-1}。

11.16.3 超分子、分子识别和自组装

由两种或两种以上分子依靠分子间相互作用结合在一起、降低体系的能量,组装成复杂的、有组织的和保持一定完整性的聚集

体称为超分子。对于受体(锁)和客体(钥匙)间的每一局部的相互作用是弱的,而各个局部间相互的加和作用、协同作用形成强的相互作用力,故使超分子稳定存在。例如,DNA双螺旋结构是由两条链形分子通过氢键结合成的超分子,酶和蛋白抑制剂、激素和受体以及多层膜、液晶等有序多分子体系等都属超分子范畴。

分子识别是由于不同分子间的一种特殊的、专一的相互作用,它既满足相互结合的分子间的空间要求,也满足分子间非共价键力的匹配,是受体和客体各基团互相选择、达到最佳配置。换句话说,分子识别就是接受体和底物分子间存在着形成次级键的最佳条件,互相选择对方结合在一起,使体系趋于稳定。

自组装是指一种或多种分子由于非共价键力的存在,自发地组合起来形成分立的或扩展的超分子。其实,生物界一直在利用自我识别、自组织和自我复制的原理将无生命的小分子装配成具有精确构造和特定功能的生命体,小到最低等的单细胞生物,大到复杂的人体。4种基本的核苷酸排列组合,可以构造出携带全部信息的DNA双螺旋结构。20余种基本的氨基酸排列组合,产生几乎所有的生物活性蛋白。

近年来,纳米技术得到迅速发展,人们试图从单个分子水平的设计出发,模仿生物体系的自组织和自装配原理,"自下而上"地构建纳米材料和纳米结构的尝试。在仿生纳米合成方面取得一定进展。例如,仿照生物膜的结构,将功能分子有序地排列起来,可以获得致密有序的单分子膜或多层膜材料;仿照生物体内骨骼、牙齿等发育的"生物矿化"过程,可以制备出有机/无机纳米复合材料。

11.17 电子结构与宏观性质

自1927年量子化学诞生以来,量子化学工作者在不断发展、完善量子化学理论体系和计算方法的同时,也十分重视将理论应用于化学实践。这里仅就电子结构与热力学、电化学性质间的关系以及量子力学和生物学、药物学的结合作一简单介绍。

11.17.1 热力学性质

第1章谈到由键焓估算生成焓。这里以苯为例讨论生成焓、原子化热和共振能之间的关系。原子化热的参考点是孤立的气态原子。苯的原子化热是1摩尔物质在标准压力 $p^{\ominus}$ 和指定温度下变成气态碳原子和氢原子所需要的能量($\Delta_a H_m^{\ominus}$(苯,298K)),采用原子化热的优点是其值和键焓的总和相接近。环己三烯的原子化热 $\Delta_a H_m^{\ominus}$(环己三烯,298K)= 5 365.56 kJ·mol^{-1}(3个C=C、3个C—C和6个C—H键焓之和);由6个C(石墨)和3个H_2(g)变成6个C(g)和6个H(g)的焓变 $\Delta_f H^{\ominus}$(6C,6H,g,298K)= 5 597.9 kJ·mol^{-1}。而由$3H_2$(g)+6C(石墨)$\longrightarrow C_6H_6$(g)的 $\Delta_f H_m^{\ominus}$(C_6H_6,g,298K) = 82.93 kJ·mol^{-1}。$\Delta_f H^{\ominus}$(6C,6H,g,298K)−$\Delta_f H_m^{\ominus}$(C_6H_6,g,298K) = 5 514.97 kJ·mol^{-1},与环己三烯的$\Delta_a H_m^{\ominus}$(环己三烯,298K)相差149.41 kJ·mol^{-1},这是由苯分子的离域效应产生的离域能(DE)或称共振能(RE)。离域能可以用量子化学方法求出。

近年来,对氨基酸的热分解机理时有报道,Raticliff等对氨基酸的热分解进行了笼统的描述。作者先用热重法(TG)、差热分析(DTA)方法测试了丝氨酸的热分解过程,用红外光谱对其热分解过程的残留物进行了确认。再用量子化学从头计算方法在RHF/6-21G水平上全优化计算了丝氨酸及其热分解中间产物、产物分子的几何构型,得到其总能量和Mulliken集居数等电子结构数据。通过实验和理论计算结果分析,认为丝氨酸热分解是以首先失去 CO_2 为主要反应通道,同时伴随有少部分丝氨酸先失去NH_3,生成环氧中间产物,然后有再失去 CO_2 的副反应发生。关于失去 NH_3 后的分子碎片的全优化,得到的构型为环氧中间产物。对环氧中间产物进行了振动分析,振动计算结果是环氧中间产物没有虚频,表明环氧中间产物的构型不是鞍点过渡态结构,而是稳定的结构。这从理论上证明了文献上推论的正确性。

丝氨酸的热解机理如下:

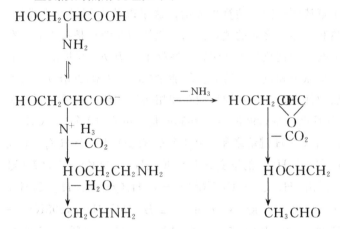

作者还用MNDO方法研究了天冬氨酸的热解机理,与实验结果也基本相符。

11.17.2 电化学性质

用量子力学原理研究电极过程动力学、电极界面吸附、界面电子的隧道效应等已有许多报道,且有专著。这里举电催化、电镀、电化学腐蚀中的例子说明电子结构与电化学性质之间的关系。近来,作者用EHMO方法研究O_2在银-铝催化剂界面的吸附方式,用吸附前后重叠集居数的变化和空成键轨道能级阐明了该催化剂改善空气(氧)电极性能、提高电流密度的原因。此外,还讨论了电极反应机理。

在电镀中,为使镀层平整,常常在镀液中加入整平剂,作者用CNDO/2和AM1方法计算了Ni镀液中二醇类、芳香类添加剂分子的轨道能级等量子化学数据,发现这些添加剂的整平性能与其前线轨道能级有很好的相关规律。对吸附模型和整平机理进行了深入讨论。根据轨道对称性讨论了它们在金属界面的吸附键型。另外,在分析分子功能团作用的基础上,计算草酸、丁二酸分子的轨道能级等量子化学参数,按所得的相关规律,应有较好的整平性,经实验证明确实如此。

在金属缓蚀剂研究方面,从 20 世纪 70 年代初 Vosta 用 EHMO 方法研究了氧化吡啶衍生物的量子化学参数与缓蚀效率之间的关系以来,国内外许多学者用不同的量子化学计算方法研究不同类型缓蚀剂的结构与性能的关系。作者在用电化学方法测试异喹啉衍生物在 Fe 界面缓蚀效率的基础上,用 EHMO 和 CNDO/2 方法计算了这些分子。发现随着这些化合物异喹啉环上吡啶环的原子负净电荷之和增大,缓蚀性能提高;吡啶环亲核前线电荷与缓蚀效率有很好的线性关系。提出了这类缓蚀剂分子可能呈平卧方式吸附于金属电极界面,从而起缓蚀作用。预测了 5 个新分子的缓蚀性能。

近来我们用从头算法 RHF/6-31G 和 SCC—DV—X_α 方法全优化咪唑及其衍生物分子的几何构型,在 α-Fe 的(100) 晶面上取 4 个 Fe 原子作为研究的簇界面,设计缓蚀剂分子在其界面上不同的吸附模型,用 X_α 方法进行优化之。研究发现:① 咪唑及其衍生物的缓蚀性能与其最高占据分子轨道能量 E_{HOMO}、N(1) 原子的净电荷和取代基的位置有关。② 在 Fe 与缓蚀剂体系中,稳定化能越大,缓蚀效率越高。③ 咪唑及其衍生物分子在 Fe-簇界面上以倾斜的方式吸附,其倾斜的角度和吸附键长度与 —CH_3 基在咪唑环上取代的位置有关。如咪唑在 Fe-簇界面上吸附键长度为 0.227 nm,倾斜角为 12.0°。

吡啶及其衍生物在盐酸介质中对铝界面有缓蚀作用,2,4-二甲基吡啶的缓蚀效率可达 99%。其缓蚀机理我们用 MNDO 量子化学近似计算方法进行了研究。计算结果表明:① 质子化和非质子化吡啶及其衍生物的缓蚀性能分别与吡啶环上 6 个原子的净电荷和 π 电荷有线性关系。② 吡啶及其衍生物在 Al-电极界面吸附主要以质子化形式存在。③ 吡啶及其衍生物与 Al- 界面的相互作用的程度体现在 —NH$^+$ 基团的净电荷的增加,并且 Al- 界面上的电子传递到缓蚀剂上。④ 这类缓蚀剂在 Al- 界面上最可能的吸附模型是吡啶环上的 N 原子接近界面上的 Al 原子,吡啶环平面与 Al- 界面呈一定倾斜角。⑤ 有吸附氢和 Cl$^-$ 存在时,缓蚀剂在 Al- 界面的吸附键级增加,氢和 Cl$^-$ 在 Al 原子上的吸附键级也增大。

11.17.3　生物和药物方面

用量子力学来阐明生命现象和研究生命过程就形成了量子生物学。通过对不同生物分子的量子化学计算,用取得的电荷密度、轨道能级、键能等量子化学参数来探讨和解释核酸、蛋白质的功能、酶反应、酶 - 辅酶间的相互作用、化学致癌机理、生物固氮、金属离子在生命活动中的作用等。然而由于蛋白质分子很大,其分子中的原子数达 $10^3 \sim 10^5$(电子更多),计算量与总电子数的 3 次方成正比,因此使用目前的计算机实现整个蛋白质分子的精确的计算乃是十分困难的。但是,人们采用各种处理方法来计算生物大分子,如计算显微镜法、定域分子轨道法和并行算法等。据最近报道,采用"团簇埋入自洽计算法"实现了对南瓜种子中胰蛋白酶抑制止因子 CMTI-I 的计算。这个分子有 436 个原子,29 个氨基酸残基构成单链。计算结果解释了 CMTI-I 的活性部位,在远离中心的第五个氨基酸残基 ARG5 处有一个能量最低的未占据局域化电子态,最易从外界得到一个电子。整个计算属于"第一性原理",全电子、全势场、从头计算,没有任何人为的外加参数。

量子力学用以研究药物的电子结构与作用机理形成了量子药物学。现在量子生物学中包括量子药物学。我们知道,有些药物与内源性活性物质作用在同一生物体系,产生相似作用;更多的药物与这一生物体系作用后,抑制了内源性物质产生的效应。通过量子化学计算的能级、构象、电荷分布等参数,可将药物和内源活性物质进行比较。若两者的构象、电荷分布等方面如异常相近,就可能以相似方式与同一生物体系作用,电荷转移是生物体系的重要作用方式之一。

$$D+A \rightleftharpoons D^++A^- \rightleftharpoons D^+\ A^-$$

电子易于流动的体系,才能产生电荷转移。给予的电子一般自最高占据轨道跃迁,而接受的电子一般安放在最低空轨道。从量子化学计算获得的最高占据轨道与最低空轨道的能量,可以估计电荷转移是否易于产生。例如,普鲁丁(图 11-15a)是杜冷丁型结构的镇痛药。它与镇痛受体结合时,苯基起给予电子作用,因此苯基如换以其他基团,如也是易于给予电子的,仍有相近镇痛作用。例如相应硫茂基化合物(b)自最高占据轨道移去一个电子所需功并不大,因而仍有较强镇痛作用;吡啶基化合物(c、d)移去一个电子所需功较大,镇痛作用就较弱;如将苯基换以萘基(e)或喹啉基(f),最高占据轨道需更高能值以移去一个电子,这些化合物的镇痛作用更弱。

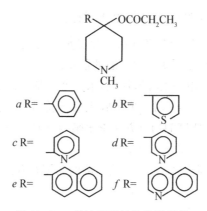

图 11-15　杜冷丁型结构的镇痛药

目前,药物分子设计是一个十分活跃的研究领域,可分为常规药物分子设计、三维结构搜寻药物分子设计和全新药物分子设计三个层次。药物分子设计的步骤大致为:收集多的可靠数据、确定药物发挥药效机理的作用方式并找出药效基团、提取参数和选择建模方法、建立模型、随机检验、设计性能优异的新分子、合成及性能测试、反馈及视情况多轮反复。

量子生物学和量子药物学已有专著,但仍是较年轻和很有发展前途的学科。当然,由于生物大分子的计算困难很大,仍需要多学科的紧密配合,共同进取。

习 题

11-1 判断下列函数是否是合格波函数:
$e^x, e^{-x}, e^{-x^2}, \sin x, \sin|x|$

11-2 判断 $\sqrt{\dfrac{2}{a}}\sin\dfrac{n_x\pi x}{a}$ 是否为 $\hat{p}_x$、x、$\hat{p}_x^2$ 算符的本征函数。

11-3 证明 $\hat{p}_y$ 是线性厄米算符。

11-4 在笛卡儿坐标系中写出 $\hat{p}^2$ 的表达形式。

11-5 试求氢原子 ψ_{2s} 态的能量。

11-6 运用一维势箱模型,求出辛三烯-2,4,6 的 π 电子由 $n_x=3$ 跃迁到 $n_x=4$ 时需要吸收光的波长是多少?

11-7 试用 EHMO 方法求出烯丙基 $CH_2=CH—CH\cdot$ 的能级(以 α、β 表示)和分子轨道。

11-8 写出苯乙烯、环戊二烯的久期行列式。

11-9 请查文献举例讨论隧道效应。

11-10 请举例说明药物分子的电荷分布与性质的密切关系。

第 12 章 光 谱

由于分子的性质(如电学、光学和磁学性质等)是由分子的结构决定的,因此可以通过研究分子光谱、核磁共振谱等来了解分子的能级、电子结构、几何构型和异构体等,还可以进行定性和定量分析。本章介绍光谱及其在化学和生物学中的应用。

12.1 分子光谱的一般介绍

由前章所述,分子中的电子都处于具有一定能量的运动状态,而能量是量子化的。当分子受到入射光作用,从能级 E_1 跃迁到较高能级 E_2 时,就要吸收频率为 $\nu\left(=\dfrac{E_2-E_1}{h}\right)$ 的光子,若用记录仪记录,有一个吸收峰。由于还可发生其他能级之间的跃迁,就会出现许多吸收峰,这称为分子的吸收光谱。若电子从高能级跃迁到低能级,放出能量,这种光谱称为发射光谱,统称分子光谱。这里只介绍吸收光谱。

分子内部运动有电子运动、振动和转动三种方式,分子的能量 E 等于这三部分能量之和,即 $E=E_电+E_振+E_转$。转动能级间隔一般在 $(10^{-4}\sim 0.05)\times 96.485\text{kJ}\cdot\text{mol}^{-1}$,这种能级之间跃迁产生的光谱称为转动光谱。振动能级间隔一般在 $(0.05\sim 1)\times 96.485\text{kJ}\cdot\text{mol}^{-1}$,这些能级之间的跃迁产生的光谱称为振动光谱。电子能级间隔一般在 $(1\sim 20)\times 96.485\text{kJ}\cdot\text{mol}^{-1}$,这些能级之间跃迁产生的光谱称为电子光谱。当两个电子能级间跃迁时,不可避免地有振动、转动状态的变化,得到的就不只是一条谱线,而是一系列谱带,称为一个谱带系,整个分子的电子光谱可包含若干个谱带系,它实际上是电子-振动-转动光谱。同样,振动能级间跃迁,也会引起转动状态的变化,形成振动-转动光谱。

分子光谱的各光谱区的波长范围如下:① 微波区,其波长为 $3.0 \times 10^8 \sim 1.0 \times 10^6$ nm;② 远红外区的波长为 $5.0 \times 10^5 \sim 2.5 \times 10^4$ nm;③ 中红外区的波长为 $2.5 \times 10^4 \sim 2.5 \times 10^3$ nm;④ 近红外区的波长为 $2.5 \times 10^3 \sim 1.0 \times 10^3$ nm;⑤ 可见区的波长为 800 $\sim$ 400nm;⑥ 近紫外区的波长为 400 $\sim$ 200nm;⑦ 远紫外区的波长为 200 $\sim$ 100nm。

12.2 紫外和可见光谱

紫外和可见光谱又称为电子光谱,它反映分子中某电子吸收一定能量从一个分子轨道跃迁到能量较高的空轨道。一般有机分子的化学键主要是 σ 键和 π 键,组成这些键的是 σ 电子和 π 电子。此外还有未成键的 n 电子,它们比成键电子受原子核束缚小,活动性较大。正是这些电子跃迁形成了有机化合物的紫外和可见光谱。通常 $n \rightarrow \pi^*$、$\pi \rightarrow \pi^*$、$n \rightarrow \sigma^*$、$\sigma \rightarrow \sigma^*$ 的跃迁处于紫外区和可见区。

紫外和可见光谱广泛地用于化学、生物体系。它在物理化学中也有重要应用,例如紫外光谱可以测定配合物的组成和不稳定常数、酸碱离解常数、真离解度、溶解度、一些反应的反应速率、有机化合物的分子量和分子结构等。优点是灵敏度高,样品用量少。

紫外吸收光谱图以波长 λ(nm)为横坐标,以摩尔消光系数 ε(单位为 $dm^3 \cdot mol^{-1} \cdot cm^{-1}$ 或 $0.1\ m^2 \cdot mol^{-1}$)为纵坐标。由兰伯特-比耳(Lambert-Beer)定律得:

$$D = \lg \frac{I_0}{I} = \varepsilon c l \tag{12-1}$$

其中,D 为光密度;I_0 为入射光强度;I 为透射光强度;c 为浓度(单位为 mol·dm^{-3});l 为样品池厚度(单位为 ×10^{-2}m)。

下面先以甲醛分子为例介绍紫外光谱的性质,然后介绍肽基、氨基酸等的紫外可见光谱。

12.2.1 甲醛分子的光谱特性

甲醛分子结构如图 12-1 所示。从形成的分子轨道和电子排布分析跃迁类型,然后讨论光谱选律。

(1) 甲醛分子的跃迁类型

甲醛分子含有 4 个原子、16 个电子。每个氢原子含有一个在 $1s$ 轨道上的电子,碳原子含 6 个电子,排布为 $1s^2 2s^2 2p_y^1 2p_x^1$,氧原子含有 8 个电子,排布为 $1s^2 2s^2 2p_y^2 2p_x^1 2p_z^1$。当这 4 个原子化合成甲醛分子时,这些原子轨道要发生变化。为了构成甲醛分子120°的键角,C 原子必须采取 sp^2 杂化,这样电子的排布变为 $1s^2 (2sp^2)^3 2p_z^1$。C 的 $1s^2$ 轨道和 O 的

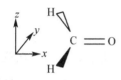

图 12-1
甲醛分子结构示意图

$1s^2$、$2s^2$ 轨道因束缚太紧以致于在成键时不起作用。C 的两个 sp^2 杂化轨道与两个 H 的 $1s$ 轨道重叠分别形成两个 C—H 键。C 的第 3 个 sp^2 杂化轨道与 O 的 $2p_x$ 轨道形成 σ 单键。这样 C 还剩余 1 个 $2p_z$ 轨道,O 还剩余 $2p_z$ 和 $2p_y$ 轨道。于是 C 和 O 的 $2p_z$ 轨道彼此重叠形成 π 分子轨道。这个 π 轨道占据 2 个电子,形成 π 键。O 原子剩余的 2 个电子处在 $2p_y$ 轨道上。因此 H$_2$CO 基态的双键在 C 和 O 原子之间。非键轨道 $(n) 2p_y$ 定域在 O 原子上。

对于甲醛基态,π 分子轨道可写成如下组合形式:$\psi_\pi = 2p_z(C) + 2p_z(O)$,它能使 C、O 两原子之间电子密度增大成键。而另一种组合 $\psi\pi^* = 2p_z(C) - 2p_z(O)$,使 C、O 之间不能重叠,形成反键 π 轨道,标记为 π*(见图 11-10)。前者能量低,后者能量高。

这里 E_π、E_n、E_{π^*} 分别表示 π、n、π* 轨道的能级,其基态的激发态形式可表示如下:

```
   π*  ↓           π*              π*  ↓   E_{π*}
   n   ↑↓  π*←π    n   ↑↓   n→π*   n   ↑   E_n
   π   ↑           π   ↑↓          π   ↑↓  E_π
      激发态            基态            激发态
```

由上述能级可见,由基态非键轨道 n 跃迁一个电子到 π* 轨道上,这称为 n → π* 跃迁。另一种情况是 π 轨道上一个电子跃迁到 π* 轨道,称为 π → π* 跃迁。由于前者跃迁的能量差 ΔE 比后者的小,根据 $\lambda = \dfrac{hc}{\Delta E}$,所以可以预计前者的波长比后者的长。

(2) 狄拉克符号

在光谱讨论中常用到狄拉克(Dirac)符号,其优点是简明。狄拉克假设描写微观粒子的运动状态用一个右矢量表示,即 $|\rangle$ 符号标记。某一个特定的状态在 $|\rangle$ 符号中插入一个字母表示,如 $|p\rangle$。若将上述甲醛的 π 分子轨道用狄拉克符号表示就可以写成 $|\pi\rangle$。相应共轭空间的运动状态,狄拉克假设用左矢量表示,即 $\langle|$ 符号标记。某个特定的左矢量写为 $\langle p|$。如将甲醛的 π 轨道表示为左矢量的形式为 $\langle\pi|$。

若将左、右矢量并在一起,称为内积。如 $\langle\pi|\pi\rangle$ 可表示为:

$$\langle\pi|\pi\rangle = \int \psi_{\pi^*} \psi_\pi \mathrm{d}V \tag{12-2}$$

若将偶极矩算符 $\hat{\mu}$ 放在 $\langle\pi|$、$|\pi\rangle$ 之间,形成 $\langle\pi|\hat{\mu}|\pi\rangle$,表示为

$$\langle\pi|\hat{\mu}|\pi\rangle = \int \psi_{\pi^*} \hat{\mu} \psi_\pi \mathrm{d}V \tag{12-3}$$

(3) 跃迁电偶极矩

电偶极矩在第 11 章中已经介绍。光谱选律是根据对称性理论使跃迁电偶极矩 R 不为零的条件。跃迁电偶极矩平方越大,跃迁几率越大,就有越强的吸收。R 表示为

$$R = <i|\hat{\mu}|f> \tag{12-4}$$

其中 $<i|$ 表示起始态矢量，$|f>$ 表示终态矢量。对于甲醛分子的 n、π、π^* 轨道，分别写成 $|n>$、$|\pi>$、$|\pi^*>$。由 $n \to \pi^*$ 和 $\pi \to \pi^*$ 的跃迁分别写成 $<n|\hat{\mu}|\pi^*>$ 和 $<\pi|\hat{\mu}|\pi^*>$，跃迁矩阵元。狄拉克符号积分是对整个空间进行，不依赖于坐标系的选择。这些积分 $<n|\hat{\mu}|\pi^*>$、$<\pi|\hat{\mu}|\pi^*>$ 是否为零可通过对称性理论加以判别。

首先使用对称性理论检验波函数的性质，考虑积分 $<\pi|\pi^*>$。由图 12-2 看出，π 轨道经 yz 平面反映是偶函数，即 $\pi(x) = \pi(-x)$，而 π^* 是奇函数，即 $\pi^*(x) = -\pi^*(-x)$，于是它们的积 $(\pi\pi^*)$ 是奇函数。这样 x 为正时 $\pi\pi^*$ 的积分值刚好和 x 为负时的积分值相抵消，因此，$<\pi|\pi^*> = 0$，也就是说两个波函数彼此正交。同理，$<\pi|n> = <\pi^*|n> = 0$。

对 $<\pi|\hat{\mu}|\pi^*>$ 可以表示成三个分量的和，这三个分量分

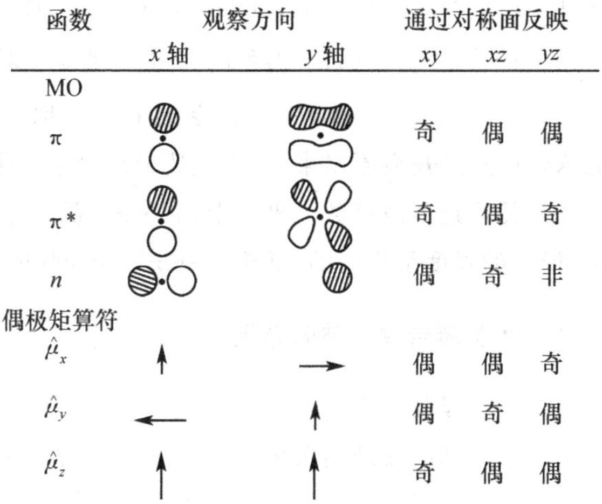

函数	观察方向		通过对称面反映		
	x 轴	y 轴	xy	xz	yz
MO					
π			奇	偶	偶
π^*			奇	偶	奇
n			偶	奇	非
偶极矩算符					
$\hat{\mu}_x$	↑	→	偶	偶	奇
$\hat{\mu}_y$	←	↑	偶	奇	偶
$\hat{\mu}_z$	↑	↑	奇	偶	偶

图 12-2 甲醛的分子轨道和偶极矩分量的对称性

别为 $<\pi|\hat{\mu}_x|\pi^*>$、$<\pi|\hat{\mu}_y|\pi^*>$ 和 $<\pi|\hat{\mu}_z|\pi^*>$。

① $<\pi|\hat{\mu}_x|\pi^*>\neq 0$，因为 π、π^* 和 $\hat{\mu}_x$ 通过 xy、yz 或 xz 平面反映后，三者之积是偶函数。

② $<\pi|\hat{\mu}_y|\pi^*>=0$，因为通过 xz 或 yz 平面反映后，三者之积是奇函数。

③ $<\pi|\hat{\mu}_z|\pi^*>=0$，因为通过 xy 或 yz 平面的反映是奇对称的。

由上述分析可见，$<\pi|\hat{\mu}|\pi^*>=<\pi|\hat{\mu}_x|\pi^*>$。因为 $\pi \to \pi^*$ 跃迁偶极矩不为零，所以此跃迁称为允许跃迁。只有当光的电场矢量平行于分子的 x 轴时，强的吸收才能发生。这种跃迁沿着 C═O 键偏振。

对于 $n \to \pi^*$ 跃迁，我们必须估算 $<n|\hat{\mu}|\pi^*>$ 的分量：

① $<n|\hat{\mu}_x|\pi^*>=0$，因为经 xy 或 xz 平面反映后是奇对称。

② $<n|\hat{\mu}_y|\pi^*>=0$，因为经 xy 平面反映是奇对称。

③ $<n|\hat{\mu}_z|\pi^*>=0$，因为经 xz 平面反映是奇对称。

因此，$<n|\hat{\mu}|\pi^*>=0$，$n \to \pi^*$ 跃迁称为对称禁阻。然而这并不意味着此跃迁观察不出来，因为上述处理过于简化，没有考虑振动运动和使用近似波函数。事实上，$n \to \pi^*$ 跃迁可能产生一个吸收带，但它的强度是很弱的，低于 $\pi \to \pi^*$ 跃迁强度的 1%。

12.2.2 生物聚合物的波长范围

任意一个分子吸收一定波长范围的光。凡在近紫外区、可见光区能产生吸收的基团或结构系统，称为生色基。表 12-1 列出一些常见生色基的吸收峰波长。还有些基团引入分子后能使生色基的最大吸收峰波长 λ_{max} 向长波方向移动，吸收强度增加，这些基团称为助色基，如 —Cl、—NH$_2$、—OH 等。

表 12-1　　　　　一些生色基的最大吸收峰波长

生色基	$\pi \to \pi^*$ λ_{max} (nm)	$n \to \pi^*$ λ_{max} (nm)	生色基	$\pi \to \pi^*$ λ_{max} (nm)	$n \to \pi^*$ λ_{max} (nm)
C=C	约 175		C=O	约 195	270~285
—C≡C—	约 160		—COOH		204~210
苯环	约 190 约 260		C=S	约 200	约 400
—C(=O)—H	约 120	285~295	—NO$_2$	210	约 270

在蛋白质和核酸中生色基吸收光的波长低于 300nm。这些基团如肽或核酸基比甲醛复杂得多,后面对它们的光谱只能作简单介绍。

研究生物聚合物光谱受到的主要限制之一是需要在溶剂中工作。当然,大分子的气相光谱例外。固体的光谱是复杂的。对于绝大多数蛋白质和核酸,最有用的溶剂是水。水作为溶剂使用直接限制吸收光谱测量在比 170nm 大的范围。由于水是强极性分子,以它为溶剂的电子吸收带比在其他溶剂中的吸收带要宽。

12.2.3　肽的光谱

蛋白质生色基可分为三类:肽键本身、氨基酸侧链和辅基基团。孤立肽生色基的性质可以方便地用模型化合物如甲酰胺或 N-甲基乙酰胺来研究。肽基的 π 电子离域在 N、C 和 O 三个原子之间。肽的最低能量电子跃迁是 $n \to \pi^*$ 跃迁。像在甲醛中一样,n 电子基本上定域在 O 原子上,这种跃迁是对称禁阻的。

肽的 $n \to \pi^*$ 吸收带出现在 210～220nm 处，强度很弱（$\varepsilon_{max} \approx 100$）。例如，不同结构的聚-L-赖氨酸的吸收光谱示于图 12-3，图中可见，对 α-螺旋聚合体 $n \to \pi^*$ 跃迁显示在中心为 190nm 强吸收带的末尾接近 220nm 的肩峰处。肽的强吸收带是 $\pi \to \pi^*$ 跃迁（$\varepsilon_{max} \approx 7000$）。对于甲醛，最低的 $\pi \to \pi^*$ 跃迁沿着 C—O 键轴偏振。对于肽，因为 N 原子参与组成 π、π^* 轨道，所以 $\pi \to \pi^*$ 跃迁偶极不是沿着某个别键。对于内豆蔻酰胺分子，跃迁偶极处于肽平面，接近 O 和 N 原子的连线上。

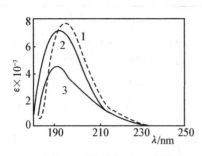

1. β 片，2.无轨线团，3.α-螺旋

图 12-3 聚-L-赖氨酸水溶液的紫外吸收光谱

12.2.4 氨基酸的光谱

大多数氨基酸的紫外光谱和可见光谱是 $\sigma \to \sigma^*$ 跃迁而产生的，它们位于远紫外区，波长小于 230nm。而芳香氨基酸：色氨酸、酪氨酸和苯丙氨酸因分子中含有 $-C_6H_5$ 生色基，使得超过 250nm 有强的吸收。这三个氨基酸在中性 pH 值的吸收光谱示于图 12-4。从图中看到三者的吸收强度不同，最强的是色氨酸。但它不是大量存在于普通蛋白质中，于是，酪氨酸的吸光度是非常有意义的。苯丙氨酸的最大消光系数非常小，所以在蛋白质中若其他芳香氨基酸存在时，它的光学贡献几乎观察不到。苯丙氨酸在 250nm 的吸光度来自对称禁阻的 $\pi \to \pi^*$ 跃迁，类似于苯在 256nm 的弱吸收带。对于酪氨酸在 274nm 观察到强的跃迁吸收，类似于苯酚在 271nm 的强吸收。色氨酸的吲哚侧链的吸收光谱是比较复杂的，甚至在 240nm 至 290nm 窄的波长范围由 3 个或多个跃迁组成。

改变 pH 值对孤立肽生色基的吸收光谱影响较小。质子化作用位置对酪氨酸和色氨酸的光谱影响较大,这是因为质子化作用位置直接影响了生色基的电子共轭体系。最引人注意的是当 OH 的质子被除去时,使酪氨酸的光谱发生位移。这光谱位移能够非常灵敏地在 295nm 监测出吸光度。在这一波长测量差光谱能够精确地进行蛋白质中酪氨酸的滴定。这种方法经常用来测定蛋白质的浓度。

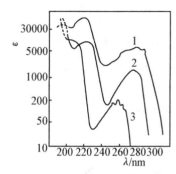

图 12-4　色氨酸(1),酪氨酸(2)和苯丙氨酸(3)的紫外光谱

12.2.5　核酸的光谱

脱氧核糖核酸(DNA)和核糖核酸的光学性质是通过嘌呤(腺嘌呤、鸟嘌呤)和嘧啶(胞嘧啶、胸腺嘧啶和尿嘧啶)来研究的。与蛋白质的氨基酸比较,组成核酸聚合物的核苷酸有相类似的吸收光谱。芳香碱基连接到核糖或脱氧核糖磷酸后均在 260nm 附近有畸峰。自由碱基、核苷(碱基连在核糖上)、核苷酸(碱基连在磷酸糖类)和变形多核苷酸在这个范围都有非常相似的吸收光谱。例如,腺嘌呤最大吸收峰波长为 260.5nm,腺嘌呤核苷的为 260nm,腺苷-5′-磷酸的为 259nm,四核苷酸 pApApApA 的为 257nm。

DNA 和 RNA 都呈现出一种有趣的缺色性现象。通常,完整的 DNA 的摩尔消光系数低于我们根据其中所含核苷酸总数所预期数值的 20%～40%。例如,小牛胸腺 DNA 在 260nm 处的摩尔消光系数,当这个聚合物遇热变性时,从 6500 增加到 9500。这一现象可解释为:由于碱基对中被光吸收所诱导的电偶极间库仑力的相互作用而产生。这个相互作用的程度,取决于偶极间的相对取向。在无序的取向中,可能很少或没有相互作用,因此对吸收光谱也无影响。在自然状态中,这种偶极子彼此平行堆积,导致吸光度下降。这种性质已成功地应用于检测 DNA 螺旋 - 盘绕的跃迁。①

12.2.6 视紫红素

视紫红素广泛地存在于脊椎动物和非脊椎动物中,可以从动物的眼中离析出来。它呈蓝红色。分子构型如图 12-5 所示。图中 R 为视蛋白。

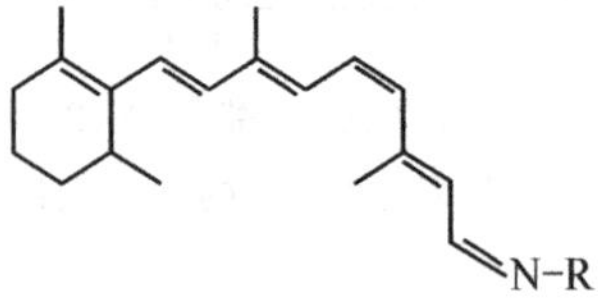

图 12-5 视紫红素分子 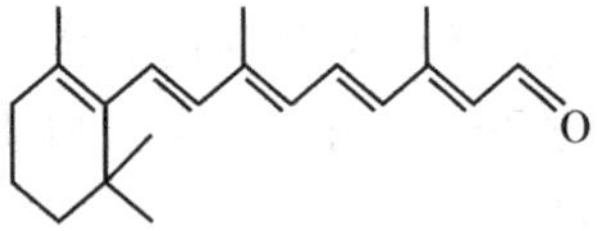　　　　　　视黄醛

视紫红素的最大吸收峰波长是在 500nm 附近。其与复杂的视觉过程有关。由第 11 章箱中粒子讨论可知,开链的共轭乙烯单位多于 8 个时,最大波长的 $\pi \rightarrow \pi^*$ 跃迁即进入可见光区而使分子具有颜色。而视紫红素的生色基部分只有 6 个共轭乙烯单位,照理它不应当有颜色。实际上,相应的羰基化合物视黄醛就是无色的。将图 12-5 中视蛋白 R 用丁基取代时,它也成为无色,这就说明正是共轭体系与复杂的视蛋白发生相互作用才使视紫红素在较长波长吸收,具有颜色。这种现象在复杂的生化体系中是常见的。

12.2.7 应用举例

这里仅介绍由所测两组分体系的吸收光谱求每个化合物浓度

---

① 当一个 DNA 分子变性时,其双螺旋结构被破坏,分子成为无序的盘绕。这种跃迁经常在一较窄的温度范围内进行。

的方法。根据兰伯特-比耳定律可以分别应用到每个化合物。图12-6 绘出了两组分体系的吸收光谱。图中 Δ 范围内,总的吸光度包含了来自两个物质的贡献。在没有重叠的波长下进行测定,或在两个波长进行测定,并用联立方程,这样就可以求得每个化合物的浓度。实例如下:

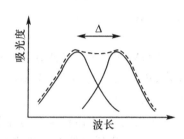

图 12-6 两个重叠的吸收谱带,实线是单组分的光谱,虚线表示两个谱带的加和(实际观察到的)

【例1】 测试酶与腺苷酸(酶+腺苷酸)体系的吸光度在 280nm 处是 0.46,在 260nm 处是 0.58。试计算每一组分的浓度。已知酶的 $\varepsilon_{280}=2.96\times10^6 dm^3 \cdot mol^{-1} \cdot m^{-1}$ 和 $\varepsilon_{260}=1.52\times10^6 dm^3 \cdot mol^{-1} \cdot m^{-1}$;AMP 的 $\varepsilon_{280}=2.4\times10^5 dm^3 \cdot mol^{-1} \cdot m^{-1}$,$\varepsilon_{260}=1.5\times10^6 dm^3 \cdot mol^{-1} \cdot m^{-1}$;样品池厚度 0.01m。

解 设酶和 AMP 的浓度分别为 x 和 $y(10^{-3} mol \cdot dm^{-3})$。

因为对于每一个组分来说,$D=\varepsilon cl$ 和(吸光度)$_\lambda$=(酶的吸光度)$_\lambda$+(AMP 的吸光度)$_\lambda$,于是:

在 260nm $0.58=15.2x+15y$

在 280nm $0.46=29.6x+2.4y$

解这两个方程得到:$x=0.0135$,$y=0.0252$,即酶的浓度为 $1.35\times10^{-5} mol \cdot dm^{-3}$,AMP 的浓度为 $2.52\times10^{-5} mol \cdot dm^{-3}$。

12.2.8 紫外光谱和可见光谱波长的计算

紫外光谱和可见光谱是电子从最高和次最高占据分子轨道跃迁到最低和次最低空的轨道。若跃迁前的轨道能级为 E_1,跃迁后的能级为 E_2,则其差值 $\Delta E(=E_2-E_1)$ 的大小与紫外和可见光谱的波长有关。因此,可应用分子轨道理论求得 ΔE,计算其波长,再与实测值相比较。这里举例说明。

(1) EHMO 方法

第 11 章已介绍,EHMO 方法可以计算共轭分子的能级、电荷密度等量子化学参数,因此我们可以用 EHMO 方法得到的能级来计算紫外和可见光谱的波长。

卟啉及其配合物在光化学、生命科学中起着重要作用,其吸收光谱已进行了测试。作者在用群论处理的基础上,又采用 EHMO 方法等计算了四苯基卟啉及其 —F、—Cl、—Br、—OH 等取代的衍生物分子,利用八轨道能级模型,将其前线轨道能级差 ΔE 代入:

$$\lambda_{\max,\text{计}} = \frac{hc}{\Delta E \beta_{\text{拟}}} \tag{12-5}$$

其中,$\beta_{\text{拟}}$ 为拟合值,按此式计算最大吸收峰波长与实测的 $\lambda_{\max,\text{实}}$ 相符合,同时还预示了几个四苯基卟啉衍生物的波长。

(2) CNDO/2 方法

作者用 CNDO/2 方法计算了吡啶、2-氟吡啶、2-甲基吡啶、2-氯吡啶、2-吡啶甲酸、2-乙酰吡啶、2-羟基吡啶和 2-氨基吡啶分子的电子结构数据,将得到的 ΔE 与上述化合物实测的紫外光谱波数进行线性回归时,发现相关系数只有 0.255。其中 2-羟基吡啶和 2-氨基吡啶的误差较大。在寻找原因的过程中,考虑到 2-羟基吡啶和 2-氨基吡啶可能是以其互变异构体的形式存在。为了检验这一设想,测量了 2-羟基吡啶的红外光谱,发现在 1700~1600 cm^{-1} 之间有强的羰基伸缩振动吸收,此羰基的峰位向低波数移动,可以断定它与共轭体系相连。由 2-羟基吡啶红外光谱、紫外光谱以及2-羟基吡啶、吡啶酮的CNDO/2计算,可以确定在测量条件下,试样主要是以互变异构体吡啶酮的形式存在。

2-氨基吡啶和2-羟基吡啶的紫外光谱波数相同,它也应该有类似的结构。根据这一想法,将CNDO/2计算的2-吡啶酮和2-吡啶亚胺的前线轨道能级差代替2-羟基吡啶和2-氨基吡啶的数据,再进行线性回归,其相关系数提高到0.951,说明吡啶及其2-取代衍生物前线轨道能级的变化和紫外光谱波数的变化相一致。也进一步证实存在互变异构体推断的正确性。

(3) 从头算法

用从头算法研究紫外和可见光谱时有极道。近来唐敖庆等[①]用从头算MP_2方法,用LANL2D2基组,对2,2′-双吡啶双氯二价铂化合物$Pt(bpy)Cl_2$(黄色)分子进行了分子轨道计算,计算得到这种分子的最高占据轨道和最低空轨道都具有反键π^*轨道的性质。用单激发组态相互作用(CIS)方法计算了具有"单体"晶型的$Pt(bpy)Cl_2$的电子吸收光谱或发散光谱,结果表明:最低能吸收光谱λ为350.99nm,具有金属到配体的电荷迁移性质;最低能发射光谱λ为566.39nm,具有配体内电荷迁移的性质。

12.3 红外和拉曼光谱

红外(吸收)光谱又称为振动-转动光谱。习惯上将红外波长分为三个范围:与可见光区接近的部分叫近红外,λ为800～2 500nm;中红外从2 500～25 000nm;远红外从25 000～500 000nm。有机分子的红外光谱一般处于中红外区。轻分子的纯转动跃迁和重分子的低频率的振动跃迁通常发生在远红外区。

红外光谱可用于气体、液体和固体样品的研究。通过红外光谱可以确定分子的空间构型,求出化学键的力常数、键长等。还可

---

① 唐敖庆等,分子科学学报,2001,17(1):10

以用来确定分子的异构体、对未知物剖析、化学反应过程控制和反应机理的研究、催化剂表面结构,也用于高分子和生物分子的研究等。红外光谱应用面广、信息多且具有特征性,故把红外光谱通称为"分子指纹"。它还具有样品用量少、扫描速度快等优点。

12.3.1 基本知识

异核双原子分子可近似看成是一维谐振子,它的薛定谔方程为

$$-\frac{\hbar^2}{2\mu}\frac{d^2\varphi}{dx^2}+\frac{1}{2}kx^2\varphi=E\varphi \tag{12-6}$$

其中,μ 是折合质量,等于 $\frac{m_1 m_2}{m_1+m_2}$;k 为力常数。解此方程得双原子分子的振动能量为

$$E_v=\left(v+\frac{1}{2}\right)h\nu, \quad v=0,1,2,3,\cdots \tag{12-7}$$

这里 v 为振动量子数。$v=0$ 时,E_0 不为零,这意味着即使温度降到绝对零度振动能也不为零,称为零点能。从式(12-7)看出振动能级是量子化的。

经典力学中谐振子的振动频率 $\nu=\frac{1}{2\pi}\sqrt{\frac{k}{\mu}}$。真实分子的振动是非谐性振动。当从 v_0 跃迁至 v_1 时,所吸收红外光的频率称为基频,对应的谱带称为基频吸收谱带(强峰)。它是分析化合物结构的基础。v_0 至 v_2 的跃迁称为第一泛频等。

异核双原子分子有红外光谱,如 HCl 等;同核双原子分子没有红外光谱,如 H_2 等。只有当分子吸收红外光后,在分子振动能级改变的同时又有分子偶极矩改变的情况下,方能显出红外吸收谱,即有红外活性。

双原子分子和化学键的力常数与键能、键长有关。一般地说,力常数越大,键能越大,键长越短。表12-2列出常见的几种化学键的力常数。

由于波数 $\tilde{\nu}$ 与 k 成正比,在 C—H、C=C—H、C≡C—H 三种 C—H 键中,随着杂化轨道中 s 成分的增加,键长变短,k 增大,$\tilde{\nu}$ 也增大。如:

表 12-2　　　　　　键力常数(10^2N·m^{-1})

化学键	k	化学键	k
C—C	4.5	C=C	9.77
C—O	5.77	C=O	12.06
C—N	4.8	C≡C	12.2
C—H	5.07	O—H	7.6

$$C\overset{sp^3}{-}C-H \quad \tilde{\nu} \quad 2800\sim 3000\text{cm}^{-1}$$

$$C=\overset{sp^2}{C}-H \quad \tilde{\nu} \quad 3025\sim 3085\text{cm}^{-1}$$

$$C\equiv\overset{sp}{C}-H \quad \tilde{\nu} \quad 约\ 3300\text{cm}^{-1}$$

振动方式有:伸缩振动——原子沿着键轴进行伸缩振动,有对称伸缩振动和不对称伸缩振动之分;弯曲振动——原子作偏离键轴的弯曲振动,使键角大小发生变化,有面内弯曲(剪切式和摇摆式)和面外弯曲(扭曲式和摇摆式)之分。

12.3.2　跃迁电偶极矩

红外光谱和紫外可见光谱类似,从一个振动能级跃迁到另一个较高的振动能级的几率与跃迁电偶极矩的平方成正比。根据玻恩-奥本海默(Born-Oppenheimer)近似,电子运动和核的运动可以分开处理,若以 $\Psi_0(r,R)$ 表示基态电子波函数,$\varphi_v(R)$、$\varphi_{v'}(R)$ 表示两个不同的振动态的波函数,那么,一个纯的振动跃迁为

$$\Psi_0(r,R)\varphi_v(R) \longrightarrow \Psi_0(r,R)\varphi_{v'}(R) \quad (12-8)$$

其中 r,R 分别表示电子和核的坐标。如果令核是不动的,电偶极矩算符 $\hat{\mu}(r,R)$ 只依电子坐标,于是

$$<\Psi_0\varphi_v|\hat{\mu}|\Psi_0\varphi_{v'}> = <\Psi_0|\hat{\mu}|\Psi_0><\varphi_v|\varphi_{v'}> = 0$$
$$(12-9)$$

这是因为 $<\Psi_0|\hat{\mu}|\Psi_0>$ 是奇函数,积分为 0,$<\varphi_v|\varphi_{v'}>$ 是不同本征值(因量子数不同)的本征函数(或态矢量),彼此正交。

如果核运动,电子分布随 R 而变化,从而影响偶极矩算符 $\hat{\mu}$。按泰勒级数展开:

$$\hat{\mu}(r,R)=\hat{\mu}(r,R_0)+\left(\frac{\partial\hat{\mu}(r)}{\partial R}\right)_{R_0}(R-R_0)+\cdots \quad (12\text{-}10)$$

将式(12-10)代入 $<\Psi_0\varphi_v|\hat{\mu}|\Psi_0\varphi_{v'}>$ 后,第一项 $<\Psi_0\varphi_v|\hat{\mu}(r,R_0)|\Psi_0\varphi_{v'}>=0$,第二项不为 0,表示为:

$$<\Psi_0\varphi_v|\hat{\mu}|\Psi_0\varphi_{v'}>$$
$$=<\Psi_0\left|\left[\frac{\partial\hat{\mu}(r)}{\partial R}\right]_{R_0}\right|\Psi_0><\varphi_v|\hat{R}|\varphi_{v'}> \quad (12\text{-}11)$$

一旦确定了核坐标,仅是电子坐标的函数,式(12-11)的导数可计算。这样跃迁电偶极矩写成两项的乘积。因此通过观察,人们能够判别一些特殊振动能否引起红外吸收。例如,CO_2 线性分子,它的振动方式、红外活性如下:

对称伸缩振动　　　　反对称伸缩振动　　　　弯曲振动
←O═C═O→　　　　$\vec{O}$═C═$\vec{O}$→　　　　O═C═O
　　　　　　　　　　　　　　　　　　　　　　$\vec{O}$═C═$\vec{O}$

$\dfrac{\partial\hat{\mu}}{\partial R}=0$ 　　　　　$\dfrac{\partial\hat{\mu}}{\partial R}\neq 0$ 　　　　　$\dfrac{\partial\hat{\mu}}{\partial R}\neq 0$

无红外活性　　　　　有红外活性　　　　　　有红外活性

偶极矩的变化对吸收光谱有很大影响,例如 C═O 和 C═C 基伸缩振动,前者偶极矩变化大,吸收峰很强,而后者变化很小,吸收峰很弱,有时还不出现。

12.3.3 基团的特征频率

人们在总结大量红外光谱实验资料的基础上,发现同一种化学键或基团,在不同化合物的红外光谱中,往往出现在大致相同的波数范围,称为基团或化学键的特征振动频率 $\tilde{\nu}$。

表 12-3　　　　某些基团的特征频率

基团	$\tilde{\nu}(\mathrm{cm}^{-1})$	基团	$\tilde{\nu}(\mathrm{cm}^{-1})$
—O—H	3600	—C≡N	2250
\N—H	3400	\C=O/	1750～1600
\—C—H/	2970(反对称伸缩)	\C=C/	1650
	2870(对称伸缩)	\—C—C—/	1200～1000
	1460(反对称弯曲)	\—C—O/	1200～1000
	1375(对称弯曲)	\C=S/	1100
—S—H	2580	P=O	1250～1300
—C≡C—	2220		

表 12-3 列出了一些基团的特征频率。由特征频率可以区分和鉴定一个分子或某一部分结构,帮助确定分子结构等。

同一种基团在不同物质中所处的环境不同,其特征频率也有差别。例如,C=O 基在与 C、O、N 原子相连时,它的波数分别为 $1715\mathrm{cm}^{-1}$,$1735\mathrm{cm}^{-1}$,$1680\mathrm{cm}^{-1}$,根据这一差别可以区分酮、脂和酰胺。因此,吸收峰的位置和强度取决于分子中各基团(化学键)的振动形式和所处的化学环境。

12.3.4　生物分子的红外光谱

N 个原子组成的非线性分子有 3N－6 个基本振动方式,生物分子中像氨基酸这样简单的物质,振动方式的数目也是很大的;对于蛋白质那样大的分子,要对其红外光谱进行完全的分析其困难是可以想象的了。然而,基团的特征频率对分析和鉴定生物大分子的结构还是很有用的。例如,当多肽处于 α 螺旋构型时,由于 $\diagdown C=O \diagup$ 与 $\diagdown N-H \diagup$ 形成氢键,结果使 $\diagdown C=O \diagup$ 的伸缩振动频率由 $1700 cm^{-1}$ 减小到 $1650 cm^{-1}$,$N-H$ 的减到 $3300 cm^{-1}$。蛋白质的构型为 α、β 和任意卷曲构型时 $C=O$ 特征频率分别为 $1650 cm^{-1}$,$1689 cm^{-1}$ 和 $1637 cm^{-1}$。因此可以从测量各种特征频率的强度来确定蛋白质中 α、β 和任意卷曲构型的百分数。这为生物大分子二级结构及构型的研究提供了资料。

使用红外光谱测试生物体系的一个很大障碍是水在 $3400 cm^{-1}$ 和 $1600 cm^{-1}$ 区域有极强烈的吸收峰。这就使得本来很容易研究的大分子氢键合作用在水溶液中不能研究了。人们采用 D_2O 为溶剂,使吸收移到不太感兴趣的 $1200 cm^{-1}$ 和 $2500 cm^{-1}$ 附近区域,使这一问题得到一定程度的解决。但谁也不能保证在生物化学过程中重要的大分子结构的精细特征不会随溶剂的改变而发生变化。

研究生物大分子最常用的方法是将大分子溶在易挥发的溶剂里,然后将溶液涂在一块板上,溶剂蒸发后取下薄膜且拉伸,用偏振红外方法测量电矢量(即振动方向)和样品轴平行时的吸收与电矢量和样品轴垂直时的吸收之比值,称为二色性比 R。当电矢量和这些基团平行时吸收最大。对于 α 螺旋而言,波数为 $3300 cm^{-1}$($N-H$)时 R 为 44。蛋白质构型呈 α 螺旋时,$C=O$ 和 $N-H$ 与轴取向一致。如果在 $3300 cm^{-1}$ 时测量 R 为 44 或接近此值,那么它的构型很可能呈 α 螺旋。而实际样品的多肽键不可能取向很完全,因此测得的数据不可能完全达到以上数值,这时可以算出这些基团和轴所形成的角度。

制备聚 -γ- 苯甲基- 左旋谷氨酸盐固体薄膜,拉伸使之取向,用偏振红外测试图谱见图 12-7 所示。图中实线表示偏振方向平行(∥)于螺旋轴的跃迁;虚线表示偏振方向垂直(⊥)于螺旋轴的跃迁,后者分裂成 $1655 cm^{-1}$ 和 $1549 cm^{-1}$ 两个峰。

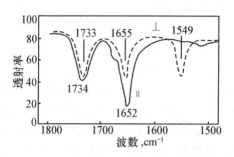

图 12-7　α-螺旋状聚-γ-苯甲基-左旋谷氨酸盐薄膜的红外光谱

12.3.5　拉曼光谱

量子化学和实验证明,只要振动转动过程分子的极化率有较大变化(因为受光的交变电场作用时分子转向和变形而引起诱导偶极矩变化)就可观察到拉曼光谱。例如,CO_2 分子有 4 种振动方式(一个对称伸缩振动,一个反对称伸缩振动,两个弯曲振动),有三个振动在红外光谱中观察出来,对称伸缩振动没有红外活性。然而对称伸缩振动时,两个 C═O 键同时伸长或缩短,分子的极化率发生了变化,因而可在拉曼光谱中观察到。又如,非极性双原子分子如 N_2、O_2 等虽然没有红外光谱,但可观察到拉曼光谱。因此两者是互相补充的。

拉曼光谱在应用方面和红外光谱类似。可通过鉴定基团的特征频率进行结构分析,用于定性、定量分析等。对于对称性小的分子,多数振动方式同时出现在红外和拉曼光谱中,其强度是不同的,因为改变极化率的振动和改变偶极矩的振动是不同的。H_2O 是较差的拉曼散射物,所以很多含水体系可以从拉曼光谱获得有用信息。激光为拉曼光谱研究提供了理想的、强的单色源,推动拉曼光谱的发展。拉曼光谱对研究水溶性的生物活性化合物很有价值。

拉曼光谱用以研究核酸-蛋白质复杂的生物体系时,大量的解析谱带是可见的(因为拉曼光谱的位置随光源的波长而定,一般都在可见光区)。图12-8给出了完整的感染大肠〔埃希氏〕杆菌的噬菌体(MS2)的拉曼光谱,测试条件为32℃,MS2含量为 $60 \times 10^{-3} \text{kg} \cdot \text{dm}^{-3}$,在 $0.75 \text{mol} \cdot \text{dm}^{-3}$ KCl水溶液中。图中许多谱带能够识别为一些蛋白质中某部分肽的振动或侧链的振动,或者是核酸中一些具体碱基或磷酸盐的振动。这些谱带还是相当灵敏的。一些蛋白质或核酸基团的振动谱带列在图12-8下半部分。

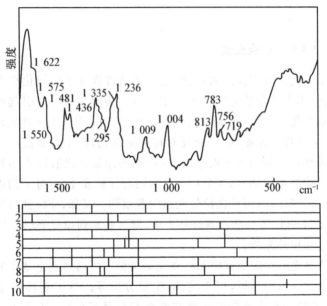

图12-8 完整MS2感染大肠〔埃希氏〕杆菌的噬菌体的拉曼光谱(用氩离子激光)(1～10分别表示其他基团,酰胺基团,磷酸盐,尿嘧啶,胞嘧啶,腺嘌呤,鸟嘌呤,色氨酸,酪氨酸,苯丙氨酸)

12.3.6 拉曼光谱波数的从头算

最近,我们在测试 O,O'-二乙基-N-(α-乙酰基)硫代磷酰联氨除草剂(Ⅰ)和 O,O'-二乙基-N-(α-2-甲苯氧基乙酰基)硫代磷酰联氨除草剂(Ⅱ)的拉曼光谱的基础上,用密度泛函方法 DFT-B3LYP、B3PW91 和从头计算 RHF 方法,使用 6-31G(d) 和 6-31G(d,p) 基组分别全优化了上述两个分子的几何构型,用 B3LYP/6-31G(d) 计算并标度其波数。计算振动光谱没有虚频,意味着分子的几何构型处于势能面的最低点。计算表明,对于化合物Ⅰ从 $13cm^{-1}$ 到 $3528cm^{-1}$ 有 126 个正则振动方式,其中拉曼强度最大的是 $\tilde{\nu}_4$,其值为 $3205cm^{-1}$(标度后为 $3074cm^{-1}$),强度为 $239.39 Å^4 amu^{-1}$,归属于 $\bar{\nu}(C—H)_{naph}$,实测值 $3060cm^{-1}$;强度最小的是 $\tilde{\nu}_{80}$,其值为 $807cm^{-1}$(标度后为 $797cm^{-1}$),强度为 $0.24 Å^4 amu^{-1}$,归属于 $\gamma(C—H)_{naph}$。对于化合物Ⅱ从 $9cm^{-1}$ 到 $3611cm^{-1}$ 有 120 个正则振动方式,其中强度最大的是 $\tilde{\nu}_3$,其值为 $3220cm^{-1}$(标度后为 $3088cm^{-1}$),强度为 $212 Å^4 amu^{-1}$,实测值是 $3072cm^{-1}$,归属于 $\bar{\nu}(C—H)_{benz}$;强度最小的是 $\tilde{\nu}_{75}$,其值为 $829cm^{-1}$(标度后为 $802cm^{-1}$),强度为 $0.2 Å^4 amu^{-1}$,归属于 $\rho(CH_2)$。

12.4 核磁共振

12.4.1 核磁共振原理

原子核中的质子和电子一样作自旋运动,且是量子化的。不同核的自旋量子数 I 不同,可以为 0(如 ^{12}C、^{16}O 等),半整数(如 ^{1}H、^{13}C 等为 $\frac{1}{2}$,^{35}Cl、^{79}Br 为 $\frac{3}{2}$ 等),整数(如 ^{14}N、^{2}H 等为 1)。

对于 $I \neq 0$ 的核有核磁矩 μ_N。

$$\mu_N = \gamma_N M_N = \gamma_N \sqrt{I(I+1)} \hbar \tag{12-12}$$

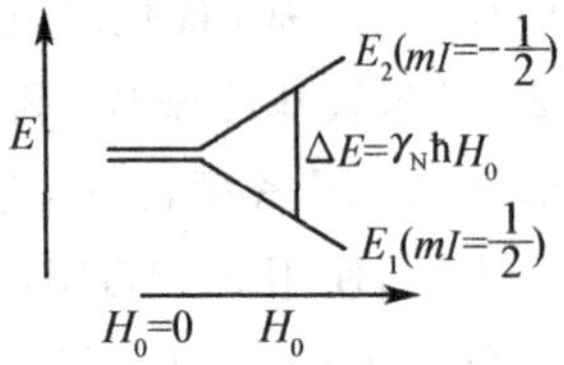

式中，γ_N 是核的磁旋比，可由实验测定；M_N 是核自旋角动量。

$$\gamma_N = \frac{g_N \beta_N}{\hbar} \tag{12-13}$$

式中 g_N 为核的 g 因子（朗德因子），它需要实验测定；β_N 为核磁子，$\beta_N = eh/(4\pi m_p) = 5.051 \times 10^{-27} \mathrm{J \cdot T^{-1}}$。

图 12-9 $I = \frac{1}{2}$ 核在外磁场 H_0 中的能级

在磁场中，核自旋量子数 I 的核磁矩在外场中有 $2I+1$ 个取向，在磁场方向的分量为

$$\mu_Z = \gamma_N m_I \hbar \tag{12-14}$$

这里 m_I 为核自旋的磁量子数，取值为 $I, I-1, \cdots, -I$。

当 $I = \frac{1}{2}$ 时，核自旋磁量子数 m_I 为 $\pm \frac{1}{2}$，只能有两种取向。当取向 μ_N 与外加磁场 H_0 平行时，能量 E_1 低，当 μ_N 与 H_0 反向平行时，能量 E_2 高，如图 12-9 所示。两者之差为 ΔE，当外来电磁波频率 ν 满足下式

$$\Delta E = h\nu = \gamma_N \hbar H_0 \tag{12-15}$$

低能级的核就会吸收电磁波，跃迁到高能级，这称为核磁共振（Nuclear Magnetic Resonance），常记为 NMR。其原理和吸收光谱类似，但频率在无线电波范围。

12.4.2 质子核磁共振

在所有原子核中 ^{1}H 的磁矩最大，给出的核磁共振信号最强，而且 ^{1}H 又是有机物最重要的成分之一，^{12}C 与 ^{16}O 因没有核磁矩，不会干扰质子的吸收信号，这样研究质子核磁共振谱就可以鉴定有机物的结构，这是很有价值的。这里只介绍质子核磁共振谱。

12.4.3 化学位移

由于核外围电子的存在,与外磁场的相互作用受到屏蔽,使核实际感受的有效磁场 H 比外加磁场 H_0 略小一些,表示为

$$H = (1-\sigma_0)H_0 \qquad (12\text{-}16)$$

这里,σ 为屏蔽常数(对质子约为 10^{-5}),它随核在分子中所处的环境不同而变化。同一种核在分子中不同环境下的 σ 值不同,H 不同,因此产生核磁共振吸收峰位置不同,这就是化学位移。

通常,选择适当的物质作标准,它在外磁场中有一个有效磁场为 $H_{标}$,对于测量样品的质子也有一个有效磁场为 $H_{样}$,于是,化学位移定义为:

$$\delta = \frac{H_{标} - H_{样}}{H_{标}} \times 10^6 = \frac{\sigma_{标} - \sigma_{样}}{1 - \sigma_{标}} \times 10^6 \approx (\sigma_{标} - \sigma_{样}) \times 10^6$$

$$(12\text{-}17)$$

δ 的单位是 ppm[①],即百万分之一。$\sigma_{标}$、$\sigma_{样}$ 分别为标准和样品的屏蔽常数。质子谱通用的标准物是四甲基硅($(CH_3)_4Si$),记为 TMS,令其 $\delta=0$。δ 是最常用的一种化学位移标度,在图谱中 δ 从右至左数值增大。有些文献采用 τ 为标度,它规定 TMS 质子的 $\tau=10\text{ppm}$,τ 和 δ 的关系为

$$\tau = 10.0 - \delta$$

一般质子化学位移(δ 或 τ 值)的变化范围约 10ppm。

影响质子化学位移的因素有:

(1) 电子密度影响:

氢核周围的电子密度是随邻近原子的电负性大小而变化的,邻近原子的电负性大,诱导效应强,使氢核周围的电子密度减小,屏蔽效应减弱,使得氢核共振磁场向低场偏移;反之,会移向高场。例如,

---

[①] 为照顾专业人员的使用,这里化学位移仍采用 ppm 表示。

氢核类型	连接原子	电负性	δ(ppm)
$H_3C—C$	C	2.50	0.77
$H_3C—N$	N	3.07	2.12
$H_3C—O$	O	3.50	3.24
$H_3C—F$	F	4.10	4.26

(2) 反磁各向异性影响

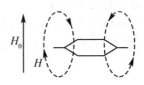

图 12-10　苯的反磁各向异性示意图

由图 12-10 看出,在外磁场 H_0 作用下,苯环离域 π 电子云将产生感应磁场。在分子中不同区域反磁屏蔽作用的情况是不同的,在苯环中部感应产生的磁场和外加磁场方向相反,起"屏蔽作用",而在 H 质子所在的区域产生的感应磁场与 H_0 相同,减少屏蔽作用,因此芳环上质子的 δ 值(6～9ppm)较大。类似地,可以解释 C=O、C≡C δ 值的不同大小。

(3) 溶剂和氢键的影响

使用不同溶剂往往有不同的 δ 值,若有 H 键生成可使 δ 值增大几个 ppm。

部分氢核的化学位移列于表 12-4。

表 12-4　　　　　部分氢核的化学位移表

氢核类型	化学位移 δ (ppm)	氢核类型	化学位移 δ (ppm)
RCH_3	0.9	RCHO	9～10
R_2CH_2	1.3	R—OH	1～5.5
R_3CH	1.5	Ar—OH	4～12
C=CH	4.6～5.9	R—COOH	10.5～12
Ar—H	6～8.5	$-\underset{\underset{O}{\parallel}}{C}-OH$	2～2.7

12.4.4 自旋耦合

在高分辨率的 NMR 仪上,等性氢核的共振信号可以表现为数个峰,如 CH_3CH_2Cl 有 CH_3 和 CH_2 两种质子,从图 12-11 中看到,δ 为 1.5 左右有 CH_3 的三重峰和在 3.4～3.8 处为 CH_2 的四重峰。这种谱线"分裂"称为自旋-自旋分裂,来源于核自旋之间的相互作用,称为自旋耦合。为讨论方便,将氯乙烷中 CH_3 基 H 用 Ha 标记,CH_2 的 H 用 Hb 标记。对于 Ha 来说,两个 Hb 的不同耦合将产生不同的影响。两个 Hb 有 3 种耦合方式:(1)↑↑;(2)↑↓,↓↑;(3)↓↓。它们对 Ha 有三种不同磁场的作用,所以 Ha 分裂为三重峰,强度比为 1:2:1。对于 Hb 来说,三个 Ha 有 4 种耦合方式:(1)↑↑↑;(2)↑↑↓,↑↓↑,↓↑↑;(3)↑↓↓,↓↑↓,↓↓↑;(4)↓↓↓。它们对 Hb 有四种不同磁场的作用,所以分裂为四重峰,强度比为 1:3:3:1。

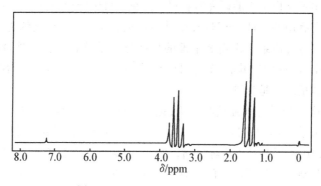

图 12-11　CH_3CH_2Cl 的 NMR 谱

通常,分裂数可以应用 $(n+1)$ 规律。具体地说,二重峰表示相邻碳原子上有一个质子;三重峰表示有二个质子;四重峰表示有三个质子等。而分裂后各组多重峰的强度比可用 $(a+b)^n$ 展开后的各项系数表示。分裂后各个多重峰之间的距离,用耦合常数 J 示之。

12.4.5 在生物体系的应用举例

3,8-二氨基-5-乙基-6苯基菲啶嗡是致突变的化合物,其核磁共振谱示于图 12-12 中。这个分子的光谱是复杂的,但所有的峰能够辨认是哪个质子产生的。H4 和 H7 质子是一类,它们的相邻碳原子上没有质子,所以它们仅有 1 或 2Hz 的分裂。H7 被认定为处在最高磁场的峰($\delta = 6.544$ ppm),这是因为它是由苯环屏蔽效应而产生的。而 H4 的 $\delta = 7.407$ ppm。由于苯基可以相对于菲啶嗡基旋转,因此两个邻位质子(Ho,Ho')和两个间位质子(Hm,Hm')是等价的,在苯基上的三种类似的质子(Hp、Hm、Ho)在这个光谱中没有分析,按其他取代苯环类推它们都在 $\delta = 7.81$ 范围。两个邻位质子被认为在 $\delta = 7.486$ ppm 处是重合的。用类似方法和经验,标出了 H1、H2、H9、H10 的 δ 值。这些分析的证明已通过选用氘化衍生物的研究所获得。自旋-自旋分裂和自旋-自旋去偶也是有用的。H9 与 H10、H1 与 H2 的自旋-自旋分裂约为 9Hz,这和在芳香体系中相隔 3 个键的特征分裂是符合的。另外,H2 与 H4、H7 与 H9 是相隔 4 个键,自旋-自旋分裂约 2Hz,这和芳香体系的类似情况也是相符的。

这个分子能很强地与 DNA 键合,这一点用各种方法和流体动力学方法表明它是嵌入到 DNA 上。这就是说,平面芳香环适合在 DNA 中两个相邻碱基对之间。3,8-二氨基-5-乙基-6苯基菲啶嗡连接到 DNA 碎片上的 PMR(顺磁共振)研究与上述说明相符合。

此外,不同质子的相对位移给出这个复杂化合物结构的详细的信息。当连接到 DNA 上,H2 和 H9 质子有最大位移,H4、H7 和 H1、H10 相类似,位移都比较小。当 3,8-二氨基-5-乙基-6苯基菲啶嗡连接到 DNA 时,苯基被固定,Ho 和 Ho' 不再等价。对于

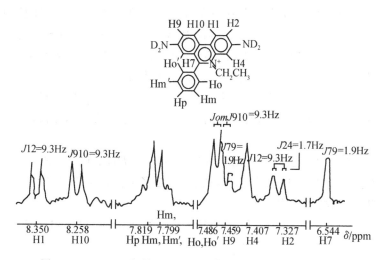

图 12-2 3,8-二氨基-5-乙基-6-苯基菲啶嗡在 4℃ 重水中质子核磁共振谱

Hm、Hm′ 和 Hp 的影响不明显。复杂化合物核酸部分类似的顺磁共振(PMR)研究给出了更有用的信息。

嵌入在 DNA 中的分子能够产生移码突变,突变的碱基对在复制的 DNA 的这一位置被加上或者被删去时,发生突变。复杂的突变用 DNA 的核磁共振(或其它光谱)进行研究将帮助了解移码突变是如何发生的。

核磁共振谱还有 ^{13}C 谱和双共振法等。核磁共振不仅可以用来鉴定物质结构,还可以用于动力学、速率过程、溶剂效应、氢键的研究等。它是研究生物体系的一个重要工具。

习 题

12-1 CO 分子振动波数 $\bar{\nu}$ 为 $2170.2 cm^{-1}$,求其波长为多少?

12-2 $0.1dm^3$ 溶液中含 $0.001kg$ 的某种染料,在波长为 $435.6nm$ 时透光率为 80%,样品池厚度为 $0.01m$,(1) 在相同容器中 $0.002kg$ 染料溶于 $0.1dm^3$ 溶液中相同波长的光有百分之多少被吸收?(2) 当 50% 的光被吸收时,溶液中染料浓度为多少?

12-3 $H^{35}Cl$ 分子的振动频率为 $8.667\times 10^{13}s^{-1}$,设 $H^{35}Cl$ 与 $H^{37}Cl$ 的振动力常数相同,试求这两个分子红外光谱的谱线距离。

12-4 核的旋磁比 γ_N 定义为 $\mu=\gamma_N I\hbar$,已知质子的磁矩 μ 为 $1.41\times 10^{-30} J\cdot G^{-1}$,求 ^1H 的 γ_N 值是多少?若使 ^1H 在 220 兆赫共振,磁场强度应为多少?

12-5 试比较 R_2C-OH(Ⅰ) 和 R_2C-CH_2OH(Ⅱ) 中
            | |
            H^* H^*
H^*,哪个 σ 较大?哪个发生核磁共振时所需的 H_0 大?

12-6 由红外光谱图得知 $3100cm^{-1}$ 有芳环的 $C-H$ 伸缩振动,$2840cm^{-1}$ 及 $2730cm^{-1}$ 是醛基 $C-H$ 伸缩振动,$1708cm^{-1}$ 是醛基 $C=O$ 伸缩振动,$1608cm^{-1}$ 是苯环振动,$1536cm^{-1}$ 及 $1348cm^{-1}$ 是硝基反对称及对称伸缩振动,$855cm^{-1}$ 是 2 个相邻氢的振动,$744cm^{-1}$ 是 $C-N-O$ 的弯曲振动,请确定 $C_7H_5NO_3$ 分子的结构。

附录一　本书用的符号名称一览表

1. 物理量符号名称

A　亥姆霍兹函数,界面面积,化学反应亲和势,指数前因子
a　活度
B　任意物质,溶质,二组分体系中一个组分
b　物质的质量摩尔浓度
C　热容
C　库仑
c　物质的量浓度,光速
D　光密度,扩散系数
d　直径
E　能量,电动势
e　电子电荷,自然对数的底
F　法拉第常数
f　自由度,逸度,力
G　吉布斯函数,电导
g　重力加速度,简并度
H　焓
$\hat{H}$　哈密顿算符
h　高度,普朗克常数
I　转动惯量,电流强度,离子强度,透射光强度
K　平衡常数,电导池常数

k	玻尔曼常数,反应速率系数
M	摩尔质量
M_r	物质的相对摩尔质量
m	物质的质量
N	系统中的分子数
N_A	阿伏加德罗常数
n	物质的量,反应级数
Q	热量,电量
p	压力
R	标准气体常数,电阻
r	半径,反应速率
S	熵,组分数
T	热力学温度
t	时间,温度(°C)
$t_{1/2}$	半衰期
t_B	离子 B 的迁移数
U	热力学能,涡度
u	速度
V	体积
$V_m(B)$	物质 B 的摩尔体积
$V_{B,m}$	物质 B 的偏摩尔体积
W	功,几率
w_B	物质 B 的质量分数
x_B	物质 B 的摩尔分数
α	反应级数,解离度,相
β	反应级数,相
γ	$C_{p,m}/C_{V,m}$ 值,活度因子,表面张力
Γ	表面吸附超量
δ	非状态函数的微小量,化学位移

Δ	状态函数变化量
ζ	电动电势
η	热机效率,黏度
ε	介电常数,原子轨道能级
θ	接触角,覆盖度
κ	电导率
λ	波长
Λ_m	摩尔电导率
μ	化学势,折合质量,偶极矩
ν	振动频率
ν_B	物质B的计量系数
ξ	反应进度
Π	渗透压
ρ	体积质量(密度),电阻率,几率密度
σ	屏蔽常数
τ	弛豫时间
Φ	相数,量子效率
φ	电极电势,量子效率
ω	角速度
Ω	微观状态数
AO	原子轨道
MO	分子轨道
NMR	核磁共振

2.常用的上、下标及其他有关符号名称

⊖	标准态
⊕	生物化学中的标准态
*	纯物质
∞	无限稀薄,饱和

b	沸腾
c	燃烧,临界
f	生成,凝固
g	气态
l	液态
s	固态,秒
max	最大
min	最小
mol	摩尔
e	电子,平衡
r	化学反应
V	振动
aq	水溶液
fus	熔化
sln	溶液
sol	溶解
sub	升华
vap	蒸发
±	离子平均
≠	活化络合物或过渡状态
$\prod$	连乘号
$\sum$	加和号
exp	指数函数
$\mid>$	右矢量
$<\mid$	左矢量

附录二 常 数 表

真空中光速	$c = 2.99792458 \times 10^8 \text{ m} \cdot \text{s}^{-1}$
基本电荷	$e = 1.602177 \times 10^{-19} \text{ c}$
普朗克常数	$h = 6.6261755 \times 10^{-34} \text{ J} \cdot \text{s}$
$h/2\pi$	$\hbar = 1.05457266 \times 10^{-34} \text{ J} \cdot \text{s}$
电子质量	$m_e = 0.91093897 \times 10^{-30} \text{ kg}$
阿伏加德罗常数	$N_A = 6.0221367 \times 10^{23} \text{ mol}^{-1}$
摩尔气体常数	$R = 8.314510 \text{ J} \cdot \text{K}^{-1} \cdot \text{mol}^{-1}$
法拉第常数	$F = 96485.309 \text{ C} \cdot \text{mol}^{-1}$
玻尔兹曼常数	$k = 1.380658 \times 10^{-23} \text{ J} \cdot \text{K}^{-1}$

附录三 某些物质的热力学数据

表1 无机化合物热力学数据 ($25℃$, $p^{\ominus} = 100$ kPa)

物 质	$\Delta_f H_m^{\ominus}$ / kJ·mol^{-1}	$S_m^{\ominus}$ / J·K^{-1}·mol^{-1}	$\Delta_f G_m^{\ominus}$ / kJ·mol^{-1}	$C_{p,m}^{\ominus}$ / J·K^{-1}·mol^{-1}
Ag(s)	0.0	42.55	0.0	25.351
Ag$^+$(aq)	105.90	73.93	77.11	/
AgCl(s)	−127.068	96.2	−109.789	50.79
AgNO$_3$(s)	−123.14	140.92	−32.17	93.05
C(s,石墨)	0.0	5.740	0.0	8.527
C(s,金刚石)	1.895	2.377	2.900	6.113
CaCO$_3$(s,方解石)	−1206.92	92.9	−1128.79	81.88
Cl$_2$(g)	0.0	223.066	0.0	33.907
Cl$^-$(aq)	−167.44	55.2	−131.17	/
CO(g)	−110.525	197.674	−137.168	29.142
CO$_2$(g)	−393.509	213.74	−394.358	37.11
CO$_2$(aq)	−412.92	121.3	−386.22	/
HCO$_3^-$(aq)	−691.11	95.0	−587.06	/
CO$_3^{2-}$(aq)	−676.26	−53.1	−528.10	/
Fe(s)	0.0	27.15	0.0	25.23
Fe$_2$O$_3$(s)	−824.2	87.40	−742.2	103.85
H$_2$(g)	0.0	130.684	0.0	28.824
HCl(g)	−92.307	186.908	−95.299	29.12
H$_2$O(l)	−285.830	69.91	−237.129	75.291
H$_2$O(g)	−241.818	188.825	−228.572	33.577

续表

物质	$\Delta_f H_m^\ominus$ / kJ·mol^{-1}	$S_m^\ominus$ / J·K^{-1}·mol^{-1}	$\Delta_f G_m^\ominus$ / kJ·mol^{-1}	$C_{p,m}^\ominus$ / J·K^{-1}·mol^{-1}
H$^+$(aq)	0.0	0.0	0.0	/
OH$^-$(aq)	−229.994	−10.54	−157.27	/
H$_2$O$_2$(l)	−187.78	109.6	−120.35	89.1
H$_2$O$_2$(g)	−136.31	232.7	−105.57	43.1
H$_2$O$_2$(aq)	−191.13	135.98	−131.67	/
H$_2$S(g)	−20.63	205.79	−33.56	34.23
N$_2$(g)	0.0	191.61	0.0	29.12
NH$_3$(g)	−46.11	192.45	−16.45	35.06
NH$_3$(aq)	−80.83	110.0	−26.61	/
NH$_4^+$(aq)	−132.80	112.84	−79.50	/
NO(g)	90.25	210.761	86.55	29.83
NO$_2$(g)	33.18	240.06	51.31	37.07
NO$_3^-$(aq)	−206.56	146.4	−110.58	/
Na$^+$(aq)	−239.66	60.2	−261.88	/
NaCl(s)	−411.153	72.13	−384.138	50.50
NaCl(aq)	−407.10	115.48	−393.04	/
NaOH(s)	−425.609	64.455	−379.494	59.54
O$_2$(g)	0.0	205.138	0.0	29.355
O$_3$(g)	142.7	238.93	163.2	39.20
S(s 正交)	0.0	31.80	0.0	22.64
SO$_2$(g)	−296.830	248.22	−300.194	39.87
SO$_3$(g)	−395.72	256.76	−371.06	50.67

摘自 G.M.Barrow, physical Chemistry, 1973。

表 2　碳氢化合物的热力学数据(25℃, 0.1MPa)

物　质	$\Delta_f H_m^\ominus$ / kJ·mol^{-1}	$S_m^\ominus$ / J·K^{-1}·mol^{-1}	$\Delta_f G_m^\ominus$ / kJ·mol^{-1}	$C_{p,m}^\ominus$ / J·K^{-1}·mol^{-1}
乙炔 $C_2H_2(g)$	226.73	200.94	209.20	43.93
苯 $C_6H_6(g)$	82.93	269.31	129.73	81.67
苯 $C_6H_6(l)$	49.04	173.26	124.45	/
丁二烯 $(1,3)C_4H_6(g)$	110.16	278.85	150.74	79.54
n-丁烷 $C_4H_{10}(g)$	−126.15	310.23	−17.02	97.45
环己烷 $C_6H_{12}(g)$	−123.14	298.35	31.92	106.27
乙烷 $C_2H_6(g)$	−84.68	229.60	−32.80	52.63
乙烯 $C_2H_4(g)$	52.26	219.56	68.15	43.56
正庚烷 $C_7H_{16}(g)$	−187.78	428.01	8.22	165.98
正己烷 $C_6H_{14}(g)$	−167.19	388.51	−0.05	143.09
异丁烷 $C_4H_{10}(g)$	−134.52	294.75	−20.75	96.82
甲烷 $CH_4(g)$	−74.81	186.264	−50.72	35.309
萘 $C_{10}H_8(g)$	150.96	335.75	223.69	132.55
正辛烷 $C_8H_{18}(g)$	−208.45	466.84	16.66	188.87
正戊烷 $C_5H_{12}(g)$	−146.44	349.06	−8.21	120.21
丙烯 $C_3H_6(g)$	20.42	267.05	62.79	63.89
丙烷 $C_3H_8(g)$	−103.85	270.02	−23.37	73.51

摘自 G.M.Barrow, physical chemistry, 1973。仅对表头作了规范性修改。

表3　一些有机物的热力学数据（25℃,0.1MPa）

物　质	$\Delta_f H_m^{\ominus}$ / kJ·mol^{-1}	$\Delta_f G_m^{\ominus}$ / kJ·mol^{-1}	$S_m^{\ominus}$ / J·mol^{-1}·K^{-1}	$C_{p,m}^{\ominus}$ / J·K^{-1}·mol^{-1}
$C_6H_5CH_3$（液）甲苯	12.01	113.89	220.96	
HCOOH（液）甲酸	−378.57	−346.02	128.95	
CH_3OH（液）甲醇	−238.66	−166.27	126.8	81.6
CH_3COOH（液）乙酸	−484.5	−389.9	159.8	124.3
C_2H_5OH（液）乙醇	−277.69	−174.78	160.7	111.46
$CH_2OH\text{-}CHOH\text{-}CH_2OH$（液）甘油	−659.4	−469.03	207.9	
$C_{12}H_{22}O_{11}$（固）蔗糖	−2220.9	−1529.67	359.8	
$C_{12}H_{22}O_{11}$(s)β-乳糖	−2236.72	−1566.99	386.18	
$C_2H_2O_4$（固）草酸	−826.76	−697.89	120.1	
$CO(NH_2)_2$（固）尿素	−333.19	−197.15	104.60	
$C_5H_5N_5$（固）腺嘌呤	95.98	299.49	151.04	
$C_4H_7NO_4$（固）天冬氨酸	−973.37	−730.23	170.12	
$HSCH_2CHNH_2COOH$（固）L-半胱氨酸	−533.9	−343.97	169.87	
$C_6H_{12}N_2O_4S_2$（固）L-胱氨酸	−1051.9	−693.33	282.84	
CH_2NH_2COOH（固）甘氨酸	−537.2	−377.69	103.51	

续表

物　质	$\Delta_f H_m^\ominus$ / kJ·mol^{-1}	$\Delta_f G_m^\ominus$ / kJ·mol^{-1}	$S_m^\ominus$ / J·mol^{-1}·K^{-1}	$C_{p,m}^\ominus$ / J·K^{-1}·mol^{-1}
CH$_3$COCOOH(液)丙酮酸	−584.50	−463.38	179.49	
HOCH$_2$CHNH$_2$COOH(固)L-丝氨酸	−726.34	−509.19	149.16	
(−CH$_2$COOH)$_2$(固)琥珀酸	−940.90	−747.43	175.73	
C$_{11}$H$_{12}$N$_2$O(固)L-色氨酸	−415.05	−119.41	251.04	
C$_9$H$_{11}$NO$_3$(固)L-酪氨酸	−617.53	−385.68	214.01	
C$_5$H$_{11}$NO$_2$(固)L-缬氨酸	−617.98	−358.99	178.87	
反式(=CHCOOH)$_2$(固)廷胡索酸	−811.07	−653.67	166.10	
C$_6$H$_{12}$O$_6$(固)α-D-半乳糖	−1285.37	−919.43	205.43	
C$_6$H$_{12}$O$_6$(固)α-D-葡萄糖	−1274.45	−910.52	212.13	

摘自： D.R. Stull, E.F. Westrum, Jr, and G,C, Sinke, The Chemical Thermodynamics of Organic Compounds, John wiley, New York, 1969.
　　　J.T. Edsall and J. Wyman, Biophysical Chemistry, Vol.1, Academic press, New York, 1958.

表4　一些有机物在 298.15K 下的标准摩尔燃烧热值

物质	$-\Delta_c H_m^\ominus$ / $kJ \cdot mol^{-1}$	物质	$-\Delta_c H_m^\ominus$ / $kJ \cdot mol^{-1}$
$CH_4(g)$	890	$C_{10}H_8(s)$	5157
$C_2H_2(g)$	1300	$CH_3OH(l)$	726
$C_2H_4(g)$	1411	$CH_3CHO(g)$	1193
$C_2H_6(g)$	1560	$CH_3CH_2OH(l)$	1368
		$CH_3COOH(l)$	874
$C_3H_6(g)$	2058	$CH_3COOC_2H_5(l)$	2231
$C_3H_8(g)$	2220	$C_6H_5OH(s)$	3054
$C_4H_{10}(g)$	2877	$C_6H_5NH_2(l)$	3302
$C_5H_{12}(g)$	3536	$C_6H_5COOH(s)$	3227
$C_6H_{12}(l)$	3920	$(NH_2)_2CO(s)$	632
$C_6H_{14}(l)$	4163	$NH_2CH_2COOH(s)$	964
$C_6H_6(l)$	3268	$CH_3CH(OH)COOH(s)$	1344
$C_7H_{16}(l)$	4854	$C_6H_{12}O_6(s),(\alpha)$	2802
$C_8H_{18}(l)$	5471	$C_6H_{12}O_6(s),(\beta)$	2802
$C_8H_{18}(l)$	5461	$C_{12}H_{22}O_{11}(s)$	5645

摘自 P.W.Atkins: Physical Chemistry, 3rd ed., 1986.

习 题 解 答

第 1 章

1—6. $-1.325 \times 10^4 J; 4.203 \times 10^3 J$

1—7. $-0.165 J$

1—8. $3.761 \times 10^4 J; 4.067 \times 10^4 J \quad 4.067 \times 10^4 J; 3057 J$

1—9. (1) $1631 J; 1631 J; 0; 0$ (2) $810.6 J; 810.6 J; 0; 0$

1—10. $7.794 \times 10^3 J; 1.091 \times 10^4 J \quad 3118 J; 1.091 \times 10^4 J$

1—11. $561.85 K; 9.226 p^{\ominus} \quad -5487 J; 5487 J; 7682 J$

1—12. $-557.97 kJ \cdot mol^{-1} \quad -545.58 kJ \cdot mol^{-1}$

1—13. $-242 kJ$

1—15. $-136.9 kJ \cdot mol^{-1} \quad -466.23 kJ \cdot mol^{-1}$

1—16. $43.8 kJ \cdot mol^{-1}$

1—17. (1) $642.2 J \cdot K^{-1}$; (2) $-2802 kJ \cdot mol^{-1}$; $-2802 kJ \cdot mol^{-1}$; $-1274 kJ \cdot mol^{-1}$

1—18. $-0.45 mol$

1—19. $48.3 ℃$

1—20. $-130; -217.3 J; -189.4 kJ \cdot mol^{-1}; 298.38 K$

第 2 章

2—4. $0.1984; 9.297 kJ \quad 0.8667; 40.6 kJ$

2—5. $38.3 J \cdot K^{-1}$

2—6. $43.2 J \cdot K^{-1}$

2—7. 15.4J·K^{-1}

2—8. 109.0J·K^{-1};100.7J·K^{-1}

2—9. 97.1J·K^{-1}

2—10. 8.04J·K^{-1};−2.7J·K^{-1}

2—11. 2864.36kJ

2—12. −8.3×10^{3}J;−8.3×10^{3}J;0;0; −14.4J·K^{-1}; 5.76×10^{3}J;5.76×10^{3}J

2—13. 0;0;0

2—14. 3.76×10^{4}J;4.07×10^{4}J; −5.25×10^{3}J;−2.15×10^{3}J

2—15. −237.26kJ;−189.4kJ −115.4kJ

2—16. −973.173kJ·mol^{-1}

第3章

3—5. 5369Pa;1345.8Pa;6715Pa;0.8;0.2

3—6. 11.7kg

3—7. 7.7$p^{\ominus}$

3—8. 二聚体

3—9. 0.1mol·kg^{-1};0.052K;0.186K

3—10. 22298Pa

3—11. 0;0;0;27.98J·K^{-1} −8339J;−8339J

第4章

4—3. 1;1;2

4—4. 2;3;3;3

4—5. 2,2,2

4—6. 4;3;2

4—7. 20665Pa

4—8. $T_2 = -0.261$℃

4—9. $P_A > P_B$

4—10. 正交硫

4—11. 略

4—12. (1)0.650；(2)最低恒沸物,乙醇； (3)0.875;0.650, $n^l=9.33$ mol, $n^g=0.67$ mol

4—13. 80.1kg

4—14. 略

第5章

5—2. 3.56×10^4 J; $0.117 p^{\ominus}$

5—3. 1.808%

5—5. 17.72%;66.7%;96.7%

5—6. 0.0036

5—8. 30.506kJ; 4.49×10^{-6}

5—9. 11.9

5—10. 790.77kJ·mol^{-1} -632.37kJ·mol^{-1}

5—11. (1) $\Delta_r G_m = -7240$ J·mol^{-1} < 0； (2) < 5.1%

5—12. -29.8kJ·mol^{-1}; 3.976×10^5

5—13. 11.9mol·dm^{-3}

5—14. -252J·mol^{-1}

5—15. -43.45kJ·mol^{-1}; -45.1kJ·mol^{-1} -5.53J·K·mol^{-1}

5—16. 11.97kJ·mol^{-1}

第6章

6—3. 0.415g;0.508g

6—4. 0.594m^{-1};0.575S·m^{-1}

6—5. 3.50×10^{-7}

6—6. 0.02383S·m^2·mol^{-1}

6—7. $4m^3 \gamma_\pm^3$

6—8. 0.1;0.3;0.4;0.4

6—9. 0.696;0.913;0.834

6—10. 5.47×10^{-5} mol · dm^{-3}; 2.99×10^{-9};2.60×10^{-9}; 4.37×10^{-6}

6—11. 1.07×10^{-5};1.1449×10^{-10}

6—14. -1.486×10^5;77.5;-1.246×10^5

6—15. -0.0363V

6—16. 3.562×10^4 J · mol^{-1}

6—17. 4.921×10^{-13}

6—18. 6.49;3.24×10^{-7}

6—19. 1.457

6—20. 0.399V;0.044V

6—21. 7.09

6—22. 1.468V;-1.417×10^5 J; 6.82×10^{24};1.468V; -2.834×10^5 J; 4.65×10^{49}

6—23. -8.5×10^{-4} V · K^{-1};1.249V

第 7 章

7—2. 34.2J

7—4. 5350Pa

7—5. 0.02329N · m^{-1}

7—6. 9.89×10^{-7} mol · m^{-2};3.4×10^6 mol · m^{-2}

7—7. 6.05×10^{-8} mol · m^{-2}

7—8. 10.32kg · mol^{-1}

7—9. $\Delta G = -180$ J < 0

7—10. 31.35dm^3 · kg^{-1};6.2×10^{-5}

7—11. -11480 J · mol^{-1}

7—12. 0.138;1.85

7—13. 6.4×10^{-6} mol · m^{-2}

7—14. $19.925 \text{kg} \cdot \text{mol}^{-1}$

第 8 章

8—1. $1.07 \times 10^{-7} \text{m}$

8—2. $1.72 \times 10^{4} \text{kg} \cdot \text{mol}^{-1}$

8—3. $7.56 \times 10^{-8} \text{m}$

8—4. $4.58 \times 10^{-8} \text{m}$

8—6. 0.0388V

8—7. $1; 59.41; 189.6$

8—9. $1.112 \times 10^{-12} \text{m}^{3} \cdot \text{s}^{-1}$

第 9 章

9—6. $30.709; 64.00 \text{kg} \cdot \text{mol}^{-1}$

9—7. $1.06 \times 10^{2} \text{kg} \cdot \text{mol}^{-1}$

9—8. $2.66 p^{\ominus}$

9—9. $5; 9; 0.237 \text{V}$

9—10. $9.43 \text{s}; 0.664 \text{s}; 56 \mu \text{m}$

9—11. $357.7 \text{kg} \cdot \text{mol}^{-1}$

9—12. $1.497 \times 10^{-9} \text{m}^{2} \cdot \text{v}^{-1} \cdot \text{s}^{-1}; \quad 1.51 \times 10^{-2} \text{m}$

9—13. $1.36 \text{dm}^{3} \cdot \text{g}^{-1}$

9—14. $3.57 \times 10^{2} \text{kg} \cdot \text{mol}^{-1}$

9—15. $0.74; 4.5 \times 10^{-4}$

第 10 章

10—2. 1.56%

10—4. 公元前 1332 年

10—5. 1 级；$0.65 h^{-1}$

10—6. $4.2 \times 10^{-8}, 2.1 \times 10^{-7}, 4.2 \times 10^{-7} \text{mol} \cdot \text{L}^{-1} \cdot \text{s}^{-1}$
    $1.65 \times 10^{5} \text{s}; 68500 \text{s}$

10—7. 3200;1 级;399min;0.0231min^{-1}

10—8. 7.91×10^{-2}mol·L^{-1}·s^{-1} 1.24×10^{-3}($p^{\ominus}$)$^{-1}$·s^{-1}

10—9. 3.8×10^{-3}mol·L^{-1}·s^{-1}

10—12. 3.30 分;5.73min

10—13. 86.2kJ·mol^{-1};5.61×10^{-3}h^{-1}

10—14. 2.9×10^{4}J·mol^{-1}

10—15. 1.79×10^{-12}s;2.48×10^{-12}s

10—16. 77980J·mol^{-1};73253J·mol^{-1} 0.9485s^{-1};14.2s^{-1}

10—17. 4.97×10^{-19}焦·光子$^{-1}$; 299.2kJ·mol^{-1}

10—18. 0.0217;3.11×10^{5}J

10—19. $t = \dfrac{1}{k_2} = 4\times 10^{-5}$s

10—20. 8.48×10^{-9}s

10—21. 1.78

10—22. 128.1kJ·mol^{-1};9.05×10^{12}s^{-1} 1.925J·K^{-1}·mol^{-1}

第11章

11—1. e^{-x^2} 和 $\sin x$ 是合格波函数,ex,$e-x$,$\sin|x|$ 不是合格波函数。

11—2. 是 $\hat{P}_x^2$ 的本征函数,不是 x,$\hat{P}_x$ 的本征函数.

11—3. 提示:用 $\int u\,dv = uv - \int v\,du$ 公式

11—4. $\hat{P}^2 = -\hbar^2\left[\dfrac{\partial^2}{\partial x^2} + \dfrac{\partial^2}{\partial y^2} + \dfrac{\partial^2}{\partial z^2}\right]$

11—5. $-3.4\,eV$

11—6. 4.0738×10^{-7}m

11—7. $E_1 = \alpha + \sqrt{2}\beta$, $E_2 = \alpha$, $E_3 = \alpha - \sqrt{2}\beta$;

$\psi_1 = \dfrac{1}{2}(\varphi_1 + \sqrt{2}\varphi_2 + \varphi_3)$,

$$\psi_2 = \frac{1}{\sqrt{2}}(\varphi_1 - \varphi_3)$$

$$\psi_3 = \frac{1}{2}(\varphi_1 - \sqrt{2}\varphi_2 + \varphi_3)$$

苯乙烯：

11—8.

$$\begin{vmatrix} \alpha-E & \beta & 0 & 0 & 0 & \beta & 0 & 0 \\ \beta & \alpha-E & \beta & 0 & 0 & 0 & 0 & 0 \\ 0 & \beta & \alpha-E & \beta & 0 & 0 & 0 & 0 \\ 0 & 0 & \beta & \alpha-E & \beta & 0 & 0 & 0 \\ 0 & 0 & 0 & \beta & \alpha-E & \beta & 0 & 0 \\ \beta & 0 & 0 & 0 & \beta & \alpha-E & \beta & 0 \\ 0 & 0 & 0 & 0 & 0 & \beta & \alpha-E & \beta \\ 0 & 0 & 0 & 0 & 0 & 0 & \beta & \alpha-E \end{vmatrix} = 0$$

环戊二烯

$$\begin{vmatrix} \alpha-E & \beta & 0 & 0 & \beta \\ \beta & \alpha-E & \beta & 0 & 0 \\ 0 & \beta & \alpha-E & \beta & 0 \\ 0 & 0 & \beta & \alpha-E & \beta \\ \beta & 0 & 0 & \beta & \alpha-E \end{vmatrix} = 0$$

第 12 章

12—1. 4.608×10^3 nm

12—2. (1) 64.0%; (2) 0.031 kg·dm^{-3}

12—3. $\lambda_1 = 3459$ nm, $\lambda_2 = \lambda_1(\mu_2/\mu_1)^{1/2} = 3461.6$ nm

   $\Delta\lambda = 2.6$ nm

12—4. $H_0 = \dfrac{2\pi\nu}{\nu_N} = 51694$ G

12—5. 后者 H^a 的 σ 较大；后者 H^a 发生核磁共振所需的 H_0 大

12—6. $O_2N-\!\!\!\bigcirc\!\!\!-CHO$

主要参考书目

[1] Ignacio Tinoco, Jr Kenneth Sauer, James C Wang. Physical Chemistry Principles and Application in Biological Sciences, 1978, Prentice-Hall.

[2] Ira N Levine 著, 诸德萤, 李芝芬, 张玉芬译. 物理化学. 北京: 北京大学出版社, 1987

[3] 傅献彩等. 物理化学(第四版). 北京: 高等教育出版社, 1994

[4] 印永嘉, 李大珍. 物理化学. 北京: 高等教育出版社, 1989

[5] R Chang 著, 虞光明, 陈飘等译. 物理化学及其在生物体系中的应用. 北京: 科学出版社, 1986

[6] 傅鹰编著. 化学热力学导论. 北京: 科学出版社, 1964

[7] 胡英主编. 物理化学(上、中、下册)(第四版). 北京: 高等教育出版社, 2001

[8] 韩德刚, 高执棣, 高盘良. 物理化学. 北京: 高等教育出版社, 2001

[9] 李如生. 平衡和非平衡统计力学. 北京: 清华大学出版社, 1995

[10] 高月英, 戴乐蓉, 程虎民. 物理化学(生物类). 北京: 北京大学出版社, 2000

[11] 汪存信, 宋昭华, 屈松生. 物理化学. 武汉: 武汉大学出版社, 1997

[12] 罗明道, 颜肖慈, 欧阳礼. 量子化学原理及其应用. 武汉: 武

汉大学出版社,1999
[13] 李键美,李利民.法定计量单位(第二版).北京:中国计量出版社,2000